U0296220

“十三五”国家重点图书出版规划项目
上海市文教结合“高校服务国家重大战略出版工程”资助项目

能源与环境出版工程（第二期）

总主编　翁史烈

城市大气污染源排放清单编制技术及其应用

A Bottom-Up Approach of Emission Inventory Compilation and Its Applications for Air Pollution Sources in Urban Environment

上海市环境监测中心　组编
伏晴艳　刘启贞　李　芳　等　主编

上海交通大学出版社
SHANGHAI JIAO TONG UNIVERSITY PRESS

内容提要

本书为“十三五”国家重点图书出版规划项目“能源与环境出版工程”丛书之一。主要内容包括城市大气污染源识别与分类，大气污染物排放定量统计方法，点源、移动源和面源大气污染源排放清单编制方法，高时空分辨率排放清单编制方法与案例，大气污染源 VOCs 和 $PM_{2.5}$ 化学组分构成方法和示例，以及排放清单质量保证与不确定性分析等。全书着重介绍当前城市大气污染源排放清单编制的主要技术和方法，并以上海市为案例，介绍了排放清单编制方法的具体应用，以期为环境监测和管理部门的工作人员提供业务指导，同时可供环境领域的相关研究人员借鉴参考。

图书在版编目(CIP)数据

城市大气污染源排放清单编制技术及其应用/上海市环境监测中心组编；伏晴艳等主编. —上海：上海交通大学出版社，2021.8
能源与环境出版工程
ISBN 978-7-313-23833-7

Ⅰ. ①城… Ⅱ. ①上… ②伏… Ⅲ. ①大气污染物—总排污量控制—研究—中国 Ⅳ. ①X510.6

中国版本图书馆 CIP 数据核字(2020)第 185911 号

审图号：沪 S(2021)039 号

城市大气污染源排放清单编制技术及其应用
CHENGSHI DAQI WURANYUAN PAIFANG QINGDAN BIANZHI JISHU JI QI YINGYONG

组　　编：上海市环境监测中心
主　　编：伏晴艳　刘启贞　李　芳 等
出版发行：上海交通大学出版社
地　　址：上海市番禺路 951 号
邮政编码：200030
电　　话：021-64071208
印　　制：苏州市越洋印刷有限公司
经　　销：全国新华书店
开　　本：710 mm×1000 mm　1/16
印　　张：28.25
字　　数：528 千字
版　　次：2021 年 8 月第 1 版
印　　次：2021 年 8 月第 1 次印刷
书　　号：ISBN 978-7-313-23833-7
定　　价：198.00 元

能源与环境出版工程
丛书学术指导委员会

能源与环境出版工程
丛书编委会

本书编委会

主　编

伏晴艳　刘启贞　李　芳　吴迓名　高宗江

编　委（按姓氏笔画排序）

卞吉玮　伏晴艳　刘　娟　刘启贞　刘登国

孙焱婧　李　芳　吴迓名　沈　寅　怀红燕

张钢锋　张家铭　张懿华　陆　涛　陈筱佳

林　立　易　敏　居　力　胡　鸣　胡磬遥

修光利　徐　亮　徐　昶　徐　捷　徐　豪

高宗江　黄　成　黄　嵘　黄嫣旻　巢　渊

董　励　程金平　鲁　君　裴　冰

总 序

能源是经济社会发展的基础，同时也是影响经济社会发展的主要因素。为了满足经济社会发展的需要，进入21世纪以来，短短十余年间(2002—2017年)，全世界一次能源总消费从约96亿吨油当量增加到135亿吨油当量，能源资源供需矛盾和生态环境恶化问题日益突显，世界能源版图也发生了重大变化。

在此期间，改革开放政策的实施极大地解放了我国的社会生产力，我国国内生产总值从10万亿元人民币猛增到82万亿元人民币，一跃成为仅次于美国的世界第二大经济体，经济社会发展取得了举世瞩目的成绩！

为了支持经济社会的高速发展，我国能源生产和消费也有惊人的进步和变化，此期间全世界一次能源的消费增量(约38.3亿吨油当量)中竟有51.3%发生在中国！经济发展面临着能源供应和环境保护的双重巨大压力。

目前，为了人类社会的可持续发展，世界能源发展已进入新一轮战略调整期，发达国家和新兴国家纷纷制定能源发展战略。战略重点在于：提高化石能源开采和利用率；大力开发可再生能源；最大限度地减少有害物质和温室气体排放，从而实现能源生产和消费的高效、低碳、清洁发展。对高速发展中的我国而言，能源问题的求解直接关系到现代化建设进程，能源已成为中国可持续发展的关键！因此，我们更有必要以加快转变能源发展方式为主线，以增强自主创新能力为着力点，深化能源体制改革、完善能源市场、加强能源科技的研发，努力建设绿色、低碳、高效、安全的能源大系统。

在国家重视和政策激励之下，我国能源领域的新概念、新技术、新成果不断涌现；上海交通大学出版社出版的江泽民学长著作《中国能源问题研究》(2008年)更是从战略的高度为我国指出了能源可持续的健康发展之路。为了“对接国家能源可持续发展战略，构建适应世界能源科学技术发展趋势的能源科研交流平台”，我们策划、组织编写了这套“能源与环境出版工程”丛书，其目的在于：

一是系统总结几十年来机械动力中能源利用和环境保护的新技术新成果；

二是引进、翻译一些关于“能源与环境”研究领域前沿的书籍，为我国能源与环境领域的技术攻关提供智力参考；

三是优化能源与环境专业教材，为高水平技术人员的培养提供一套系统、全面的教科书或教学参考书，满足人才培养对教材的迫切需求；

四是构建一个适应世界能源科学技术发展趋势的能源科研交流平台。

该学术丛书以能源和环境的关系为主线，重点围绕机械过程中的能源转换和利用过程以及这些过程中产生的环境污染治理问题，主要涵盖能源与动力、生物质能、燃料电池、太阳能、风能、智能电网、能源材料、能源经济、大气污染与气候变化等专业方向，汇集能源与环境领域的关键性技术和成果，注重理论与实践的结合，注重经典性与前瞻性的结合。图书分为译著、专著、教材和工具书等几个模块，其内容包括能源与环境领域内专家们最先进的理论方法和技术成果，也包括能源与环境工程一线的理论和实践。如忻建华、钟芳源等撰写的《燃气轮机设计基础》是经典性与前瞻性相统一的工程力作；黄震等撰写的《机动车可吸入颗粒物排放与城市大气污染》和王如竹等撰写的《绿色建筑能源系统》是依托国家重大科研项目的新成果新技术。

为确保这套“能源与环境”丛书具有高品质和重大的社会价值，出版社邀请了杜祥琬院士、黄震教授、王如竹教授等专家，组建了学术指导委员会和编委会，并召开了多次编撰研讨会，商谈丛书框架，精选书目，落实作者。

该学术丛书在策划之初，就受到了国际科技出版集团 Springer 和国际学术出版集团 John Wiley & Sons 的关注，与我们签订了合作出版框架协议。经过严格的同行评审，截至 2018 年初，丛书中已有 9 本输出至 Springer，1 本输出至 John Wiley & Sons。这些著作的成功输出体现了图书较高的学术水平和良好的品质。

“能源与环境出版工程”从 2013 年底开始陆续出版，并受到业界广泛关注，取得了良好的社会效益。从2014年起，丛书已连续5年入选了上海市文教结合“高校服务国家重大战略出版工程”项目。还有些图书获得国家级项目支持，如《现代燃气轮机装置》、《除湿剂超声波再生技术》(英文版)、《痕量金属的环境行为》(英文版)等。另外，在图书获奖方面，也取得了一定成绩，如《机动车可吸入颗粒物排放与城市大气污染》获“第四届中国大学出版社优秀学术专著二等奖”;《除湿剂超声波再生技术》(英文版)获中国出版协会颁发的“2014年度输出版优秀图书奖”。2016年初，“能源与环境出版工程”(第二期)入选了“十三五”国家重点图书出版规划项目。

希望这套书的出版能够有益于能源与环境领域里人才的培养，有益于能源与环境领域的技术创新，为我国能源与环境的科研成果提供一个展示的平台，引领国内外前沿学术交流和创新并推动平台的国际化发展！

翁史烈

2018年9月

序

自2013年以来，在《大气污染防治行动计划》和《打赢蓝天保卫战三年行动计划》的引领和推动下，我国实施了一系列大气污染防治措施，在经济平稳发展的同时，环境空气质量得到持续改善，特别是$PM_{2.5}$污染浓度得到了有效控制，顺应了人民群众向往美好生活的需求。然而，对照发达国家空气质量标准和世界卫生组织的指导值，我国的环境空气质量与这些要求还有较大的差距。在不利气象条件下，京津冀和汾渭平原等区域$PM_{2.5}$超标问题仍然较为严重，与此同时，O_3污染问题正日益凸显，成为阻碍空气质量进一步提升的关键指标。与传统的一次污染相比，复合型大气污染成因复杂，需要准确掌握人类活动从地面向大气中排放的污染物信息，建立动态更新的城市大气污染源排放清单，方能科学地指导大气污染防治工作。通过十余年的努力，作为国际上环境空气质量管理的三大核心支撑技术之一，编制大气污染源排放清单已成为我国环境保护管理部门关注的基础性工作。近年来，观测技术和模拟技术的发展对排放清单的精度提出了更高的要求，需要获取更为准确的排放时空分布、更为细致的排放化学组成以及动态更新的污染源排放信息。为此，有必要编制相关技术规范，并依托大数据和信息技术，规范和推动我国从城市到国家层面的排放清单持续改进，再结合化学组分网数据和数值模型对清单的准确性进行评估和验证。

众所周知，编制大气污染源排放清单是一项烦琐的工作，涉及海量数据收集和定量分析。编制城市排放清单不仅需要研究人员对各种行业污染排放环节和过程特点有理论认识，还要求编制者具有丰富的实践经验和宏观判断能力，对由多种渠道获得的数据和资料进行多次检验和相互验证。回顾我国大气污染源排放清单的发展历程，在多个城市排放清单实践工作中，北京市和上海市等地的排放清单编制工作起步最早并走在全国前列。以上海市为例，传承上海“海派”文化和“精细化管理”的城市优秀传统，上海市大气污染源排放清单从重点工业园区的核查到船舶、非道路移动机械等移动源的定量研究，再到扬尘面源本地化排放系数的实时测定，为我国排放清单工作的持续改进提供了良好的示范。特别是在三届中国国际进口博览会等重大活动的推动下，上海结合实时交通流技术建立的全路网动态机动车排放平台为冬季空气重污染防治的精准调控提供了关键的排放源数据。

合抱之木，生于毫末；九层之台，起于累土。排放清单业务化编制工作在中国已呈现蓬勃发展之势，正在得到各级环保管理部门和大气污染防治科技工作者的重视。作为“能源与环境出版工程”丛书之一，本书的出版实是一件有益于环境保护工作、有益于科研发展的好事。通过归纳提炼多年业务实践和科研成果，该书梳理和总结了我国大气污染源排放清单的发展历程，并围绕上海排放清单编制实践这一主线，系统地介绍了点源、移动源和面源的排放清单的编制方法，对于同行和相关领域研究人员来说是一本较为全面的专业指导参考书。该书内容丰富，实用性和科学性兼备，相信该书的出版将对指导我国各地排放清单编制工作起到积极的推动作用。

2020年3月于清华园

前　言

经过七百多个日子，在编写团队成员的共同努力下，这本关于上海市大气污染源排放清单的书稿终于得以交付出版社审印。感谢上海交通大学出版社的编辑杨迎春博士不厌其烦的督促，在几乎有些停滞的编写工作中给予了我们很多鼓励和动力。这反复放下又拾起的过程就如同排放清单工作的写照，本书与上海的排放清单一同在克服了重重困难后终于走上了有序的成长道路。感谢贺克斌院士早在2002年便提出在上海编制城市级大气污染源排放清单，力争成为国家模板的期望。十余年来，这一叮嘱铸就了"构建中国最佳城市清单"的梦想，鞭策着上海市环境监测中心清单团队不断致力于大气污染源排放清单的研究和持续改进。从最初框架的搭建到专项清单定量方法的持续研究，从年度完整清单的建立到小时精度动态移动源排放清单的探索，从仅仅满足于本市空气质量预测预报的输入需求，到服务于进博会空气质量精细化调控管理，上海大气污染源排放清单的科研和业务化工作伴随着城市环境管理水平的提升而不断完善更新。与此同时，清单建设的团队亦从早年寥寥数人发展壮大到由科研院所和高校专业人员共同参与的百余人专业队伍。

上海大气污染源排放清单最早的雏形起源于1997年国家环保局下达的"氮氧化物环境容量"研究课题。氮氧化物不同于二氧化硫等传统污染物，不限于含硫煤炭的使用排放，几乎所有涉及燃烧和加热的过程都会产生和排放氮氧化物。为此，课题组对包括重点工业源和机动车在内的上海市全行业氮氧化物排放开展了调研和计算，首次将船舶、飞机和火车等非道路移动源纳入大气污染物排放源体系中。2003年，为实现空气质量数值预报模型在上海空气质量预测预报业务中的应用，上海市环保局正式启动了首个大气污染源排放清单的编制研究项目。该项目以$PM_{2.5}$和O_3等复合型大气污染物为目标，借鉴"一个大气"的研究理念，着眼于SO_2、VOCs、NO_x、

CO、一次颗粒物(包括 TSP、PM_{10}和 $PM_{2.5}$)等前体污染物的定量研究，污染来源覆盖全社会各个行业，排放类别包括了工艺过程 VOCs、道路扬尘等无组织排放源，这一研究奠定了上海建立城市排放清单的总体框架和研究方向。

特别需要感谢富有才华的吴迓名高工，他通过悉心解读美国环保署和欧盟排放清单的技术导则，对本市重点工业企业每个排口、每套装置进行了详细的定量计算，系统性梳理编制了固定源调查和定量技术导则，为上海排放清单的建立确定了关键的技术路径；感谢魏海萍教授在吴淞工业区开展的开创性企业排放核查工作，将过去机械的排放理论计算与企业的实际工况相结合，形成“一厂一档”的定量研究模式，并贯穿运用到吴泾工业区综合整治、上海石化和高桥石化等多个重点区域及企业的 VOCs 无组织排放研究中；感谢陈长虹老师在交通、能源领域内的前期研究基础；感谢上海市综合交通研究所薛美根和朱洪两位所长的长期支持，上海率先在全国采用了基于全路网交通模型的车公里数定量技术体系，通过实时交通流的监测和交通模型的多元数据动态融合，建立了基于实时交通流的机动车动态排放监控平台，使上海机动车排放清单研究水平再次跻身全国前列；感谢中国科学院安徽光学精密机械研究所谢品华研究员带队在通量监测方面给予的支持，为工业企业 VOCs 面源排放量的估算提供了新的思路和可能；感谢地理信息系统专家陆涛，在没有本地化排放清单转化工具的年代，将年度排放清单进行了科学的时空分配，形成 1 km×1 km 的网格化清单，为本市空气质量数值模型的应用提供了至关重要的逐小时的标准化数据；感谢沈寅、杨冬青在船舶排放清单研究方面的突出贡献，为推动长三角地区率先实施船舶低排放控制区(DECA)政策做出了积极的贡献；感谢刘登国、巢渊、易敏、王汉峥等人在机动车动态排放清单中的持续努力；感谢任菊萍处长、周军处长和刘代玲处长的持续支持，上海实现了工业区 VOCs 无组织排放的定期核查，实现了交通源排放的大数据平台的业务化运行；感谢沈根祥所长和邬坚平主任对本书的支持；感谢刘启贞博士以其独到的服务于环境管理的专业意识和认真负责的敬业精神，执着地推动着本市大气污染源排放清单的动态维护，很欣慰以他为代表的年轻学者已然成长为上海后续排放清单业务化和持续改进工作的主力军。

更要感谢参与本书编写的每一位成员，特别是李芳高工，以其细致的工作态度和专业的写作方式，完成了本书繁重的统稿工作；真诚地感谢由上海市环境监测中心、上海市环境科学研究院的同事们以及上海交通大学的程金平教授课题组师生共同组成的团队，大家不仅是本书的撰写者，更是上海排放清单建立和持续改进的实践者。

全书共分11章，陈筱佳、刘启贞等编写了第1章：绪论；李芳、吴迓名、张钢锋和徐昶等编写了第2章：城市大气污染源识别与分类；吴迓名和伏晴艳等编写了第3章：大气污染物排放定量方法综述；吴迓名和张钢锋等编写了第4章：点源大气污染源排放清单编制方法；刘娟、刘登国、沈寅、黄成、徐豪、居力和伏晴艳等编写了第5章：移动源大气污染源排放清单编制方法；徐捷、徐昶、黄嫣旻、修光利、黄成、李芳和怀红燕等编写了第6章：面源大气污染源排放清单编制方法；刘登国、黄嵘、孙焱婧、沈寅、徐豪、徐捷、陈筱佳、徐昶和徐亮等编写了第7章：高时空分辨率排放清单的构建与应用；高宗江、胡鸣和裴冰等编写了第8章：城市大气污染源VOCs和$PM_{2.5}$化学组分构成；高宗江等编写了第9章：城市大气污染源排放清单质量控制与质量保证；李芳、吴迓名、刘登国、沈寅、黄成、徐昶、徐捷、黄嫣旻、修光利、陆涛、卞吉玮和伏晴艳等编写了第10章：上海市大气污染源排放清单建立及应用；伏晴艳和刘启贞编写了第11章：建议与展望。本书以城市大气污染源排放清单的编制方法为主线，系统地介绍了上海大气污染源排放清单建立和改进过程中的实际做法，以期为我国城市大气污染源排放清单的管理人员和科研团队提供技术参考。

十五年来，秉承不断接近“真实”排放的原则，在上海市生态环境局的全力支持下，上海大气污染源排放清单团队在持续改进的道路上辛勤耕耘，不断创新和提升。针对全国各省区市对排放清单编制的广泛业务需求，以及促进排放清单技术的发展和专业人才的培养，本书的编写团队总结了多年来在上海开展排放清单的经验编写此书。

由于大气污染源排放清单在我国还处于发展阶段，特别是城市等级“由下而上”的精细化排放清单在研究方法方面尚未形成统一的技术规范，并且鉴于作者的能力和学识有限，书中难免存在缺点和错误，恳请同行专家和各界读者指正。

伏晴艳

2020年7月1日

目　　录

第1章　绪　　论

自2012年环境空气质量新版标准执行以来，随着全社会对日益美好生活的向往，大气污染已成为制约京津冀及周边地区等重点区域空气质量持续改善的难点和焦点，对大气污染防治的科技支撑提出了更高和更为紧迫的需求。大气污染源排放清单是空气质量预报预警的重要基础，也是制定污染控制策略的根本依据，建立完善、精准、动态的大气污染源排放清单已经成为空气质量管理科学决策的首要环节[1]。本章重点介绍了国内外城市大气污染源排放清单的发展现状及研究进展，从城市视角提出我国在城市大气污染源排放清单编制过程中面临的需求与挑战，并对源排放清单编制的方法体系展开讨论。

1.1　我国主要城市环境空气质量现状与管理需求

近年来，我国大气污染的特征已由局地污染转向区域性、复合型污染，以O_3和$PM_{2.5}$为代表的二次污染问题日益凸显，大气污染已经成为影响我国公众健康和社会稳定的重大环境问题。《环境空气质量标准》(GB 3095—2012)的实施标志着环境空气管控由排放总量控制转变为关注排放总量与改善环境质量相协调，这就需要我国的大气污染防治工作既要重视总量削减，更要重视环境空气质量改善。

1）环境空气质量现状

2013年，《大气污染防治行动计划》(即"大气十条")实施以来，各地狠抓大气污染治理，全国空气质量总体改善，京津冀、长三角、珠三角等重点区域改善明显。但是，截至2017年，全国338个地级及以上城市中，环境空气质量达标城市仅占全部城市数的29.3%，除$PM_{2.5}$和PM_{10}外，部分发展较快城市的O_3和NO_2已经成为制约城市空气质量达标的重要污染物，可见我国城市环境空气质量改善任务艰巨，任重而道远[2]。

2）环境管理需求

近年来，我国的大气污染防治工作取得了显著成绩，相比于2013年，2017年京津冀、长三角和珠三角的$PM_{2.5}$浓度分别下降了39.6%、34.3%和27.2%，北京市$PM_{2.5}$降至58 $\mu g/m^3$，全面超额完成了"大气十条"的预期考核目标。但目前京津冀和长三角地区的 $PM_{2.5}$ 仍普遍处于超标状态，以上海为例，在前几年大力推行大气污染控制措施的基础上，常规控制手段的持续效果已经不太明显，与国际大都市（伦敦、旧金山、纽约等）$PM_{2.5}$ 平均水平（12～15 $\mu g/m^3$）仍有很大差距，与世界卫生组织的目标值 10 $\mu g/m^3$ 更是相差甚远。随着大气污染防治工作的深入开展，污染防治工作逐渐进入深水区。如何进一步挖掘减排空间、推动所有城市实现达标，成为目前大气污染防治工作的重点和难点。2018 年 6 月，国务院印发了《打赢蓝天保卫战三年行动计划》，在产业结构、能源结构、运输结构、用地结构等方面提出了具体的优化调整要求。同时，要求实施重大专项行动，大幅降低污染物排放；开展重点区域秋冬季攻坚行动，打好柴油货车污染治理攻坚战，开展工业炉窑治理专项行动，实施挥发性有机物专项整治；强化区域联防联控，有效应对重污染天气；建立完善区域大气污染防治协作机制，加强重污染天气应急联动，夯实应急减排措施。

大气污染源排放清单是污染源精准治理、打赢蓝天保卫战的精细化数据支撑，但在我国空气质量监测水平已达世界领先的背景下，全国仅有 40 多个城市编制了源排放清单，很多地方不清楚各污染源排放的污染物种类和数量，导致在开展污染防治的工作中缺乏有效的科学支撑。

针对当前严峻的秋冬季节大气污染形势，京津冀及周边、长三角、汾渭平原等重点地区制定并实施了秋冬季攻坚方案，精准施策，重点区域约有 12 万家企业参与应急管控，实施大范围应急联动。而城市高时空分辨率动态更新的应急源排放清单编制工作对重污染天气应急工作具有重要的支撑作用，是确定重污染天气应急减排清单的数据基础和依据，为精细化环境管理提供精准的靶向建议。

1.2 城市大气污染源排放清单现状与进展

排放清单是各种排放源在一定的时间跨度和空间区域内向大气中排放的大气污染物的量的集合。根据排放源性质、污染物类别和覆盖地域尺度可对排放清单进行划分。按排放源性质可分为天然源和人为源排放清单；按污染物不同可以分为 NO_x、VOCs（挥发性有机化合物）、NH_3、颗粒物、重金属、POPs（持久性有机污染物）、有毒有害污染物等排放清单；按照不同的地域范围，可以分为全球、区域、国家、城市、县级乃至更小尺度的排放清单。

一套准确、完整、更新及时的大气污染源排放清单是城市空气质量管控决策中的核心基础数据支撑，在污染来源识别和空气污染控制策略制定方面将起到重要作用，有力支持了包括颗粒物来源解析、空气质量预报预警、污染物总量减排核查核算、空气质量达标规划，以及重污染天气期间和重大活动保障期间的应急方案制订及效果评估等工作的开展。建设城市大气污染源排放清单已成为当前我国空气质量管理工作中最为迫切的任务之一。从城市源排放清单的编制内容来看，一套完整的城市大气污染源排放清单应当覆盖化石燃料固定燃烧源、工艺过程源、移动源（包括道路移动源和非道路移动源）、溶剂使用源、农业源、扬尘源、生物质燃烧和废弃物处理等排放源，包含 TSP（总悬浮颗粒物）、PM_{10}、$PM_{2.5}$、SO_2、NO_x、CO、VOCs、NH_3、BC（黑炭）、OC（有机碳）等主要污染物，并具备动态更新机制。目前我国大多数城市正处于建立这样一套排放清单的阶段。

1.2.1 国外进展

20 世纪 70 年代，欧美国家开始了大气污染源排放清单的研究和建立工作。欧美地区相关政府机构或研究组织建立了统一的排放源分类分级编码技术，建立了基于排放源分类的化学成分谱数据库、活动水平数据库、本地排放系数数据库。主要成果包括美国的 AP－42 排放系数库、国家排放清单和温室气体排放清单，欧盟的排放系数数据库和排放清单等。

1）美国

美国国家环境保护署（EPA）是最早开展大气污染源排放清单的机构，也是目前大气排放清单研究的前沿机构之一。自 20 世纪 70 年代开始实施清洁空气计划以来，EPA 就逐步建立了源测试规范和排放系数库、排放源分类标准和编码、针对不同排放源的清单编制方法，以及与空气质量模型对接的排放处理模式，形成了完备的排放清单技术体系和框架。在此基础上开发了美国国家污染源排放清单（National Emissions Inventory，NEI），并建立了清单校验和定期更新的制度[3]，其主要发展历程如表 1－1 所示。

表 1－1 美国国家排放清单建立的发展历程

发展历程	重要里程碑事件及发展	
1968—1989 年	国家酸沉降评价项目（NAPAP）	第一版排放系数库 AP－42
1990—1992 年	SO_2、NO_x 清单	排放源分类码
1993—1995 年	国家颗粒物排放清单（NPI）	第五版排放系数库 AP－42
1996—1999 年	国家排放趋势清单（NET）	国家排放清单（NEI，包括排放趋势清单和有毒有害气体排放清单）
2000—2004 年	规范 NEI 输入格式	强调引入更多州县级信息
2005—2010 年	清单评估与不确定性分析（NASTO）	清洁空气州际法规（CAIR）
2011 年至今	大数据应用及清单精细化	环境影响评价，污染控制规划

EPA 于 1968 年首次颁布了全世界范围内首个排放系数数据库 AP－42，最新的第五版 AP－42 是在 1995 年颁布的，同时每年还会进行进一步修订和更新，在 EPA

排放清单网站中可以查看并下载使用最新版本的排放系数。AP-42是美国国家污染源排放清单建立的重要依据，也是现今清单研究的重要指导文件之一。根据排放源的不同特征，AP-42将所有排放源分为15个重点行业、160多个子行业，一级污染源分别是外燃源、固体废物处理源、固定内燃源、蒸发损失源、石油工业源、有机化工工业源、液体储罐源、无机化学工业源、食品和农业工业源、木制品工业源、矿制品工业源、冶金工业源、其他源、温室气体生物排放源、军械爆炸源。最新的排放源名录如表1-2所示。AP-42排放系数数据库包含常规污染物、温室气体、有毒气体等在内的两百余种大气污染物，如SO_x、NO_x、CO_x、TOC(总有机碳)、CH_4、PM、PCDD/PCDF(多氯代二苯并对二噁英/多氯代二苯并呋喃)、PAHs(多环芳烃)、其他有机化合物、HCl、HF和痕量金属等。对于每一个具体类型的排放源的各种污染物，AP-42根据工艺过程、设备型号等因素提供了排放系数参数值及数据的背景文件，包括排放系数计算过程或数据来源等信息。同时，对于不同污染源的各种污染物的排放量估算做出了详细说明，并按照其可靠性、准确性加以分级(由A到E,A表示最佳)。

表1-2　美国AP-42排放源名录

一级排放源	二级排放源	三级排放源	四级排放源
1. 外燃源	1.1　烟煤及亚烟煤燃烧		
	1.2　无烟煤燃烧		
	1.3　燃料油燃烧		
	1.4　天然气燃烧		
	1.5　液化石油气燃烧		
	1.6　木质废料燃烧		
	1.7　褐煤燃烧		
	1.8　炼糖厂甘蔗渣燃烧		
	1.9　居民壁炉燃烧		
	1.10　木料残渣炉		
	1.11　废油燃烧		
2. 固体废弃物处理	2.1　废弃物燃烧		
	2.2　污水污泥焚烧		
	2.3　医疗废弃物焚烧		
	2.4　垃圾填埋		
	2.5　露天燃烧		

（续表）

一级排放源	二级排放源	三级排放源	四级排放源
2. 固体废弃物处理	2.6　机动车车体焚烧		
	2.7　圆锥形燃烧器		
3. 固定内燃源	3.1　固定气体涡轮		
	3.2　燃天然气往复式发动机		
	3.3　燃汽油和柴油工业发动机		
	3.4　大型固定柴油和所有固定双燃料发动机		
4. 蒸发损失源	4.1　干洗		
	4.2　表面涂层	4.2.1　非工业表面涂层	
		4.2.2　工业表面涂层	4.2.2.1　一般工业表面涂层
			4.2.2.2　罐头涂层
			4.2.2.3　电磁线涂层（漆包线漆膜）
			4.2.2.4　其他金属涂层
			4.2.2.5　木质内墙板涂层
			4.2.2.6　纸张涂层
			4.2.2.7　支撑基础的聚合物涂层
			4.2.2.8　汽车和轻型卡车表面涂层
			4.2.2.9　压力敏感带
			4.2.2.10　金属卷材表面涂层
			4.2.2.11　大型器具表面涂层
			4.2.2.12　金属家具表面涂层

（续表）

一级排放源	二级排放源	三级排放源	四级排放源
4. 蒸发损失源	4.2 表面涂层	4.2.2 工业表面涂层	4.2.2.13 磁带制造
			4.2.2.14 商业机械塑料部分表面涂层
	4.3 废水收集、处理和储存		
	4.4 聚酯塑料产品制作		
	4.5 沥青铺路操作		
	4.6 溶剂去油脂		
	4.7 溶剂回收		
	4.8 储罐和储槽清洗		
	4.9 形象艺术	4.9.1 一般绘画印刷	
		4.9.2 出版物照相凹版印刷	
	4.10 商用/消费者溶剂使用		
	4.11 纺织品印刷		
	4.12 橡胶制品的制造		
5. 石油工业	5.1 石油提炼		
	5.2 石油液体的运输和销售		
	5.3 天然气工艺		
6. 有机化学工业	6.1 炭黑		
	6.2 脂肪酸		
	6.3 炸药		
	6.4 油漆和清漆		
	6.5 邻苯二甲酸酐		
	6.6 塑料	6.6.1 聚氯乙烯	
		6.6.2 聚对苯二酸乙烯	
		6.6.3 聚苯乙烯	
		6.6.4 聚丙烯	

（续表）

一级排放源	二级排放源	三级排放源	四级排放源
6. 有机化学工业	6.7 印刷油墨		
	6.8 肥皂和清洁剂		
	6.9 合成纤维		
	6.10 合成橡胶		
	6.11 对苯二酸		
	6.12 烷基铅		
	6.13 制药		
	6.14 顺丁烯二酸酐		
7. 液体储罐	7.1 有机液体储罐		
8. 无机化学工业	8.1 合成氨		
	8.2 尿素		
	8.3 硝酸铵		
	8.4 硫酸铵		
	8.5 磷酸化肥	8.5.1 一般磷酸盐	
		8.5.2 三过磷酸钙	
		8.5.3 磷酸铵	
	8.6 盐酸		
	8.7 氢氟酸		
	8.8 硝酸		
	8.9 磷酸		
	8.10 硫酸		
	8.11 氯碱		
	8.12 碳酸钠		
	8.13 硫黄回收		
9. 食品和农业工业	9.2 种植操作	9.2.2 杀虫剂应用	
		9.2.3 果园加热	
	9.3 收割操作	9.3.1 棉花收割	
		9.3.2 谷物收割	
	9.4 牲畜和家禽喂食		

（续表）

一级排放源	二级排放源	三级排放源	四级排放源
9. 食品和农业工业	9.5 动物和动物肉制品处理	9.5.1 肉品包装	
		9.5.2 熏肉	
		9.5.3 肉品加工	
	9.6 乳制品	9.6.1 天然和人工奶酪	
	9.7 轧棉机		
	9.8 可保存水果和蔬菜加工	9.8.1 罐头水果和蔬菜	
		9.8.2 脱水水果和蔬菜	
		9.8.3 泡菜、酱油和色拉调味料	
	9.9 谷物处理	9.9.1 谷物提升和加工	
		9.9.2 谷物早餐食品	
		9.9.4 苜蓿脱水	
		9.9.5 面食制造	
		9.9.6 面包烘焙	
		9.9.7 玉米湿磨	
	9.10 糖果制品	9.10.1 食糖加工	9.10.1.1 蔗糖加工
			9.10.1.2 甜菜加工
		9.10.2 腌制和烘烤坚果	9.10.2.1 杏仁加工
			9.10.2.2 花生加工
	9.11 植物油加工		
	9.12 酒精饮料	9.12.1 啤酒	
		9.12.2 葡萄酒和白兰地	
		9.12.3 精馏酒精	
	9.13 其他各种事物和相关产品	9.13.1 鱼品加工	
		9.13.2 咖啡烘焙	
		9.13.3 快餐薯片油炸	
		9.13.4 酵母产品	
	9.15 制革		

（续表）

一级排放源	二级排放源	三级排放源	四级排放源
10. 木制品工业	10.2 化学木浆		
	10.5 胶合板		
	10.6 再生木制品	10.6.1 华夫板和定向线板	
		10.6.2 颗粒板	
		10.6.3 中密度板	
		10.6.4 硬纸板和纤维板制造	
	10.7 木炭		
	10.8 木材保存		
	10.9 工程木材制造		
11. 矿制品工业	11.1 沥青搅拌		
	11.2 沥青铺房顶		
	11.3 制砖和相关的黏土制品		
	11.4 电石制造		
	11.5 耐火材料制造		
	11.6 波特兰水泥工艺		
	11.7 陶瓷制品制造		
	11.8 黏土和飞灰烧结		
	11.9 西部地面煤矿		
	11.10 洗煤		
	11.11 煤转化		
	11.12 水泥定量		
	11.13 玻璃棉制造		
	11.14 玻璃烧结制造		
	11.15 玻璃制造		
	11.16 石膏制造		
	11.17 石灰制造		
	11.18 矿棉制造		

（续表）

一级排放源	二级排放源	三级排放源	四级排放源
11. 矿制品工业	11.19　建筑骨料处理	11.19.1　沙砾处理	
		11.19.2　碎石处理	
	11.20　轻质骨料制造		
	11.21　磷酸岩石处理		
	11.22　硅藻土处理		
	11.23　铁燧岩处理		
	11.24　金属矿石处理		
	11.25　黏土处理		
	11.26　滑石处理		
	11.27　长石处理		
	11.28　蛭石处理		
	11.30　珍珠岩处理		
	11.31　研磨剂制造		
12. 冶金工业	12.1　初次铝产品		
	12.2　炼焦		
	12.3　初次铜熔炼		
	12.4　铁合金产品		
	12.5　钢铁冶炼	12.5.1　废铁加工	
	12.6　初次铅熔炼		
	12.7　锌熔炼		
	12.8　二次铝加工		
	12.9　二次同熔炼和合金		
	12.10　灰铁铸造		
	12.11　二次铅加工		
	12.12　二次镁熔炼		
	12.13　炼钢炉		
	12.14　二次锌加工		
	12.15　蓄电池生产		

（续表）

一级排放源	二级排放源	三级排放源	四级排放源
12. 冶金工业	12.16　氧化铅和颜料生产		
	12.17　其他各种铅制品		
	12.18　铅相关的矿石粉碎和研磨		
	12.19　电弧焊		
	12.20　电镀		
13. 其他各种污染源	13.1　野火和处方燃烧		
	13.2　逸尘排放源	13.2.1　铺设路面	
		13.2.2　未铺设路面	
		13.2.3　重型建筑操作	
		13.2.4　骨料处理和堆放	
		13.2.5　工业性风蚀	
		13.2.6　喷砂	
	13.3　炸药爆炸		
	13.4　湿式冷却塔		
	13.5　工业火炬		
14. 温室气体生物排放源	14.1　土壤排放-温室气体		
	14.2　蚁类-温室气体		
	14.3　闪电-温室气体		
	14.4　肠胃发酵-温室气体		
15. 军械爆炸	15.1　小墨盒<30 mm		
	15.2　中型墨盒 30～75 mm		
	15.3　大墨盒>75 mm		
	15.4　投射物、罐和装药		
	15.5　手榴弹		

（续表）

一级排放源	二级排放源	三级排放源	四级排放源
15. 军械爆炸	15.6　火箭、火箭发动机和点火器		
	15.7　地雷和烟囱		
	15.8　信号和模拟器		
	15.9　爆破帽等		
	15.10　保险丝和引物		
	15.11　制导导弹		

说明：表中未按数字顺序排列的小节不是遗漏了相应的小节，而是 AP-42 修订后被去除。

EPA 应《清洁空气法修正案》(*Clean Air Act Amendments*, CAAA)以及《应急计划与公众知情权法》(*Emergency Planning and Community Right-to-know Act*, EPCRA)的要求，制订了排放清单改进计划，以推动各州及地方各级排放源数据的收集、计算、存储、报告、共享等标准化过程，促使源排放清单的建立更加标准化、规范化。基于排放清单改进计划的框架，EPA 建立了美国国家污染源排放清单(NEI)。NEI 涵盖国家、州、郡/部落三种地区尺度，每三年进行一次全面更新，该数据库包含了固定源、非点源、行驶源和非道路行驶源中的 NO_x、VOCs、CO、SO_2、NH_3、$PM_{2.5}$和 PM_{10}七种标准污染物(criteria air pollutants, CAP)以及多种有毒污染物(hazardous air pollutants, HAP)。国家污染源排放清单可以在 EPA 的排放清单栏目(http://www.epa.gov/air-emissions-inventories)、美国政府大数据网站(http://catalog.data.gov)等网站上查询到，目前已更新到 2014 年，2017 年的清单在持续更新中。清单内容包括帮助文件、描述文件和数据文件，污染源包括全国范围内独立的点源、面源以及移动源。

2) 欧洲

欧洲排放清单的建立涉及不同的国家，同时要考虑不同国家之间污染源、污染物以及排放量的可比性，其清单编制工作主要通过多边约定、议定书和欧盟指令等政府间合作来推动。联合国欧洲经济委员会(United Nations Economic Commission for Europe, UNECE)签署了《远距离越境空气污染公约》(*Convention on Long-range Transboundary Air Pollution*, CLRTAP)，并针对 CLRTAP 公约签署了相应的监测及评估计划(European Monitoring and Evaluation Programme, EMEP)。EMEP 的主要目标包括对排放数据进行汇编和分析，并定期向科学和政治团体提供排放信息。

为了指导各国排放清单的建立，欧洲环境署(European Environment Agency, EEA)与排放清单和预测工作组的专家团队开展了大量的排放系数测试工作，并于

1996年发布了第一版EMEP/EEA空气污染源排放清单编制技术指南规范(以前称为EMEP/CORINAIR排放清单指南,下称《指南》),指导整个欧洲的源排放清单编制工作。此后,EEA对《指南》进行持续更新,目前最新版是2016年完成的修订版。《指南》中污染源排放清单的计算方法按照其重要程度采用分级管理,量化方法包括级别一(Tier 1)至级别三(Tier 3)。其中Tier 1为简化方法,活动水平采用统计信息,排放系数采用行业或者地区典型或者平均估值,不确定性较大;Tier 2的方法稍复杂,按照排放源的不同工艺过程分级计算,活动水平来源同Tier 1,排放系数根据实际工艺流程、燃料质量、污染控制水平等综合计算;Tier 3的方法最复杂,活动水平数据细化到工业设备层面,排放系数通过相关模型计算。

基于这些工作基础,EEA建立了1980—2016年欧洲国家排放清单,并预测了2020—2050年每5年的排放量。欧洲各国排放清单的排放源采用统一分类,包括11个部门、260多种人为活动。污染物包含5种气态污染物(CO、NH_3、NMVOCs①、NO_x、SO_x)、颗粒物($PM_{2.5}$、PM_{10}、TSP、BC)、9种重金属和26种POPs。其中,气态污染物和颗粒物的逐年变化趋势如图1-1所示。自1990年以来,欧盟清单9项污染物中SO_x排放量减少比例最大,2016年SO_x排放量比1990年减少了约91%;其他主要气态污染物的排放量也大幅下降,CO、NMVOCs、NO_x和NH_3分别减少了约69%、62%、58%和23%,TSP、PM_{10}、$PM_{2.5}$和BC排放总量分别较2000年下降了约22%、26%、28%和41%。

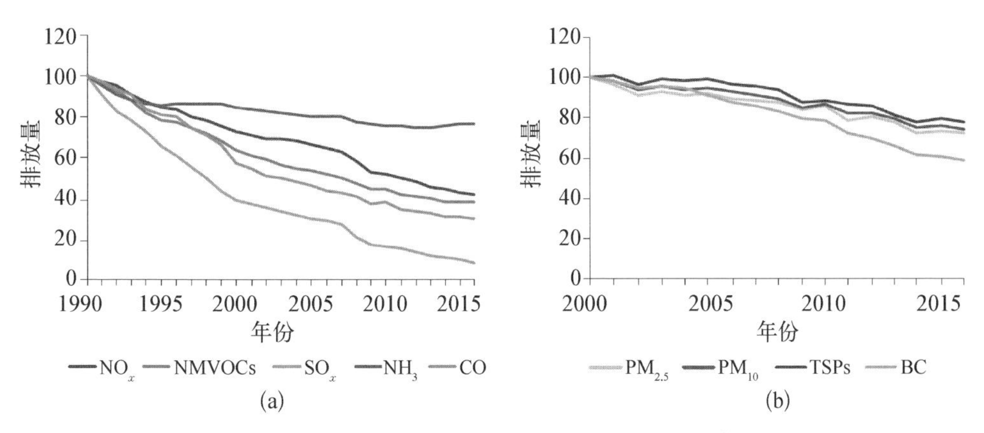

图1-1 欧盟各项污染物排放量年度变化趋势(1990—2016年,彩图见附录)

(a) 气态污染物排放量(以1990年的数据为100计);(b) 颗粒物排放量(以2000年的数据为100计)

3) 亚洲

亚洲大气污染物和温室气体的人为排放量在过去三十年中发生了巨大的空间

---

① NMVOCs指非甲烷挥发性有机化合物(non-methane volatile organic compounds)。

和时间变化，估算亚洲的人为排放量是了解和控制区域和全球大气环境污染的一项非常重要的任务。日本是较早开展大气污染源排放清单研究和编制的国家，1992 年 Kato 等[4]编制的亚洲排放清单首次计算了 1975 年、1980 年和 1985—1987 年东亚、东南亚和南亚国家的 SO_2 和 NO_x 排放量。

美国 Argonne 国家重点实验室 Streets 等[5]根据美国国家航空航天局（NASA）的 TRACE-P 计划[6]和 ACE-Asia 综合试验，通过航天器、地面观测站和卫星等获取排放数据，建立了 2000 年亚洲地区空间分辨率为 1°×1°的 TRACE-P 排放清单。该清单包括化石燃料燃烧、其他工业活动、生物质燃烧、植被源及土壤扬尘等污染源，主要污染物包括 SO_2、NO_x、CO_2、CO、CH_4、NMVOCs、BC 和 OC 等。

对于 TRACE-P 的后续任务——洲际化学传输实验 B 阶段（INTEX-B），清华大学和美国阿贡国家实验室对 TRACE-P 排放清单进行了更新和改进，建立了 2006 年亚洲地区 INTEX-B 清单[7]。该清单涉及 SO_2、NO_x、CO、NMVOCs、PM_{10}、$PM_{2.5}$、BC 和 OC 八种污染物的排放量，空间分辨率提高到 0.5°×0.5°。与 TRACE-P 清单相比，该清单耦合了部分地方排放清单，包括印度的 BC 和 OC 排放清单、日本的排放清单，以及韩国和中国台湾地区的官方排放清单。针对中国，该清单结合新能源技术对燃煤电厂和机动车排放的影响，更新了电厂燃煤 SO_2 和 $PM_{2.5}$、机动车 NO_x 和 CO 等的排放系数，完善了中国的估算排放方法，同时也完善了 NMVOCs 的分类方法。

为了分析亚洲大气环境的长期趋势，日本国立研究所 Ohara 等[8]基于一种一致的方法编制了第一个亚洲历史和未来预测排放的清单，即亚洲区域大气污染源排放清单 1.1 版（regional emission inventory in asia version 1.1，REAS 1.1）。该清单涵盖 1980—2003 年亚洲主要污染物的排放量，并估算了 2004—2020 年亚洲的排放量，分辨率为 0.5°×0.5°，包括 NO_x、SO_2、CO、CO_2、N_2O、NH_3、BC、OC、CH_4 和非挥发性有机碳等污染物的生物排放情况；污染物来源主要包括人为源排放，例如工业、电力、交通及民用的石化及生物质燃料燃烧，还有工业过程及石油挥发等的无组织排放，种植土壤及牲畜的农业过程排放，生物质燃烧和水处理过程中的排放以及自然排放，例如植被和土壤排放等。但该清单未考虑排放系数和去除效率的已知时间变化。Kurokawa 等[9]将该清单更新至 REAS 2 版本，提供了 2000—2008 年亚洲地区主要空气污染物和温室气体月度网格化清单，空间分辨率提高至 0.25°×0.25°。该清单基于分省统计年鉴更新了 2003—2008 年的基础能源消耗数据，同时考虑了现有污染控制新技术对排放系数的影响。

为达成东亚模式比较计划第三期 MICS-Asia Ⅲ（model inter-comparison study for Asia Ⅲ）和联合国半球大气污染传输计划（task force on hemi-spheric transport of air pollution，TFHTAP），清华大学主持开发了 MIX 排放清单[10]，建立了 2008

年和2010年亚洲30个国家和地区的污染源排放清单，空间分辨率达到0.25°×0.25°。该清单耦合同化了中国多尺度排放清单模型（multi-resolution emission inventory for China，MEIC）、中国氨排放清单PKU-NH_3[11]、韩国排放清单CAPSS[12]、美国阿贡国家实验室开发的印度排放清单ANL-India[13-14]和REAS 2中的本地化排放清单。该清单包括电力、工业、民用、交通和农业五个排放部门逐月的网格化排放数据，主要污染物包括SO_2、NO_x、CO、NH_3、NMVOCs、PM_{10}、$PM_{2.5}$、BC、OC和CO_2共十种主要大气化学成分，以及CB05和SAPRC－99两种大气化学机制的NMVOCs排放数据。

1.2.2 国内进展

自20世纪90年代以来，我国环境管理部门以环境统计、污染源普查、排污申报、总量核查、重点源在线监测等数据体系为基础，逐步建立工业源SO_2、NO_x和烟粉尘排放量的核算和动态更新机制，以及对机动车和生活源排放量的统计方法。部分经济发达地区或城市基于自身空气质量管理的需求，已经初步建立了相对完整的大气污染源排放清单，少数城市还实现了清单的动态更新。在各类科研项目支持下，我国研究人员在区域大气污染源排放清单领域开展了大量工作，其中清华大学建立了包括10种污染物、700多种排放源的中国多尺度大气污染源排放清单（multi-resolution emission inventory for China，MEIC），为相关研究和管理工作提供了宝贵的数据资料。

为指导各地开展大气污染源排放清单编制，2014年，环保部发布了一系列大气污染源排放清单编制指南，涵盖了$PM_{2.5}$、VOCs、NH_3、PM_{10}等污染物以及机动车、非道路移动源、生物质燃烧源、扬尘源等排放源。2014年8月，环保部发布了《大气细颗粒物一次源排放清单编制技术指南（试行）》《大气挥发性有机物源排放清单编制技术指南（试行）》和《大气氨源排放清单编制技术指南（试行）》三项技术指南。2014年12月又发布了《大气可吸入颗粒物一次源排放清单编制技术指南（试行）》《扬尘源颗粒物排放清单编制技术指南（试行）》《道路机动车大气污染物排放清单编制技术指南（试行）》《非道路移动源大气污染物排放清单编制技术指南（试行）》和《生物质燃烧源大气污染物排放清单编制技术指南（试行）》五项技术指南。

2015年，环保部发布了《关于开展源排放清单编制试点工作的通知》（环办〔2015〕14号），以包括北京、天津、上海在内的14个城市为试点开展了源清单编制工作；2017年，环保部又发布了《关于开展京津冀大气污染传输通道污染源排放清单编制工作的通知》（环办大气〔2017〕26号），要求北京和天津在内的28个京津冀大气污染传输通道城市（即“2＋26”城市）开展大气污染源排放清单编制工作。借助该清单编制工作的开展，我国首次在统一的编制技术、统一排放源分类分级体系、统一数据上传格式、统一清单管理平台上，建立了城市尺度的排放清单，为我国清单编制工作的全面及业务化开展奠定了良好基础。

1.2.2.1 全国尺度排放清单

依托我国在大气污染源排放清单方面的研究经验和技术积累，清华大学贺克斌教授团队开发了中国多尺度排放清单模型（MEIC）并于 2012 年发布 v.1.0 版本，向科学界提供网格化排放清单的在线计算和下载，目前最新版本为 v.1.3。MEIC 清单是由清华大学开发和维护的高分辨率动态排放清单，涵盖 10 种主要大气污染物和温室气体（SO_2、NO_x、CO、NMVOCs、NH_3、PM_{10}、$PM_{2.5}$、BC、OC 和 CO_2）和 700 多种人为排放源。该清单采用了基于动态过程的排放清单编制技术，集成了本地化排放系数数据库，实现了方法学与基础数据统一，使清单结果易于比较。此外，该清单通过基于云计算平台的源排放清单模型生成，可与空气质量模式无缝对接，提供的多层嵌套、高时空分辨率排放清单可供模式直接使用。目前 MEIC 清单已经为相关研究和管理工作提供了大量基础数据资料，广泛用于污染来源与成因分析、空气质量预报预警和空气污染达标规划等工作，在大气污染的社会经济驱动因素研究方面也有应用。

在其他全国清单研究方面，Zhao 等[15]构建了 2010 年全国分省市、分部门的包括 SO_2、NO_x、$PM_{2.5}$和 NMVOCs 等 8 种污染物的排放清单，魏巍[16]在建立我国 4 级排放源活动水平的系统高分辨率 VOCs 排放清单基础上，完成了排放清单不确定性定量分析模型，并依此形成了 VOCs 高分辨率排放清单的编制技术方法，构建和预测了 2005—2020 年的 VOCs 总量及具体化学组分的排放清单。

1.2.2.2 重点区域排放清单

我国经济发达地区同样也是空气污染较为集中发生的区域，区域大气污染联防联控已成为我国重要的大气污染防治战略，京津冀、珠三角和长三角等发达地区也同样率先开展了排放清单编制研究工作。

1) 京津冀地区

北京是国内最早开展排放清单研究和建立工作的城市。早在 2002 年，北京大学、北京市环境保护监测中心及中国环境科学研究院等单位共同承担了“北京市大气污染控制对策研究”项目。该项目在评估国内外源排放特征和排放系数资料的基础上，主要依据美国 AP－42 技术研究方法及系数，收集、分析和测量北京城近郊区固定源、流动源、无组织排放源 SO_2、NO_x、CO、VOCs、TSP、PM_{10}和 $PM_{2.5}$的排放特征和排放系数。以 1999 年为基准年，着重收集北京城近郊区的各种污染源的基础排放资料，计算各污染物排放量，建立了北京城近郊区 1999 年主要大气污染源排放清单及以 GIS 为平台的数据库系统。

2003—2004年，在第二轮“北京市大气污染控制对策研究”项目中，北京市环境保护监测中心将排放清单更新到2002年，并且将研究范围扩大到北京远郊。为迎接2008年北京奥运会，北京市政府牵头组织相关省市专家和技术人员，着手对河北省、天津市、山西省和内蒙古自治区等北京周边地区开展地区性大气污染源排放清单的建立，以共同开展地区性环境空气质量的控制和改善研究。2015年，北京市作为源排放清单编制试点城市之一，按照国家统一的源分类分级体系，编制了2014年涵盖SO_2、NO_x、CO、VOCs、NH_3、PM_{10}、$PM_{2.5}$、BC和OC 9种污染物的源排放清单。2017年，环保部对28个京津冀大气污染传输通道城市（即“2+26”城市）开展大气污染源排放清单编制工作，包括10类排放源和9种污染物。其中北京市针对道路扬尘源、餐饮源、典型燃气锅炉等开展了排放系数现场实测研究；Jia等[17]开展了钢铁企业典型排口颗粒物采样及成分谱测试，为$PM_{2.5}$、PM_{10}排放量估算提供更加精准的粒径分布系数。

在排放清单编制方法研究方面，Cheng等[18]开发了逐步回归方法来编制高分辨率的大气污染源排放清单。Zhao等[19]基于各省、区统计年鉴的数据，包括发电、工业能源消耗、工业加工、民用能源消耗、农作物秸秆焚烧、油溶剂蒸发、肥料使用和机动车等主要部门和活动，建立了2003年华北地区8个省份的空气污染源排放清单（IPAC-NC）。清华大学Qi等[20]进一步细化设备活动数据，建立了2013年京津冀3 km×3 km分辨率排放清单。

2）珠三角地区

珠三角地区是国内最早开始编制区域大气污染源排放清单的地区之一。香港环境保护署在20世纪90年代初建立了大气污染源排放清单，并每年进行更新。香港源排放清单计算了6种空气污染物和7种排放源的全年排放量，其中6种污染物为SO_2、NO_x、CO、VOCs、PM_{10}、$PM_{2.5}$；7种排放源分类包括公用发电、道路运输、水上运输、民用航空、其他燃烧源、非燃烧源及生物质燃烧源。香港环境保护署2000年首次在网页上公布香港空气污染源排放清单，目前网站上清单数据已更新至2016年，并提供1997—2016年清单变化趋势分析。当有更新的排放清单估算方法、更精确的排放系数或发现估算中存在错误时，环境保护署会更新排放清单，并在技术上可行的情况下重新测算历史年份确定的排放清单数据，以提供一致和可靠的排放趋势估算。

自2000年以来，珠三角地区采用“自上而下”的方法，分别以1997年、2001年和2003年为基础年度公布珠三角地区排放清单，其中2003年的排放清单由广东省环境监测中心和香港环境保护署联合开发，但这些排放清单都是城市尺度上的年度总量清单，没有空间和时间的排放变化信息，不能用于空气质量模型输入。2009年，Zheng等[21]采用“自下而上”的方法建立了2006年珠三角地区3 km×

3 km 网格排放清单，该清单是珠三角地区第一个满足区域空气质量模式要求的高分辨率排放清单。华南理工大学和广东省环境监测中心的相关研究人员分别以 2008 年、2010 年、2012 年和 2014 年为基准年，建立了广东省空间分辨率为 3 km×3 km 的大气污染源排放清单。其他研究工作集中在主要污染源和重要污染物方面的排放清单，包括工业源、道路移动源、非道路移动源、生物质燃烧源、面源和天然源等污染源，以及 NH_3、BC 和 OC、汞和颗粒物等重要污染物。

3）长三角地区

长三角地区是我国经济发展最快的地区之一，也是国内较早开展清单研究和编制工作的地区之一。在区域源排放清单建立方面，复旦大学[22]建立了 2004 年长三角地区大气污染源排放清单，涵盖点源、面源、线源三大类；上海市环境科学研究院[23]在长三角各城市、各部门污染源资料基础上，建立了 2007 年长三角地区 16 个主要城市的排放清单，涉及工业、交通、生活和农业等多个部门；翟一然[24]为长三角地区人为源构建了四级排放源分类系统，建立了排放系数库，编制了动态排放清单；Fu 等[25]完成了对长三角地区排放清单的升级，建立了 2010 年长三角地区 25 个城市的排放清单，明确了颗粒物和 VOCs 等首要污染物中的主要物质及来源；Zhou 等[26]采用“自下而上”的方法，建立了江苏省 3 km×3 km 网格化排放清单。

在城市尺度排放清单编制方面，上海市环境监测中心等单位开展研究建立了 2003—2017 年上海市排放清单，编制了 2003 年上海港外港和内河船舶排放清单[27]，排放清单以伏晴艳[28]所建立的 2006 年清单为代表。近年来，研究人员针对机动车[29]、船舶[30]、港口、面源 VOCs[31]、餐饮源、工业源等源谱构建和清单建立开展了大量研究。南京市围绕青奥会质量保障需要，建立了 2010—2012 年 10 类大气污染物、空间分辨率达 3 km×3 km 的排放清单。Zhao 等[32]通过实地调研南京市 900 多个工业排放源，编制了高分辨率排放清单，利用遥感、地面观测和在线设备监测的数据与清单的空间分配进行比较。其他研究包括电力行业、工业源、机动车、扬尘等排放清单和网格化空间分配等。杭州市是我国东部重点城市之一，Zhang 等[33]基于地理信息系统（GIS），建立了 2004 年杭州市化石能源消费和工业生产过程 SO_2、NO_x、PM_{10} 排放清单；通过调查整合多套污染源数据和统计资料，建立了 2010 年 1 km×1 km 网格化源清单；杨强等[34]基于实地污染源调查数据更新了 2015 年排放清单。另有研究重点对杭州市工业源、机动车、农业源氨排放清单等进行了更新。

1.2.3 重点污染源排放清单

近年来，源清单编制的基础数据不断完善，我国研究者在本地化排放系数测试、清单计算方法方面开展了系列研究。

1.2.3.1　固定源

固定源排放清单计算方法包括在线监测法、手工监测法、排放系数法和物料衡算法四种方法。近年来国内的研究人员在排放系数测试方面开展了大量工作，通过测试建立了电厂 Hg、SO_2、NO_x 和 $PM_{2.5}$ 及其他化学组分的排放系数，以及燃煤锅炉不同燃烧效率下的 Hg、NH_3 和颗粒物的排放系数。

清华大学研究人员构建了中国燃煤电厂排放数据库(CPED)[35]、工业部门全点源排放清单。崔建升等[36]基于全国火电在线监测(CEMS)、环境统计和排污许可等数据，全面考虑了火电行业超低技术、实际排放浓度与活动水平等综合因素，使用所提出的火电行业排放清单的方法计算了新的 2015 年中国火电行业排放清单(HPEC)。段文娇等[37]以京津冀地区为研究区域，采取“自下而上”的方法，建立京津冀地区钢铁行业细化至焦化、烧结和球团、炼铁、炼钢、轧钢等工序的多污染源排放清单。伯鑫等[38]综合考虑钢铁行业具体工艺设备、环保措施、产能等信息，结合钢铁行业调研、企业在线监测、污染源调查等方法，“自下而上”建立了 2012 年京津冀地区钢铁行业高时空分辨率排放清单。

1.2.3.2　移动源

对于移动源而言，机动车排放是现阶段我国复合型大气污染的重要来源。在机动车排放系数模型研究方面，我国研究人员采用较多的模型有 MOBILE、COPERT、IVE 和 MOVES 模型。

MOBILE 是基于平均速度的机动车排放系数模型，是由美国 EPA 最早开发的一代机动车排放系数模型之一。傅立新等[39]利用实测数据对 MOBILE 5 模型进行了本地化排放系数修正，计算了北京市机动车排放清单。Zheng 等[40]利用 MOBILE 模型，基于 GIS 的道路网络信息和基于道路类型的交通流数据，对珠三角区域移动源排放进行了空间分配。

IVE 模型是由国际可持续发展研究中心和美国加州大学河滨分校联合开发的机动车污染排放模型。Davis 等[41]介绍了 IVE 模型的设计及应用，并对车队构成、机动车行驶状况等参数进行了阐述。姚志良等[42]利用基于本地化修正后的 IVE 机动车排放系数模型，建立了中国 12 个典型城市 1990—2009 年的机动车排放清单。国内学者分别利用 IVE 模型研究了北京、上海、杭州、天津、成都等城市的机动车污染物排放特征或排放系数。

目前 EPA 开发了新一代机动车排放模型 MOVES，并取代 MOBILE 6.2 模型成为 EPA 推荐的官方工具，用于预测机动车污染物排放因素。Liu 等[43]利用 MOVES 模型，在提取上海出租车 GPS 运行数据的基础上，计算了轻型车在不同平均速度水平下的综合排放系数。

1.2.3.3 面源

1）农业源

农业源是大气氨排放最主要的来源，主要包括氮肥施用和畜禽养殖两部分。目前农业源氨挥发的监测方法可分为直接法和间接法。间接法具有测试项目多、未考虑反硝化以及误差大等缺点，因此直接法被广泛应用于农田氮肥氨挥发监测。常应用的直接法有箱法和微气象学方法。

箱法的工作原理为将密闭的箱子放在被测区域上方，利用酸吸收、被动采样器以及在线监测仪等仪器和方法对土壤表面挥发的氨进行监测。必须保证箱内空气高度混匀且不能产生负压，以防止外界空气进入箱内。箱法因具有装置简单、移动性好、可进行多点同时测定等优点而广泛应用于田间小区实验。箱法根据空气流动性的差异可分为静态箱法和动态箱法。

静态箱法又称密闭法，通常用浸过酸的滤纸、玻璃棉球、泡沫塑料或者直接用酸溶液对土壤中挥发的氨进行吸收。静态箱法由于室内微环境与真实环境相差较大且易受作物、操作等影响，具有变异系数大及与真实排放量差异大的缺点。动态箱法用不含氨的空气流将密闭室空气中的氨带到系统外进行监测，这种方法有效地缩小了箱内微环境与外界环境的差距，但存在灵敏度差、受换气频率影响大、测量数据偏高等缺点。

通气法和风洞法属于动态箱法，这两种方法在国内外应用较为广泛。王朝辉等[44]在静态箱法的基础上发展了捕获装置仅由硬质塑料管和浸过磷酸甘油溶液的海绵构成的通气法。该方法因具有能够克服密闭室法不透气的弊端，装置简易，操作简单，结果准确性高等优点而被国内研究者广泛应用，但该方法需使海绵片接近土壤表面，无法覆盖植物层，存在不能测定植物附近土壤的氨排放等缺陷。Bouwmeester 等[45]首次提出用田间实际风速的平均值作为风洞流速，利用风洞法来估算氨的挥发，其结果表明，风洞法内的微环境与外界环境相似，结果与 IHF 等质量平衡法基本一致。但该方法也存在一些不足，主要体现在价格昂贵，不能够模拟静态和降雨条件，高估氨挥发量以及风洞体积对实验结果影响较大等方面。

微气象学法用于测量在环境未受干扰的条件下，下垫面向空气中排放的气体通量。该方法要求下垫面均匀以保证上层的浓度能够反映源汇强度，一般实验区域不小于 1 ha。微气象学方法最大的优点在于对实验区真实环境的干扰小，所测结果更具有代表性，同时实验区面积大，减少了因不均匀而造成的结果误差。该方法的缺点为实验区域较大及环境条件影响明显，实验的重复性比较差。

微气象学法的应用丰富了氨排放的测定方法，使其研究进入一个新的起点，可在不干扰自然环境因子的条件下，反映田间氨排放的实际情况，是受广泛认同的氨排放测定方法。常用于农田氨挥发测定的微气象学法有涡度相关法、梯度扩散法和质量平衡法等。在涡度相关法的测定过程中，假设在观测环境稳定、下垫面平坦均一、常通量层条件下，可以通过测定垂直风速和气体浓度脉动得到测定点的垂直通量，但受气体分析手段的限制，当前难以在氨排放测定中广泛应用。梯度扩散法主要包括空气动力学法和能量平衡法，适用于较大尺度田块和区域的氨排放测定。其中，空气动力学法认为在中性大气条件下，气体扩散系数与热量扩散系数以及动量扩散系数相等，气体扩散系数可以从风廓线方程获得，进而计算近地面层某一气体浓度的垂直梯度。能量平衡法则是通过测定感热和潜热来定量，所以最先用于测定水汽通量，目前此方法已成功应用于较大尺度的 CO_2、NH_3通量测定中。质量平衡法主要包括全剖面法、单一高度法和迎风采样器法。全剖面法在测定过程中，要求测定至少五个不同高度的风速和大气氨浓度，从而计算氨排放。在中小尺度氨排放的测定中，此方法能够取得较好的测定结果，但需要安装的设备较多，分析工作量大，无法做到农田系统氨排放的长期动态监测。在全剖面法简化的基础上，有研究人员开发了单一高度法对水田氨排放进行测定，适用于农田作物较少的场合。此外，研究人员利用一种迎风采样器来代替全剖面法中的氨采样器和风速计，测定氨的平均水平总通量，该方法为目前国内外应用最为普遍的方法[46]。

2）扬尘源

扬尘源通常包括土壤扬尘源、道路扬尘源、建筑扬尘源和堆场扬尘源，EPA 在《空气污染物排放系数汇编》里推荐 AP－42 方法编制扬尘源排放清单。AP－42 方法提供了基于大量现场实验及回归分析后提出的估算扬尘的计算公式，而国内的主要研究集中在不同扬尘源排放系数的建立和本地化。

道路扬尘量的研究方法主要有排放系数法、TRAKER 法、暴露高度浓度剖面法等。其中，TRAKER 方法是由美国沙漠研究所（Desert Research Institute，DRI）提出的推算城市扬尘排放量的方法，该方法通过在机动车行驶时对车胎和车顶的颗粒物浓度进行实时监测来推算道路扬尘排放量。暴露高度浓度剖面法需要同时多点测量烟羽有效横截面内的颗粒物浓度和风速，进而通过烟羽剖面的浓度变化情况积分计算出烟羽的净颗粒物排放速率。排放系数法采用 EPA 的 AP－42 方法，国内对道路扬尘源污染排放及特征方面的研究大多直接使用 AP－42 法，针对城市区域尺度道路扬尘量进行清单编制。黄嫣旻[47]使用 AP－42 法对上海市吴淞工业区道路扬尘排放进行研究，同时使用动力学粒径谱仪对 AP－42 提供的粒度乘数进行修正。樊守彬等[48]使用 AP－42 法对呼和浩特市 30 条不同级别道路开展了扬尘排放量计算。黄玉虎等[49]建立了降尘法，并同步使用 AP－42 法进行了道路扬尘评估比较。黄成等[50]使用 AP－42 法，对长江三角洲地区各城市道路扬尘排放量进行了估算。王社扣等[51]运用 AP－42 方法及观测资料，估算了 2010 年南京市道路扬尘排放，并给出 3 km×3 km 分辨率的空间分布。祝嘉欣等[52]参考 AP－42 方法的采样规范，计算了武汉市分城区分道路类型的积尘负荷、排放系数和排放量。

建筑扬尘排放清单的建立通常采用 AP－42 文件中推荐的排放系数。国内本地化排放系数的主要研究方法有降尘法、Flux-FDM 法、四维通量法。其中，降尘法是利用在建筑工地周围设立降尘缸来收集建筑施工扬尘，通过分析降尘缸收集的扬尘量来评估扬尘排放情况。黄玉虎等[53]将北京城近郊区 40 多个建筑施工工地作为实验对象，分别对施工工地扬尘进行降尘监测，并对不同建筑施工阶段的扬尘排放特征开展研究。Flux-FDM 法是先利用监测获得的建筑施工工地主风向上下风向的浓度差及施工现场情况数据算出初始排放系数，再利用 FDM 模型进行模拟得出下风向监测点的颗粒物浓度，将实际监测获得的净浓度与模拟获得的下风向监测点的颗粒物浓度比较，获得校正因子，最后用初始排放系数乘以校正因子得出实际建筑施工扬尘排放系数。赵普生等[54]对天津市一处典型的建筑施工工地进行现场实测研究，通过监测获取不同建筑施工阶段工地现场大气中的 PM_{10}、气象、路面积尘及机动车数等数据，并确定施工扬尘排放的主要影响因素，最后利用 FDM 模型校正，建立天津市建筑施工扬尘排放系数。杨杨[55]对珠三角地区不同施工阶段扬尘排放进行现场实测研究，建立了珠三角地区不同建筑施工阶段扬尘初始排放系数，经模拟校正，获得珠三角地区不同建筑施工阶段实际排放系数，并通过排放系数法估算出珠三角地区 2012 年建筑扬尘排放清单。四维通量法与 EPA 推荐的暴露高度浓度剖面法类似，由北京市环境保护科学研究院田刚等建立，并应用在北京近郊、呼和浩特市等建筑工地的扬尘估算中。

堆场扬尘的主要计算单元是风蚀扬尘、物料装卸时引起的扬尘和未铺设道路扬尘，AP－42 方法给出了详细的估算公式。黄嫣旻[47]以上海市堆场为研究对象，利用遥感数据分析堆场用地的分布，利用动力学粒径谱仪的实验结果对 EPA 提出的 AP－42 方法进行参数修正，进行堆场各粒径范围的扬尘量估算。李金玉等[56]运用 AP－42 方法对呼和浩特市建成区内典型堆场企业的风蚀、作业及交通运输扬尘进行估算，建立了呼和浩特市 2006 年的工业料堆排放清单。

1.2.4 上海市大气污染源排放清单发展历程

2004 年，上海市环境保护局通过了“上海市大气污染源排放清单建立研究项目”，上海市开始消化引进国外的排放清单统计技术和各类排放源的定量研究方法，并落实到本地化的实践，并且设计了排放清单的排放源结构和排放定量方法原则，确定了各污染物所对应的排放源种类，完成了点源、移动源和面源的排放定量研究，包括基础信息表设计、培训和排放量计算，在中国率先建成了高精度的 1 km×1 km、适用于大气复合污染控制的全系数（PM、PM_{10}、$PM_{2.5}$、SO_2、NO_x、CO、VOCs 和 NH_3）的 2003 年度上海市大气污染源排放清单。

2006年，清单项目组又在原有2003年源排放清单的基础上实施了更新。2007年第一次全国污染源普查又给上海市大气污染源排放清单的更新和细化带来了难得的契机，上海市环境保护局在完成国家普查基本任务的基础上，根据本市大气污染特点，开展实施了“上海市挥发性有机物(VOCs)排放清单的研究和更新项目”。该项目完善了VOCs点源普查技术方法，设计了信息量详细且方便企业填写的调查表以及信息录入和排放量计算软件。利用第一次全国污染源普查和上海VOCs普查的结果，上海市大气污染源排放清单中的点源部分更新到了2007年度，并且计算点源数量从千余家扩展至上万家，大幅提高了清单的精度和数据库的信息量。

为了进一步准确核算上海市境内大型点源的排放量，上海市环境保护局陆续开展了对本市大型点源污染排放的核查项目，包括2005年开始的宝钢和吴泾化工区大气污染物排放核查、2006年开始的金山石化大气污染物排放核查和2008年开始的高桥石化大气污染物排放核查，对这些大型点源一对一地进行周期为2～3年的污染排放特征研究和排放量核定。针对这些大型企业排放的VOCs主要通过无组织排放的特点，引进并实践各排放环节的估算方法，逐步掌握这些大型点源排放量，并更新至排放清单中。

化工行业的VOCs排放以无组织排放为主要形式，但无组织排放的定量一直是大气污染控制领域的难点，国内长期以来没有这方面的技术方法和系统实践，上海市环境保护局从2003年度的第一次排放清单统计开始这项尝试，此后又组织开展了上海金山石化和高桥石化的污染排放核查工作，逐步按照国外石化行业排放定量技术规范并结合上海本地实际情况细化各类无组织排放源的定量规范工作。2010年该项目启动，在本市试点的重点VOCs排放源排放定量中，采用了国外较高精度无组织排放定量规范，并开展LDAR试点检测，获取泄漏排放本地化的排放系数，并将其应用于排放量统计。另外，针对石化企业VOCs无组织排放定量验证难等国际难题，项目组与中科院安徽光机所合作，首次应用对日掩星光学遥测通量法对有机化工企业厂界或装置边界进行通量观测，获得边界内VOCs的通量排放，从而对美国AP-42、WATER9、TANKS模型等估算总量的方法进行了本地化验证，初步明确了上海市石化企业VOCs排放的总量以及来源构成，为上海市“十二五”期间启动VOCs污染控制、推进光化学污染和$PM_{2.5}$控制战略提供了重要的技术支持。

2012年，上海市环境保护局开展了“上海市2012年主要污染源VOCs排放清单更新研究项目”，结合上海市“十二五”规划对VOCs总量控制的要求，对全市2012年VOCs的主要排放来源进行了梳理，通过对VOCs排放量的动态更新研究，为上海市VOCs的总量控制提供名录和建议，成为上海市VOCs排放清单编制技术方法指南，为逐步建立起 VOCs 监测评估防控体系奠定了基础。

2015 年，环保部开展的源排放清单试点工作中，上海市被纳入试点城市。为了使排放清单能更客观地反映上海市的污染源排放情况，上海市环境保护局在遵循环保部统一发布的 8 个清单编制技术指南的基础上，开展了一系列排放定量的本地化工作。工艺过程源参照财政部、国家发展改革委、环保部印发的《挥发性有机物排污收费试点办法》中规定的核算办法，发表统计了本市约 220 家重点行业的 VOCs 排放企业，采用实测法、物料衡算法、排放系数法等计算方法对其分工序进行了 VOCs 核算；对于溶剂使用源，除印刷、印染和表面涂层等点源溶剂使用企业外，对建筑涂料、市政工程、农药、干洗等多个溶剂使用面源的 VOCs 排放进行了重新核算；针对机动车，构建了 7 种车型的车辆排放结构，建立了各类车的本地化排放系数和年均行驶里程，按照交通部门提供的详细路段信息，采用 IVE 模型计算了精细化的机动车排放清单；船舶的定量采用基于船舶签证与工况抽样调查的动力法，优化排放系数，应用解译的 AIS 数据库分析船舶排放的时空分布规律；非道路移动机械采用 NON-ROAD 模型，应用本地化校正的排放系数，对农业机械、场内机械、港口码头机械、机场机械、备用发电机和工地机械等的排放进行了测算；对液散码头分固定罐、浮顶罐、管线密封点泄漏和装卸过程等工序核算了 VOCs 排放量。通过排放清单试点工作，上海市源排放清单的精度和准确性得到了进一步提高。

2018 年和 2019 年，借助于第二次全国污染源普查的开展，上海市源排放清单进行了全面更新，同时开发了基于实时交通流的机动车排放清单。

随着航运业的发展，上海港已经成为世界航运中心，从 2010 年至今蝉联世界第一大集装箱港，货物吞吐量仅次于宁波舟山港，已位居全球第二，船舶大气污染源排放清单的建立势在必行。2015 年起，上海市环境保护局开展了“基于 AIS 系统的长三角区域港口群船舶排放清单研究”项目，重点突破了基于 AIS 系统的船舶排放清单编制技术方法，在上海海事局和交通部东海航海保障中心的数据支持下，将船舶 AIS 信息与船舶静态数据库的匹配率从不到 50%提高到了 70%，单日东海航区排放清单计算时间压缩至 2 小时，研究最终形成了基于 AIS 数据的长三角区域船舶排放清单。同时基于网格化清单，该项目对船舶排放影响开展模拟评估，获得船舶排放对长三角、上海市及周边地区环境空气质量的影响评估，并且对长三角船舶排放控制区政策的下一阶段措施进行了进一步评估。该项目研究结果表明，综合考虑经济效益和空气质量响应关系，现阶段实施进入排放控制区的船舶使用含硫率低于 0.5%(质量分数)的燃油或等效措施，可以有效改善上海市空气质量。该措施已于 2018 年 10 月 1 日起正式实施，为 2018 年首届中国国际进口博览会空气质量保障提供了有力支持。2019 年，作为第二届进口博览会空气质量保障的重要措施之一，在船舶最新排放清单的基础上，该措施还增加了对集装箱船进出班次的调控,减少了船舶靠港排放及港口集疏运车辆的排放对空气质量的影响。

上海市大气污染源排放清单建立过程的时间轴如图1-2所示。

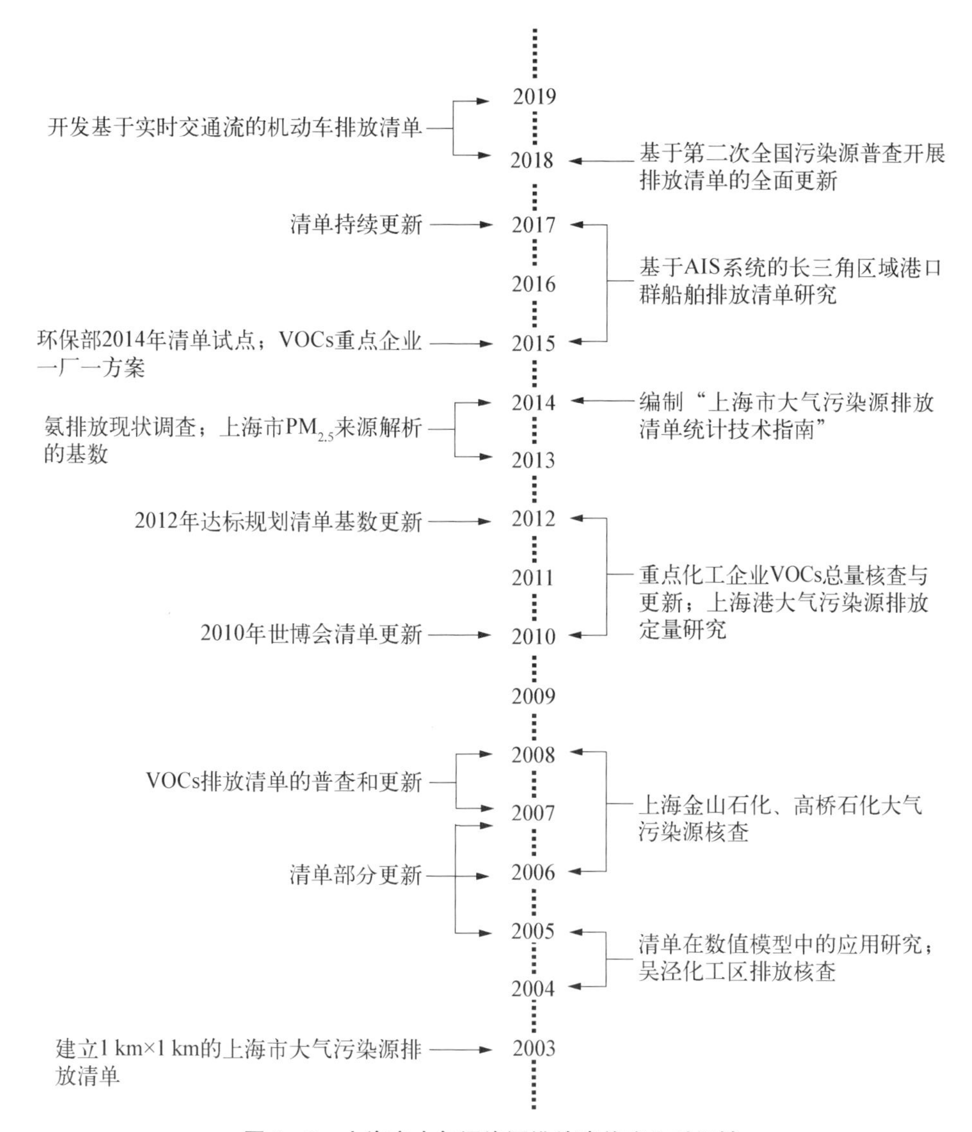

图1-2 上海市大气污染源排放清单建立时间轴

1.3 我国城市大气污染源排放清单编制需求与挑战

近年来,国内的清单编制工作取得了较大进步,例如城市排放清单技术体系和框架已基本建立,排放系数库本地化程度更高,排放清单编制方法不断完善,时空分辨率逐渐提高且污染物种类不断增加。但精细化的大气污染防治工作对城市排放清单的建立提出了更高要求，源排放清单编制面临的需求和挑战主要包括以下几方面。

1）完善城市排放清单技术方法体系和框架

2014年清单编制技术指南的发布极大地推动了城市与地区排放清单的编制工作，但是该指南仍然存在较大的局限性。不断提升的环境管理亟需在已有工作的基础上构建高时空分辨率大气污染源排放清单。建立既具有科学前瞻性又具有可操作性的城市大气污染源排放清单核算技术是当前环境管理和科研部门共同的目标。

（1）完善现行清单编制技术系列指南的源分类体系。已发布的技术指南涉及非道路移动源、生物质燃烧源、扬尘源和民用煤燃烧等污染源，涉及$PM_{2.5}$、VOCs、NH_3和SO_2等污染物，但还有部分排放源和部分污染源排放清单在现有的编制技术指南中尚未涉及，例如工业点源中的标准件生产、矿物棉、石材加工等污染源，对它们仍缺少对应的源分类和排放系数。

（2）完善排放系数使用及测试规范指南。排放系数受源分类、工艺流程、控制措施等的影响，对于排放清单编制的准确性有很大影响。现有指南中排放系数未给出测试规范、来源和适用范围，应用时较难确认是否符合本地情况。清单编制单位在开展本地排放源测试过程中，无统一规范的测试方法，所以本地测试建立的排放系数的准确性可能存在诸多问题。因此通过指南来规范排放系数建立工作，完善排放系数测试工作尤为迫切。

（3）建立多污染物和高时空分辨率排放清单。欧美排放清单中涉及的主要空气污染物包括重金属、持久性有机污染物、温室气体、颗粒物组分、VOCs组分等，而目前我国城市清单只涉及十种大气污染物，建议在清单的编制中增加有毒有害污染物等，以及建立$PM_{2.5}$和VOCs等的组分清单。为满足空气质量模式的需求，同时应建立具有高时间和空间分辨率的排放清单，尤其是欠发达地区和广大农村地区，其清单编制工作相对滞后。

（4）加强排放清单的不确定性分析。需要正确认识排放清单不确定性分析的必要性及内容，包括量化清单的可能变化范围，识别清单主要不确定性来源，并评估清单的准确性从而指导清单改进。目前排放清单的不确定性分析需要定性、半定量、定量三种方法同时使用。量化排放系数不确定性应成为当前构建排放系数库不可缺少的环节。

2）促进多数据利用衔接，实现源排放清单的实时动态更新

（1）充分考虑排放清单与现有数据体系的衔接。目前环保部门已建立了环境统计、总量核查、排放源监测、排污申报、污染源普查等多套业务数据体系，其中包

含大量排放清单编制所需的基础数据信息，排放清单业务化建设时要充分考虑与现有数据体系的衔接。建立并加强跨部门协作机制，与统计、发改、工信、住建、交通、农业等部门合作，建立基础数据收集和定期业务化更新的渠道。建议未来将编制排放清单所需基础数据逐步纳入统计体系，建立排放清单业务更新平台。

(2) 实现源排放清单的实时动态更新。排放清单的实时动态更新对于重污染应急期间的环境管理工作具有非常重要的支撑作用。实时动态更新的排放清单的构建应该充分考虑各类污染源的活动水平参数的实时变化，排放源在线监测数据、交通流量数据、动态船舶 AIS 数据和静态统计数据等应具有较高的时间分辨率。同时应积极探索排放清单信息化和大数据的应用。

3) 提升排放清单对环境管理的支撑作用

业务化排放清单的根本目的是服务于环境管理，排放清单成果要为大气污染防治工作提供支持，应以支撑决策为目标，推动排放清单在污染治理方面发挥作用，打通清单成果应用的“最后一公里”，为重点源筛选、重污染应急、控制措施效果评估、空气质量达标规划等业务工作提供支持。通过动态污染源排放清单业务化建设，排放系数库和源谱库数据平台建设，建立以观测数据、排放清单、情景模拟为核心的空气质量调控技术体系，逐步形成研判—决策—实施—评估—优化的决策支持体系，为大气污染防治工作提供科技支撑。

1.4 城市大气污染源排放清单编制方法体系

城市大气污染源排放清单的编制应在统一的编制依据与原则下开展，建立一套完善的编制方法体系有利于排放清单工作的制度化、程序化和规范化。

1.4.1 编制依据与原则

目前，我国城市大气污染物排放来源繁多，排放过程复杂，造成多数城市“底数不清”，同时为应对当下大气污染的区域性和复合型特征，多个城市建立了空气质量预报预警体系及重污染天气应对机制，高时空分辨率排放清单作为开展这些工作的基础输入数据，目前也成为制约城市开展大气污染防治工作的关键技术瓶颈。

为解决大气源排放清单编制存在的技术问题，加强科技支撑指导大气污染防治，同时解决排放清单与包括环境统计、污染源普查、排污许可、总量核查等在内的现有环境统计数据相接轨，与环境业务部门相对接的问题，环保部于 2014 年相继发布了单项污染源或单项污染物的清单编制技术指南，为城市大气污染源排放清单的编制提供依据(见表 1－3)。

表 1-3 我国城市大气污染源排放清单编制依据

序号	编制依据文件
1	《大气可吸入颗粒物一次源排放清单编制技术指南(试行)》
2	《大气细颗粒物一次源排放清单编制技术指南(试行)》
3	《道路机动车大气污染物排放清单编制技术指南(试行)》
4	《非道路移动源大气污染物排放清单编制技术指南(试行)》
5	《生物质燃烧源大气污染物排放清单编制技术指南(试行)》
6	《大气挥发性有机物源排放清单编制技术指南(试行)》
7	《大气氨源排放清单编制技术指南(试行)》
8	《扬尘源颗粒物排放清单编制技术指南(试行)》
9	《环境空气质量数值预报模式源清单技术指南(试行)》

上海市环境监测中心积累了10多年来在城市大气污染源排放清单研究方面的成果、经验和思考，对已发布的源排放清单技术指南进行了总结和提升，以期构建城市大气污染源排放清单建立的方法框架体系，帮助我国各城市开展高时空分辨率大气污染源排放清单的建立工作，为城市大气污染防治提供抓手，为大气复合污染研究、预报预警和重污染天气应急等提供科学准确的基础数据。

1.4.2 关键技术与科学问题

在构建城市大气污染源排放清单的过程中，既要解决排放源定量表征方法、化学组分测试与分析、时空分配和清单校验等科学技术问题，还需要满足管理者对排放清单的应用需求以及空气质量模型对排放清单的输入需求，因此需要解决如下关键技术与科学问题。

1) 城市排放源分类

排放源分类是开展城市大气污染源排放清单编制工作的基础。构建规范的排放源分类体系，确保排放源分类不重复、不遗漏，对排放清单的构建具有重要意义。如何根据不同城市的国民经济行业分类特点与统计方法、活动水平数据获取途径、与区域排放清单的耦合需求，以及便于清单统计的工作方法特性，建立准确全面的适合于城市大气排放源的分类体系，是构建城市大气污染源排放清单工作的首要关键问题。

2) 大气污染物排放定量方法

大气污染物排放定量计算是城市大气污染源排放清单构建的关键环节。针对城市源排放清单，如何收集完整、高质量的基础数据，使用效率较高且不确定性较低的排放源定量估算方法，开展“自下而上”的大气污染物排放定量，量化污染源贡献水平，识别具体的措施、政策和技术对源排放的影响是围绕源排放清单工作的关键技术问题。

3）大气污染物化学组分特征识别

大气污染源一次排放的 VOCs 和 $PM_{2.5}$ 在大气中发生化学反应从而形成二次污染，如 VOCs 包含成百上千种化学反应活性不同的组分，为识别不同排放源对二次污染生成的影响，需识别 VOCs 和 $PM_{2.5}$ 的化学组分特征，构建反映城市本地排放源特征的化学成分谱。如何开展包括污染源采样、实验室分析、质量保证与质量控制、源谱构建方法、满足空气质量模型需求的多污染物组分清单的建立等成为化学成分谱构建的关键问题。

4）高时空分辨率源排放清单构建

将基于年度建立的排放总量清单处理成小时排放的网格化的高时空分辨率排放清单是管理部门决策的重要抓手，也是开展空气质量模型模拟研究的重要输入数据之一。其关键问题是如何基于基础数据调查，识别精细化的污染排放的时间和空间特征，以实现适合于本地的源排放清单的时间和空间的精细化分配。

5）与区域排放清单的耦合

为满足空气质量模型模拟的需求，需要对构建的城市源排放清单与区域排放清单进行同化耦合。如何建立这两类排放清单在排放源分类体系、时间和空间尺度的映射关系，保证耦合过程数据的完整性和一致性，是城市源排放清单构建和使用过程中需解决的关键问题之一。

6）排放清单不确定性分析与校验

由于排放源测试、实验室分析、基础数据收集过程中数据代表性、系统误差和随机误差等因素的影响，排放清单编制过程中存在不确定性。如何识别清单不确定性的关键来源，对不确定性进行分析和量化，运用科学的手段校验评估清单的可靠性，从而对清单结果进行反馈和优化，降低源排放清单的不确定性，是城市污染源排放清单建立过程中的重要环节之一，应引起足够重视。

1.4.3 框架体系构建

上述关键技术和科学问题的解决是贯穿城市高时空分辨率大气排放清单构建过程的主要脉络。本书以达到决策管理、业务开展和预报预警等三维空气质量模型的要求为主要目标，提出包括合理可行的排放源分类、大气污染源排放定量表征、化学组分构成特征、准确的时空分配、排放清单校验与质控质保、区域清单耦合与模型处理 6 个方面的框架体系，从而达到建立高质量、高时空分辨率的城市大气污染源排放清单的目标。

1）城市大气污染源识别与分类

排放源分类体系的建立对城市大气污染源的识别和排放特征全面认识颇有帮

助，为后续源排放清单的构建过程提供针对性和方向性，因此合理的排放源分类体系是构建城市高时空分辨率排放清单的首要问题。

城市大气污染源排放清单的编制应首先对清单编制区域内的污染源进行实地考察和污染现状评估，结合国家排放清单编制指南要求，根据清单统计工作的方法特性、排放源特性和污染源管理控制需求进行排放源分类。以清单统计工作方法特性进行分类，排放源分为点源、线源(移动源)和面源三种类型。根据我国已开展的区域污染源排放清单的经验，依据排放源特性的分类方法，排放源一般涵盖化石燃料固定燃烧源、移动源、溶剂使用源、扬尘源、农业源、工艺过程源、储存运输源、生物质燃烧源、废弃物处理源、天然源和其他排放源等大气污染源四级分类体系。通过进一步的污染源现场调查工作来明确城市本地特有、对排放影响较大的相关排放源，可作为排放源分类的补充。本书第 2 章将详细阐述依据不同原则的城市大气污染源识别与分类方法。

2）大气污染源排放定量表征

由于城市尺度的排放清单的精度要求，常采用“自下而上”的清单表征方式，以最精细的源分类体系类型作为清单编制的基本计算单元，根据活动水平数据获取的类型，选取包括实测法、物料平衡法、排放系数法、排放模型估算法和类推判定法等在内的合适的计算方法进行计算。本书第 3 章将对主要的排放定量方法及其特性进行归纳，并对应用原则进行说明。

为更加科学可行地进行“自下而上”的清单估算，需要开展众多现场调查工作，如对大气污染物排放贡献明显的重点企业可进行现场详细调查，基于物质流向分析以及企业实际的生产排污情况，做到不遗漏各排污环节，建立每个重点企业的污染源档案，内容主要包括基本信息、锅炉信息、炉窑信息、生产工段信息、产品与原辅料信息、时间变化信息、排放口信息、控制措施及效率、厂区堆场和储罐信息、柴油机械信息、厂区运输车辆信息等各方面可能的污染来源信息，收集第一手详细的污染源表征基础数据。

3）化学组分特征识别

O_3、$PM_{2.5}$等二次污染的形成涉及多个复杂的化学反应，尤其是 VOCs，具有成百上千种不同化学活性的组分，不同排放源排放的 VOCs 在化学组成上具有较大差异。因此在识别对 O_3、$PM_{2.5}$等影响较大的污染源时，需结合源排放的组分特征来制定相应的对策。

鉴于 VOCs 和 $PM_{2.5}$化学组分特征具有重要的应用和实践意义，在城市污染源排放清单构建过程中，需将其作为排放清单建立过程中不可或缺的一部分。建立符合各个污染源的 VOCs 和 $PM_{2.5}$化学组分采样方法、实验室分析方法、全过程 QA/QC 技术、源谱构建技术方案，构建可充分反映城市污染源排放的污染物的组成特征，并涵盖尽可能全面的组分的化学成分谱数据库。

4）时空分配

城市尺度清单由于其“自下而上”建立的原则，使得其收集的排放源信息较为详细，建立的精度较高，其时空分配与其他尺度清单存在明显差异，可实现精细化的时间和空间层面的维度扩展，满足空气质量模型模拟和决策层管理的需求。时空分配应尽可能在最细的排放源层面完成，一般按照点源、线源和面源分别处理。

5）排放清单校验与质保质控

排放清单建立过程中，由于污染源筛选及定义的不完整性、监测数据的污染、排放系数和活动水平统计的不确定性等，使得不确定性分析成为清单工作的基本要素之一。

必须根据清单总体结果和各个排放源的具体情况对清单结果进行校验分析，使用排放水平的横向对比、趋势分析、遥感反演、受体模型、基于监测数据等多种方法对清单结果进行校验，从而改进清单的质量，降低清单的不确定性，提高清单的准确性。

6）区域清单耦合与模型应用

为满足区域污染源的控制和管理、空气质量预报预警以及重污染天气应急等工作需求，需开展城市清单与区域清单的耦合工作。

进行区域排放清单耦合时，应详细比较城市与区域排放清单分类体系、活动水平来源、时空分配的原则与方法，以区域能源消耗、工业产品产量、排放部门技术分布等关键数据作为约束条件，建立两类排放清单在空间尺度的映射关系，以保证耦合过程数据的完整性和一致性，根据空气污染决策和空气质量模型模拟的需求，实现城市与区域排放清单的动态耦合和灵活调用。

1.5 本书架构及写作目的

自环保部于 2014 年发布 9 项污染源排放清单编制指南以来，各地市相继开展源排放清单编制工作。尤其是《关于开展源排放清单编制试点工作的通知》（环办〔2015〕14 号）发布以来，试点城市均开展了源排放清单编制工作，但由于城市源排放清单对排放源分类、排放源定量表征精度、化学组分特征和质控质保等方面存在一系列科学问题，目前尚缺乏一个完整的方法框架体系对城市高分辨率大气源排放清单的开发给予指导。鉴于我国目前污染管控对策的制定、空气质量预报预警、大气复合污染迁移转化机制的研究等全方位的对清单的需求，上海市环境监测中心针对上述城市高分辨率源排放清单建立过程中的一系列问题，基于十余年来在大气污染源排放清单研究方面积累的工作经验，试图构建以城市大气污染排放源分类、排放定量估算方法、时空分配、排放源 VOCs 和 $PM_{2.5}$ 化学组分特征、清单质控质保和源排放清单应用等为主要架构的城市源排放清单建立的方法框架体系，并以上海市源排放清单构建为研究案例，系统介绍了城市高分辨率大气污染源排放清单在城市地区的建立与应用，以期为我国其他城市大气污染源排放清单的建立提供参考和帮助。

本书的框架体系如下：第 2 章详细介绍了城市大气污染源识别与分类；第 3 章论述了不同污染源排放定量统计方法；第 4 章至第 6 章分别详细讲述了点源、移动源和面源的大气污染源排放清单编制方法、数据来源、获取途径，以及具体开展过程中的关键环节；第 7 章着重介绍了电厂、石化企业、机动车、船舶、农业氨源等关键源排放清单构建的实例及应用；第 8 章介绍了大气污染源的 VOCs 和 $PM_{2.5}$ 的化学组分特征识别与案例；第 9 章从城市清单构建的需求出发，讲述了城市清单构建过程中的质量控制与质量保证(QC/QA)体系；第 10 章以上海市为研究对象，讲述了整个方法框架体系在城市清单构建工作中的应用；第 11 章是对未来我国城市高时空分辨率源排放清单发展的建议与展望。

参考文献

[1] 王书肖，邱雄辉，张强，等.我国人为源大气污染源排放清单编制技术进展及展望[J].环境保护，2017，45(21)：21－26.

[2] 生态环境部.2017 年中国生态环境状况公报(中文版)[R].北京：生态环境部，2018.

[3] 王书肖，邱雄辉，张强，等.我国人为源大气污染源排放清单编制技术进展及展望[J].环境保护，2017，45(21)：21－26.

[4] Kato N，Akimoto H. Anthropogenic emissions of SO_2 and NO_x in Asia：Emission inventories [J]. Atmospheric Environment，2007，41(SUPPL.)：171－191.

[5] Streets D G，Bond T C，Carmichael G R，et al. An inventory of gaseous and primary aerosol emissions in Asia in the year 2000 [J]. Journal of Geophysical Research：Atmospheres，2003，108(D21)：187－194.

[6] Jacob D J. Transport and chemical evolution over the Pacific (TRACE-P) aircraft mission：design，execution，and first results[J]. Journal of Geophysical Research，2003，108(D20)：9000.

[7] Zhang Q，Street D G，Carmichael G R，et al. Asian emissions in 2006 for the NASA INTEX-B mission[J]. Atmospheric Chemistry and Physics，2009，9(14)：5131－5153.

[8] Ohara T，Akimoto H，Kurokawa J，et al. An Asian emission inventory of anthropogenic emission sources for the period 1980－2020[J]. Atmospheric Chemistry and Physics，2007，7(16)：4419－4444.

[9] Kurokawa J，Ohara T，Morikawa T，et al. Emissions of air pollutants and greenhouse gases over Asian regions during 2000－2008：regional emission inventory in ASia (REAS) version 2[J]. Atmospheric Chemistry and Physics，2013，13(21)：11019－11058.

[10] Li M, Zhang Q, Kurokawa J, et al. MIX: A mosaic Asian anthropogenic emission inventory under the international collaboration framework of the MICS-Asia and HTAP[J]. Atmospheric Chemistry and Physics, 2017, 17(2): 935 - 963.
[11] Huang X, Song Y, Li M, et al. A high-resolution ammonia emission inventory in China[J]. Global Biogeochemical Cycles, 2012, 26(1): 1030.
[12] Lee D G, Lee Y-M, Jang K-W, et al. Korean national emissions inventory system and 2007 air pollutant emissions[J]. Asian Journal of Atmospheric Environment, 2011, 5(4): 278 - 291.
[13] Lu Z, Zhang Q, Streets D G. Sulfur dioxide and primary carbonaceous aerosol emissions in China and India, 1996 - 2010[J]. Atmospheric Chemistry and Physics, 2011, 11(18): 9839 - 9864.
[14] Lu Z, Streets D G. Increase in NO_x emissions from indian thermal power plants during 1996 - 2010: Unit-based inventories and multisatellite observations[J]. Environmental Science & Technology, 2012, 46(14): 7463 - 7470.
[15] Zhao B, Wang S, Wang J, et al. Impact of national NO_x and SO_2 control policies on particulate matter pollution in China[J]. Atmospheric Environment, 2013, 77: 453 - 463.
[16] 魏巍.中国人为源挥发性有机化合物的排放现状及未来趋势[D].北京：清华大学，2009.
[17] Jia J, Cheng S, Yao S, et al. Emission characteristics and chemical components of size-segregated particulate matter in iron and steel industry[J]. Atmospheric Environment, 2018, 182: 115 - 127.
[18] Cheng S, Zhou Y, Li J, et al. A new statistical modeling and optimization framework for establishing high-resolution PM_{10} emission inventory- I. Stepwise regression model development and application[J]. Atmospheric Environment, 2012, 60: 613 - 622.
[19] Zhao B, Wang P, Ma J Z, et al. A high-resolution emission inventory of primary pollutants for the Huabei region, China[J]. Atmospheric Chemistry and Physics, 2012, 12(1): 481 - 501.
[20] Qi J J, Zheng B B, Li M, et al. A high-resolution air pollutants emission inventory in 2013 for the Beijing-Tianjin-Hebei region, China[J]. Atmospheric Environment, 2017, 170: 156 - 168.
[21] Zheng J, Zhang L, Che W, et al. A highly resolved temporal and spatial air pollutant emission inventory for the Pearl River Delta region, China and its uncertainty assessment [J]. Atmospheric Environment, 2009, 43(32): 5112 - 5122.
[22] 吴晓璐.长三角地区大气污染源排放清单研究[D].上海：复旦大学，2008.
[23] Huang C, Chen C H, Li L, et al. Emission inventory of anthropogenic air pollutants and VOC species in the Yangtze River Delta region, China[J]. Atmospheric Chemistry and Physics, 2011, 11(9): 4105 - 4120.
[24] 翟一然.长江三角洲地区大气污染物人为源排放特征研究[D].南京：南京大学，2012.
[25] Fu X, Wang S, Zhao B, et al. Emission inventory of primary pollutants and chemical speciation in 2010 for the Yangtze River Delta region, China[J]. Atmospheric Environment, 2013, 70: 39 - 50.

[26] Zhou Y, Zhao Y, Mao P, et al. Development of a high-resolution emission inventory and its evaluation and application through air quality modeling for Jiangsu Province, China[J]. Atmospheric Chemistry and Physics, 2017, 17(1): 211 - 233.

[27] Yang D Q, Kwan S H, Lu T, et al. An emission inventory of marine vessels in Shanghai in 2003[J]. Environmental Science and Technology, 2007, 41(15): 5183 - 5190.

[28] 伏晴艳.上海市空气污染排放清单及大气中高浓度细颗粒物的形成机制[D].上海：复旦大学,2009.

[29] 刘登国,刘娟,张健,等.道路机动车活动水平调查及其污染物排放测算应用——上海案例研究[J].环境监测管理与技术,2012,24(5): 64 - 68.

[30] 陆涛,杨冬青,伏晴艳.GIS技术在船舶大气污染源排放清单建立研究中的应用[J].上海环境科学,2005,24(6): 261 - 265.

[31] 李锦菊,伏晴艳,吴迓名,等.上海大气面源VOCs排放特征及其对O_3的影响[J].环境监测管理与技术,2009,21(5): 54 - 57.

[32] Zhao Y, Qiu L P P, Xu R Y, et al. Advantages of a city-scale emission inventory for urban air quality research and policy: The case of Nanjing, a typical industrial city in the Yangtze River Delta, China[J]. Atmospheric Chemistry and Physics, 2015, 15(21): 12623 - 12644.

[33] Zhang Q, Wei Y, Tian W, et al. GIS-based emission inventories of urban scale: A case study of Hangzhou, China[J]. Atmospheric Environment, 2008, 42(20): 5150 - 5165.

[34] 杨强,黄成,卢滨,等.基于本地污染源调查的杭州市大气污染源排放清单研究[J].环境科学学报,2017,37(9): 3240 - 3254.

[35] Liu F, Zhang Q, Tong D, et al. High-resolution inventory of technologies, activities, and emissions of coal-fired power plants in China from 1990 to 2010[J]. Atmos. Chem. Phys, 2015, 15(23): 13299 - 13317.

[36] 崔建升,屈加豹,伯鑫,等.基于在线监测的2015年中国火电排放清单[J].2018,38(6): 2062 - 2074.

[37] 段文娇,郎建垒,程水源,等.京津冀地区钢铁行业污染物排放清单及对$PM_{2.5}$影响[J].环境科学,2018,39(4): 1145 - 1154.

[38] 伯鑫,赵春丽,吴铁,等.京津冀地区钢铁行业高时空分辨率排放清单方法研究[J].中国环境科学,2015,35(8): 2554 - 2560.

[39] 傅立新,郝吉明,何东全,等.北京市机动车污染物排放特征[J].环境科学,2000,21(3): 68 - 70.

[40] Zheng J, Che W, Wang X, et al. Road-network-based spatial allocation of on-road mobile source emissions in the Pearl River Delta region, China, and comparisons with population-based approach[J]. Journal of the Air & Waste Management Association, 2009, 59(12): 1405 - 1416.

[41] Davis N, Lents J, Osses M, et al. Part 3: Developing Countries: Development and Application of an International Vehicle Emissions Model[J]. Transportation Research Record: Journal of the Transportation Research Board, 2005, 1939(1): 155 - 165.

[42] 姚志良,张明辉,王新彤,等.中国典型城市机动车排放演变趋势[J].中国环境科学,2012,32(9): 1565 - 1573.

[43] Liu H, Chen X, Wang Y, et al. Vehicle Emission and Near-Road Air Quality Modeling for Shanghai, China [J]. Transportation Research Record: Journal of the Transportation Research Board, 2013, 2340(1): 38 - 48.
[44] 王朝辉,刘学军,巨晓棠,等.田间土壤氨挥发的原位测定——通气法[J].植物营养与肥料学报,2002(02): 205 - 209.
[45] Bouwmeester R J B, Vlek P L G. Wind-tunnel Simulation and Assessment of Ammonia Volatilization from Ponded Water[J]. Agronomy Journal, 1981, 73(3): 546 - 552.
[46] Misselbrook T H, Nicholson F A, Chambers B J, et al. Measuring ammonia emissions from land applied manure: an intercomparison of commonly used samplers and techniques [J]. Environmental Pollution, 2005, 135(3): 389 - 397.
[47] 黄嫣旻.城市地面扬尘的估算与分布特征研究[D].上海: 华东师范大学,2006.
[48] 樊守彬,秦建平,蔡煜.呼和浩特道路降尘排放特征研究[J].环境科学与技术,2011,34(S1): 48 - 50.
[49] 黄玉虎,李钢,杨涛,等.道路扬尘评估方法的建立和比较[J].环境科学研究,2011,24(1): 27 - 32.
[50] 黄成,陈长虹,李莉,等.长江三角洲地区人为源大气污染物排放特征研究[J].环境科学学报,2011,31(9): 1858 - 1871.
[51] 王社扣,王体健,石睿,等.南京市不同类型扬尘源排放清单估计[J].中国科学院大学学报,2014,31(3): 351 - 359.
[52] 祝嘉欣,成海容,虎彩娇,等.武汉市道路扬尘源排放清单及空间分布特征研究[J].南京信息工程大学学报,2018,10(5): 557 - 562.
[53] 黄玉虎,田刚,秦建平,等.不同施工阶段扬尘污染特征研究[J].环境科学,2007,28(12): 2885 - 2888.
[54] 赵普生,冯银厂,金晶,等.建筑施工扬尘特征与监控指标[J].环境科学学报,2009,29(8): 1618 - 1623.
[55] 杨杨.珠三角地区建筑施工扬尘排放特征及防治措施研究[D].广州: 华南理工大学,2014.
[56] 李金玉,闫静,张颖,等.呼和浩特市工业料堆扬尘排放清单研究[J].环境科学与管理,2012,37(7): 46 - 49.

第 2 章　城市大气污染源识别与分类

大气污染物排放源有多种分类方法，根据排放清单定量统计的特点，污染源可以分为点源、面源和线源，其中线源通常又称为移动源，考虑到移动源更加符合实际环境管理工作的需求，本书中使用移动源来表征大气污染源排放清单中的线源。为满足污染排放管理需求，采用更为细化的排放源分类分级系统有助于排放清单得到更为方便和有效的应用。排放源的分类分级及编码作为清单中的每条排放源记录的重要属性内容，规范了清单的表述，也可大大增强排放源的分类统计功能。

2.1　城市大气污染源分类原则

大气污染源可以根据不同的原则进行分类，以下两种分类原则应用最多，第一种是以清单统计工作方法特性进行分类，基本分为点源、移动源和面源三种类型；第二种是以排放源特性并根据污染源管理控制需求进行分类。

第一种基于清单统计工作方法特性的分类中，点源是指排放强度相对大型的工业排放源，以每个源为单位单独获取排放源信息，单独统计计算排放量。面源是指单位排放强度相对较小但排放点形成面后总排放有一定规模的排放源，包括大部分生活源、自然源等，面源在统计成本上无法按单个排放点单独统计，使用以分类批次从上到下的方法为主进行统计计算[1]。清单统计过程中，有一些小型工业固定源因无法获取其单独的排放源信息，按面源统计方法计算，在统计工作中也归类为面源。移动源包括行驶移动过程中排放各类大气污染物的机动车、船、铁路机车、飞机等排放源，移动源统计定量计算方法自成体系，相对独立[2-3]。

第二种分类是以管理需求、应用清单结果、实现排放源精细化管理为原则来分类的，这种分类越精细越好。美国 EPA 发展建立了 SCC 排放源分级和编码系统，将大气污染源进行多级细分，这套分级和编码不仅在排放清单统计工作中使用，也应用在各类排放源管控体系中，成为大气污染源管理工作的基本工具[4-6]。2015年，环保部在排放清单试点工作中，建立并在清单编制系列指南中发布了 5 级大气污染源分类和编码系统。其中初级的大类分为化石燃料固定燃烧源、移动源、工艺过程源、溶剂使用源、农业源、扬尘源、生物质燃烧源、废弃物处理源和其他排放源9项[7-9]。每大类按行业(第一级)、产品/相关物料(第二级)、技术工艺(第三级)和污染治理工艺(第四级)分为四级。上海市源排放清单的统计和应用以国家发布的清单编制指南源分类和编码表为基础,根据上海城市大气污染源特点进行扩充和细化完善。

综上所述,以排放定量统计的特点分为点源、移动源和面源等的分类方法有利于清单统计;而符合污染排放管理需求,更为细化的排放源分类分级系统使排放清单的应用更为方便和有效。在清单工作中,两种分类应用于清单的不同阶段,在排放清单统计工作开展过程中以第一种分类原则对排放源进行分类,以契合清单统计的开展;而排放源统计完成后,按第二种分类原则对清单中各排放单元进行分类,以满足排放源管理应用的需求。

2.2 城市大气污染源的识别和定义

本节根据清单编制工作的特点和经验,结合清单应用需求,将不同特性、行业的排放源按点源、移动源和面源进行归类,再结合上述第二种分类,即国家污染源分类和编码系统,分别列出典型城市清单建立统计中以上三类所涉及的行业或排放源范围。对于本书中未能涉及的排放量极少或数量稀少的排放源,相关研究单位可以根据所研究城市或地区的特点进行定义和排放研究。

2.2.1 点源

点源是指在固定地理区域范围内排放量较大的污染源,可分为固定燃烧源、工艺过程源、溶剂使用源和废弃物处理源四类。

2.2.1.1 固定燃烧源

固定燃烧源是指利用燃料燃烧时产生的热量,为发电、工业生产和生活提供热能和动力的燃烧设备。燃烧设备主要指如下设备:锅炉,包括以燃煤、燃油和燃气为燃料的蒸汽锅炉、热水锅炉和有机热载体锅炉,以及各种容量的层燃炉、抛煤机炉等;炉窑,包括炼焦炉、焚烧炉、水泥窑等使用固体、液体、气体燃料和电加热的工业炉窑。

固定燃烧源第一级分类包括电力、热力及燃气生产和供应业所辖行业,采矿业所辖行业,制造业所辖行业和民用源;第二级分类包括煤炭、各种气体和液体燃料、生物质等燃料;第三级分类包括锅炉、炉灶等燃烧设备;第四级分类包括除尘、脱硫和脱硝三类污染控制措施和无控制措施的情况。

2.2.1.2 工艺过程源

工艺过程源是指工业生产和加工过程中，以对工业原料进行物理和化学转化为目的的工业活动。

工艺过程源第一级分类包括非金属矿物制品类，金属冶炼加工类，石油化工及煤化工，化学原料和化学制品制造业，医药制造、化学纤维制造及橡胶塑料制品业，半导体制造加工以及其他各类加工制造行业工艺过程；第二级分类涵盖上述行业主要工业产品，如水泥、生铁、粗钢、化学纤维等；第三级分类涵盖主要生产工艺和技术设备，如新型干法生产线、转炉、电炉等；第四级分类包括除尘、脱硫和脱硝三类污染控制措施和无控制措施的情况，其中脱硫措施仅针对烧结（球团）工艺，脱硝措施仅针对水泥熟料生产线。

1）非金属矿物制品类

（1）水泥制造业　指以水泥熟料加入适量石膏或一定混合材，经研磨设备（水泥磨）磨制到规定的细度，制成水凝水泥的生产活动，还包括水泥熟料的生产活动[10]。水泥制造过程中排放的大气污染物主要为颗粒物、氮氧化物、二氧化硫、一氧化碳等，也少量排放氟化物、挥发性有机物和氨等。此外，原料和燃料中通常含有微量重金属，可能以微粒或蒸气的形式排放。

（2）玻璃制造和加工业　指任何形态玻璃或玻璃制品的生产以及利用废玻璃再生产玻璃或玻璃制品的活动。玻璃的制造分为原材料的制备、熔炉熔化、成型和精加工四个阶段。其中熔化炉是最主要的排放源，其排放的颗粒物和气态污染物占玻璃厂总排放量的99%以上。

（3）陶瓷制品制造业　指以石英、长石、瓷土等为原料，经制胎、施釉、装饰、烧成等工艺制成实用陶瓷制品的活动。

（4）耐火材料制造业　指以石棉或其他矿物纤维素为基础，制造摩擦制品、石棉纺织制品、石棉橡胶制品、石棉保温隔热材料制品的生产活动，以及用硅质、黏土质、高铝质等石粉成形的陶瓷隔热制品的生产活动。

2）金属冶炼加工类

（1）黑色金属冶炼和压延加工业　黑色金属冶炼和压延加工业包括炼铁、炼钢、钢压延加工和铁合金冶炼4类生产活动。其中，炼铁指用高炉法、直接还原法、熔融还原法等，将铁从矿石等含铁化合物中还原出来的生产活动；炼钢指利用不同来源的氧（如空气、氧气）来氧化炉料（主要是生铁）所含杂质的金属提纯活动；钢压延加工指通过热轧、冷加工、锻压和挤压等塑性加工使连铸坯、钢锭产生塑性变形，制成具有一定形状尺寸的钢材产品的生产活动；铁合金冶炼指铁与其他一种或一种以上的金属或非金属元素组成合金的生产活动。

（2）有色金属冶炼和压延加工业　包括常用有色金属（铜、铅、锌、镍、钴等）、贵金属(金、银等)、稀土金属冶炼,有色金属合金制造,有色金属压延加工等生产活动。

(3) 金属制品业　包括结构性金属制品制造、金属工具制造、集装箱及金属包装容器制造、金属丝绳及其制品制造、建筑和安全用金属制品制造、金属表面处理及热处理加工、搪瓷制品制造、金属制日用品制造、铸造及其他金属制品制造等生产活动。

3) 石油化工及煤化工

(1) 石油炼制　指以原油、重油等为原料,生产汽油馏分、柴油馏分、燃料油、润滑油、石油蜡、石油沥青和石油化工原料等的工业。石油炼制工业 VOCs 排放主要集中在以下几个方面:① 热(冷)供给设施燃烧烟气;② 工艺有组织排放;③ 工艺无组织排放;④ 生产设备机泵、阀门、法兰等动、静密封泄漏;⑤ 原料、半成品、产品储存、调和过程(有机液体储罐)泄漏;⑥ 原料、产品装卸过程逸散;⑦ 废水集输、储存、处理处置过程逸散;⑧ 采样过程泄漏;⑨ 设备、管线检维修过程泄漏;⑩ 冷却塔/循环水冷却系统泄漏;⑪ 火炬排放;⑫ 生产装置非正常生产工况排放。

(2) 石油化学工业　指以石油馏分、天然气为原料,生产有机化学品、合成树脂、合成纤维、合成橡胶等的工业。石油化学工业 VOCs 排放来源与石油炼制行业基本类似,同样来源于设备泄漏、有机液体储罐等 12 类源项。

(3) 其他原油制造　指采用油页岩、油砂、焦油以及 CO、H_2 等气体加工得到的类似天然石油的液体燃料的生产活动。

(4) 炼焦　指炼焦煤按生产工艺和产品要求配比后,装入隔绝空气的密闭炼焦炉内,经高、中、低温干馏转化为焦炭、焦炉煤气和化学产品的工艺过程。

煤焦化生产过程中,含 VOCs 类废气主要来源于以下部分:① 焦炉的泄漏及相关推煤、出焦、(干)熄焦。② 净化阶段的鼓风冷凝段和粗苯蒸馏段的 VOCs 排放,主要为高温、高湿、高浓度排放。

(5) 煤制合成气　指以煤为原料经过加压气化、脱硫提纯制得含有可燃组分的气体,并利用其中的 CO 和 H_2 生产合成氨、合成甲醇等产品的工艺过程。

(6) 煤制液体燃料　指通过化学加工过程把固体煤炭转化为液体染料、化工原料和产品的工艺过程,如煤制甲醇、煤制烯烃等。

4) 化学原料和化学制品制造业

主要包括无机酸碱盐、有机化学原料、肥料、农药、涂料、油墨、颜料、合成材料及化学试剂助剂、炸药、林产、环境治理等专用化学品及日用化学品的制造。

(1) 基础化学原料制造　主要包括无机酸、无机碱、无机盐、有机化学原料制造和其他基础化学原料制造 5 个细分子行业。主要产品包括“三酸两碱”(硫酸、硝酸、盐酸和烧碱、纯碱)、电石、三烯、三苯、乙炔、萘等产品。基础化学原料上游主要是原油、天然气、煤炭、原盐等大宗商品,本身主要作为生产下游衍生化工产品的中间投入。

(2) 肥料制造　包括化学肥料、有机肥料及微生物肥料的制造。

(3) 农药制造　指用于防治农业和林业作物的病、虫、草、鼠和其他有害生物，调节植物生长的各种化学农药、微生物农药、生物化学农药，以及仓储、农林产品的防蚀，河流堤坝、铁路、机场、建筑物及其他场所用药的原药和制剂的生产活动。

根据生产工艺流程分析，农药制造工业企业废气来源包括以下几个方面：① 生物发酵、化学合成等反应时产生的废气；② 提纯分离中蒸馏、精馏等工段产生的不凝气、提取尾气等；③ 原辅料储存、生物发酵、化学合成、提纯分离、溶剂回收等过程中挥发产生的各种废气，主要是有机溶剂废气、酸碱废气等；④ 备料投料、制剂加工等工序排放的原辅料废气、颗粒物等；⑤ 废水处理设施产生的硫化氢、氨等恶臭气体。

(4) 涂料、油墨、颜料及类似产品制造　主要包括涂料、油墨及类似产品、密封用填料及类似品、胶黏剂等的制造。其中，涂料制造主要是指在天然树脂或合成树脂中加入颜料、溶剂和辅助材料，经过加工后制成覆盖材料的生产活动，包括涂料及其稀释剂、脱漆剂等辅助材料的制备环节；油墨类产品制造主要是指由颜料、连接料(树脂、溶剂等辅助材料)和填充料经过混合、研磨调制而制备用于印刷的有色胶浆状物质或液体，以及用于计算机打印、复印机用墨等的生产活动；胶黏剂制造是指以黏料为主剂，配合各种固化剂、增塑剂、填料、溶剂、防腐剂、稳定剂和偶联剂等助剂配制制备胶黏剂(也称黏合剂)的生产活动；密封用填料及类似品制造主要是指用于建筑涂料、密封和漆工用的填充料，以及其他类似化学材料的制造。

涂料油墨制造业主要涉及混合、研磨、分散、搅拌、罐装、溶剂清洗、溶剂再生等工艺，原辅材料大部分为挥发性有机物。涂料、油墨制造业的 VOCs 排放源项主要涉及设备动、静密封点泄漏，有机液体储存与调和挥发损失，废水集输、储存、处理处置过程中的逸散，工艺废气排放，溶剂再生以及实验室废气排放 6 个源项。

(5) 合成材料制造　主要包括初级形态塑料及合成树脂、合成橡胶、合成纤维单(聚合)体等的制造。初级形态塑料及合成树脂制造主要指初级塑料或原状塑料的生产活动，包括通用塑料、工程塑料、功能高分子塑料的制造；合成橡胶制造主要指用一种或多种单体为原料进行聚合生产合成橡胶或高分析弹性体的生产活动；合成纤维单(聚合)体制造是指以石油、天然气、煤等为主要原料，用有机合成的方法制成合成纤维单体或聚合体的生产活动。

(6) 专用化学产品制造　包括化学试剂、专项化学用品、专用药剂的制造。

(7) 日用化学产品制造　包括肥皂及洗涤剂和化妆品等的制造。肥皂及洗涤剂制造指以喷洒、涂抹、浸泡等方式施用于肌肤、器皿、织物、硬表面，即冲即洗，起到清洁、去污、渗透、乳化、分散、护理、消毒除菌等作用，广泛用于家居、个人清洁卫生、织物清洁护理、工业清洗、公共设施及环境卫生清洗等领域的产品(固、液、粉、膏、片状等)，以及中间体表面活性剂产品的制造。化妆品制造指以涂抹、喷洒或者其他类似方法，撒布于人体表面任何部位(皮肤、毛发、指甲、口唇等)，以达到清洁、消除不良气味、护肤、美容和修饰目的的日用化学工业产品的制造。

5) 医药制造、化学纤维制造及橡胶塑料制品业

(1) 化学药品原料药制造　指制造供进一步加工化学药品制剂、生物药品制剂所需的原料药生产活动。

化学合成类制药指采用一个化学反应或者一系列化学反应生产药物活性成分的过程。主要废气污染源如下：蒸馏、蒸发浓缩工段产生的有机不凝气；合成反应、分离提取过程产生的有机溶剂废气；使用盐酸、氨水调节 pH 值产生的酸碱废气；粉碎、干燥过程排放的粉尘；污水处理厂产生的恶臭气体等。

发酵类药物的生产一般都需要经过菌种筛选、种子培养、微生物发酵、发酵液预处理和固液分离、提炼纯化、精制、干燥、包装等步骤。废气排放的特点是风量大，高温高湿，含尘多，多组分，以混合物的形式排放，常含有酸性气体、VOCs 和恶臭气体。

(2) 化学药品制剂制造　指直接用于人体疾病防治、诊断的化学药品制剂的制造。化学药品制剂制造排放的 VOCs 主要来自反应釜尾气，药物有效成分萃取、炮制、洗涤、提取等工艺过程及污水处理的排放，其主要污染物包括卤代烃、酯类、醇类等。

(3) 纤维素纤维原料及纤维制造　包括化纤浆粕和人造纤维(纤维素纤维)的制造。

(4) 合成纤维制造　指以石油、天然气、煤等为主要原料，用有机合成的方法制成单体，聚合后经纺丝加工生产纤维的活动。主要包含锦纶、涤纶、腈纶、维纶、丙纶、氨纶等纤维的制造。

(5) 橡胶制品业　指以天然及合成橡胶为原料生产各种橡胶制品的活动，还包括利用废橡胶再生产橡胶制品的活动，但不包括橡胶鞋制造。

橡胶制品工业生产废气主要来源于以下过程：炼胶，纤维织物的浸胶、烘干过程，压延过程，硫化，以及树脂、溶剂等挥发性有机物在配料、存放时产生的有机废气。

(6) 塑料制品业　指以合成树脂(高分子化合物)为主要原料，采用挤塑、注塑、吹塑、压延、层压等工艺加工成型的各种制品的生产，以及利用回收的废旧塑料加工再生产塑料制品的活动，但不包括塑料鞋制造。

6) 半导体制造加工

指从事半导体分立器件或集成电路的制造、封装测试等的工业。

半导体加工业 VOCs 排放主要来源于光刻、显影、刻蚀及扩散等工序，这些工序用有机溶剂对晶片表面进行清洗，其挥发产生的废气是 VOCs 主要来源之一；同时，在光刻、刻蚀等过程中使用的光阻剂在晶片处理过程中挥发到大气中，是 VOCs 产生的又一来源。

7）其他各类加工制造行业工艺过程

其他各类加工制造行业工艺过程包括 17 个行业类别，如表 2－1 所示。此类工艺过程以溶剂使用的 VOCs 排放为主，其排放特征可参考溶剂使用源。个别行业涉及切削等工艺会有颗粒物及氨等污染物排放。此外，部分行业生产过程中会用到锅炉炉窑，可以参考固定燃烧源的排放特征。

表 2－1　城市清单统计固定源范围

固定源	行业类别	
固定燃烧源	1）电力生产和供应业	
	2）工业热力生产和供应业	
	3）民用热力生产及供应业	
	4）燃气生产及供应业	
工艺过程源	1）非金属矿物制品类	（1）水泥制造业
		（2）玻璃制造和加工业
		（3）陶瓷制品制造业
		（4）耐火材料制造业
	2）金属冶炼加工类	（1）黑色金属冶炼和压延加工业
		（2）有色金属冶炼和压延加工业
		（3）金属制品业
	3）石油化工及煤化工	（1）石油炼制
		（2）石油化学工业
		（3）其他原油制造
		（4）炼焦
		（5）煤制合成气
		（6）煤制液体燃料
	4）化学原料和化学制品制造业	（1）基础化学原料制造
		（2）肥料制造
		（3）农药制造

（续表）

固定源	行 业 类 别	
工艺过程源	4）化学原料和化学制品制造业	（4）涂料、油墨、颜料及类似产品制造
		（5）合成材料制造
		（6）专用化学产品制造
		（7）日用化学产品制造
	5）医药制造、化学纤维制造及橡胶塑料制品	（1）化学药品原料药制造
		（2）化学药品制剂制造
		（3）纤维素纤维原料及纤维制造
		（4）合成纤维制造
		（5）橡胶制品业
		（6）塑料制品业
	6）半导体制造加工	
	7）其他各类加工制造行业工艺过程	（1）通用设备制造业
		（2）专用设备制造业
		（3）农副食品加工业和食品制造业
		（4）酒、饮料和精制茶制造业
		（5）烟草制品业
		（6）纺织业
		（7）造纸和纸制品业
		（8）汽车制造业
		（9）船舶及海洋工程设备制造业
		（10）港口机械制造业
		（11）火车机车制造业
		（12）飞机及航天航空制造业
		（13）电气机械和器材制造业
		（14）计算机、通信和其他电子设备制造业
		（15）仪器仪表制造业
		（16）其他制造业
		（17）废弃资源综合利用业

（续表）

固定源	行 业 类 别	
溶剂使用源	1）印刷和记录媒介复制业	
	2）表面涂装	（1）金属制品业
		（2）通用设备制造业
		（3）专用设备制造业
		（4）汽车制造业
		（5）铁路、船舶、航空航天和其他运输设备制造业
		（6）电气机械和器材制造业
		（7）计算机、通信和其他电子设备制造业
		（8）仪器仪表制造业
	3）医药制造	（1）卫生材料及医药用品制造
		（2）药用辅料及包装材料制造
	4）其他制造业	（1）人造革/合成革制造业
		（2）纺织业
		（3）废弃资源综合利用业
废弃物处理源	1）污水处理	
	2）固体废弃物处理	
	3）废气处理	

2.2.1.3 溶剂使用源

溶剂使用源是指生产、使用有机溶剂的工业生产和生活部门。其中，有机溶剂包括芳烃、脂肪烃、脂环烃、萜烯烃、卤代烃、醇、醛、酸、酯、乙二醇及其衍生物、酮、醚、缩醛、含氮有机物及含硫有机物等。

溶剂使用源第一级分类包括印刷印染、表面涂层等溶剂使用行业；第二级分类包括建筑涂料、汽车喷涂和表面涂装等溶剂使用过程；第三级分类包括水性涂料、溶剂涂料、传统油墨、新型油墨等涂料溶剂类型；第四级分类均按无排放控制情况处理。

1）印刷和记录媒介复制业

主要包括印刷和记录媒介复制。印刷是指使用模拟或数字的图像载体将呈色剂/色料（如油墨）转移到承印物上的复制过程。记录媒介复制是指将母带、母盘上的信息进行批量翻录的生产活动。

印刷行业的 VOCs 排放主要来自含 VOCs 原辅材料的使用、储存、运输、调制过程中的逸散以及喷漆、洗版、烘干、油墨稀释等生产工艺过程中产生的排放。

2）表面涂装

主要指用于金属、通用设备、专用设备、汽车、铁路、船舶、航空航天和其他运输设备、电气机械和器材、计算机、通信和其他电子设备、仪器仪表等制造业产品生产的表面涂装。

工业涂装所使用的涂料是由成膜物质（树脂或纤维素）、颜料、有机溶剂以及各类添加剂所组成，加上涂装前的清洗脱脂、稀释剂的调配，涂装后设备的清洁、换色清洗等步骤都需要使用有机溶剂，从而产生 VOCs 的排放。

（1）金属制品业　金属制品业主要包括结构性金属制品、金属工具、集装箱及金属包装容器、金属丝绳及其制品、金属表面处理及热处理加工、搪瓷制品、金属制日用品和其他金属制品以及建筑、安全用金属制品等的制造。

集装箱制造是指专门设计、可长期反复使用、不换箱内货物便可从一种运输方式转移到另一种运输方式的放置货物的钢质箱体的生产活动。

集装箱制造生产工艺过程中 VOCs 排放主要源自预处理、预涂、底漆涂装、中间漆/面漆涂装、底架漆涂装、木地板涂装、密封胶施工等所有工艺阶段，以及设备清洗时的排放。

（2）通用设备制造业　通用设备制造业主要包括锅炉及原动机、金属加工机械、起重运输、泵阀门压缩机及类似机械、轴承齿轮传动和驱动部件、烘炉熔炉及电炉、通用零部件及机械修理设备，以及食品饮料烟草及饲料、印刷制药日化、纺织服装和皮革工业生产设备、电子和电工设备、农林牧渔设备、医疗仪器设备、环保和公共安全设备等的制造。

锅炉及原动设备制造是指锅炉及辅助设备、内燃机及配件、汽轮机及辅机、水轮机及辅机、风能及其他原动设备的制造。锅炉及原动设备制造的 VOCs 排放主要来源于生产工艺过程中的表面喷涂环节，主要包含苯系物、酮类、酯类、醇类、三氟乙烯等污染物。

（3）专用设备制造业　专用设备制造业主要包括矿山冶金建筑设备，非金属加工设备，食品、饮料、烟草及饲料生产设备，印刷、制药、日化生产设备，纺织服装和皮革工业设备，电子和电工器械，农林牧渔、医疗仪器设备及器械，环保、社会公共安全设备及其他专用设备等的制造。

电工机械专用设备制造是指电机、线缆等电站、电工专用机械及器材的生产设备制造。电子和电工机械专用设备制造的 VOCs 排放主要源自生产工艺过程中的表面喷涂环节，主要包含苯系物、酮类、酯类、醇类、三氟乙烯等污染物。

（4）汽车制造业　汽车制造业主要包括汽车整车、汽车用发动机、改装汽车、低速汽车、电车、汽车车身、挂车、汽车零部件及配件等的制造。

汽车整车制造是指汽柴油车整车、新能源车整车的制造。涂装车间涉及的工序有电泳底涂、车身密封、中涂、面涂、喷防护蜡和每次喷涂完的烘干工序。汽车制造业(涂装)VOCs排放主要源自底漆、中涂、面漆喷涂过程中的漆雾废气,以及在喷涂车间内的洗枪、洗车过程中有机液体的挥发。

(5) 铁路、船舶、航空航天和其他运输设备制造业　铁路、船舶、航空航天和其他运输设备制造业主要包括铁路运输设备、城市轨道交通设备、船舶及相关装置、航空航天器及设备、摩托车、自行车和残疾人坐车、助动车、非公路休闲车及零配件、潜水救捞及其他未列明运输设备等的制造。

金属船舶制造是指以钢质、铝等各种金属为主要材料,为民用或军事部门建造远洋、近海或内陆河湖的金属船舶。船舶制造的VOCs排放主要来自钢材预处理和涂装过程,钢材预处理主要是对钢材进行表面锈斑的清理、防护等预处理工作,除锈后的钢材送到喷漆室进行表面初步喷漆,喷漆程序会造成VOCs的排放。

(6) 电气机械和器材制造业　电气机械和器材制造业主要包括电机、输配电及控制设备、电线电缆光缆及电工器材、电池、家用电力器具、非电力家用器具及照明器具、其他电器机械及器材等的制造。

家用电力器具制造是指使用交流电源或电池的各种家用电器的制造。家用电力器具制造的VOCs排放主要源自生产工艺过程中的表面喷涂环节,主要包含苯系物、酮类、酯类、醇类、三氟乙烯等污染物。

(7) 计算机、通信和其他电子设备制造业　计算机、通信和其他电子设备制造业主要包括计算机、通信设备、广播电视设备、雷达及配套设备、非专业视听设备、智能消费设备、电子器件、电子元件及电子专用材料及其他电子设备等的制造。

计算机制造是指计算机整机、计算机零部件、计算机外围设备、工业控制计算机及系统、信息安全设备及其他计算机的制造。计算机制造的VOCs排放主要源自生产工艺过程中的表面喷涂环节。

(8) 仪器仪表制造业　仪器仪表制造主要包括通用仪器仪表、专用仪器仪表、钟表与计时仪器、光学仪器、衡器及其他仪器仪表等的制造。

通用仪器仪表制造是指工业自动控制系统装置、电工仪器仪表、绘图和计算仪器、测量仪器、实验分析仪器、试验机、供应用仪器仪表及其他通用仪器的制造。通用仪器仪表制造业的VOCs排放主要源自产品表面喷涂环节,主要包含苯系物、酮类、酯类、醇类等污染物。

3) 医药制造

医药制造主要包括化学药品原料药、化学药品制剂、中药饮片加工、中成药生产、兽用药品、生物药品制品、卫生材料及医药用品、药用辅料及包装材料的制造。

卫生材料及医药用品制造指卫生材料、外科敷料以及其他内、外科用医药制品的制造。药用辅料及包装材料指药品用辅料和包装材料等的制造。

医药制造过程中常见的溶剂使用环节主要包括药物浓缩、过滤、分离提取、精制及药物回收、回用等。废气污染物主要来源于蒸馏、蒸发浓缩工段产生的有机不凝气，合成反应、分离提取过程产生的有机溶剂废气，调节 pH 值时产生的酸碱废气，清洗、粉碎、干燥和包装时排放的粉尘以及废水处理装置产生的恶臭气体。

4）其他制造业

指人造革/合成革制造业、纺织业、废弃资源综合利用等生产过程。

2.2.1.4　废弃物处理源

与大气污染物排放相关的废弃物处理源主要指废水处理、固体废弃物处理和废气处理三类。

1）废水处理

由工业和生活部门产生、进入集中处理处置设施内的废水在水处理过程中会排放 VOCs 和氨等大气污染物，主要通过废水与空气接触的表面以无组织方式排入环境空气。

2）固体废弃物处理

固体废弃物处理是指通过物理的手段（如粉碎、压缩、干燥、蒸发、焚烧等）或生物化学作用（如氧化、消化分解、吸收等）和热解气化等化学作用以缩小其体积、加速其自然净化的过程。固体废弃物处理主要包括垃圾填埋、垃圾焚烧和垃圾堆肥，垃圾填埋和堆肥过程中会释放含有氨和硫化氢等污染物的气体，垃圾焚烧除了排放氨还会排放颗粒物和 VOCs 等污染物。固体废弃物处理产生的污染物的排放方式以无组织为主。

3）废气处理

废气处理源是指燃烧烟气在去除氮氧化物的过程中氨的逃逸排放。燃煤电厂烟气脱硝方法主要有选择性催化还原法和非选择性催化还原法等，由于还原剂采用液氨、尿素或氨水，因此烟气脱硝装置运行时会产生氨的逃逸，造成 NH_3 的排放。

城市清单统计固定源范围如表 2－1 所示。

2.2.2　移动源

移动源是指由发动机牵引，能够移动的各种客运、货运交通设施和机械设备。移动源分为道路移动源、航运移动源和非道路移动源三类，分别作为三个独立的一级排放源，如表 2－2 所示。

表 2-2　城市清单统计移动源范围

移动源	子　类
道路移动源	1）载客汽车
	2）载货汽车
	3）摩托车
航运移动源	1）海船
	2）内河船舶
	3）渔船
	4）民航飞机
	5）铁路内燃机车
非道路移动源	1）建筑及市政工程机械
	2）港作机械
	3）企业场内机械
	4）农用机械
	5）机场地勤设备
	6）柴油发电机组
	7）小型通用机械

随着我国经济快速稳步增长、城市化进程加速、人们生活水平的提高，我国机动车的保有量呈现指数型增长，加上现代农业、建筑业、交通运输业的快速发展，移动源成为大中城市空气污染的重要来源，特别是一氧化碳（CO）、碳氢化合物（HC）、氮氧化合物（NO_x）、细颗粒物（$PM_{2.5}$）等污染物的排放，在各类排放源中的占比越来越高，应当引起高度重视。

2.2.2.1　道路移动源

道路移动源包括了交通运输设施设备在道路运输、发动机汽油蒸发逸散和轮胎、刹车装置以及路面磨损过程中排放大气污染物的排放源。从车型、燃料类型、发动机类型和尾气排放标准等方面划分道路移动源的二至四级子类。道路移动源包括载客汽车、载货汽车和摩托车等[11]。

载客汽车：设计和技术特性上主要用于载运人员的汽车，包括以载运人员为主要目的的专用汽车。

载货汽车：设计和技术特性上主要用于载运货物或牵引挂车的汽车，包括以载运货物为主要目的的专用汽车和低速汽车。

摩托车：由动力驱动的、具有两个或三个车轮的道路车辆，但不包括以下车辆：① 整车整备质量超过400 kg的三轮车辆；② 最大设计车速、整车整备质量、外廓尺寸等指标符合有关国家标准的残疾人机动轮椅车；③ 电驱动的、最大设计车速不大于20 km/h且整车整备质量符合相关国家标准的两轮车辆。

2.2.2.2　航运移动源

1）船舶

船舶是指能航行或停泊于水域进行运输或作业的交通工具，按不同的使用要求而具有不同的技术性能、装备和结构形式。

（1）海船　指符合中国船级社及国际上其他船级社海船入籍规范的海船。纳入中国海事局数据库的海船种类共71种，包括高速客轮、滚装船、散装化学品船、散装水泥运输船、推轮、一般液货船、油驳、半潜船、驳船、布缆船、采沙船、测量船、车客渡船、吹泥船、打捞船、打桩船、打桩起重船、地效翼船、趸船、多用途船、帆船、浮船坞、干货船、工程船、工作船、公务船、供给船、挂桨机船、滚装客船、航标船、火车渡船、火车渡船(客)、集装箱船、交通艇、搅拌船、救助船、勘探船、科学调查船、客驳船、客渡船、客货船、客箱船、油散矿船、垃圾处理船、冷藏船、旅游客船、摩托艇、木材船、破冰船、普通客船、起重驳、起重船、汽车渡船、散货船、散装化学品船/油船、散装沥青船、疏浚船、水产品运输船、水上平台、水下观光船、特种用途船、拖船、挖泥船、液化气船、引航船、油船、油污处理船、游艇、杂货船、重大件运输船、钻井船。

（2）内河船舶　指符合中国船级社内河船舶入籍规范的船舶。纳入中国海事局数据库的内河船种类共70种，包括高速客轮、滚装船、散装化学品船、散装水泥运输船、推轮、一般液货船、油驳、半潜船、驳船、布缆船、采沙船、测量船、车客渡船、吹泥船、打捞船、打桩船、打桩起重船、地效翼船、趸船、多用途船、帆船、浮船坞、干货船、工程船、工作船、公务船、供给船、挂桨机船、滚装客船、航标船、火车渡船、火车渡船(客)、集装箱船、交通艇、搅拌船、救助船、勘探船、科学调查船、客驳船、客渡船、客货船、客箱船、油散矿船、垃圾处理船、冷藏船、旅游客船、摩托艇、木材船、破冰船、普通客船、起重驳、起重船、汽车渡船、散货船、散装化学品船/油船、散装沥青船、疏浚船、水产品运输船、水上平台、水下观光船、特种用途船、拖船、挖泥船、液化气船、引航船、油船、油污处理船、游艇、杂货船、重大件运输船。

（3）渔船　渔船即渔业船舶，进行鱼类捕捞、加工、运输的船舶统称，是捕捞和采收水生动植物的船舶，也包括现代捕捞生产的一些辅助船只，如进行水产品加工、运输、养殖、资源调查、渔业指导和训练以及执行渔政任务等的船舶。

渔船有不同的分类方法：① 按作业水域，分为海洋渔船和淡水渔船，海洋渔船又分沿岸、近海、远洋渔船；② 按船体材料，分为木质、钢质、玻璃钢质、铝合金、钢丝网水泥渔船以及各种混合结构渔船;③ 按推进方式,分为机动、风帆、手动渔船;④ 按渔船所担负的任务,可分为捕捞渔船和渔业辅助船两大类。

为了让排放清单与管理接轨,排放清单中船舶的分类一般遵循海事部门对于船舶种类的分类方法,将船舶分为油船、液化气船、散装化学品船、散货船、集装箱船、滚装船、其他货船、顶推拖轮、驳船、非运输船十大类,每大类包含的船舶种类如表 2-3 所示。

表 2-3 船舶分类

船舶大类	大类包含的船舶种类
油船	一般液货船、散装化学品船/油船、油船
液化气船	液化气船
散装化学品船	散装化学品船、散装沥青船
散货船	散货船
集装箱船	集装箱船
滚装船	滚装船、车客渡船、滚装客船、火车渡船、火车渡船(客)、客渡船、客货船、旅游客船、普通客船、汽车渡船
其他货船	散装水泥运输船、半潜船、干货船、供给船、油散矿船、冷藏船、木材船、水产品运输船、杂货船、重大件运输船、多用途船
顶推拖轮	推轮、拖船
驳船	油驳、驳船、趸船、浮船坞、客驳船、起重驳
非运输船	布缆船、采沙船、测量船、吹泥船、打捞船、打桩船、打桩起重船、地效翼船、工程船、工作船、公务船、航标船、交通艇、搅拌船、救助船、勘探船、科学调查船、垃圾处理船、破冰船、起重船、疏浚船、水上平台、水下观光船、特种用途船、挖泥船、引航船、油污水处理船、钻井船

2) 民航飞机

民航飞机是指体型较大、载客量较多的集体飞行运输工具,用于来往国内及国际商业航班,主要燃料为航空燃油。

航空燃气涡轮发动机在燃烧室,通过将燃料燃烧转变为燃气,产生推力,推动飞机向前飞行,燃烧燃料的同时产生排放,包括污染物的排放。排放产物主要包括氧气(O_2)、氮气(N_2)、二氧化碳(CO_2)、水蒸气(H_2O)、硫氧化物(SO_x)、氮氧化物(NO_x)、未燃尽或部分燃烧的碳氢化合物即挥发性有机物(VOCs)、一氧化碳(CO)、微小颗粒及其他微量化合物。

图 2-1 列举了理想状态与实际燃烧产物,图的下半部分给出了每种输入气体与输出燃烧产物的大致比例。航空发动机尾气排放中的污染物有悬浮颗粒物、一氧化碳、碳氢化合物、氮氧化物、二氧化硫等。

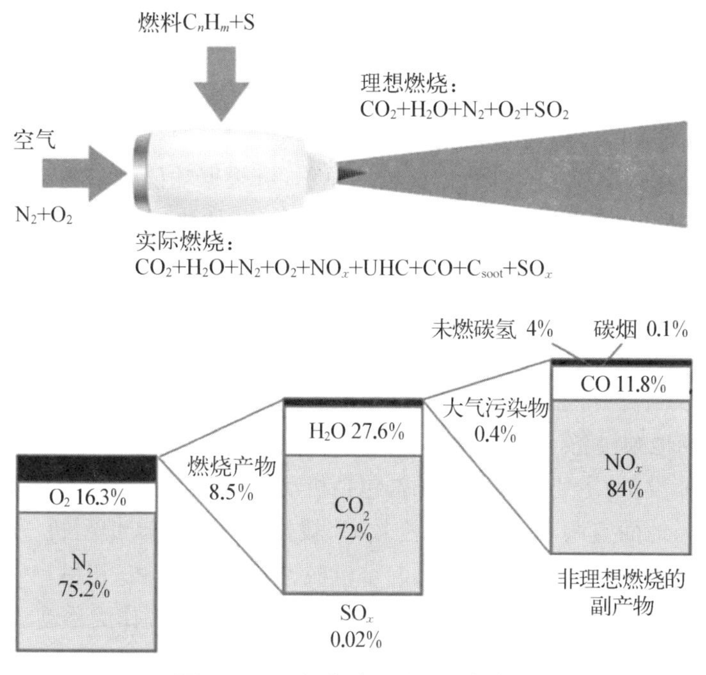

图 2-1　飞机发动机燃油燃烧产物

飞行过程通常分为两个部分：LTO(landing and take-off)循环部分以及巡航部分，一个标准的 LTO 循环被国际民用航空组织(International Civil Aviation Organization, ICAO)定义为飞机在 3 000 ft(约 914 m)以下的工作模式，包括进近、滑行、起飞和爬升四种工作模式。而 3 000 ft 大约是大气混合层高度，大气混合层高度会随气象的不同而变化，飞机在大气混合层以上飞行对当地地面环境空气质量的影响可忽略。飞机污染物排放对地面环境空气影响较大的主要是 LTO 循环阶段[12]。

3) 铁路内燃机车

铁路内燃机车是指以内燃机产生动力，并通过传动装置驱动车轮的铁路机车，主要燃料为柴油。铁路内燃机车可以分为客运、货运内燃机车等，排放的污染物主要为 NO_x，也有颗粒物、SO_2、CO、VOCs 等污染物的排放。

2.2.2.3　非道路移动源

非道路移动机械指用于非道路上的机械，包括如下两种：① 既能自驱动又能进行其他功能操作的机械；② 不能自驱动，但设计成能够从一个地方移动或被移动到另一个地方的机械。清单中涉及的非道路移动机械包含以下 7 个大类。

(1) 建筑及市政工程机械　用于工程建设施工机械的总称，主要燃料为柴油。包括挖掘机、推土机、装载机、叉车、压路机、摊铺机、平地机以及其他机械等。

(2) 港作机械　在港口从事船舶和车辆的货物装卸,库场的货物堆码、拆垛和转运,以及在船舱内、车厢内、仓库内从事货物搬运等作业的机械。根据功能划分为起重机械、输送机械、载货汽车、叉式装卸车、单斗车、跨运车、牵引车、搬运车、缆车、专用机械。

(3) 企业场内机械　企业场内机械的总称,可根据功能划分为自行专用机械、客车类、汽车类、轮式拖拉机、手把式三轮机动车、其他机动车,其中自行专用机械包括轮式和履带式。

(4) 农业机械　在作物种植业和畜牧业生产过程中以及农、畜产品初加工和处理过程中所使用的各种机械,主要燃料为柴油。包括拖拉机、农用运输车(农机牌照)、联合收割机、排灌机械以及其他机械等。

(5) 机场地勤设备　根据现代飞机保养维护和飞行的需要,机场配置有现代化的地面保障设备,主要有 20 种机械,包括机动加油车、液压油车、机动电源车、冷气车、氧气车、地面空调车、消防车、抢救车、救护车、清道车、扫雪机、压路机、推土机、拖拉机、割草机、通勤汽车、班车、起重机械、搬运机械、输送机械。

(6) 柴油发电机组　指以柴油为燃料,在恒定转速下工作的移动式发电机组。

(7) 小型通用机械　指非道路移动机械用小型点燃式发动机,主要燃料为汽油。

2.2.3　面源

面源是指排放量相对较小、范围区域不固定、数量众多的污染源,一般采用批次计算的方式统计排放量。

2.2.3.1　农业源

农业源是指在农业生产中排放大气污染物的各种农业活动。其中,氨是农业源排放的主要污染物。农业氨排放源主要包括农田生态系统、畜禽养殖、农村人口排放等。根据环保部发布的清单编制系列指南中明确规定的 5 级大气污染源分类体系,农业生产活动中农药使用会造成大气污染物排放,将该类源纳入溶剂使用类面源。

1) 农田生态系统

(1) 氮肥施用　氮肥施放到农田后,通过微生物作用或者自身的分解向大气排放氨,主要来源为氮肥的过量施用。氮肥主要包括尿素、碳酸氢铵、硫酸铵、硝酸铵、氯化铵和氨水,其中碳铵和尿素的挥发量较大,这两种化肥也是我们国家主要使用的化肥类型。含氮化肥施用排氨量的大小不仅与氮肥种类有关,还受到气候条件(风速、温度、光照及降雨等)、土壤环境、阳离子交换量和管理因素等多方面因素影响。氮肥施用是农田生态系统最主要的氨排放来源。

(2) 土壤本底　土壤本底排放是指土壤本身所含有机质在不施肥的情况下向

大气直接释放氨的过程。土壤本底氨排放受土壤类型、气候条件等方面影响。

(3) 固氮植物　固氮植物也是农田生态系统氨的排放源之一。中国广泛种植的固氮植物主要为大豆、花生和绿肥三类。

(4) 秸秆堆肥　秸秆在堆肥过程中内部所含氮素会以氨的形式释放到大气中，用于堆肥的农作物主要有7种，包括水稻、小麦、玉米、棉花、豆类、花生和油菜。

2) 畜禽养殖

畜禽养殖业在集约化养殖、散养和放牧等过程中会向大气排放氨，氨的排放主要来源于饲料中蛋白质的消化代谢。氨排放主要集中在4个阶段，包括圈舍内养殖、户外放养、粪便储存处理及厩肥施用。中国的畜牧业相对于发达国家集约化程度低，养殖形式多种多样，包括农户散养、养殖场集约化养殖以及放牧形式养殖等。

3) 农村人口

农村区域人类粪便及生活污水未经妥善处理而储存及使用会向大气中排放氨。在我国广大农村区域，人体粪便常作为一种重要的有机肥料施入农田中，其储存和使用是农村地区另一重要的氨排放源。而在大部分城市区域，人体粪便得以妥善处理，如作为污泥处理，氨挥发情况被控制得较好。

2.2.3.2　扬尘源

扬尘源是指在自然力或人力作用下各种不经过排气筒而无组织、无规则排放地表松散颗粒物质的排放源。扬尘源包括土壤扬尘源、道路扬尘源、施工扬尘源、堆场扬尘源和搅拌站扬尘源。

1) 土壤扬尘源

土壤扬尘源包括农田、荒地、裸露山体、滩涂、干涸的河谷、未硬化或绿化的空地六个类型。土壤的起尘速率受到土壤质地、植被覆盖率、地面粗糙级别、区域内的屏蔽情况、颗粒物粒径分布等的影响，实施裸地绿化、裸地硬化，实施城郊或周边地区的绿化工程实现山体绿化、农田林网化、河岸绿化或硬化，开展保护性耕作、喷洒生态环保型抑尘剂等措施，可在一定程度上减少土壤扬尘的排放。

2) 道路扬尘源

道路扬尘源是指道路积尘在一定的动力条件(风力、机动车碾压、人群活动等)作用下进入环境空气中形成扬尘的排放源。

道路扬尘源按照道路铺设情况可划分为铺装道路和未铺装道路；按照道路使用类型划分可分为城市道路、公路、工业区道路、林区道路和乡村道路，其中城市道路又可细分为快速路、主干道、次干道和支路。道路扬尘源的控制措施主要有普通刷扫、刷扫加真空吸尘、纯真空吸尘、湿扫、铺设砾石路床(仅对黏滞泥土道路)、动态清扫、道路硬化、道路绿化、喷洒抑尘剂等。其中动态清扫是指一旦发现风和水带来的沙尘沉积，在24小时内清理完毕。

3）施工扬尘源

施工扬尘源是指城市市政基础设施建设、建筑物建造与拆迁、设备安装工程及装饰修缮工程等施工场所在施工过程中产生扬尘的排放源。

施工扬尘源按照施工类型可划分为城市市政基础设施建设、建筑物建造与拆迁、设备安装工程及装饰修缮工程四类施工活动；按照施工阶段划分，可分为土方开挖、地基建设、土方回填、主体建设和装饰装修五个阶段。施工扬尘源的控制措施主要有设置围挡、围栏、防溢座、抑尘的密目防尘网（不低于 2 000 目每百平方厘米）或防尘布等以及洒水压尘、密闭储存或者采用防尘布苫盖建筑材料等。

4）堆场扬尘源

堆场扬尘源是指各种工业料堆、建筑料堆、工业固体废弃物、建筑渣土及垃圾、生活垃圾等由于堆积、装卸、输送等操作以及风蚀作用造成扬尘的排放源。此外，采石、采矿等场所和活动中产生的扬尘也归为堆场扬尘。

堆场扬尘源按照堆放物料种类可划分为工业料堆、建筑料堆、工业固体废弃物、建筑渣土及垃圾、生活垃圾等；按照操作程序划分，可分为物料装卸与输送和物料堆放两个阶段。堆场扬尘源的控制措施主要有密闭储存、密闭作业、喷淋、覆盖、防风围挡、硬化稳定、绿化等。

5）搅拌站扬尘源

混凝土搅拌站是用来集中搅拌混凝土的联合装置，又称混凝土预制场。混凝土搅拌站是由搅拌主机、物料称量系统、物料输送系统、物料储存系统、控制系统五大组成系统和其他附属设施组成的建筑材料制造设备，其工作的主要原理是以水泥为胶结材料，将砂石、石灰、煤渣等原料进行混合搅拌，最后制作成混凝土。其所用的物料都含有一定比例的粉尘，因此混凝土生产过程是扬尘排放源之一。

混凝土搅拌站扬尘源的排放主要包含物料输送与配制、物料堆放和场内路面扬尘三个部分。其中物料输送与配制环节扬尘的排放具体包括石子和沙子等从卡车转移至料堆，从料堆转移至传送带，从传送带转移至筒仓；水泥和矿物掺合剂从罐车输送至筒仓；称量斗装载原材料；搅拌筒装载与搅拌原材料。物料堆放的扬尘主要为风蚀扬尘，场内路面扬尘主要来自车辆对洒落物的碾压。

2.2.3.3 生物质燃烧源

生物质是仅次于煤炭、石油和天然气的第四大能源。其燃烧包括四种形式：农村居民使用秸秆和薪柴作为炊事及采暖燃料、农村在收获季节露天焚烧农田废弃秸秆、森林火灾和草原火灾。生物质燃烧不仅会释放大量的挥发性有机物、颗粒物、二氧化碳等，同时还会释放一定量的氨。尤其是把牛、羊等动物粪便当作燃料燃烧时，会释放出大量的氨，此类源在城市中极少存在，本书中不单独对其进行定义和介绍。

1）户用生物质炉具

生物质室内燃烧源是指农村居民使用秸秆和薪柴作为炊事及采暖燃料而向大气中排放污染物的过程。

2）生物质开放燃烧

生物质开放燃烧源是指农村在收获季节进行的农田废弃秸秆露天焚烧，以及森林火灾和草原火灾等向大气排放污染物的过程。

2.2.3.4　溶剂使用类面源

溶剂使用类面源主要包括机动车维修、建筑涂料使用、市政道路及相关设施维护保养的涂料使用、沥青铺路、医院溶剂使用、干洗店、民用含溶剂产品使用、农药使用等源类。除了以上几类溶剂使用面源外，还有一些比较分散、容易被忽视的 VOCs 排放面源，如停车场用漆、人造板使用等，在清单编制工作时间充分、人员技术力量雄厚、基础材料完备的前提下，也应对其予以定量，将其纳入清单范围。

1）机动车维修

机动车维修指汽车、大型车辆装备、摩托车及助动车等的修理与维护。机动车维修工序中排放的废气的主要特征污染物为 VOCs，主要来源于以下几方面：

(1) 腻子中溶剂挥发　腻子中含有以二甲苯为主的 VOCs，在使用过程中会挥发到空气中。

(2) 汽车漆溶剂挥发　汽车漆包括底漆、面漆、罩光清漆，汽车待修补表面在喷漆过程中部分原料漆以漆雾的形式飞散在喷烤漆房，排放至空气中。除了喷涂、烘干时会产生 VOCs 外，喷涂前的储存以及调配也会产生 VOCs。

(3) 清洗剂挥发　在完成一定任务量的喷涂作业以及需要更换颜色时，需要对喷枪进行清洗，清洗剂中含有大量 VOCs，在清洗过程中会挥发到空气中。

(4) 底漆、面漆、罩光清漆喷涂　喷涂操作在喷烤漆房内完成，废气经过处理设备集中从排气筒有组织地排放；腻子和涂料储存因没有收集处理设备，会发生 VOCs 的无组织排放，主要污染物包含苯、甲苯、二甲苯、三甲苯、乙酸乙酯、乙酸丁酯等物质[13]。

2）建筑涂料使用

建筑涂料主要包括墙面涂料、防水涂料、地坪涂料、功能性建筑涂料等。建筑涂料行业 VOCs 排放主要来源于建筑涂料使用过程，建筑墙体在开放空间中涂装，涂装过程中产生的 VOCs 均以无组织形式排放至空气中。溶剂型涂料中 30%～50%的成分为有机溶剂，在涂装过程中基本都挥发到大气中；水性涂料的 VOCs 排放比溶剂型涂料少很多；乳胶漆配方中 VOCs 主要来源于乳液、溶剂、助剂、色浆等，其中最主要的来源是成膜助剂和防冻剂如二醇类溶剂。

建筑涂料排放的 VOCs 包含甲苯、乙苯、邻二甲苯、间二甲苯、对二甲苯、乙醇、乙二醇、丙二醇、正丁醇、异丁醇、乙二醇单丁醚、乙酸乙酯、乙酸丁酯、乙酸异丁酯、碳酸二甲酯等多类有毒有害物质。

3）市政道路及相关设施维护保养涂料使用

市政道路及设施维护保养涂料主要包括道路标志涂料、环氧防腐涂料、聚氨酯防腐漆、酚醛树脂防腐蚀涂料等。污染物排放主要来源于涂装以及道路、设施清洗过程，均以无组织形式挥发至大气中。排放的污染物主要有苯、甲苯、二甲苯、三甲苯、乙苯、苯乙烯、甲醛、酚类等物质。

4）沥青铺路

作为公路建设的主要原材料，沥青是由相对分子质量不同的烃类及其衍生物组成的混合物，其中所含的有机烃类化合物在储存、加工、运输、拌合、摊铺、压实以及使用过程中都会有一定程度的挥发，损害人体健康和污染大气环境。相关实验表明，路面摊铺温度达到 180℃时，沥青烟中 VOCs 的浓度最高能够达到 12 mg/m^3；而当温度上升到 200℃时，沥青烟中 VOCs 的浓度最高能达到 50 mg/m^3。

5）医院溶剂

医院使用的溶剂主要包括消毒剂、清洗剂等，在使用过程中会有部分挥发出来，造成 VOCs 的排放。医院溶剂使用产生的 VOCs 排放以无组织排放为主。

6）干洗

干洗过程中需要使用有机溶剂，一般主要为石油烃和烯烃类物质。使用的有机溶剂在使用过程中一部分通过挥发逸散到大气环境中，一部分通过洗涤水作为废水成分排出，废水中的 VOCs 最终全部逸散到大气环境中。因此干洗过程使用的溶剂最终全部挥发进入大气。

7）民用含溶剂产品使用

民用含溶剂产品主要包括生活中使用的个人护理产品（化妆品、发胶等）、喷雾剂（驱蚊水、消毒水等）、商业使用的防护产品、美容产品（理发店、美容店、美甲、洗浴精油、卫生间使用清香精油等）、去污油脂类（肥皂、清洁剂、洗涤剂、洗衣粉、洗衣液等）、有去油作用的溶剂等。在生活和商业活动中会使用此类溶剂，使用过程会有 VOCs 挥发逸散至大气中。

8）农药使用

农药使用排放是指农药使用过程中其所含的有机溶剂向大气中释放 VOCs 的过程。农业使用的农药通常由化学农药原药和助剂按配方加工制成，在使用过程中通常以制剂形式出现。农药在我国的应用非常广泛，按原料一般可分为化学合成农药、生物源农药（天然有机物、微生物、抗生素）和矿物源农药三大类。由于只有化学原料农药中含有有机溶剂，因此本书提到的农药特指化学农药。

9）人造板使用

人造板包括实木地板和复合木地板，生产过程中会使用溶剂涂层，在室内使用过程中会挥发出部分 VOCs。

10）停车场

停车场内部需要使用地坪漆和道路漆做地坪防护和道路标线指引，在地坪漆和道路漆的使用过程中会挥发出部分 VOCs。

2.2.3.5　其他面源

1）民用化石燃料燃烧

民用化石燃料燃烧指用于居民采暖、炊事等分散使用的燃煤、燃气（天然气、液化石油气）等的燃烧。民用散煤是指未经成型加工的民用煤，包括原煤和洗选精煤等；民用型煤是指以适当的工艺和设备加工成型的民用煤，包括蜂窝煤和其他型煤。

民用化石燃料燃烧过程中会产生颗粒物、SO_2、NO_x、CO 和 VOCs 等污染物的排放，大部分污染物未经处理以无组织形式排放。

2）餐饮油烟

餐饮油烟包括餐饮业和居民家庭烹饪所排放的污染物。餐饮业排放的油烟气中除了颗粒物以外，还存在挥发性有机物[14]。餐饮业排放的 VOCs 成分复杂，已经检测到的有机物有脂肪酸、烷烃、烯烃、醛、酮、醇、酯、多环芳烃和杂环化合物，不仅直接威胁厨房工作人员的健康状况，而且会对区域环境空气质量产生明显影响。

3）植物排放

植物排放是天然源挥发性有机化合物（BVOCs）的重要来源之一，其排放对臭氧和二次有机气溶胶的生成与浓度水平有重要影响。植物排放的 VOCs 种类繁多，异戊二烯和单萜化合物是植物排放量最大的两种挥发性有机物，且具有高反应活性。

4）油气储运

油气储运源是指原油、汽油、柴油、天然气在储藏、运输及装卸过程中逸散泄漏造成 VOCs 排放的排放源。油气储运源的排放过程主要包括油品灌装、油品运输和油品储存过程，涵盖了原油运输至炼油厂、储油库的收油/发油作业、油罐车油品运输、加油站卸油作业、机动车加油、天然气运输等环节。其分类、污染物排放类型及污染物指标具体情况如表 2－4 所示。

对于储油库，调查内容应包括汽油总库容、汽油周转量、油气回收处理装置及运行情况，以及挥发性有机物排放情况；加油站应调查其汽油总罐容、汽油销售量、油气回收处理装置安装（一次、两次、后处理装置、在线监测系统等）和运行情况，以及挥发性有机物排放情况；油罐车应调查其保有量和油气回收改造油罐车数量、挥发性有机物排放情况。

表 2-4　油气储运源排放分类及主要污染物指标

第一级分类	第二级分类		第三级分类	第四级分类	排放来源	污染物指标
油品存储运输源	储油库	仓储过程 收油过程 发油过程	汽油、柴油	—	—	蒸发：VOCs
	加油站	仓储过程 卸油过程 加油过程	汽油、柴油	Ⅰ阶段前 Ⅰ阶段 Ⅱ阶段	蒸发排放	蒸发：VOCs
	油罐车、管道等	运输过程	汽油、柴油	Ⅰ阶段前 Ⅰ阶段	蒸发排放	蒸发：VOCs

5）*液散码头*

液散码头的排放估算包括原油、汽油、柴油、化学品等的储存、装卸以及管道输送过程的 VOCs 排放，其中，储存过程分为固定罐、浮顶罐和卧式罐。对于储存企业，其排放主要来自油品/化学品经车、船、桶、管道等方式进入企业储罐，然后通过装卸台，以车、船、桶、管道的方式转运到其他单位，因此储存企业的排放主要来自储罐储存、物料装卸过程的排放和管线密封点的泄漏排放。对于液散企业而言，通过车、船、管道等渠道进入企业的物料首先进入储罐，然后通过管道进入装卸台，再由装卸台以车、船、桶、管线的方式转出企业，除了管线转运外，其余方式均会在企业内产生排放。

城市清单统计面源范围如表 2-5 所示。

表 2-5　城市清单统计面源范围

面　源	分　类	
农业源	1）农田生态系统	（1）氮肥施用
		（2）土壤本底
		（3）固氮植物
		（4）秸秆堆肥
	2）畜禽养殖	
	3）农村人口	
扬尘源	1）土壤扬尘	
	2）道路扬尘	
	3）施工扬尘	
	4）堆场扬尘	
	5）搅拌站扬尘	

（续表）

面　源	分　类
生物质燃烧源	1）生物质室内燃烧(户用生物质炉具)
	2）生物质开放燃烧
溶剂使用类面源	1）机动车维修
	2）建筑涂料使用
	3）市政道路及相关设施维护保养涂料使用
	4）沥青铺路
	5）医院溶剂
	6）干洗
	7）民用含溶剂产品使用
	8）农药使用
	9）人造板使用
	10）停车场
其他面源	1）民用化石燃料燃烧
	2）餐饮油烟
	3）植物排放
	4）油气储运
	5）液散码头

2.3　城市大气污染源分类分级示例

环保部在清单编制指南中发布的分类分级体系尚不能完全满足城市尺度高精度清单编制的需要，其中排放源的工艺种类和细分程度、末端治理技术等不能完全覆盖现有上海城市清单统计的排放源范围，与排放源细化分类管理需求还有一定的差异。因此需要在国家指南源分类和编码表的基础上，根据上海市污染源特点进行扩充和细化，具体内容包括以下四点。

（1）第一级补充增加了生物排放等类别，生物排放也是一个不容忽视的排放源。

（2）第二级扩充和细化了上海市的溶剂使用源等排放源对应的原料或产品。

（3）第三级补充了国家分类分级中没有，但在上海是相对重要的工艺。

（4）第四级主要补充了 VOCs 末端治理技术类别，上海市近年来推进的 VOCs 减排工作中各类 VOCs 末端控制技术均有应用，补充后可完善清单对相关排放源的统计功能。

扩充完善的上海本地排放源分类如表 2-6～表 2-10 所示。

表 2-6　上海本地排放源大类及编码

名　　称	编　码
化石燃料固定燃烧源	0001
工艺过程源	0002
移动源	0003
溶剂使用源	0004
农业源	0005
扬尘源	0006
生物质燃烧源	0007
废弃物处理源	0008
其他排放源	0009

表 2-7　上海本地第一级排放源大类及编码

名　　称	编码	名　　称	编码
电力、热力及燃气生产和供应业	01000	造纸和纸制品业	03100
电力生产及供应	01010	造纸业	03101
工业热力生产及供应	01020	纸制品业	03102
民用热力生产及供应	01030	印刷和记录媒介复制业	03110
燃气生产及供应	01040	文教、工美、体育和娱乐用品制造业	03120
采矿业	02000	石油加工、炼焦和核燃料加工业	03130
煤炭开采及洗选业	02010	石油炼制	03131
石油和天然气开采业	02020	炼焦	03132
黑色金属矿采选业	02030	化学原料和化学制品制造业	03140
有色金属矿采选业	02040	医药制造业	03150
非金属矿采选业	02050	原药及医药中间体制造业	03151
其他采矿业	02060	农药及农药中间体制造业	03152
制造业	03000	医药研发业	03153
农副食品加工业	03010	化学纤维制造业	03160
食品制造业	03020	橡胶和塑料制造业	03170
酒、饮料和精制茶制造业	03030	橡胶制品制造业	03171
烟草制品业	03040	塑料制造业	03172
纺织业	03050	塑料加工业	03173
纺织服装、服饰业	03060	人造革/合成革制造业	03174
皮革、毛皮、羽毛及其制品和制鞋业	03070	非金属矿物制品业	03180
木材加工和木、竹、藤、棕、草制品	03080	水泥制造业	03181
家具制造业	03090	玻璃制造和加工业	03182

（续表）

名　　称	编码	名　　称	编码
陶瓷制品制造业	03183	非道路移动源	06000
耐火材料制造业	03184	工程机械	06010
沥青油毡及其他防火材料制造业	03185	农业机械	06020
黑色金属冶炼和压延加工业	03190	小型通用机械	06030
有色金属冶炼和压延加工业	03200	柴油发电机组	06040
金属制品业	03210	船舶	06050
通用设备制造业	03220	铁路内燃机车	06060
专用设备制造业	03230	民航飞机	06070
汽车制造业	03240	印刷印染	07010
铁路、船舶、航天航空和其他运输设备制造业	03250	表面涂层	07020
		农药使用	07030
船舶及海洋工程设备制造业	03251	其他溶剂使用	07040
港口机械制造业	03252	氮肥使用	08010
火车机车制造业	03253	畜禽养殖	08020
飞机及航天航空制造业	03254	土壤本底	08030
电气机械和器材制造业	03260	固氮植物	08040
计算机、通信和其他电子设备制造业	03270	秸秆堆肥	08050
仪器仪表制造业	03280	人体粪便	08060
其他制造业	03290	土壤扬尘	09010
废弃资源综合利用业	03300	道路扬尘	09020
金属制品、机械和设备修理业	03310	施工扬尘	09030
建筑业	03311	堆场扬尘	09040
建筑及设施维护保养	03312	生物质室内燃烧	10010
民用源	04000	生物质开放燃烧	10020
城市民用源	04010	废水处理	11010
机动车修理	04011	固体废弃物处理	11020
农村民用源	04020	废气处理	11030
道路移动源	05000	油气储运	12000
载客汽车	05010	餐饮油烟	13000
载货汽车	05020	植物排放	14000
摩托车	05030		

表2-8　上海本地第二级排放源大类及编码

名　　称	编码	名　　称	编码
煤炭	01000	洗精煤	01020
原煤	01010	其他洗煤	01030

（续表）

名　　称	编码	名　　称	编码
型煤	01040	森林火灾	12010
其他煤炭	01990	草原火灾	12020
煤矸石	02000	秸秆露天焚烧	12030
焦炭	03000	焦炭	13010
煤气	04000	烧结矿	13020
焦炉煤气	04010	球团矿	13030
高炉煤气	04020	生铁	13040
转炉煤气	04030	粗钢	13050
其他煤气	04990	铸铁	13060
其他焦化产品	05000	其他钢铁产品	13990
石油制品	06000	有色金属	14000
原油	06010	电解铝	14010
汽油	06020	精炼铜	14020
煤油	06030	锌	14030
柴油	06040	铅	14040
燃料油	06050	镍	14050
石脑油	06060	锡	14060
润滑油	06070	锑	14070
石蜡	06080	汞	14080
溶剂油	06090	镁	14090
石油沥青	06100	钛	14100
石油焦	06110	氧化铝	14110
液化石油气	06120	其他有色金属	14990
炼厂干气	06130	非金属矿物制品	15000
其他石油制品	06990	熟料	15010
天然气	07010	水泥	15020
液化天然气	07020	石灰	15030
生物质成型燃料	08000	砖瓦	15040
秸秆	09000	石膏	15050
玉米秸秆	09010	平板玻璃	15060
小麦秸秆	09020	玻璃制品	15070
水稻秸秆	09030	玻璃纤维	15080
高粱秸秆	09040	陶瓷	15090
油菜秸秆	09050	沥青	15130
其他秸秆	09990	沥青油毡	15100
薪柴	10000	石墨碳素	15110
牲畜粪便	11000	人造板	15120

（续表）

名　　称	编码	名　　称	编码
人造分子筛	15140	肥料制造	19000
其他非金属矿物制品	15990	尿素	19010
基础化学原料	16000	碳铵	19020
乙烯	16010	硝铵	19030
丙烯	16020	硫铵	19040
丙烯腈	16030	其他氮肥	19050
苯	16040	复合肥	19060
甲苯	16050	其他肥料	19990
乙苯	16060	涂料、油墨、颜料及类似产品	20000
丁二烯	16070	油墨	20010
苯乙烯	16080	溶剂型油墨	20011
二甲苯	16090	水性油墨	20012
氯乙烯	16100	润版液	20013
化学原料药	16110	染料	20020
医药中间体	16111	建筑涂料	20030
农药中间体	16112	水性建筑涂料	20031
乙二醇	16120	漆涂料	20040
对苯二甲酸	16130	水性涂料	20041
硫酸	16140	溶剂型涂料	20042
合成氨	16150	固化剂	20043
其他基础化学原料	16990	溶剂稀释剂/清洗剂	20044
合成树脂	17000	粉末涂料	20045
聚氯乙烯	17010	其他涂料	20990
聚苯乙烯	17020	其他化工产品	21000
低密度聚乙烯	17030	橡胶	21010
高密度聚乙烯	17040	轮胎	21020
线性聚乙烯	17050	泡沫塑料	21030
聚丙烯	17060	人造革/合成革	21040
其他合成树脂	17990	纸浆	21050
合成纤维	18000	胶黏剂	21060
聚酰胺纤维	18010	酒精	21070
聚酯纤维	18020	注塑橡胶件	21080
聚丙烯腈纤维	18030	注塑件	21090
聚丙烯纤维	18040	食品及农副产品	22000
聚乙烯醇缩甲醛纤维	18050	面包	22010
黏胶纤维	18060	糕点	22020
其他合成纤维	18990	饼干	22030

（续表）

名称	编码
糖	22040
啤酒	22050
葡萄酒	22060
白酒	22070
玉米油	22080
棉花籽油	22090
花生油	22100
大豆油	22110
非食用植物油	22120
熏肉	22130
其他食品	22990
毛线	23010
丝	23020
布	23030
杀虫剂使用	24000
O，O-二甲基-O-(2，2-二氯乙烯基)磷酸酯(敌敌畏)	24010
氧化乐果	24020
氯氰菊酯	24030
其他杀虫剂	24990
除草剂使用	25000
百草枯	25010
多菌灵	25020
草甘膦	25030
其他除草剂	25990
杀菌剂使用	26000
稻瘟净	26010
其他杀菌剂	26990
建筑涂料使用	27000
建筑内墙喷涂	27010
建筑外墙喷涂	27020
道路标识喷涂	27030
市政设施养护喷涂	27040
建筑其他喷涂	27990
汽车喷涂	28000
自行车	28010
摩托车	28020
轿车	28030
客车	28040
非道路机动车	28050
其他汽车	28990
飞机	30000
铁路机车	31000
表面涂装	29000
饮料罐涂层	29010
漆包线涂层	29020
金属家具涂层	29030
家电涂层	29040
装修木器	29050
木质家具涂层	29060
机床涂层	29070
设备制造涂装	29080
电子产品涂层	29090
造船涂装	29100
造船、港口机械及海洋工程板材预涂装	29110
造船分段涂装	29111
整船船坞段涂装	29112
港口机械设备露天涂装	29113
港口机械设备分段涂装	29114
海洋工程设备露天涂装	29115
海洋工程设备分段涂装	29116
修船涂装	29117
金属结构件涂装	29120
金属卷材涂层	29130
纺织物涂层	29140
防水材料涂层	29150
橡胶涂层	29160
涂装设备清洗	29170
其他涂层	29990
油墨印刷	30010
染料印染	30020
其他工业溶剂使用	31000
沥青铺路	31010
木材生产	31020

（续表）

名　　称	编码	名　　称	编码
医药生产	31030	大豆种植	33020
印刷设备清洗	31040	花生种植	33030
胶黏剂使用	31050	绿肥种植	33040
打字机	31060	秸秆堆肥量	33050
办公用品	31070	农村人口	33060
溶剂脱脂清洗	31080	农田	34010
皮革加工	31090	荒地	34020
其他民用溶剂使用	32000	裸露山体	34030
干洗（三氯乙烯/四氯乙烯）	32010	滩涂	34040
去污脱脂	32020	干涸河谷	34050
烹饪	32030	未硬化或为绿化空地	34060
家庭浴剂使用	32040	铺装道路	35010
干洗（石油溶剂）	32050	未铺装道路	35020
畜禽	33000	城市市政基础设施建设	36010
肉牛＜1 年	33010	建筑物建造与拆迁	36020
肉牛＞1 年	33020	设备安装工程	36030
奶牛＜1 年	33030	装饰修缮工程	36040
奶牛＞1 年	33040	工业原料堆	37010
山羊＜1 年	33050	建筑原料堆	37020
山羊＞1 年	33060	工业固体废弃物	37030
绵羊＜1 年	33070	建筑渣土及垃圾	37040
绵羊＞2 年	33080	生活垃圾	37050
母猪	33090	森林火灾	38010
肉猪＜75 天	33100	草原火灾	38020
肉猪＞75 天	33110	秸秆露天焚烧	38030
马	33120	其他生物质露天焚烧	38990
驴	33130	废水	39010
骡	33140	固体废弃物	39020
骆驼	33150	脱硝烟气	39030
蛋鸡	33160	其他废弃物	39990
蛋鸭	33170	微型载客汽车-汽油	40010
蛋鹅	33180	小型载客汽车-汽油	40020
肉鸡	33190	小型载客汽车-柴油	40030
肉鸭	33200	小型载客汽车-其他	40040
肉鹅	33210	出租车-汽油	40050
其他畜禽	33290	出租车-其他	40060
耕地	33010	中型载客汽车-汽油	40070

（续表）

名　　称	编码	名　　称	编码
中型载客汽车-柴油	40080	装载机	41030
中型载客汽车-其他	40090	叉车	41040
大型载客汽车-汽油	40100	压路机	41050
大型载客汽车-柴油	40110	摊铺机	41060
大型载客汽车-其他	40120	平地机	41070
公交车-汽油	40130	其他工程机械	41990
公交车-柴油	40140	拖拉机	42010
公交车-其他	40150	联合收割机	42020
微型载货汽车-汽油	40160	三轮农用运输车	42030
轻型载货汽车-汽油	40170	四轮农用运输车	42040
轻型载货汽车-柴油	40180	排灌机械	42050
中型载货汽车-汽油	40190	其他农业机械	42060
中型载货汽车-柴油	40200	手持小型通用机械	43010
重型载货汽车-汽油	40210	非手持小型通用机械	43020
重型载货汽车-柴油	40220	柴油发电机组	44000
低速货车-柴油	40230	客运船舶	45010
三轮汽车-柴油	40240	货运船舶	45020
普通摩托车-汽油	40250	客运铁路内燃机车	46010
轻便摩托车-汽油	40260	货运铁路内燃机车	46020
挖掘机	41010	民航飞机	47000
推土机	41020	餐饮油烟	48000

表 2-9　上海本地第三级排放源大类及编码

名　　称	编码	名　　称	编码
锅炉	01000	先进炉灶	03020
煤粉炉	01010	其他炉灶	03990
流化床炉	01020	有组织排放	04010
自动炉排层燃炉	01030	无组织排放	04020
手动炉排层燃炉	01040	设备泄漏	04021
燃油锅炉	01050	储罐	04022
燃气锅炉	01060	有机物料装卸	04023
生物质锅炉	01070	开停工	04024
其他锅炉	01990	事故排放	04025
整体煤气化联合循环发电	02000	废水逸散	04026
炉灶	03000	冷却水	04027
传统炉灶	03010	火炬	04028

（续表）

名　　称	编码	名　　称	编码
炼油延迟焦化	04029	润版液	12090
机械炼焦	05010	汽车制造用漆	13010
土法炼焦	05020	汽车修补用漆	13020
高炉	27010	汽车保养-脱蜡	13030
转炉	06010	汽车保养-封装	13040
电炉	06020	溶剂萃取	13050
平炉	06030	溶剂清洗	13060
热轧	06040	散养	14010
其他轧钢	06050	集约化养殖	14020
一次冶炼	07010	放牧	14030
再生生产	07020	固体废弃物填埋	15010
新型干法	08010	固体废弃物堆肥	15020
立窑	08020	固体废弃物焚烧	15030
其他立窑	08030	选择性非催化还原烟气脱硫	16010
浮法平板玻璃	09010	选择性催化还原烟气脱硝	16020
垂直引上平板玻璃	09020	储存	17010
沥青回转窑	28010	装卸	17020
运行排放	10010	运输	17030
启动排放	10020	加油(气)站	17040
蒸发排放	10030	原油生产	18010
刹车排放	10040	原油加工	18020
水性涂料	11010	原油炼制	18030
水性木器涂料	11011	天然气生产	18040
水性金属漆涂料	11012	＜37 kW	19010
其他水性涂料	11013	37～75 kW	19020
溶剂型涂料	11020	75～130 kW	19030
UV 涂料	29010	≥130 kW	19040
粉末涂料	30010	热带	20010
腻子涂层	31010	南亚热带	20020
传统油墨	12010	中亚热带	20030
新型油墨	12020	北亚热带	20040
平板油墨	12030	暖温带	20050
柔版油墨	12040	温带	20060
凹版油墨	12050	寒温带	20070
水基油墨	12060	西藏区	20080
丝网印刷油墨	12070	温性草甸草原	21010
UV 油墨	12080	温性荒漠草原	21020

（续表）

名　　称	编码	名　　称	编码
温性荒漠	21030	黏土	23030
低地草甸	21040	城市道路	24010
山地草甸	21050	公路	24020
暖性草丛	21060	工业区道路	24030
热性草丛	21070	林区道路	24040
高寒草甸	21080	乡村道路	24050
高寒草原	21090	土方开挖	25010
温性草原	21100	地基建设	25020
玉米秸秆露天焚烧	22010	土方回填	25030
小麦秸秆露天焚烧	22020	主体建设	25040
水稻秸秆露天焚烧	22030	装饰装修	25050
其他秸秆露天焚烧	22040	装卸与输送	26010
砂土	23010	堆放	26020
壤土	23020	不分技术	99999

表 2-10　上海本地第四级排放源大类及编码

名　　称	编码	名　　称	编码
国一前	0101	低氮燃烧器	0401
国一	0102	高效低氮燃烧器	0402
国二	0103	选择性非催化还原法	0403
国三	0104	选择性催化还原法	0404
国四	0105	低氮燃烧器与选择性非催化还原法	0405
国五	0106	低氮燃烧器与选择性催化还原法	0406
国六	0107	其他脱硝技术	0499
袋式除尘	0201	一次油气回收	0501
普通电除尘	0202	二次油气回收	0502
高效电除尘	0203	三次油气回收	0503
电袋复合除尘	0204	油烟净化器	0600
湿式除尘	0205	无控制技术	9999
机械式除尘	0206	抛弃式活性炭吸附	0701
无组织尘一般控制技术	0207	冷凝	0702
无组织尘高效控制技术	0208	热力燃烧	0703
其他除尘技术	0299	蓄热式燃烧	0704
湿式烟气脱硫	0301	催化燃烧	0705
干式烟气脱硫	0302	分子筛沸石吸附	0706
其他脱硫技术	0399	碱洗	0707

（续表）

名　称	编码	名　称	编码
水洗	0708	冷凝＋活性炭吸附解吸＋蓄热式燃烧	0720
酸洗	0709	冷凝＋活性炭吸附解吸＋催化燃烧	0721
紫外光解	0710	专用吸附剂解吸＋冷凝回收	0722
等离子	0711	碱洗＋抛弃式活性炭	0723
活性炭吸附解吸＋热力燃烧	0712	水洗＋抛弃式活性炭	0724
活性炭吸附解吸＋蓄热式燃烧	0713	酸洗＋抛弃式活性炭	0725
活性炭吸附解吸＋催化燃烧	0714	碱洗＋紫外光解	0726
活性炭吸附解吸＋冷凝回收	0715	水洗＋紫外光解	0727
分子筛沸石转轮吸附解吸＋蓄热式燃烧	0716	酸洗＋紫外光解	0728
		等离子＋抛弃式活性炭	0729
分子筛沸石转轮吸附解吸＋冷凝回收	0717	紫外光解＋抛弃式活性炭	0730
		碱洗＋等离子	0731
冷凝＋抛弃式活性炭	0718	水洗＋等离子	0732
冷凝＋活性炭吸附解吸＋热力燃烧	0719	酸洗＋等离子	0733

参考文献

[1] 陈颖，叶代启，刘秀珍，等.我国工业源VOCs排放的源头追踪和行业特征研究[J].中国环境科学，2012，32(1)：48－55.

[2] 梁小明，张嘉妮，陈小方，等.我国人为源挥发性有机物反应性排放清单[J].环境科学，2017，38(3)：845－854.

[3] 杨静.珠江三角洲2012年大气排放清单建立与时空分配改进研究[D].广州：华南理工大学，2015.

[4] 杨一鸣，崔积山，童莉，等.美国VOCs定义演变历程对我国VOCs环境管控的启示[J].环境科学研究，2017，30(3)：368－379.

[5] 杨强，黄成，卢滨，等.基于本地污染源调查的杭州市大气污染源排放清单研究[J].环境科学学报，2017，37(9)：3240－3254.

[6] 杨柳林，曾武涛，张永波，等.珠江三角洲大气排放清单与时空分配模型建立[J].中国环境科学，2015，35(12)：3521－3534.

[7] 陈宗耀，伦小秀，唐贵刚，等.中国人为源VOCs排放系数库研究[J].环境工程，2018，36(9)：68－73.

[8] 夏思佳，刘倩，赵秋月.江苏省人为源VOCs排放清单及其对臭氧生成贡献[J].环境科学，2018，39(2)：592－599.

[9] 鲁君.典型石化企业挥发性有机物排放测算及本地化排放系数研究[J].环境污染与防治，2017，39(6)：604－609.

[10] 国家统计局，中国标准化研究院.国民经济行业分类：GB/T 4754—2017[S].北京：中国标

准出版社，2017.
[11] 郑君瑜，王水胜，黄志炯，等.区域高分辨率大气排放清单建立的技术方法与应用(修订版)[M].北京：科学出版社，2014.
[12] Wayson，R L，Fleming G G. Consideration of air quality impacts by airplane operations at or above 3000 feet AGL[R]. Washington D.C.：U.S. Department of Transportation，2000.
[13] 高宗江.典型工业涂装行业 VOCs 排放特征研究[D].广州：华南理工大学，2015.
[14] 王红丽，井盛翱，楼晟荣，等.餐饮行业细颗粒物($PM_{2.5}$)排放测算方法：以上海市为例[J].环境科学，2018，39(5)：1971－1977.

第3章　大气污染源排放定量方法综述

大气污染源排放定量方法是排放清单工作的关键技术之一。排放量计算方法可参考的国内外资料较多，国内各地区环保部门相继颁布出台的各类行业VOCs等多种污染物排放计算办法也已较为成熟。但是同种排放源可用的统计计算方法有多种，不同的排放源适用的计算方法也不同，在清单原始数据来源不能保障的情况下，存在同类排放源使用不同方法的情况。清单统计人员在判断各种排放源在各种条件下应用哪种定量方法容易存在疑惑和不确定，因此本章分别从计算方法和排放源两个角度，通过对各种方法的特点，以及各类源对应技术方法适用性等角度进行论述和说明，并给出方法选取的原则，为清单编制和更新的工作人员提供实用的技术指引。

按不确定性等级排列，大气污染物排放定量方法包括实测法、物料平衡法、排放系数法、排放模型估算法和类推判定法等。各类定量方法的应用有其特点，在清单工作的计划准备阶段，需对不同的排放源所应用的估算方法进行确定，然后对应用各类方法所需收集的原始数据的获取途径、方法以及具体实施进行计划。另外，大气污染源排放清单编制工作中，基础数据收集是关键环节，基础数据收集与计算方法是统一对应关系，基础数据收集工作的完整性、效率和数据质量直接影响排放定量统计结果，在本章中我们也对这一环节进行探讨。

3.1　实测法

高质量的实测数据是污染源最直接的排放数据信息，清单统计中也以实测法作为排放量的优先计算方法[1]。实测法根据污染物实际监测浓度数据和废气排放风量计算排放量，适用于有组织排放。实测法应用的前提是监测数据是否有足够的代表性，包括监测方法、监测期间工况、采样和分析环节的质量控制和质量保证工作是否完备，监测样本数量是否足够等因素，应在应用时进行甄别，避免使用代表性不足的监测数据。数据质量可靠的污染源在线监测数据因其代表性优势，理论上准确度最高。

二氧化硫、氮氧化物、一氧化碳等单种污染物以及烟粉尘颗粒物等的监测方法较成熟，此类污染物的监测数据较容易获取，数据质量相对较高。

挥发性有机物(VOCs)是一类化合物的合称，直接实测法理论上准确度最高，但对监测技术的要求和成本都较高，实际应用较少。排放源实际排放的化合物有多种，监测方法无法覆盖所有化合物，另外VOCs的排放往往以无组织排放的形式为主，无法直接监测排放。对于有组织排放，可以应用以下3种技术对排放量进行定量。

(1) 对于已知排放源排放的VOCs物种，可以进行浓度定量监测，使用监测数据得到各污染物的排放速率后叠加获得排放量，这种情况的定量方法准确度最高。

(2) 采用化合物分离和广谱类检测器监测方法对可进行浓度定量的污染物按前一种方法计算这部分排放量；对分析仪器分离、检测器测得的但不能定量的物种，通过类推等方法进行半定量，可定量和半定量两部分相加获得排放量，但该方法不确定性相对较高。

(3) 采用总烃、非甲烷总烃、总有机碳等的监测数据计算排放量，这种方法不确定性高。

对于污染源或净化设施工况连续稳定的排放源，可以使用抽样的离线监测数据计算排放量；而对于工况不稳定，排放存在间歇波动的排放源，最理想的监测数据是在线监测数据，或覆盖工艺工程阶段的现场连续密集的监测数据，少量抽样离线监测的数据代表性容易偏低，使用必须慎重。

所使用的监测数据的准确性和代表性等数据质量有保障，是实测法、在线监测法优先在清单中应用的前提条件。目前国家或地方的重点源常规污染物实测数据包括部分在线监测数据的质量较有保障。而如VOCs等监测难度大、监测方法目前尚不够全面完善的污染物的监测数据存在代表性和质量问题，对于此类污染物的实测数据在清单工作中的定量应用，其准确性需要特别注意。

对部分VOCs排放源的排放研究结果显示，不同监测方法得出的结果相差较大，在线监测法或便携式仪器法(EPA方法25等类方法)的监测数据往往高于实验室监测方法。实验室方法存在样品损失、短时采样的代表性及质量措施不足、监测质量监管缺失等问题，容易造成实验室方法的监测数据与实际排放存在较大差距。而目前在线监测方法应用有限，使用代表性不足、质量有问题的实测数据的实测法结果的准确度可能反而不如物料平衡法和排放系数法，因此现阶段必须着重强调实测法数据的质量要求，待在线监测方法应用普遍、监测质量监管到位、监测数据质量有保障后，再开展实测法的大规模应用。

3.2　排放系数法

清单统计涉及的排放源种类和数量众多，污染源实测或开展排放定量研究的成本相对较高，因此统计成本较低的排放系数法在清单排放定量中的实际应用更为广泛。

排放系数的使用应注意其应用范围和工艺匹配性，有的排放系数覆盖整个工艺，包含了工艺中的各个排放环节，而有的只针对工艺中某一特定排放环节；有的是工艺产污系数，有的则是经污染治理后的排放系数；相同生产工艺、不同废气治理工艺的排放系数也不同。因此在排放系数的选择使用时必须了解其对应的工艺信息。

排放系数法应用结果的准确性主要取决于所使用的排放系数是否与本地排放源的实际情况一致或接近。排放系数是通过监测或排放研究获得的，研究的完整性和代表性高，实际工况细分研究、监测样本数多，监测工况完整，则获得的排放系数准确性就高。监测方法成熟的污染物，如主要化石燃料燃烧源的颗粒物、SO_2等的排放系数，通过多样本实测获得的排放系数准确度较高。而VOCs由于其排放特性和监测难度，其排放系数的准确度等级普遍较低。国外排放系数库，如EPA的AP-42中对排放系数有A～E的准确度等级，相同工艺有多个排放系数，可选取最接近本地污染源水平、准确度级别高的排放系数。

为提高计算结果的准确度，可以通过监测和排放研究获得更接近本地排放水平的排放系数，即将排放系数本地化。如果某类工艺有较多本地排放源的有效样品数，且监测数据质量有保证，则结合该排放源的活动量水平，可推算出该工艺的排放系数，应用到同类源的排放计算。以VOCs排放源中的设备泄漏的无组织排放估算为例，可通过收集本地典型排放源的各类设备泄漏点的多样本实测（如LDAR监测）数据，用浓度估算公式法估算排放量，推算出各类设备泄漏排放节点的排放系数，采用经实测推导出的排放系数比直接使用假设每个排放节点均有微量泄漏的平均排放系数更准确，更符合本地源的实际水平。

对于溶剂蒸发类排放源，通过调研确定本地各类相关工艺中使用的各类溶剂和含溶剂物料，如涂料、油墨等中的VOCs组分百分比，可以获取本地该类排放源的产污系数，结合各行业废气收集效率和各种污染治理工艺的实际治理效率，就能获得一套更贴近本地实际排放的溶剂蒸发排放源的排放系数。

对国外的某类工艺排放源的产污系数，结合本地行业的废气收集效率和污染治理水平进行本地化修正，可以得到该类工艺相对贴近本地排放水平的排放系数。

细颗粒物$PM_{2.5}$和PM_{10}的排放量可采用其占颗粒物的百分比来估算，OC和

EC 的排放量可采用其占 $PM_{2.5}$ 的百分比来推算，应用这种污染物相关比例关系的计算方法来估算 4 种污染物的排放量，这些百分比与活动量产生了间接关系，可视为排放系数的一种。

目前能够获得的较全面的排放系数来源包括环保部发布的系列排放清单编制技术指南和相关研究文献。EPA 的 AP - 42 和欧盟 CORINAR 排放系数都非常全面，排放系数工艺细分程度较高，参考使用价值也较高。

3.3　物料平衡法

物料平衡法对于溶剂使用源等物理工艺过程的排放定量应用从方法学上是准确度高且成本低的好方法，如国家发布的排污收费计算方法和上海市发布的 VOCs 排放计算方法对此类溶剂使用源均采用物料平衡法计算污染物产生量。物料平衡法是基于物质总量不变的原理来估算 VOCs 排放的方法，适用于溶剂挥发类排放源，如涂装、印刷等工艺过程，其为物理过程，不存在化学反应。如果排放源统计的相关物料计量准确，各溶剂流向环节完整，则能得到准确度很高的排放量。

在物料平衡法的实际应用中，应注意物料原始数据的代表性和准确性，其取决于相关台账记录的精度和质量管理水平。对于工艺过程中 VOCs 产生量和排放量占总物料量比重小或微的工艺，或者过程中有水或废水等其他易挥发物料参与的复杂工艺，物料平衡法对台账的精度需求就非常高。在原始数据不能保证质量的情况下物料平衡法则不适用。

对于工艺过程中有化学反应的排放源，可采用物质不灭的原则来估算 VOCs 的排放，但这种方法不确定度较高，尤其是当反应中有水等物质参与或产出，需要较多理论假设才能完成计算。如果工艺中的化学反应简单、反应副产品少，则应用该方法获得的计算结果相对准确。

燃料元素含量计算法作为物料平衡法的一种，主要适用于化石燃料燃烧源等燃料燃烧过程排放的 SO_2 产污量计算，通过燃料含硫率和对应燃烧工艺的硫转化系数计算 SO_2 排放量，它也可作为验证、校核其他方法如实测法或排放系数法结果合理性的手段。

3.4　模型估算法

源排放清单估算模型是根据污染源和污染物的排放特性，利用数学统计分析手段对已有的实测数据或对特定实验所获得数据进行归纳与总结，建立起一套各参数间的数据统计关系模型，并利用计算机编制出固定的输入和输出模型程序。模型估算法适用于一些排放影响因素较多、排放特征较复杂，难以用简单估算公式或方法来定量描述各影响参数间数学关系的污染源。由于估算模型所采用的参数都具有地域差异性，因此为了提高模型估算结果的可靠性和合理性，在应用各种估算模型之前，需要对其中的相关参数进行本地化修订和验证。模型估算法在移动源和面源定量中的应用特别重要，下文简单介绍目前国内外在移动源和面源方面常用的一些模型。

道路移动源排放模型按照主要应用参数划分，可分为两类：基于平均速度的排放模型和基于行驶工况的排放模型。前者侧重于宏观、中观层面研究，代表模型有 EPA 开发的 MOBILE 模型、MOVES 模型，美国加州空气资源局（CARB）开发的 EMFAC 模型，欧盟委员会开发的 COPERT 模型等。后者侧重于中观、微观层面的研究，又分为基于机动车比功率（VSP）的排放模型[2]、基于物理意义的排放模型[3]和基于速度-加速度的排放模型，代表模型有加州大学河滨分校（UCR）开发的 IVE 模型[4]、EPA 开发的 MOVES 模型、麻省理工学院（MIT）开发的 EMIT 模型[5-6]。

在农业种植氨排放清单模型方面，所有氨的排放模型都采用物质流的方法，起始于氨肥的具体施用到植物的各种利用方式，直到最后以氨气的形式排放到大气中。该方法的优点就在于使得发生在“上游”管理体系、部分作用于“下游”排放部分的整个氨排放影响都被纳入其中，使清单模型以及相关消减措施的考虑更加系统化。农业种植氨清单模型的发展已经由最初单一的、固定的排放系数发展到根据温度、土壤类型（土壤 pH 值）、气象学条件、施用方式等因素进行时间上季节的划分和空间上区域的划分，甚至到相关函数的建立[7]。目前常用的模型有英国国家氨减排措施评价系统（NARSES）模型、区域空气污染信息和模拟模型（RAINS）[8]、美国化肥施用氨排放清单（AEIFA）模型[9]、EMEP/CORINAIR 排放清单（AEIG）模型和丹麦氨排放模型（DanAm）[10]等。

废水处理设施作为城市生活污水及部分工业废水重要的汇集地，对大气环境中 VOCs 含量具有重要贡献[11-13]。目前，EPA 开发的 WATER9 软件是废水处理设施 VOCs 排放估算的常见模型。WATER9 由气体挥发、生物降解、化学吸附、光化学反应和水解作用等一系列理论模型以及少量经验公式编制而成。该软件不仅适用于多污水源、多收集系统和复杂处理组合的设施估算，也可对每一个单一化合物的气体逸散量进行独立估算[14-15]。

生物源挥发性有机物（BVOCs）的排放与区域气候、植被类型和分布状况等密切相关，综合各种影响因素，国际上建立了一系列的区域及全球 BVOCs 排放模型[16-17]，如代表性的 BEIS[18]、G95[19]、BEIS2[20-21]、GloBEIS[22]和 MEGAN[23]等排放模型。

石化储罐VOCs排放是石化行业重要的VOCs排放源之一。目前在环境影响评价中计算有机溶剂储罐大、小呼吸时，中国石油化工系统经验公式和EPA推荐的软件TANKS法应用较为广泛。TANKS模型根据使用者输入的储罐物理特征（外形、结构、涂料完好情况等）、储存的液体成分（化学组分和液体温度）以及储罐的地理位置（相距最近的城市、气温等）计算储罐的VOCs排放量。模型得到的计算结果为储罐储存的单一或混合的物质的月排放量、年排放量或者一年中的某段时期的排放量[24-25]。但此方法中应用的全部是美国单位标准体系，而不是我们常用的国标，TANKS模型中的现有数据库也仅适合于美国储罐和常见化学品的特点且计算过程烦琐、复杂，如没有计算机辅助计算，实际应用非常困难。

3.5 不同排放形式统计计算方法原则

污染源排放形式可分为有组织排放和无组织排放两类，两种排放方式所对应的定量计算方法不同。有组织排放方法可实施监测等方法，而无组织排放的定量计算则无法使用直接的监测。本节分别对两种排放方式进行说明，并对其所应用的定量方法进行规范和指引，尤其对无组织排放的各种情况进行细化说明。

有组织排放计算方法以实测法为优先原则，并强调计算中注意收集效率的问题。有以下两点需要特别注意：① 不能漏算未被收集到有组织排放管道内的无组织排放量；② 注意理论的废气收集效率和污染治理效率与实际值可能存在的差异。采用物料平衡法或产污系数计算得到产污量，在此基础上，使用该排放源实际或整个行业平均的废气收集效率和污染治理效率计算有组织排放的量，同时注意不要漏算没有收集到污染治理设施的这部分无组织排放量。各类排放源实际的废气收集效率和污染治理效率会受到管理水平以及监管力度强弱的影响，往往达不到理论值，因此需要对这两个关键系数进行本地化评估。

无组织排放可归纳成5类，以下分别对这5类无组织排放的适用估算办法进行探讨和说明，包括以无组织排放形式为主的VOCs排放源的计算依据的规范。目前我国尤其上海市等地区发布的VOCs排放量计算办法已较为成熟，是对VOCs点源分环节细化估算的直接参考。

1）未被废气收集系统收集的排放量

污染源废气的有组织收集很难做到完全收集，如部分炉窑和工艺过程。排放计算时，尤其是使用实测数据计算有组织排放量时，应评估收集系统的收集效率，结合废气产生量结果或实测结果，计算未被收集的排放量。一般认为锅炉等燃烧类排放源等的废气收集效率高，未被收集的部分可以忽略不计。

2）各类VOCs无组织排放源

VOCs排放主要涉及工艺过程、溶剂使用等排放源，无组织排放形式占比大，这类排放过程和排放影响因素复杂，估算难度相对较大。对于一个以无组织排放为主的排放源，可使用相对粗放的对应整个生产工艺的排放系数，这种方法准确度不高。另一种方法是不同环节使用不同的方法或模型分别估算，如对于有机化工生产工艺，涉及的无组织排放环节包括设备泄漏、有机污水表面逸散、储罐、物料周转、冷却塔、工艺放空、火炬、开停工放空、事故排放等，对于这些排放环节，可以采用不同准确度等级的方法来计算，包括排放系数法和污染模型法等。精确度越高的方法所需收集的信息越详细，部分模型还需要进行监测获取基本信息，因此投入的成本也会相应增加。各无组织排放环节的估算方法可参考上海市以及国家发布的相关行业系列计算方法：

（1）《上海市石化行业VOCs排放量计算方法（试行）》；

（2）《石油化工行业VOCs排放量计算办法》（财税〔2015〕71号）；

（3）《上海市印刷业VOCs排放量计算方法（试行）》；

（4）《包装印刷行业VOCs排放量计算办法》（财税〔2015〕71号）；

（5）《上海市涂料油墨制造业VOCs排放量计算方法（试行）》；

（6）《上海市汽车制造业（涂装）VOCs排放量计算方法（试行）》；

（7）《上海市船舶工业VOCs排放量计算方法（试行）》。

炼油和化工工艺的各个VOCs排放计算环节中非正常工况排放的原始资料收集较困难。应用以上这些细分各个环节的计算时应注意收集到的原始数据是否覆盖了计算对象所有的排放环节，当主要排放节点数据缺失或经审核发现数据质量有问题时，可先采用其他方法如排放系数法计算整个点的排放量。另外，对于个别排放源，其排放量与化工生产装置设计水平如气柜收集和火炬系统能力等因素相关，计算此类排放源时应关注这部分排放量，避免漏算。

3）炼焦、延迟焦化等排放源

焦煤炼焦和炼油延迟焦化等炉窑排放源工艺涉及不完全燃烧、序批式生产，比如上海市的炼焦工艺的加煤、出焦虽有废气收集，但仍有部分废气逸散排放，焦炉盖门缝也有逸散排放。对于这类排放源主要使用排放系数法计算，排放系数来源可选择最接近上海市工艺的相关研究成果。

4）颗粒物扬尘逸散排放源

扬尘颗粒物排放都属于无组织排放，一般采用排放系数、专用排放模型计算，经过本地化实测修正的排放系数和本地化修正的模型优先应用。

5）其他各类无组织排放源

其他各类无组织排放源，如氨的储存周转逸散排放、机动车油箱蒸发损失排放等，建议采用排放系数、排放模型计算，本地化专项研究成果应用优先。

3.6 基础资料信息调查收集

根据上海市排放清单工作实践的经验，各排放源的原始数据收集环节是清单工作的关键，也是工作成本投入最多的环节，收集数据的质量直接影响清单结果的准确度，数据收集渠道的畅通与否直接关系到清单统计工作能否顺利开展。

3.6.1 上海市历次清单统计更新历程和经验

在上海市最初的排放清单建立和更新工作中，环保部门原有的传统管理业务基础不能满足排放源、污染系数全面、完整的统计要求，因此主要工作重点从点源的专项发表调查开始，并逐步探索开拓各类面源的原始数据的收集渠道。

2008 年，国家开展第一次污染源环境统计专项工作，借助专项工作的动员深入，可以调动各类社会资源的优势，上海市将其与排放清单工作结合，与北京一起在国家统一统计要求之外，增加了 VOCs 排放统计专项工作。通过扩充调查行业对象，开展了调查表设计、调查表填报培训和收集、计算统计的专项工作，上海获取了最新完整的点源和部分生活面源的基础资料，在此基础上建立了 2007 年度排放清单，大幅度提高了排放清单的精细程度、排放源完整性和结果的准确性。

2012 年新修订的《环境空气质量标准》发布后，$PM_{2.5}$ 和 O_3 的污染问题凸显，国家和各个区域层面的环保管理部门都开始以治理“雾霾”为重点开展污染管理和研究工作，近年来密集出台了各项管理措施，全系数统计的排放清单的重要性凸显。国家近年来推行的 VOCs 排污收费、排污许可等制度化工作，以及各类减排项目，都为排放清单工作提供了及时稳定、质量更高的原始数据来源。

另外，自 2014 年起上海市实施的 VOCs 减排工作中推行的重点 VOCs 企业减排方案工作、2017 年开展实施的排污许可等工作，积累了高质量的排放源工艺和排放资料，这些资料在上海市排放清单更新工作中得到充分应用，大幅提高了点源清单的准确度。

3.6.2 常态化清单数据收集保障体系探讨

对于城市清单工作，随着我国近年来大气污染源管理的细化和深入，清单原始数据收集渠道和可利用资源将大幅改善，其中点源排放清单原始数据的收集在很大程度上可依托于其他相关工作。

2007 年第一次全国污染源普查经验表明，排放清单更新工作应作为历次大规模国家环境统计工作的一部分。针对 $PM_{2.5}$ 和 O_3 等二次污染物污染控制环保管理的迫切需求，新一轮全国环境统计工作在技术层面上应与排放清单需求相结合，统计对象从常规污染物扩充到 VOCs、CO 等，从而与清单保持一致。

近年来，围绕 VOCs 污染治理开展的排污许可制度为排放清单的建立和改进提供了契机。与排污收费相关的排放量定量工作与排放清单统计工作实质接近，依托于各级环保管理部门和体制的基础和优势，排污收费体系是清单所需的排放源基础资料最可靠的来源之一，是上海市清单的建立和更新中重点排放源常规污染物原始数据的重要来源。2015 年，环保部和财政部大力推行实施的 VOCs 排污收费工作为 VOCs 排放清单的建立和更新提供了详细数据来源。

我国的环境影响评价制度有法律保障，相关技术规范齐全，各新建项目环评报告中的工艺信息丰富，是新建排放源最有价值的基础资料。

同时要注意的是，对于排污许可证、排污收费、环境影响评价等系统的基础数据资料，由于这些管理工作的需求特点和可能存在的阶段性制约等现状，与排放清单工作的要求存在差距。这些来源的排放量结果目前仍存在普遍的质量问题，以及个别计算环节遗漏等问题。按排放源定量计算方法的要求，可从这些来源中收集原始的工艺信息和活动量等数据，使用清单工作计划的方法开展排放量计算。这些来源的排放量结果或监测数据的直接应用需经过合理性质量确认。

现阶段，相同污染源排放清单结果与这些相关管理工作的结果可能存在差异，但这些相关工作对污染源排放量准确性的要求是一致的，随着各项环保管理工作的不断深入细化和整合交流，最终不同管理条线的排放量数据将趋向一致。

相关环保管理部分可将关键的排放清单工作需求加入常规污染源管理工作原始数据收集技术体系内，降低清单和相关工作的社会成本，保障相关工作收集的排放源基础数据资料和结果及时与排放清单统计工作共享。依托常规污染源管理工作和定期的国家污染源普查工作，可获得以下相关信息：① 每年从排污收费与排污许可两项常规工作中获取重点排放源基础信息；② 依托周期性的国家污染源普查获取全面的、精细化的排放源原始数据；③ 定期从环评系统中获取新建排放源原始数据；④ 定期从相关管理部门获取关停调整点源的信息。

建立上述 4 种有效的数据来源长效保障体制，清单点源原始数据的收集工作就不需要另行开展专门的调查，不仅保障了点源清单结果的时效性和数据质量，也将清单工作所需的基础数据收集工作的成本降至最低，避免了排放源调查对象的重复填报成本。

基础数据包括排放点位置信息、监测数据、活动量水平、工艺类型等，这些参数的收集是清单编制和更新工作中的关键环节。

1）点源相关统计资料收集

各类工业点源基础数据的收集最理想的方式是建立完善的有法律保障的企业定期上报制度，企业按统一规范和技术要求进行填报；也可将定量方法进行规范，企业上报基础信息，并对自身排放量进行估算。相关管理部门负责对上报基础信息和结果进行审核。

相关部门可开展排放清单统计专项调查，针对重点点源和一般点源分别设计不同精度的表格，对应不同的排放估算方法，并实施填表培训和表格发放。在数据收集过程中，尤其是初次进行清单编制时，对填表人的技术培训是基础数据收集顺利有效的重要保障。填完的表格需要进行审核，相关人员应检查填报信息的逻辑合理性、完整性，发现问题应及时核实。

清单编制部门可有效利用其他环保统计和环保管理工作资源，尤其是近期相关专项统计中的基础信息。排污许可证、排污收费、环境影响评价等系统中及时、高质量的原始资料和数据均可作为清单基础数据。建立排放清单与这些工作的交流对接及数据共享机制，从而提高清单编制和更新的工作效率，是点源清单工作得以长效更新的重要保障。

根据排放量和重要程度，点源可分为大型点源和一般点源。大型点源的特点是数量不多，但排放量占总量比重大，这类排放源的排放定量是清单统计工作的重点，其基础资料的收集应尽量详尽准确，可通过专项工作来进行数据收集和信息核实。数量多但排放量相对小的源为一般点源，这类源的排放基础信息资料可相对简略。

从不同来源收集到的点源基础数据应进行有效性和合理性判断审查，排污许可证、排污收费、环境影响评价等系统中的监测数据和排放量等是否采纳应进行必要的确认过程，以保证排放量的数据质量。所有原始数据需根据计算方法的要求进行数据整理后方可开始计算。

2）面源和移动源相关统计资料收集

清单编制部门应进一步固化与各个掌握数据的部门、机构信息交流的渠道和合作机制，收集和定期更新各类面源和移动源的基础数据。移动源模型所需基础信息通过交通管理相关部门获取；对于无法直接获取基础数据的各类民用生活源等面源，需通过专项研究或开展小范围调查获取。

本章附页表格为点源清单信息调查参考表样，这套表格主要参考了 EPA 排放清单操作手册中的调查表样，并借鉴了国家发布的《挥发性有机物排污收费试点办法》（财税〔2015〕71 号）中 VOCs 排污收费计算方法。这套表格能基本覆盖现有排放量计算方法所需的原始数据。

3.7 排放定量计算过程质量控制要求

收集得到定量方法所需的原始数据后，便可以着手计算排放清单的排放量。计算过程中，应对各种假设做好完整记录，包括各类源的主要计算参数、各行业的关键前提假设、排放系数的选择论证等。

点源清单信息调查参考表样

__________（企业名称）填表信息汇总：

- □表 1　企业常规信息表
- □表 2　原、辅材料及产品信息表——主要原材料及产品信息
- □表 3　各装置密封点统计
- □表 4(a)　卧式储罐信息登记表
- □表 4(b)　拱顶罐信息登记表
- □表 4(c)　内浮顶储罐信息登记表
- □表 4(d)　外浮顶储罐信息登记表
- □表 5　原、辅材料及产品信息表——含有机溶剂原料及有机溶剂使用信息
- □表 6　锅炉信息表
- □表 7　炉窑信息表
- □表 8　排放口污染物排放汇总表
- □表 9　大气污染物治理设施汇总表
- □表 10　化工装置排空过程表
- □表 11　废水收集和处理设施

在填写过相关信息的调查表前打“√”。

统计时段：______年

表 1　企业常规信息表

（1）工厂名称：__________

（2）工厂地址：______区　______路　______号　邮编：______

（3）联系人信息

姓名：		固定电话/移动电话：	
邮寄地址：		传真：	
邮编：		电子信箱地址：	

（4）排污申报登记代码：□□□□□□□□□□□□　申报单位法人代码：

（5）工厂经纬度位置：东经______　北纬______

企业盖章__________

表 2　原、辅材料及产品信息表——主要原材料及产品信息

① 工段编号	② 工艺描述						⑩ 正常工作频率			⑪ 产量信息															
	③ 工段名称	④ 主要设备名称及型号	⑤ 主要原辅料			⑨ 主要产品名称	小时/天	天/星期	天/年	⑫ 设计年产量	⑬ 每月实际产品产量												⑭ 实际年产量	⑮ 单位
			⑥ 原辅料名称	⑦ 年原料消耗量	⑧ 单位						1月	2月	3月	4月	5月	6月	7月	8月	9月	10月	11月	12月		

说明：

本表统计对象为相对独立的生产线工段。锅炉和炉窑分别在表 6 和表 7 中填写，不在本表中填写。

① 工段编号：使用两个字母 GD(代表生产工段)加一个流水号(如 GD1)作为一个相对独立的生产线工段的编号。

② 工艺描述：包括工段的名称、主要设备名称及型号、主要原料及主要产品名称。

④ 主要设备名称及型号：指本工段中使用的主要设备。

⑤ 主要原辅料：指本工段中消耗的三种主要原辅材料。

⑧ 单位：指原料消耗量的计量单位，使用本行业中通用的计量单位。

⑨ 主要产品名称：指在本工段生产的在上年总产值和总利润中所占比重最大的主要产品名称。

⑩ 正常工作频率：包括工段的每天运行的小时数、每星期运行的天数及上年度运行的总天数。

⑪ 产量信息：指本表中⑨所填的主要产品的产量信息，包括工段的设计年产量及上年度每月实际产量。

⑮ 单位：使用本行业中通用的计量单位。

表3 各装置密封点统计

① 工段名称	② 装置名称	③ 密封点数量/个									
		④ 阀门			⑤ 泵		⑥ 压缩机	⑦ 泄压阀	⑧ 连接口	⑨ 开口管	⑩ 采样连接口
		气体	轻组分液体	重组分液体	轻组分液体	重组分液体	气体	所有	所有	所有	所有

说明：
气体指工作条件下为气态的有机物质。
轻组分液体指液体流质中所有在20℃时蒸汽压大于0.3 kPa的液体物质的质量浓度总和大于等于20%。
重组分液体指非气体和非轻组分液体的流质。
⑨ 开口管：指阀座一侧接触有机气体或挥发性有机液体，另一侧接触大气的阀门，但不包括卸压装置。

表 4(a)　卧式储罐信息登记表

<table>
<tr><th rowspan="3">①
储罐编号</th><th colspan="7">② 储罐信息</th><th colspan="2">⑨ 储存液体</th><th colspan="2">⑫ 储罐容量/m³</th><th rowspan="3">⑮
年运行天数/(天/年)</th><th rowspan="3">⑯
年填充次数/(次/年)</th><th rowspan="3">⑰
年总储存量/(m³/a)</th></tr>
<tr><th rowspan="2">③
储罐尺寸(直径×长度)/m</th><th colspan="3">⑥ 油漆情况</th><th rowspan="2">⑦
是否加热</th><th rowspan="2">储罐保持温度/℃</th><th rowspan="2">⑧
是否地埋(地上或地下)</th><th rowspan="2">⑩
储存液体名称</th><th rowspan="2">⑪
储存液体密度/(kg/m³)</th><th rowspan="2">⑬
最大工作容量</th><th rowspan="2">⑭
平均工作容量</th></tr>
<tr><th>④
储罐外壳颜色</th><th>⑤
颜色深浅</th><th>⑥
储罐外壳现状(好/坏)</th></tr>
<tr><td></td><td></td><td></td><td></td><td></td><td></td><td></td><td></td><td></td><td></td><td></td><td></td><td></td><td></td><td></td></tr>
<tr><td>备注:</td><td colspan="14"></td></tr>
</table>

说明:

① 储罐编号:使用字母 CW(代表卧式储罐)和一个流水号作为储罐的编号。

③ 储罐尺寸:指储罐的容积几何尺寸。

④ 储罐外壳颜色:指非地埋式的储罐的外层颜色,如没有粉刷填写“未粉刷”。

⑩ 储存液体名称:指上年度储罐中储存的液体原料或产品名称。

⑫ 储罐容量:指设计最大工作容量和上年度的平均工作容量。

⑮ 年运行天数:指上年度储罐的使用天数。

⑯ 年填充次数:指上年度填充储存货品的次数,无论填充时罐内是否还有剩余,进行一次填充作业就算作业一次。

⑰ 年总储存量:指上年度储罐中储存的货品总量。

表 4(b)　拱顶罐信息登记表

① 储罐编号	② 储罐描述											⑮ 储存液体		⑱ 储罐容量/m^3		㉑ 年运行天数/（天/年）	㉒ 年填充次数/（次/年）	㉓ 年总储存量/（m^3/a）
	③ 储罐尺寸（直径×高）/m	④ 储存液体最大高度 H_L/m	⑤ 储存液体平均高度/m	⑥ 油漆情况			⑩ 是否加热	储罐保持温度/℃	⑪ 罐顶情况			⑯ 储存液体名称	⑰ 储存液体密度/（kg/m^3）	⑲ 最大工作容量	⑳ 平均工作容量			
				⑦ 储罐外壳颜色	⑧ 颜色深浅	⑨ 储罐外壳现状（好/坏）			⑫ 罐顶颜色	⑬ 罐顶现状（好/坏）	⑭ 罐顶高度/m							
备注：																		

说明：
① 储罐编号：使用字母 CG(代表拱顶储罐)和一个流水号作为储罐的编号。
③ 储罐尺寸：指储罐的容积几何尺寸。
⑦ 储罐外壳颜色：指非地埋式的储罐的外层颜色，如没有粉刷填写“未粉刷”。
⑯ 储存液体名称：指上年度储罐中储存的液体原料或产品名称。
⑱ 储罐容量：指设计最大工作容量和上年度的平均工作容量。
㉑ 年运行天数：指上年度储罐的使用天数。
㉒ 年填充次数：指上年度填充存储货品的次数，无论填充时罐内是否还有剩余，进行一次填充作业就算作一次。
㉓ 年总储存量：指上年度储罐中储存的货品总量。

表 4(c)　内浮顶储罐信息登记表

① 储罐编号	② 储罐情况描述																	㉒ 储存液体		㉕ 储罐容量/m^3		㉘ 年使用天数/(天/年)	㉙ 年填充次数/(次/年)	㉚ 年总储存量/(m^3/a)
	③ 储罐直径/m	④ 储罐容积/m^3	⑤ 油漆情况			⑨ 是否加热	⑩ 储罐保持温度/℃	⑪ 是否存在支撑柱	⑫ 支撑柱数量	⑬ 支撑柱有效直径/m	⑭ 罐顶颜色	⑮ 罐顶保养情况	⑯ 壳体内部情况	⑰ 浮盘结构	⑱ 浮盘拼装形式	⑲ 密封结构		㉓ 储存液体名称	㉔ 储存液体密度/(kg/m^3)	㉖ 最大工作容量	㉗ 平均工作容量			
			⑥ 储罐外壳颜色	⑦ 颜色深浅	⑧ 储罐外壳现状(好/坏)											⑳ 主要密封	㉑ 次要密封							
备注：																								

说明：

① 储罐编号：使用字母 CN(代表内浮顶储罐)和一个流水号作为储罐的编号。

⑥ 储罐外壳颜色：指非地埋式的储罐的外层颜色，如没有粉刷填写“未粉刷”。

⑯ 壳体内部情况：分为轻度锈蚀、重度锈蚀和喷涂内衬。

⑰ 浮盘结构：分为焊接式和螺栓连接式。

⑱ 浮盘拼装形式：如果是用螺栓的形式连接，填写浮盘拼装的材质(如矩形嵌板或条状薄板)。

⑳ 主要密封：分为金属滑履密封、液托弹性填充和气托弹性填充。

㉑ 次要密封：分为带边圈托装二次密封、金属滑履密封，如未安装填写“单层”。

㉓ 储存液体名称：指上年度储罐中储存的液体原料或产品名称。

㉕ 储罐容量：指设计最大工作容量和上年度的平均工作容量。

㉘ 年使用天数：指上年度储罐的使用天数。

㉙ 年填充次数：指上年度填充储存货品的次数，无论填充时罐内是否还有剩余，进行一次填充作业就算作一次。

㉚ 年总储存量：指上年度储罐中储存的货品总量。

表 4(d)　外浮顶储罐信息登记表

<table>
<tr><th rowspan="3">①
储罐编号</th><th colspan="16">② 储罐情况描述</th><th colspan="2">㉒ 储存液体</th><th colspan="2">㉕ 储罐容量/m³</th><th rowspan="3">㉘
年使用天数/(天/年)</th><th rowspan="3">㉙
年填充次数/(次/年)</th><th rowspan="3">㉚
年总储存量/(m³/a)</th></tr>
<tr><th rowspan="2">③
储罐直径/m</th><th rowspan="2">④
储罐容积/m³</th><th colspan="3">⑤ 油漆情况</th><th rowspan="2">⑨
是否加热</th><th rowspan="2">⑩
储罐保持温度/℃</th><th rowspan="2">⑪
罐顶颜色</th><th rowspan="2">⑫
罐顶现状(好/坏)</th><th rowspan="2">⑬
壳体内部情况</th><th rowspan="2">⑭
浮顶类型</th><th rowspan="2">⑮
储罐壳体结构</th><th colspan="2">⑯ 密封结构</th><th colspan="2">⑲ 浮顶装置</th><th rowspan="2">㉓
储存液体名称</th><th rowspan="2">㉔
储存液体密度/(kg/m³)</th><th rowspan="2">㉖
最大工作容量</th><th rowspan="2">㉗
平均工作容量</th></tr>
<tr><th>⑥
储罐外壳颜色</th><th>⑦
颜色深浅</th><th>⑧
储罐外壳现状(好/坏)</th><th>⑰
主要密封</th><th>⑱
次要密封</th><th>⑳
装置名称</th><th>㉑
装置情况说明</th></tr>
<tr><td></td><td></td><td></td><td></td><td></td><td></td><td></td><td></td><td></td><td></td><td></td><td></td><td></td><td></td><td></td><td></td><td></td><td></td><td></td><td></td><td></td><td></td><td></td><td></td></tr>
<tr><td>备注:</td><td colspan="23"></td></tr>
</table>

说明:

① 储罐编号：使用字母CWF(代表外浮顶储罐)和一个流水号作为储罐的编号。

⑥ 储罐外壳颜色：指非地埋式的储罐的外层颜色,如没有粉刷填写"未粉刷"。

⑬ 壳体内部情况：分为轻度锈蚀、重度锈蚀和喷涂内衬。

⑭ 浮顶类型：分为浮舱式和双盘式。

⑮ 储罐壳体结构：分为焊接式和铆钉式。

⑰ 主要密封：分为金属滑履密封、液托弹性填充和气托弹性填充。

⑱ 次要密封：分为带边圈托装二次密封、金属滑履密封和带风雨挡。

⑳ 装置名称：包括人孔、自动计量浮子井、取样管、边缘通道、浮盘排口、浮盘支架或悬架套、不开槽引导棒及其开口、开槽引导棒及其开口、真空呼吸阀、内扶梯井、放水管及排污孔、柱井。

㉓ 储存液体名称：指上年度储罐中储存的液体原料或产品名称。

㉕ 储罐容量：指设计最大工作容量和上年度的平均工作容量。

㉘ 年使用天数：指上年度储罐的使用天数。

㉙ 年填充次数：指上年度填充储存货品的次数,无论填充时罐内是否还有剩余,进行一次填充作业就算作一次。

㉚ 年总储存量：指上年度储罐中储存的货品总量。

表 5　原、辅材料及产品信息表——含有机溶剂原料及有机溶剂使用信息

①溶剂使用工段编号	②含有机溶剂原料及有机溶剂名称	③ 物料衡算信息				⑧ 正常工作频率			⑨ 每月实际消耗量												
		④年度总消耗量/(kg/a)	⑤产品中残留总量/(kg/a)	⑥进入工艺废水收集系统的总量/(kg/a)	⑦回收处理总量/(kg/a)	小时/天	天/星期	天/年	1月	2月	3月	4月	5月	6月	7月	8月	9月	10月	11月	12月	⑩单位
备注：																					

本表统计对象为所有使用含有有机溶剂的原料和有机溶剂的生产工段，所涉及的各类行业工艺及各类含有机溶剂的物料清单参考下表。

编号	工艺类别	涉及行业
1	涂装	根据《国民经济行业分类》(GB/T 4754—2002)，包括文教体育用品制造业(C24)、金属制品业(C34)、通用设备制造业(C35)、专用设备制造业(C36)、交通运输设备制造业(C37)、家具制造业(C21)、电气机械及器材制造业(C39)、通信设备、计算机及其他电子设备制造业(C40)、仪器仪表及文化、办公用机械制造业(C41)和工艺品及其他制造业(C42)；交通运输设备制造业(C37)包括铁路运输设备制造(371)、汽车制造(372)中的汽车零部件及配件制造(3725)、摩托车制造(373)、自行车制造(374)、船舶及浮动装置制造(375)、航空航天器制造(376)、交通器材及其他交通运输设备制造(379)；此外，还包括胶合板制造(2021)、纤维板制造(2022)、刨花板制造(2023)、其他人造板、材制造(2029)行业
2	涂料生产	涂料制造(2641)
3	印刷	《国民经济行业分类》(GB/T 4754—2002)中书、报、刊印刷(2311)、本册印制(2312)、包装装潢及其他印刷(2319)、装订及其他印刷服务活动(2320)
4	油墨生产	油墨及类似产品制造(2642)、颜料制造(2643)
5	溶剂萃取	化学药品原药制造(2710)、化学药品制剂制造(2720)、中药饮片加工(2730)、中成药制造(2740)、兽用药品制造(2750)和生物、生化制品的制造(2760)
6	溶剂清洗	金属加工制造(溶剂清洗)
7	其他	—

说明：

① 溶剂使用工段编号：用一个英文字母 R(代表溶剂使用工艺)和一个流水号数字组成，每一个工艺单元使用一个编号。如果同一工艺单元使用不同溶剂，必须根据溶剂种类分开填写。

② 含有机溶剂原料及有机溶剂名称：含有机溶剂原料名称应使用本行业中的通用名称，必须在备注中填写此原料的型号。溶剂名称应为化合物名称，如果是混合溶剂，请在备注栏内填写各主要化合物在混合溶剂中的体积分数。如果同一工艺单元使用不同溶剂，则必须根据溶剂种类分开填写。

③ 物料衡算信息：包括溶剂原料的上年度的消耗量、产品中残留量、进入废水收集系统的总量和回收处理总量(后三项可以根据本工艺的特性通过估算获得)。

④ 年度总消耗量：指上年度的实际总消耗量。

⑤ 产品中残留总量：指上年度本工段生产的产品中残留的溶剂原料的总和。

⑧ 正常工作频率：包括工段的每天运行的小时数、每星期运行的天数及上年度运行的总天数。

⑨ 每月实际消耗量：指上年度每月的实际消耗量。

表 6　锅炉信息表

① 锅炉编号	② 工艺描述							⑫ 供热率			⑯ 正常工作频率			⑰ 实际燃料消耗量													
	③ 设备名称	④ 设备描述		⑦ 燃料				⑬ 设计值	⑭ 正常值	⑮ 单位	小时/天	天/星期	天/年	⑱ 每月实际燃料消耗量													⑳ 年实际燃料消耗量
		⑤ 设备型号	⑥ 投入使用时间	⑧ 燃料种类	⑨ 含硫率/%	⑩ 灰分/%	⑪ 挥发分/%							1月	2月	3月	4月	5月	6月	7月	8月	9月	10月	11月	12月	⑲ 单位	
备注：																											

燃料种类：无烟煤、烟煤、褐煤、木材、重油、柴油、汽油、天然气、煤气、液化石油气、电、其他，填写其他请在备注中具体说明。

说明：

① 锅炉编号：用两个字母 GL（代表锅炉）和一个流水号组成锅炉编号，每个设备一个编号。

③ 设备名称：指锅炉的名称。

⑤ 设备型号：指设备铭牌上的设备型号。

⑥ 投入使用时间：指从投入使用至今的时间。

⑧ 燃料种类：参考选择表下说明中的燃料种类填写，选择“其他”，请在备注中具体说明。

⑨ 含硫率：指上年度消耗的燃料的平均含硫率。

⑩ 灰分：指上年度消耗的燃料的平均灰分。

⑪ 挥发分：指上年度消耗的燃料的平均挥发分。

⑫ 供热率：包括设计值和上年度的平均正常工作值，锅炉可用蒸吨/天等行业通用单位，炉窑可用兆焦/小时等行业通用单位。

⑯ 正常工作频率：包括工段每天运行的小时数、每星期运行的天数及上年度运行的天数。

⑱ 每月实际燃料消耗量：指上年度每月的实际燃料消耗量。如果为用电的工业炉窑，则填写每月实际耗电量。

⑲ 单位：固体燃料为吨，液体燃料为吨或万升，气体燃料为万立方米，用电量为千瓦。

表 7　炉窑信息表

① 炉窑编号	② 工艺描述										⑯ 炉窑产热率			正常工作频率			㉓ 每月产量												㉔ 炉窑产品量	
		④ 设备描述		⑦ 主要原料			⑪ 燃料																							
	③ 设备名称	⑤ 设备型号	⑥ 投入使用时间	⑧ 原料种类	⑨ 年原料消耗量	⑩ 单位	⑫ 燃料种类	⑬ 年燃料消耗量	⑭ 单位	⑮ 燃料含硫量/%	⑰ 最大值	⑱ 正常值	⑲ 单位	⑳ 小时/天	㉑ 天/星期	㉒ 天/年	1月	2月	3月	4月	5月	6月	7月	8月	9月	10月	11月	12月	㉕ 年度总产量	㉖ 单位
备注：																														

燃料种类：无烟煤、烟煤、褐煤、木材、重油、柴油、汽油、天然气、煤气、液化石油气、电、其他，填写其他请在备注中说明。

说明：

① 炉窑编号：用两个字母 LY(代表炉窑)和一个流水号组成炉窑编号，每个设备一个编号。

⑤ 设备型号：指设备铭牌上的设备型号。

⑧ 原料种类：指炉窑加工的原料名称。

表 8　排放口污染物排放汇总表

① 排放口登记编号	② 相关排放工艺单元编号	③ 排放口类型	④ 排放口高度/m	⑤ 排放口直径/m	⑥ 排放口位置		⑨ 排放出口废气流速/(m/s)	⑩ 排放出口废气温度/℃	⑪ 废气排放流量/(m^3/h)	⑫ 年总废气排放量/×10^4 m^3	⑬ 污染物	⑭ 年排放量/(t/a)	监测排放浓度/(mg/m^3)	⑮ 每季监测排放浓度/(mg/m^3)				⑯ 污染物自动监控设备名称
					⑦ 东经(121.×××× °)	⑧ 北纬(31.×××× °)								第一季度	第二季度	第三季度	第四季度	

说明：

① 排放口登记编号：按环保管理部门规范化的排放口编号填写。

② 相关排放工艺单元编号：指通过本排放口排放废气的来源编号，包括工段编号和锅炉、炉窑编号。

③ 排放口类型：工艺废气排放口或燃烧废气排放口。

④ 排放口高度：指排放口离地面高度。

⑤ 排放口直径：指排放口的内径，方形排放口使用长乘宽的形式填写。

⑥ 排放口位置：指排放口的经纬度，请采用十进制格式填写，如果厂家无法提供此信息，可空缺，应在提交的厂家平面图中予以表明。

⑨ 排放出口废气流速：排放口末端的废气流速，不是在排放管道监测孔处测得的流速，可以根据排放速率和排放口直径计算得到。

⑩ 排放出口废气温度：排放出口废气温度也是指排放口末端的废气温度，不是在排放管道监测孔处测得的温度，可以根据监测孔道排放口末端的距离估算，砖墙结构排放口以每米降低 1 摄氏度计算，金属管道排放口以每米降低 2 摄氏度计算。

⑪ 废气排放流量：指上年度监测获得的废气流量的平均值。

⑫ 年总废气排放量：指上年度总废气排放量。

⑭ 年排放量：指上年度该污染物的总排放量。

⑮ 每季监测排放浓度：指上年度排污申报监督监测获得的每季度各污染物的排放浓度。

⑯ 污染物自动监控设备名称：如果安装了在线监测设备，请填写设备名称。

表 9　大气污染物治理设施汇总表

① 设施编号	② 废气来源相关工段	③ 一级治理工艺	④ 一级治理工艺设备型号	⑤ 年工作天数/(天/年)	⑥ 治理污染物	⑦ 一级治理效率/%		⑩ 二级治理工艺	⑪ 二级治理工艺设备型号	⑫ 年工作天数/(天/年)	⑫ 二级治理效率/%		⑮ 对应排放口编号
						⑧ 废气收集效率	⑨ 污染物去除效率				⑬ 废气收集效率	⑭ 污染物去除效率	

说明：

① 设施编号：使用两个字母 QZ(代表大气污染物治理设施)加一个流水号组成污染物治理设施编号。

② 废气来源相关工段：废气来源的工段编号或锅炉、炉窑编号，有多个废气来源的都要填写在这栏内。

③ 一级治理工艺：指第一级废气治理设施的工艺名称。

④ 一级治理工艺设备型号：指工艺设备铭牌上的型号。

⑤ 年工作天数：指该设备的年度实际工作时间。

⑥ 治理污染物：指该治理设施治理的污染物，可填写三种污染物。

⑦ 一级治理效率：指第一级污染治理设施的总的治理效率，为废气收集效率与污染物去除效率的乘积。

⑧ 废气收集效率：指进入治理装置处理的废气量占总废气量的百分比，如果从废气收集系统开始处到第一级治理设施结束处这段系统是一个完全封闭的系统，则其废气收集效率为 100%。

⑨ 污染物去除效率：指进入治理装置废气，经处理后所去除的污染物量占进入装置前含有的总污染物量的百分比，可填写设计污染物处理效率。

⑩ 二级治理工艺：指连在第一级治理工艺后的治理设备，如果没有第二级治理工艺，填写“无”。

⑮ 对应排放口编号：与表 8 中的排放口编号相对应。

表 10　化工装置排空过程表

① 排空装置编号					
② 工艺设备名称					
③ 设备标号					
④ 装置生产能力/(t/h)					
⑤ 年产量/t					
⑥ 原料种类					
⑦ 主要中间体或副产品种类					
⑧ 主要产品种类					
⑨ 装置内表面材质					
⑩ 装置大致内表面积/m^2					
⑪ 装置容积/m^3					
⑫ 装置下游排气管道口径和大致长度/m					
⑬ 放空清洗频率/(年/次)					
⑭ 是否采用水顶					
⑮ 如采用水顶,水温及大致时间					
⑯ 是否采用溶剂清洗					
⑰ 如采用溶剂清洗,溶剂名称					

（续表）

⑱ 如采用溶剂清洗，每次大致消耗量/kg					
⑲ 是否采用蒸汽清洗					
⑳ 如采用蒸汽清洗，每次大致消耗量/kg					
㉑ 是否采用气体吹扫					
㉒ 如采用气体吹扫，气体种类					
㉓ 如采用气体吹扫，气体用量/m^3					
㉔ 系统内是否有放空管类存液区					
㉕ 如有放空管类存液区，其容积/m^3					
㉖ 是否配备回收或净化装置					
㉗ 回收净化装置的类型					
㉘ 人员进入前是否检测装置内气体浓度					
㉙ 人员进入前设备内有机气体浓度检测期间的浓度范围					
㉚ 人员进入前设备内有机气体浓度检测期间的区间长度					

说明：
本表统计对象为化工生产装置的停工排空开启清洗工艺过程。
① 排空装置编号：用两个字母 PK（代表排空）和一个流水号组成编号，统计所有需要定期进行排空清洗装置。
② 工艺设备名称：各设备系统或可单独隔离放空系统的名称。
③ 设备标号：各设备系统或可单独隔离放空系统的标示。
④ 装置生产能力：该设备系统的生产能力。
⑦⑧⑨ 主要是提供可能在放空过程中排放的污染物的类型。
⑬ 放空清洗频率：即每隔多少时间一次，以年计。

表 11　废水收集和处理设施

一、废水收集系统敞开面积(m^2)：____________________

二、废水处理系统：

① 废水处理工段工艺名称	② 废水处理构筑物名称	③ 装置设计参数				⑧ 挥发气体处理情况			⑫ 敞开面积/m^2	⑬ 备注
		④ 长/m	⑤ 宽/m	⑥ 深/m	⑦ 直径/m	⑨ 是否加盖	⑩ 是否对挥发气体收集处理	⑪ 挥发气体收集处理工艺		

三、废水收集及处理系统工艺流程图：

请画出流程图，并注明处理水量。

对于同一排放源，如果可采用不同的方法计算，或有不同的排放系数，应对选用的方法进行论证，必要时开展专家论证。

在计算统计过程中，相关人员应注意判断各类基础信息的合理性，及时发现和复核有问题的数据。在各排放源排放量计算过程中，应注意避免重复计算、单位转换等易发生的错误，并及时对排放量计算结果进行合理性判断，若发现问题，则应对原始基础数据和计算过程进行复核。

对于固定点源，应统计整理其地理信息、排放源分类分级及编码、工艺属性及其他相关信息，与排放量结果组成点源清单记录。对于各面源和移动源，应将排放量与地理信息结合对数据进行处理。

参考文献

[1] 郑君瑜，王水胜，黄志炯，等.区域高分辨率大气排放清单建立的技术方法与应用（修订版）[M].北京：科学出版社，2014.

[2] Jiménez-Palacios J. Understanding and quantifying motor vehicle emissions with vehicle specific power and TILDAS remote sensing[D]. Cambridge: Massachusetts Institute of Technology, 1999.

[3] 马因韬，刘启汉，雷国强，等.机动车排放模型的应用及其适用性比较[J].北京大学学报（自然科学版），2008，44(2)：308－316.

[4] 王海鲲，陈长虹，黄成，等.应用IVE模型计算上海市机动车污染物排放[J].环境科学学报，2006，26(1)：1－9.

[5] 赵吉睿.移动源排放清单测试方法及排放模型研究[C].中国环境科学学会，2014，5：2600－2604.

[6] 童延东，白宏涛，陈骁，等.基于EMIT模型探讨机动车污染物排放清单构建方法——以天津城区主干道为例[J].环境污染与防治，2014，36(1)：64－68.

[7] 陈辽辽，栾胜基，杨志鹏，等.农业种植业氨排放清单模型适用性比较研究[J].安徽农业科学，2008，11(11)：4652－4656.

[8] Klimont Z, Brink C. Modelling of emissions of air pollutants and greenhouse gases from agricultural sources in Europe (interim report IR-04－048)[R]. Laxenburg, Austria: International Institute for Applied Systems Analysis(IIASA), 2004.

[9] Goebes M D, Strader R, Davidson C. An ammonia emission inventory for fertilizer application in the United States[J]. Atmospheric Environment, 2003, 37: 2539－2550.

[10] Hutchings N J, Sommer S G, Andersen J M, et al. A detailed ammonia emission inventory for Denmark[J]. Atmospheric Environment, 2001, 35: 1959－1968.

[11] 耿雪松，张春林，王伯光.城市污水处理厂污水处理工艺对VOCs挥发特征影响[J].中国环境科学，2015，35(7)：1990－1997.

[12] 王志伟，马文娟，王卓，等.石化企业无组织排放预测方法研究[J].广州化工，2015，43(11)：156－160.

[13] 张钢锋，呼佳宁，李向东.基于 WATER9 模型的石化行业废水处理环节 VOCs 排放研究[J].上海化工，2016，41(9)：32－36.

[14] 李芳，伏晴艳，刘娟，等.石化企业废水挥发性有机物无组织排放定量方法[J].化工环保，2011，31(1)：90－93.

[15] 戴晓波.应用 BP 神经网络定量估算石化炼油废水处理中挥发的 VOCs[D].上海：东华大学，2010.

[16] 何龙，李智恒.天然源排放清单估算方法研究：第四届环境与发展中国(国际)论坛论文集[C].北京：中国出版集团现代教育出版社，2008.

[17] 张富华，黄明祥，张晶，等.生物源挥发性有机物(BVOCs)排放模型及排放模拟研究综述[J].中国环境管理，2014，6(1)：30－43.

[18] Lamb B, Guenther A, Gay D, et al. A national inventory of biogenic hydrocarbon emissions [J]. Atmospheric Environment (1967), 1987, 21(8): 1695－1705.

[19] Guenther A B, Monson R K, Fall R. Isoprene and monoterpene emission rate variability: observations with eucalyptus and emission rate algorithm development [J]. Journal of Geophysical Research: Atmospheres (1984－2012), 1991, 96(D6): 10799－10808.

[20] Pierce T, Geron C, Bender L, et al. Influence of increased isoprene emissions on regional ozone modeling[J]. Journal of Geophysical Research: Atmospheres (1984－2012), 1998, 103(D19): 25611－25629.

[21] Kinnee E, Geron C, Pierce T. United States land use inventory for estimating biogenic ozone precursor emissions[J]. Ecological Applications, 1997, 7(1): 46－58.

[22] Guenther A, Baugh B, Brasseur G, et al. Isoprene emission estimates and uncertainties for the Central African EXPRESSO study domain [J]. Journal of Geophysical Research: Atmospheres (1984－2012), 1999, 104(D23): 30625－30639.

[23] Guenther A, Karl T, Harley P, et al. Geron C. Estimates of global terrestrial isoprene emissions using MEGAN (Model of Emissions of Gases and Aerosols from Nature) [J]. Atmospheric Chemistry and Physics, 2006, 6: 3181－3210.

[24] 李靖，王敏燕，张健，等.基于 Tanks 4.0.9d 模型的石化储罐 VOCs 排放定量方法研究[J].环境科学，2013，34(12)：4718－4723.

[25] 刘昭，赵东风，孙慧等.石化企业固定顶储罐挥发性有机物排放量影响因素的分析[J].化工环保，2015，35(5)：531－535.

第4章　点源大气污染源排放清单编制方法

点源的排放量计算方法以实测法优先，并以细分类别的计算优先，排放系数法次之，技术人员可根据获取的基础计算数据的质量、种类和精细程度确定对应的定量技术方法。超大型、大型点源排放量占比大，应分工艺设备、排放节点详细统计计算[1]。

4.1　固定燃烧源

固定燃烧源包括各类化石燃料和生物质燃料燃烧源产生的废气，以有组织排放为主。发电厂、大型的锅炉在线监测技术安装应用和监管日渐广泛和成熟，定期监督监测、企业自测等数据相对较多，有实测监测数据的排放源排放量计算以实测法优先。实测法的应用应注意对监测数据质量的确认和监测数据代表性的甄别，应慎重使用数据质量、监测频率或样本数等有代表性疑问的数据。

没有监测数据的排放源可使用排放系数法，化石燃料、生物质燃料的锅炉产污系数和排放系数可参考国家发布的排放清单指南，EPA AP－42等国外排放系数也相对齐全，可应用参考。此外，可利用本地锅炉固定燃烧排放源在线和常规监测数据资源，在确认监测数据质量的前提下，开展研究获取本地排放系数，将其应用到没有监测数据的排放源。

监测数据代表最终排放口排放量信息，而排放系数有产污系数和净化后的排放系数等之分，选择排放系数时必须注意排放系数所对应的锅炉和燃料种类、锅炉吨位、产污工艺和污染物净化工艺。污染物净化工艺的净化效率由于参与计算，净化效率的选择和确认与排放系数原则相同。应用实际监测研究获得的本地化的各工艺污染物净化效率经代表性论证后可优先使用；其他可参考的排放系数来源包括国家发布的排放清单指南、国外排放系数库以及专业研究文献[2]。

SO_2产污量可使用燃料元素推算法，末端安装脱硫设备的污染源可根据净化效率计算排放量。

民用生物质室内燃烧源和生物质开放燃烧源可视为面源，应用排放系数计算。排放系数可参考国家发布的排放清单指南、国内与生物质燃烧产污排放相关的专业研究文献以及国外排放系数等。

4.2 工艺过程源

工艺过程源涉及不同行业的工业生产，各类排放源的种类和形式多样，部分工艺涉及多个排放节点，涵盖有组织和无组织两种排放方式。

对化工生产等有复杂排放节点的污染源，其排放量计算应优先采用针对分环节应用的定量方法进行计算；如暂时未收集到细化的各个环节的原始数据，则使用排放系数法计算。采用的排放系数应对覆盖的工艺排放节点有针对性，避免重复计算或漏算，应优先采用基于针对性污染研究而建立的高质量排放系数，比如本地化的排放系数[3-4]。

涉及 VOCs 排放的工艺过程源相对比较复杂，国内外已识别的源项类别和相关计算方法较为齐全，能基本涵盖包括 VOCs 在内的各类污染物的定量计算方法。以下以污染源项种类最全的石油化工类 VOCs 排放源为代表对各工艺过程源进行说明，其他各种污染物的排放计算方法也可以此为参考。

工业企业 VOCs 排放主要来源于含有 VOCs 物料的生产、加工、使用、输送、处理等过程，根据财政部、国家发展改革委和环境保护部 2015 年的发文《关于印发〈挥发性有机物排污收费试点办法〉的通知》(财税〔2015〕71 号)，以及上海市环境保护局在 2016 年的发文《关于印发石化等 5 个行业挥发性有机物排放量计算方法(试行)的通知》(沪环保防〔2016〕36 号)，其主要的排放源项如下：① 工艺废气排放；② 设备动、静密封点泄漏；③ 有机液体储存与挥发调和损失；④ 有机液体装载挥发损失；⑤ 废水集输、储存、处理处置过程逸散；⑥ 燃烧烟气排放；⑦ 火炬排放；⑧ 非正常工况(含开停工及检维修)排放；⑨ 冷却塔、循环水系统释放；⑩ 事故排放。排放计算需根据工业企业实际情况排摸梳理统计期内的排放源项。

工业企业 VOCs 总排放量为各源项 VOCs 排放量之和：

$$E=\sum_{m=1}^{10}E_m \tag{4-1}$$

式中，E 指统计期内全部排放源项的 VOCs 排放量之和，kg；E_m 表示统计期内排放源项 m 的 VOCs 排放量，kg。

排放源项的 VOCs 排放量为产生量与去除量之差：

$$E_m=E_{0,m}-D_{0,m} \tag{4-2}$$

式中，$E_{0,m}$表示统计期内排放源项m的VOCs产生量，kg；$D_{0,m}$表示统计期内排放源项m的污染控制设施的VOCs去除量，kg。

$D_{0,m}$的计算式为

$$D_{0,m}=\sum_{j=1}^{m}[(C_{进口,j}-C_{出口,j})\times Q_j\times 10^{-6}\times t_j] \tag{4-3}$$

式中，Q_j指污染控制设施j实测气体流量，m^3/h；$C_{出口,j}$指污染控制设施j出口实测VOCs浓度，mg/m^3；$C_{进口,j}$指污染控制设施j进口实测VOCs浓度，mg/m^3；t_j指统计期内污染控制设施j的运行时间，h。

有组织排放量的计算式为

$$E_{V,m}=\sum_{i=1}^{m}(Q_i\times C_{出口,i}\times 10^{-6}\times t_i) \tag{4-4}$$

式中，$E_{V,m}$指统计期内排放源项m的VOCs有组织排放量，kg。

无组织排放量的计算式为

$$E_{F,m}=E_{0,m}-\sum_{i=1}^{m}(Q_i\times C_{进口,i}\times 10^{-6}\times t_i) \tag{4-5}$$

式中，$E_{F,m}$指统计期内排放源项m的VOCs无组织排放量，kg。

4.2.1　工艺废气排放

VOCs工艺废气排放主要来自工业生产过程，包括有组织和无组织排放，其VOCs产生量通常使用实测法、公式法或系数法计算。

4.2.1.1　实测法

通过测定工艺废气有组织排气筒及污染控制设施进出口的气体流量和浓度等参数可计算VOCs产生量，如式(4-6)所示。实测法不适用于溶剂使用类工艺废气和炼焦工艺废气VOCs产生量的计算。

$$E_{0,工艺}=\sum_{i=1}^{n}(Q_i\times C_{出口,i}\times 10^{-6}\times t_i)\times\left[\frac{1}{\eta_{捕}\times(1-\eta_{去})}\right] \tag{4-6}$$

式中，$E_{0,工艺}$表示统计期内工艺废气源项VOCs产生量，kg；Q_i表示工艺废气污染控制设施i实测气体流量，m^3/h；$C_{出口,i}$表示工艺废气污染控制设施i出口实测VOCs平均浓度，mg/m^3；$Q_i\times C_{出口,i}\times 10^{-6}$表示工艺废气污染控制设施$i$的VOCs实测排放速率平均值，kg/h；$t_i$表示计算时段内该工艺废气污染控制设施$i$的运行小时数，h；$\eta_{捕}$表示工艺废气污染控制设施$i$的捕集效率，无实测数据时按表4-1取值；$\eta_{去}$表示工艺废气污染控制设施$i$的VOCs去除效率，以实测去除率(去除量占捕集量的比例)计。

表 4-1 工艺废气污染控制设施的捕集效率

捕集措施	控 制 条 件	捕集效率/%
全封闭式负压排风	VOCs 产生源设置在封闭空间内，所有开口处包括人员或物料进出口处呈负压	95
负压排风	VOCs 产生源基本密闭作业（偶有部分敞开），且配置负压排风	75
局部排风	VOCs 产生源处配置局部排风罩	40

说明：此表内容参考中国台湾地区 2009 年发布的“公私场所固定污染源申报空气污染防治费之挥发性有机物之行业制程排放系数”。

4.2.1.2 公式法

溶剂加工类工艺的 VOCs 产生量为各生产工序的 VOCs 产生量之和。常见的生产工序包括但不限于混合、反应、研磨、分散、真空、搅拌、罐装、蒸馏、过滤、固液分离、炼焦等。各生产工序的 VOCs 产生量由加料损失、升温损失、表面蒸发损失、气体吹扫排放、气体逸出损失、减压损失等环节累计而得，如式(4-8)所示。公式法仅适用于生产工艺过程中无捕集、排风设施的情况。公式法不适用于溶剂使用类工艺废气、塑料制品制造工艺废气和炼焦工艺废气 VOCs 产生量的计算。

$$E_{0,\text{工艺}} = \sum_{k=1}^{n} E_{0,\text{工序}} \tag{4-7}$$

式中，$E_{0,\text{工艺}}$ 指统计期内工艺废气的 VOCs 产生量，kg；$E_{0,\text{工序}}$ 指统计期内工艺废气各工序的 VOCs 产生量，kg。$E_{0,\text{工序}}$ 的计算式为

$$E_{0,\text{工序}} = \sum_{j=1}^{m} E_{0,\text{环节}} \tag{4-8}$$

式中，$E_{0,\text{环节}}$ 指统计期内工序中各环节的 VOCs 产生量，kg。$E_{0,\text{环节}}$ 的计算式为

$$E_{0,\text{环节}} = \sum_{i=1}^{B} E_{0,B} \tag{4-9}$$

式中，$E_{0,B}$ 指统计期内单个环节各批次的 VOCs 产生量，kg。各环节计算方法如下。

1) 加料损失

加料损失主要是指工艺过程中反应釜、搅拌釜、研磨机等设备进行投料，或产品、原辅料进行罐装过程等生产工艺的加料环节中物料体积置换蒸气产生的 VOCs。

(1) 空容器加料的 VOCs 产生量计算如下：

$$E_{0,B} = \sum_{i=1}^{n} \left(1.2 \times 10^{-4} \times \frac{x_i \gamma_i P_i \times V}{T} \times M_i\right) \tag{4-10}$$

式中，$E_{0,B}$指统计期内每批次加料（罐装）作业的VOCs产生量，kg；x_i指组分i的摩尔分数；γ_i指物质活度系数（使用拉乌尔定律时为1.0）；P_i指在温度T下，液体物料的蒸气压，kPa（绝对压强）；V指统计期内液体物料装载（罐装）量，L；T指液体装载温度，K（绝对温度）；M_i指蒸气摩尔质量，g/mol。

P_i的计算式为

$$P_i = \exp\left(a - \frac{b}{T+c}\right) \tag{4-11}$$

式中，P_i指组分i真实蒸气压，mmHg；a、b、c指安托万常数；T指平均液体表面温度，K。

（2）若加载物料与已有物料相溶，则需考虑稀释因子影响。加载物料稀释因子按式（4-12）计算，已有物料稀释因子按式（4-13）计算；若加载物料与已有物料不溶，则稀释因子均取1.0。

$$\bar{\varphi}_A = 1 + \frac{N_B}{N_A}\ln\left(\frac{N_B}{N_A + N_B}\right) \tag{4-12}$$

$$\bar{\varphi}_B = -\frac{N_B}{N_A}\ln\left(\frac{N_B}{N_A + N_B}\right) \tag{4-13}$$

式中，$\bar{\varphi}_A$指加载物料组分的平均稀释因子，如采用喷溅式装载则取1.0；$\bar{\varphi}_B$指容器原物料组分的平均稀释因子；N_A指加载物料摩尔数，mol；N_B指容器原物料摩尔数，mol。

物料摩尔分数按式（4-14）和式（4-15）计算。

$$x_i = \bar{\varphi}_A \times x_{0,i} \tag{4-14}$$

$$x_i = \bar{\varphi}_B \times x_{0,i} \tag{4-15}$$

式中，x_i指该批次物料组分i的平均摩尔分数；$x_{0,i}$指加载物料/容器原物料中物料组分i的摩尔分数。各组分蒸气压按式（4-11）计算，VOCs逸散量按式（4-10）计算。

2）气体吹扫排放

气体吹扫排放是指在序批式生产开始前和结束后，为清除设备（反应釜）和管道内的残余蒸气或含有蒸气的空气，用气体（氮气等）吹扫设备（反应釜等）和管道等，防止不必要的化学反应发生，从而置换出残余气体造成VOCs产生的过程。

（1）吹扫空容器产生的VOCs排放量为

$$E_{0,B} = \sum_{i=1}^{m}(N_{n,i} \times M_i \times 10^{-3}) \tag{4-16}$$

式中，$E_{0,B}$指统计期内每批次吹扫作业的 VOCs 产生量，kg；$N_{n,i}$指每批次吹扫作业 VOCs 组分 i 产生的摩尔数，mol；M_i指产生 VOCs 组分 i 的平均摩尔质量，g/mol。

$N_{n,i}$的计算式如下：

$$N_{n,i}=\frac{p_{i,1}V}{RT}(1-e^{-\frac{Ft}{V}}) \tag{4-17}$$

式中，$N_{n,i}$指气体吹扫产生的组分 i 的摩尔数，mol；$p_{i,1}$指初始状态组分 i 的饱和蒸气压，Pa（绝对压强）；V 指容器排空时气体空间体积，m^3；R 是理想气体常数，8.314 J/(mol · K)；T 指泄压气体排入大气时容器的温度，K；F 指吹扫气体流量，m^3/min；t 指吹扫过程时间，min。

(2) 吹扫有残余液体容器产生的 VOCs 排放量为

$$E_{0,B}=\sum_{i=1}^{m}(E_i\times t\times 10^{-3}) \tag{4-18}$$

式中，$E_{0,B}$指统计期内每批次吹扫作业 VOCs 产生量，kg；E_i指每批次吹扫作业 VOCs 组分 i 的排放速率，g/min；t 指每批次吹扫作业的时间，min。

E_i 的计算式如下：

$$E_i=\frac{M_iS_iF_i^{sat}P_{sys}}{RT} \tag{4-19}$$

式中，M_i表示 VOCs 组分 i 的分子摩尔质量，g/mol；F_i^{sat}表示 VOCs 组分 i 的饱和分压下的体积流率，m^3/min；P_{sys}指系统总压强，Pa（绝对压强）；R 是理想气体常数，8.314 J/(mol · K)；T 是泄压气体排入大气时容器的温度，K；S_i是 VOCs 组分 i 的饱和因子。

饱和因子 S_i的计算式如下：

$$S_i=\frac{P_i}{P_i^{sat}}=\frac{K_iA}{F+K_iA}=\frac{K_iA}{K_iA+F_{nc}+S_iF_i^{sat}} \tag{4-20}$$

式中，S_i是 VOCs 组分 i 的饱和因子；K_i是 VOCs 组分 i 的传质系数，m/s；A 是液体的表面积，m^2；F_{nc}指不凝气的体积流率（如空气、氮气），m^3/min；F_i^{sat}指 VOCs 组分 i 在饱和分压下的体积流率，m^3/min。

K_i 的计算式如下：

$$K_i=K_0\left(\frac{M_0}{M_i}\right)^{1/3} \tag{4-21}$$

式中，K_0是参考组分的传质系数，m/s；M_0是参考组分的分子摩尔质量，g/mol；M_i是 VOCs 组分 i 的分子摩尔质量，g/mol。

F_i^{sat} 的计算式如下：

$$F_i^{sat}=F_{nc}\frac{p_i^{sat}}{p_{nc}^{sat}}=F_{nc}\frac{p_i^{sat}}{(P_{sys}-p_i^{sat})} \tag{4-22}$$

式中，F_{nc}指不凝气的体积流率（如空气、氮气），m^3/min；p_i^{sat}指在饱和溶剂条件下不凝气的分压，Pa（绝对压强）；p_{nc}^{sat}指在饱和溶剂条件下不凝气的总压强，Pa；P_{sys}指系统总压强，Pa（绝对压强）。

3）气体逸出损失

一些反应产生如氯化氢、二氧化硫等反应副产物，这些气体逸出时会带出部分溶剂中的 VOCs，即气体逸出损失。

$$E_{0,B}=\sum_{i=1}^{n}(E_{n,i}\times M_i\times 10^{-3}) \tag{4-23}$$

式中，$E_{0,B}$指统计期内每批次气体逸出损失的 VOCs 产生量，kg；$E_{n,i}$指统计期内每批次气体逸出损失的 VOCs 组分 i 的摩尔数，mol；M_i是产生 VOCs 组分 i 的分子摩尔质量，g/mol。

$E_{n,i}$的计算式为

$$E_{n,i}=\sum E_{n,rxn}\times\frac{p_i}{\sum p_{rxn}} \tag{4-24}$$

式中，$E_{n,rxn}$指工艺过程中总逸出气体摩尔数，mol；p_i是组分 i 的分压，Pa（绝对压强）；p_{rxn}指饱和容积条件下不凝性气体分压，Pa（绝对压强）。

4）减压损失

减压是一种较低温度下溶剂再生的方法。当需要替换工艺溶剂或溶剂反萃取，溶剂需要处在较低温的状态下。当压力减小时，逸散溶剂被真空抽离，产生 VOCs 排放。减压造成的 VOCs 排放量可表示为

$$E_{0,B}=\sum_{i=1}^{n}(N_{i,out}\times M_i\times 10^{-3}) \tag{4-25}$$

式中，$E_{0,B}$指统计期内每批次减压作业的 VOCs 产生量，kg；$N_{i,out}$指每批次减压作业产生 VOCs 组分 i 的摩尔数，mol；M_i指产生 VOCs 组分 i 的平均摩尔质量，g/mol。

$N_{i,out}$的计算式为

$$N_{i,out}=\frac{Vp_i}{RT}\times\ln\left(\frac{p_{nc,1}}{p_{nc,2}}\right) \tag{4-26}$$

式中，V 指设备顶部空间体积，m^3；p_i指挥发组分的分压，Pa（绝对压强）；R 是1个标准大气压下的理想气体常数，8.314 Pa·m^3/(mol·K)；T 指温度，K；$p_{nc,1}$指初

始状态下组分 i 的分压，Pa（绝对压强）；$p_{nc,2}$ 指最终状态下组分 i 的分压，Pa（绝对压强）。

5）升温损失

反应釜内物料升温过程的 VOCs 产生量用理想气体方程和气-液平衡原理计算。

公式法计算升温损失需满足以下假设：升温过程中反应釜是封闭的，溶剂蒸气仅通过排气管排放；升温过程中不向反应釜中添加物料；物料液体与 VOCs 蒸气平衡，并达到饱和状态；升温过程反应釜中蒸气气相空间的摩尔组成变化，但平均蒸气气相空间体积保持不变。

升温过程的 VOCs 排放量可表示为

$$E_{0,B}=\sum_{i=1}^{n}(N_{i,\mathrm{out}}\times M_i\times 10^{-3}) \tag{4-27}$$

式中，$E_{0,B}$ 指统计期内每批次升温作业的 VOCs 产生量，kg；$N_{i,\mathrm{out}}$ 指每批次升温作业产生 VOCs 组分 i 的摩尔数，mol；M_i 指产生 VOCs 组分 i 的摩尔质量，g/mol。

根据理想气体定理，随着温度升高，容器摩尔体积减小，同时，挥发性物料的蒸气压升高，此过程产生的 VOCs 按下式计算：

$$N_{i,\mathrm{out}}=N_{\mathrm{avg}}\ln\left(\frac{P_{\mathrm{a1}}}{P_{\mathrm{a2}}}\right)-(n_{i,2}-n_{i,1}) \tag{4-28}$$

式中，N_{avg} 指温度升高过程中蒸气平均摩尔数，mol；P_{a1} 指初始温度下设备顶部空间非冷凝气体分压，Pa（绝对压强）；P_{a2} 指最终温度下设备顶部空间非冷凝气体分压，Pa（绝对压强）；$n_{i,2}$ 指最终温度下设备顶部空间 VOCs 组分 i 的摩尔数，mol；$n_{i,1}$ 指初始温度下设备顶部空间 VOCs 组分 i 的摩尔数，mol。

当设备内为混合物质时，式（4－28）估算的是 VOCs 产生总摩尔数，$n_{i,1}$ 和 $n_{i,2}$ 是设备顶部 VOCs 的总体摩尔数。N_{avg} 按式（4－29）计算：

$$N_{\mathrm{avg}}=\frac{n_1+n_2}{2} \tag{4-29}$$

式中，n_1 指初始温度下设备顶部 VOCs 的总体摩尔数，mol；n_2 指最终温度下设备顶部 VOCs 的总体摩尔数，mol。

总摩尔数 n_1、n_2 可以用式（4－30）、式（4－31）的理想气体方程求得：

$$n_1=\frac{P_1V}{RT_1} \tag{4-30}$$

$$n_2=\frac{P_2V}{RT_2} \tag{4-31}$$

式中，P_1指初始温度下的总压，Pa(绝对压强)；P_2指最终温度下的总压，Pa(绝对压强)；V指设备内气体体积，m^3；R是1个标准大气压下的理想气体常数，8.314 Pa·m^3/(mol·K)；T_1指设备内气体的初始温度，K；T_2指设备内气体的最终温度，K。

设备内初始温度和最终温度下的VOCs组分i的摩尔数$n_{i,1}$和$n_{i,2}$也可以用式(4-30)和式(4-31)计算，其中总压用VOCs组分i的分压代替。

6）表面蒸发损失

表面蒸发损失通常来自混合与搅拌工序产生VOCs的逸散，计算式为

$$E_{0,B}=\sum_{i=1}^{n}(E_{n,i}\times t\times 10^{-3}) \tag{4-32}$$

式中，$E_{0,B}$指统计期内每批次表面蒸发损失的VOCs产生量，kg；$E_{n,i}$指VOCs组分i的蒸发速率，g/s；t指每批次产品表面蒸发的时间，s。

$E_{n,i}$的计算式为

$$E_{n,i}=\frac{M_iK_iA(P_i^{sat}-P_i)}{RT_L} \tag{4-33}$$

式中，M_i指VOCs组分i的摩尔质量，g/mol；K_i指VOCs组分i的传质因子，m/s；A指蒸发表面积，m^2；P_i^{sat}指饱和溶剂蒸气压，Pa(绝对压强)；P_i指近液体表面的真实蒸气压，Pa(绝对压强)；R是1个标准大气压下的理想气体常数，8.314 P·m^3/(mol·K)；T_L指液体绝对温度，K。

若P_i^{sat}远大于P_i，则可用式(4-34)计算：

$$E_{n,i}=\frac{M_iK_iAP_i^{sat}}{RT_L} \tag{4-34}$$

传质系数K_i的计算见式(4-21)。

4.2.1.3　系数法

系数法是根据物料或产品产量及其产污系数计算工艺废气的VOCs产生量，不适用于溶剂使用类工艺废气的VOCs产生量计算。除炼焦工艺废气和塑料制品制造工艺废气外，采用系数法计算的工艺废气VOCs产生量已包含了燃烧烟气、采样、冷却塔、开停工和事故5个源项的VOCs产生量。

$$E_{0,工艺}=\sum_{k=1}^{n}(EF_k\times Q_k) \tag{4-35}$$

式中，$E_{0,工艺}$指统计期内工艺废气的VOCs产生量，kg；EF_k指排放源k的单位产量的产污系数，kg/t，不同产品和工序对应的产污系数如表4-2、表4-3和表4-4所示；Q_k指统计期内排放源k的产品产量，t。

表 4-2　溶剂加工类工艺废气排放源项产污系数

产品名称	产污系数	产品名称	产污系数
3-氯丙烯	22.21	聚醚树脂	25.03
乙二醇	0.133	聚酰胺树脂	0.8
乙苯	0.005	制药(原料药生产)	114.14
乙酐	2.753	醛酸树脂	2.878
乙烯	0.5	邻苯二甲酸酐(以邻二甲苯氧化生产)	1.201
乙酸乙酯	0.555	邻苯二甲酸酐(以萘氧化生产)	5.006
乙酸(以甲醇为原料)	1.814	邻苯二甲酸二辛酯	0.037
乙酸(以丁醇为原料)	6.35	化妆品	0.144
乙酸(以乙醛为原料)	9.979	夫酸酯类	3.404
乙醇	0.951	木炭	157
乙二胺	0.2	尿素	0.006
乙醛	3.239	尿素甲醛树脂	5.95
丁二烯	11.51	抗(臭)氧化/促进剂	1.872
二氯乙烷	0.108	氰化氢	7.008
二氯乙烯(直接氯化法)	0.65	磷酸铵	0.015
二氯乙烯(氯氧化法)	12.05	亚克力	2.972
二氯乙烯	1.75	炭黑	50.255
三聚氰胺树脂	13.892	聚酯纤维	0.6
己二酸	21.374	丙烯酸纤维	125.138
己内酰胺	2.866	聚烯烃纤维	37.107
丙烯	0.5	高级芳香族聚酰胺纤维	2.15
丙烯腈	0.35	合成乳胶	2.678
丙烯腈-丁二烯-苯乙烯共聚物(ABS)	0.094	合成橡胶	2.603
丙烯腈-苯乙烯共聚物(AS)	0.153	合成纤维加工	0.36
丙烯酸及丙烯酸酯类	0.174	低密度聚乙烯	3.85
丙烯酸树脂	0.6	脲醛树脂	5.95
丙烯醇	0.326	抗氧化/促进剂	1.872
四乙铅	3.125	烷基铅	0.501
四甲铅	96.75	氟碳/氯氟烃	7.258
四氯化碳	0.155	表面活性剂	0.983
甘油	8.87	耐冲击级聚苯乙烯	0.05
甲基丙烯酸酯类	25.47	苯乙烯	0.039
甲醇	5.95	苯	0.55
甲醛	5.95	苯胺	0.1
合成有机纤维	5.133	顺丁烯二酸酐	0.001
聚酰胺纤维(尼龙)	2.15	高密度聚乙烯	18
乙酸乙烯	4.705	异二氰甲苯	9.661

（续表）

产品名称	产污系数	产品名称	产污系数
异丙苯	0.551	醋酸纤维	145.2
烷基苯	0.052	环己烷	0.003
酚醛树脂	7.3	环己酮	22.224
酚类	7.708	环氧乙烷	3.9
氯乙烯	0.056	环氧树脂	2.553
氯苯	1.486	离子交换树脂	1.175
发泡级聚苯乙烯	1.282	硫酸铵	0.741
硝基苯	1.35	哥罗普林	5.591
氰甲烷	0.35	氨	4.825
过氧化氢	9.429	接着剂	6.418
丁酮	1.201	氢氟酸	0.01
脂类	5.85	硫黄	1.521
对苯二甲酸/二甲酯	2.039	普通级聚苯乙烯	5.55
聚丙烯	0.35	农药	0.001
聚脲树脂	0.978	醚	0.08
聚酯树脂(饱和及不饱和树脂)	0.25	其他化工类产品	0.021
聚氯乙烯	8.509	其他非化工类产品	145.2

注：表中数据参考中国台湾地区在2009年发布的“公私场所固定污染源申报空气污染防治费之挥发性有机物之行业制程排放系数”，以及EPA在2008年发布的“Emission Factor Documentation for AP-42”。

表4-3　主要炼焦工序产污系数　　单位：kg/t

产生源	产污系数
装煤损失	0.000 55
炉门泄漏	0.035 2
装煤盖泄漏	0.000 096 8
气体排送系统泄漏	0.000 33
推焦	0.038
焦炉烟囱	0.047

注：表中数据参考EPA在2008年发布的“Emission Factor Documentation for AP-42”。

表4-4　主要塑料制品制造工序产污系数　　单位：kg/t

产生源	产污系数
一般塑料制品制造	114.3
射出成型制造	2.885
PU皮制造	147

（续表）

产 生 源	产 污 系 数
PVC皮制造	0.045
PVC皮加工	10.2
塑料袋膜制品制造	0.33
塑料管、材制造	0.539

注：表中数据参考上海市环境保护局在2017年发布的《上海市工业企业挥发性有机物排放量通用计算方法（试行）》（沪环保总〔2017〕70号）。

4.2.2 设备动、静密封点泄漏

设备动、静密封点泄漏是指设备组件密封点的密封失效致使内部物料逸散至大气中，造成VOCs排放的现象。设备组件密封点通常指泵、搅拌器、压缩机、泄压设备、放空阀或放空管、阀门、采样设施、法兰及其连接件或仪表等动、静密封点。设备动、静密封点泄漏计算适用于溶剂加工类工艺对于该源项的VOCs产生量的计算。

设备动、静密封点泄漏的VOCs产生量计算方法有实测法、公式法和系数法。

设备泄漏VOCs产生量计算式如下：

$$E_{0,设备}=\sum_{i=1}^{n}\left(e_{TOC,i}\times\frac{WF_{VOCs,i}}{WF_{TOC,i}}\times t_i\right) \tag{4-36}$$

式中，$E_{0,设备}$指统计期内设备泄漏源项的VOCs产生量，kg；t_i指统计期内密封点i的运行时间，h；$e_{TOC,i}$指密封点i的TOC泄漏速率，kg/h；$WF_{VOCs,i}$指运行时间段内流经密封点i的物料中VOCs的平均质量分数；$WF_{TOC,i}$指运行时间段内流经密封点i的物料中TOC的平均质量分数。

如未提供物料中VOCs的平均质量分数，则$\frac{WF_{VOC,i}}{WF_{TOC,i}}$按1计。

4.2.2.1 泄漏速率

1）实测法

采用包袋法和大体积采样法对密封点进行实测，所得泄漏速率最接近真实VOCs产生情况。所得泄漏速率可通过式（4-37）计算排放量。实测法不适用于不可达、非常规形状，过大以及工艺流程缓慢的密封点。

$$e_{TOC}=9.63\times10^{-10}\times\frac{C\times P\times Q\times M_W}{(T+273)} \tag{4-37}$$

式中，e_{TOC}指统计期内设备的TOC泄漏速率，kg/h；C指统计期内实测TOC的平均浓度，μmol/mol；P指包袋内气体的绝对压强，mmHg；Q指通入包袋的零气的稳定

流率，L/min；M_W指 VOCs 的分子摩尔质量，g/mol；T 指包袋内气体的温度，℃。

当泄漏物料为混合物时，摩尔质量 M_W的计算式为

$$M_W = \frac{\sum_{i=1}^{n} M_{W,i} \times X_i}{\sum_{i=1}^{n} X_i} \tag{4-38}$$

式中，$M_{W,i}$指组分 i 分子的摩尔质量，g/mol；X_i 指组分 i 的摩尔分数；n 指混合物料中 VOCs 的组分数。

2）公式法

（1）相关方程法　相关方程法规定了默认零值泄漏速率、限定泄漏速率和相关方程。当密封点的净检测值小于 1 μmol/mol 时，用默认零值泄漏速率作为该密封点排放速率；当净检测值大于等于 50 000 μmol/mol 时，用限定泄漏速率作为该密封点泄漏速率。净检测值在两者之间，采用相关方程计算该密封点的泄漏速率（见表 4-5）。若企业未记录低于泄漏定义浓度限值的密封点的净检测值，可将泄漏定义浓度限值作为检测值代入计算。

表 4-5　相关方程计算泄漏速率①

单位：千克/（小时・排放源）②

密封点类型	默认零值泄漏速率 $SV<1$ μmol/mol	限定泄漏速率 $SV\geqslant 50\ 000$ μmol/mol	相关方程
轻液体泵	7.5×10^{-6}	0.62	$1.90\times10^{-5}\times SV^{0.824}$
重液体泵	7.5×10^{-6}	0.62	$1.90\times10^{-5}\times SV^{0.824}$
压缩机	7.5×10^{-6}	0.62	$1.90\times10^{-5}\times SV^{0.824}$
搅拌器	7.5×10^{-6}	0.62	$1.90\times10^{-5}\times SV^{0.824}$
泄压设备	7.5×10^{-6}	0.62	$1.90\times10^{-5}\times SV^{0.824}$
气体阀门	6.6×10^{-7}	0.11	$1.87\times10^{-6}\times SV^{0.873}$
液体阀门	4.9×10^{-7}	0.15	$6.41\times10^{-6}\times SV^{0.797}$
法兰或连接件	6.1×10^{-7}	0.22	$3.05\times10^{-6}\times SV^{0.885}$
开口阀或开口管线	2.0×10^{-6}	0.079	$2.20\times10^{-6}\times SV^{0.704}$
其他	4.0×10^{-6}	0.11	$1.36\times10^{-5}\times SV^{0.589}$

说明：① 对于密闭式的采样点，如果采样瓶连在采样口，则使用“连接件”的泄漏速率；如采样瓶未与采样口连接，则使用“开口管线”的泄漏速率。

② 表中涉及的千克/（小时・排放源）指每个排放源每小时的 TOC 产生量（千克）。

密闭式采样或等效设施的泄漏速率可采用公式法中的相关方程法。若采样瓶与采样口连接，则采用“连接件”系数计算产生量；若采样瓶不与采样口连接，则采用“开口管线”系数计算产生量。

$$e_{TOC}=\sum_{i=1}^{n}\begin{cases}e_{0,\,i}(0\leqslant SV<1)\\ e_{p,\,i}(SV\geqslant 50\,000)\\ e_{f,\,i}(1\leqslant SV<50\,000)\end{cases} \tag{4-39}$$

式中，e_{TOC}指密封点的 TOC 泄漏速率，kg/h；SV 指密封点的泄漏浓度净检测值，μmol/mol；$e_{0,\,i}$指密封点 i 的默认零值泄漏速率，kg/h；$e_{p,\,i}$指密封点 i 的限定泄漏速率，kg/h；$e_{f,\,i}$指密封点 i 的相关方程计算泄漏速率，kg/h。

各类型密封点的泄漏速率按表 4－5 计算。

(2) 筛选范围法　筛选范围法用于计算某套装置不可达法兰或连接件的 VOCs 泄漏速率时，需至少检测 50%该装置的可达法兰或连接件，并且至少包含 1 个净检测值大于等于 10 000 μmol/mol 的点。以 10 000 μmol/mol 为界，分析已检测法兰或连接件净检测值可能大于等于 10 000 μmol/mol 的数量比例，将该比例应用到同一装置的不可达法兰或连接件，且按比例计算的大于等于 10 000 μmol/mol 的不可达点个数向上取整数，采用表 4－6 中的系数并按式(4－40)计算泄漏速率：

$$e_{TOC}=\sum_{i=1}^{n}(FA_i\times WF_{TOC,\,i}\times N_i) \tag{4-40}$$

式中，e_{TOC}指密封点的 TOC 泄漏速率，kg/h；FA_i指密封点 i 的泄漏系数，如表 4－6 所示；$WF_{TOC,\,i}$指流经密封点 i 的物料中 TOC 的平均质量分数；N_i指密封点的个数。

表 4－6　筛选范围法泄漏系数　　单位：千克/(小时・排放源)

设备类型	介质	其他溶剂生产加工行业①	
		≥10 000 μmol/mol	<10 000 μmol/mol
法兰、连接件	所有	0.113	0.000 081

说明：① 此系数针对总有机化合物的产生。

3) 系数法

未检测的密封点或不可达点(符合筛选范围法适用范围的法兰和连接件除外)，采用表 4－7 中的系数按式(4－40)计算泄漏速率。

表 4－7　平均泄漏系数　　单位：千克/(小时・排放源)

设 备 类 型	介　质	其他溶剂生产加工行业①
阀	气体	0.005 97
	轻液体	0.004 03
	重液体	0.000 23
泵②	轻液体	0.019 9
	重液体	0.008 62

（续表）

设备类型	介质	其他溶剂生产加工行业[①]
压缩机	气体	0.228
泄压设备	气体	0.104
法兰、连接件	所有	0.001 83
开口阀或开口管线	所有	0.001 7
采样连接系统	所有	0.015 0

说明：表中数据参考 EPA 在 2008 年发布的"Emission Factor Documentation for AP-42"。表中涉及的千克/(小时·排放源)指每个排放源每小时的 TOC 产生量(千克)。

对于开放式的采样点，采用系数法计算产生量。如果采样过程中排出的置换残液或气体未经处理直接排入环境，按照"采样连接系统"和"开口管线"产污系数分别计算并求和；如果有收集处理设施收集管线冲洗的残液或气体，并且运行效果良好，可按"开口阀或开口管线"产污系数进行计算。

① 产污系数用于 TOC(包括甲烷)泄漏速率。

② 轻液体泵密封的系数可以用于估算搅拌器密封的泄漏速率。

4.2.2.2　泄漏时间

由于各个密封点的检测时间和检测周期不同，因此在计算各个密封点泄漏量时，可采用中点法确定该密封点的排放时间，即第 n 次检测值代表的时间段的起始点为第$(n-1)$次至第 n 次检测时间段的中点，终止点为第 n 次至第$(n+1)$次检测时间段的中点。在发生泄漏修复的情况下，修复复测的时间点为泄漏时间段的终止点。

4.2.3　有机液体储存与调和挥发损失

有机液体的储存与调和通常采用储罐，常见的储罐类型有固定顶罐（包括卧式罐和立式罐）与浮顶罐（包括内浮顶罐和外浮顶罐）。

固定顶罐 VOCs 的产生主要来自储存过程中的蒸发静置损失（俗称"小呼吸"）和接收物料过程中产生的工作损失（俗称"大呼吸"）。

浮顶罐 VOCs 的产生主要包括边缘密封损失、浮盘附件损失、浮盘盘缝损失和挂壁损失。其中，边缘密封损失、浮盘附件损失、浮盘盘缝损失属于静置损失，挂壁损失属于工作损失。

若储罐安装了油气平衡管，则在计算工作损失时应考虑平衡管控制效率，控制效率的取值如表 4-8 所示。

表 4-8　装载平衡管控制效率取值表

取值条件	控制效率/%
装载系统未设蒸气平衡/处理系统	0
真空装载且保持真空度小于−0.37 kPa	100
罐车与油气收集系统法兰、硬管螺栓连接	100

1）实测法

储罐 VOCs 产生量按统计期内每个呼吸阀泄压周期 VOCs 产生量之和计算，计算式表示为

$$E_{0,\text{储罐}} = \sum_{i=1}^{n} E_{0,i} \tag{4-41}$$

式中，$E_{0,\text{储罐}}$指统计期内储罐的 VOCs 产生量，kg；$E_{0,i}$指呼吸阀泄压周期 i 的 VOCs 产生量，kg。

采用包袋法和大体积采样法对固定顶罐进行实测，所得储罐泄漏速率最接近真实排放情况。储罐呼吸阀（泄压阀）泄漏速率计算参考式（4－36）、式（4－37）和式（4－38）；该泄漏速率的泄漏时间可按 4.2.2.2 节的中点法计算。

2）公式法

储罐周转量指统计期内进入或流出储罐的物料量。当采用公式法计算工作损失时，储罐真实周转量按修正后的周转次数进行折算，计算式如下：

$$Q_{\text{修正}} = N_{\text{修正}} \times V_{T} \tag{4-42}$$

式中，$Q_{\text{修正}}$指修正后的周转量，m^3；V_T指最大设计工作容量，m^3；$N_{\text{修正}}$指修正后的统计期内周转次数，计算式为

$$N_{\text{修正}} = \frac{\Delta H}{H_T} \times N \tag{4-43}$$

式中，ΔH 指平均液位高度差，等于统计期内第$(n+1)$次测量的平均液位高度与第 n 次测量的平均液位高度的差值的平均值（负值不计），m；H_T指储罐设计最大液位高度，m；N 指统计期内物料周转次数。

结合式（4－42）和式（4－43），可得

$$Q_{\text{修正}} = Q \times \frac{\Delta H}{H_T} \tag{4-44}$$

式中，$Q_{\text{修正}}$指修正后的周转量，m^3；ΔH 指平均液位高度变化，等于统计期内第$(n+1)$次测量的平均液位高度与第 n 次测量的平均液位高度的差值的平均值（负值不计），m；H_T指储罐设计最大液位高度，m。

固定顶罐和浮顶罐的 VOCs 产生量的计算式如下：

$$E_{0,\text{储罐}} = \sum_{i=1}^{n} L_{\text{固},i} + \sum_{i=1}^{m} L_{\text{浮},i} \tag{4-45}$$

式中，$E_{0,\text{储罐}}$指统计期内储罐的 VOCs 产生量，kg；$L_{\text{固},i}$指统计期内固定顶罐 i 的 VOCs 产生量，kg，参见《上海市工业企业挥发性有机物排放量通用计算方法（试

行)》(沪环保总〔2017〕70 号)附录 E;n 是固定顶罐的数量;$L_{浮,i}$ 指统计期内浮顶罐 i 的 VOCs 产生量,kg,参见《上海市工业企业挥发性有机物排放量通用计算方法(试行)》(沪环保总〔2017〕70 号)附录 F;m 是浮顶罐的数量。

3) 系数法

在公式法使用条件无法满足时,采用系数法计算储罐的 VOCs 产生量,计算式为

$$E_{0,储罐} = EF \times Q \tag{4-46}$$

式中,$E_{0,储罐}$ 指统计期内储罐的 VOCs 产生量,kg;EF 指产污系数(单位体积周转物料的物料挥发损失),kg/t,取值如表 4-9 所示,若是表中未载明的储存物料或储存物料为混合物料,则按最大物料产污系数(8.809)计算,kg/m^3;Q 指统计期内物料周转量,m^3。

表 4-9　储罐 VOCs 产污系数　　单位: kg/t

储存物料	产污系数	储存物料	产污系数
正戊烷	1.366	氯苯	0.343
异戊烷	8.809	邻二氯苯	0.089
己烷	0.539	对二氯苯	0.105
环己烷	0.416	苯甲氯	0.010
庚烷	0.851	四氯化碳	2.756
正癸烷	0.078	二溴乙烷	0.679
正十二烷	0.495	二氯乙烷	1.318
十五烷	0.102	氯仿	1.030
1-戊烯	1.749	1,1,1-三氯乙烷	0.546
戊二烯	1.006	四氯乙烯	0.700
环戊烯	0.934	三氯乙烯	1.678
十二烯	0.617	丙烯腈	0.947
异戊二烯	1.402	硝基苯	0.055
苯	1.228	苯胺	0.044
乙苯	0.271	乙醇胺	0.491
甲苯	0.499	乙烷胺	1.151
间二甲苯	0.243	丙酮	0.551
邻二甲苯	0.201	丁酮	0.395
对二甲苯	0.256	甲基异丁酮	0.277
混合二甲苯	0.190	环己酮	0.228
异丙苯	0.187	庚酮	0.010
二异丙基苯	0.030	石油脑	0.739
甲基苯乙烯	0.083	炼油	0.739
苯乙烯	0.188	丁醇	0.120

（续表）

储存物料	产污系数	储存物料	产污系数
二级丁醇	0.278	乙酸	0.209
三级丁醇	0.522	丙烯酸	0.086
环己醇	0.075	己二酸	0.036
乙醇	0.427	蚁酸	0.380
异丁醇	0.176	丙酸	0.083
异丙醇	0.558	乙酸丁酯	0.328
甲醇	0.572	丙烯酸丁酯	0.214
丙醇	0.252	乙酸乙酯	1.294
二次乙基二醇	0.010	丙烯酸乙酯	0.755
二甘醇	0.359	丙烯酸异丁酯	0.050
丙二醇	0.839	醋酸异丙酯	1.091
乙二醇	0.246	醋酸甲酯	2.301
乙硫醇	1.222	丙烯酸甲酯	1.246
氯醇	0.348	甲基丙烯酸甲酯	0.539
酚	0.737	醋酸乙烯酯	1.450
甲酚	0.615	正乙酸丙酯	0.140
乙醚	1.426	异丁酸异丁酯	0.040
甲基四丁醚	1.110	甲苯二异氰酸酯	0.101
二次乙基二醇单丁醚	0.010	丁醛	0.407
乙二醇单丁醚	0.030	异丁醛	0.288
二次乙基二醇单甲醚	0.010	丙醛	0.707
乙二醇单甲醚	0.031	醋酸酐	0.159
双-β-羟基-n-丙醚	0.010		

注：表中数据参考EPA在2015发布的“Emission Estimation Protocol for Petroleum Refineries Version 3”。

4.2.4 有机液体装载挥发损失

有机液体物料在装载过程中，收料容器内的有机液体蒸气被物料置换，产生VOCs排放。

1）实测法

实测法计算其VOCs产生量，计算式为

$$E_{0,\text{装载}} = Q \times C \times (1 - \eta_{\text{平衡管}}) \tag{4-47}$$

式中，$E_{0,\text{装载}}$指统计期内装载的VOCs产生量，kg；Q指统计期内物料装载量，m^3；C指物料装载时的蒸气浓度，kg/m^3；$\eta_{\text{平衡管}}$指装载平衡管控制效率，不同条件下的取值如表4-8所示。

2) 公式法

无实测数据时，装载 VOCs 产生量的计算式如下：

$$E_{0,装载}=Q\times EF_{\mathrm{L}}\times(1-\eta_{平衡管}) \tag{4-48}$$

式中，$E_{0,装载}$ 指统计期内装载的 VOCs 产生量，kg；EF_{L} 指装载损失产污系数，$\mathrm{kg/m^3}$，详见下文(1)和(2)；Q 指统计期内物料装载量，$\mathrm{m^3}$；$\eta_{平衡管}$ 指装载平衡管控制效率，取值如表 4-8 所示。

(1) 公路、铁路装载损失产污系数的计算式为：

$$EF_{\mathrm{L}}=C_0\times S \tag{4-49}$$

$$C_0=\frac{P_T M}{RT} \tag{4-50}$$

式中，EF_{L} 指装载损失产污系数，$\mathrm{kg/m^3}$；S 是饱和因子，代表排出的 VOCs 接近饱和的程度，具体取值如表 4-10 所示；C_0 指当装载罐车气、液相处于平衡状态时，将物料蒸气视为理想气体下的物料密度，$\mathrm{kg/m^3}$，计算式为式(4-50)；T 指实际装载时物料蒸气温度，K；P_T 指温度为 T 时装载物料的真实蒸气压，kPa；M 指物料的分子摩尔质量，g/mol；R 是理想气体常数，8.314 J/(mol·K)。

表 4-10　公路、铁路装载损失计算中的饱和因子

操作方式		饱和因子
底部/液下装载	新罐车或清洗后的罐车	0.5
	正常工况(普通)的罐车	0.6
	上次卸车采用油气平衡装置	1.0
喷溅式装载	新罐车或清洗后的罐车	1.45
	正常工况(普通)的罐车	1.45
	上次卸车采用油气平衡装置	1.0

注：表中数据参考 EPA 在 2015 发布的“Emission Estimation Protocol for Petroleum Refineries Version 3”。

(2) 船舶装载损失产污系数 EF_{L} 采用式(4-49)计算，饱和因子 S 取值如表 4-11 所示。

表 4-11　船舶装载汽油和原油以外油品时的饱和因子 S

交通工具	操作方式	饱和因子 S
水运	轮船液下装载(国际)	0.2
	驳船液下装载(国内)	0.5

注：表中数据参考 EPA 在 2015 发布的“Emission Estimation Protocol for Petroleum Refineries Version 3”。

4.2.5 废水集输、储存、处理处置过程逸散

在废水集输、储存、处理处置过程中，废水中 VOCs 向大气中逸散。在废水集输、储存、处理处置过程中 VOCs 产生量的计算方法包括公式法、模型法和系数法。

1）公式法

废水环节的 VOCs 产生量为水面油层中和水中 VOCs 产生量的和，即

$$E_{0,\text{废水}} = E_{0,\text{油相}} + E_{0,\text{水相}} \tag{4-51}$$

式中，$E_{0,\text{废水}}$ 指统计期内废水的 VOCs 产生量，kg。$E_{0,\text{油相}}$ 指统计期内收集系统集水井、处理系统浮选池和隔油池中油层的 VOCs 产生量，kg，按储罐的公式法计算，详见《上海市工业企业挥发性有机物排放量通用计算方法（试行）》（沪环保总〔2017〕70 号）附录 E；无浮油真实蒸气压的，按 85 kPa 计算。$E_{0,\text{水相}}$ 指统计期内废水收集支线和废水处理厂水相中的 VOCs 产生量，kg，计算式为

$$E_{0,\text{水相}} = \sum_{i=1}^{n}[Q_i \times (C_{\text{进水},i} - C_{\text{出水},i}) \times 10^{-3} \times t_i] \tag{4-52}$$

式中，$E_{0,\text{水相}}$ 指统计期内废水的 VOCs 产生量，kg；Q_i 指废水收集、处理系统 i 的废水流量，m^3/h；$C_{\text{进水},i}$ 指废水收集、处理系统 i 进水中的逸散性挥发性有机物（EVOCs）浓度，mg/L；$C_{\text{出水},i}$ 指废水收集、处理系统 i 出水中的逸散性挥发性有机物（EVOCs）浓度，mg/L；t_i 指统计期内废水收集/处理设施 i 的运行时间，h。

2）模型法

适用于废水中 VOCs 全组分种类及浓度已确定的情况，核算废水收集和处理设施 VOCs 的排放量。Water9 软件下载及使用说明请参见网站：http://www3.epa.gov/ttn/chief/software/water/water9_3/。

Water9 计算所需输入参数如下：

（1）废水与大气参数　包括处理水量（m^3/d），水温，TDS、TSS、VOCs 成分及其在水中的浓度，水面风速（cm/s），气温等指标。

（2）废水处理单元参数　表 4-12 列出了可利用 Water9 计算 VOCs 逸散量的废水收集与处理单元，这些单元必须输入相关参数：池数、池面尺寸（长×宽）、

表 4-12　可利用 Water9 计算 VOCs 逸散量的废水收集与处理单元

设备单元	所需设备规格信息
废水收集单元	排放口、检查井、检修口、泵站、废水管道共五类
废水处理单元	格栅、砂水分离器、明渠、混合池、初沉池、调节池、滴滤池、油水分离器、储罐、油膜单元、稳定塘、跌水、出水、加盖分离器等共十九类

有效水深、设备机械功率与转数、曝气设备曝气量、处理单元是否加盖等，数据可通过设计资料或现场测量获取。

(3) VOCs性质　包括VOCs水中溶解度、扩散系数、生物分解常数等。可使用Water9设定值计算液-气质量传递，或自行修改自带参数计算VOCs逸散量。

上述参数在现场测量并取水样进行分析后，输入Water9，即可获得各单元VOCs成分逸散量。VOCs在Water9中的三种存在形式分别是：逸散至大气中、被生物分解、留存于废水中。

经Water9计算可以获得废水处理厂各单元VOCs进入后，逸散至大气、留存于水体及随出水流出的VOCs量与VOCs总量的比例。

3) 系数法

$$E_{0,废水} = \sum_{i=1}^{n} (EF_i \times Q_i) \tag{4-53}$$

式中，$E_{0,废水}$指统计期内废水的VOCs产生量，kg；EF_i指废水收集/处理设施i的产污系数，kg/m^3，取值如表4-13所示；Q_i指统计期内废水收集/处理设施i的废水流量，m^3。

表4-13　废水收集/处理设施VOCs产污系数

适用范围	产污系数/(kg/m^3)
废水收集系统及油水分离	0.6
废水处理厂-废水处理设施	0.005

注：表中数据参考环保部2015年的发文《关于印发〈石化行业VOCs污染源排查工作指南〉及〈石化企业泄漏检测与修复工作指南〉的通知》(环办〔2015〕104号)；废水处理设施指除收集系统及油水分离外的其他处理设施。

4.2.6　燃烧烟气排放

指各类加热炉、锅炉、内燃机和燃气轮机等燃烧烟气排放环节产生的VOCs排放。燃烧烟气排放源项产生的VOCs全部有组织排放，不存在无组织排放。

1) 实测法

通过测定燃烧烟气的流量和浓度等数据，采用实测法计算VOCs产生量，计算式为

$$E_{0,燃烧} = \sum_{i=1}^{n} (Q_i \times C_{出口,i} \times 10^{-6} \times t_i) \tag{4-54}$$

式中，$E_{0,燃烧}$指统计期内燃烧烟气排放环节的VOCs产生量，kg；Q_i指燃烧烟气排放设施i的实测气体流量，m^3/h；$C_{出口,i}$指燃烧烟气排放设施i出口的实测VOCs

浓度，mg/m³；$Q_i \times C_{出口,i} \times 10^{-6}$ 指燃烧烟气排放设施 i 的实测 VOCs 排放速率，kg/h；t_i 指统计期内燃烧烟气排放设备 i 的生产小时数，h。

2）系数法

燃烧烟气无实测数据时，采用系数法计算 VOCs 产生量，计算式为

$$E_{0,燃烧} = \sum_{i=1}^{n} (EF_i \times Q_i) \tag{4-55}$$

式中，$E_{0,燃烧}$ 指统计期内燃烧烟气的 VOCs 产生量，kg；EF_i 指燃料 i 的产污系数，千克/单位燃料消耗，具体取值情况如表 4-14 所示；Q_i 指统计期内燃料 i 的消耗量，煤(吨)、天然气(米³)、液化石油气(米³，液态)。

表 4-14　燃料燃烧 VOCs 产污系数

燃料类型	锅炉形式	产污系数	单位
烟煤和亚烟煤①	煤粉炉，固态排渣	0.030	千克/吨-煤
	煤粉炉，液态排渣	0.020	千克/吨-煤
	旋风炉	0.055	千克/吨-煤
	抛煤机链条炉排炉	0.025	千克/吨-煤
	上方给料炉排炉	0.025	千克/吨-煤
	下方给料炉排炉	0.650	千克/吨-煤
	手烧炉	5.000	千克/吨-煤
	流化床锅炉	0.025	千克/吨-煤
褐煤①	煤粉炉，固态排渣，切圆燃烧	0.020	千克/吨-煤
	旋风炉	0.035	千克/吨-煤
	抛煤机链条炉排炉	0.015	千克/吨-煤
	上部给料链条炉排炉	0.015	千克/吨-煤
	常压流化床锅炉	0.015	千克/吨-煤
无烟煤②	炉排炉	0.150	千克/吨-煤
燃油①	电站锅炉	0.038	千克/吨-油
	工业燃油锅炉	0.140	千克/吨-油
	工业燃馏分油锅炉	0.100	千克/吨-油
天然气②		1.762×10^{-4}	千克/米³ -天然气
丁烷②		0.132	千克/米³ -液化石油气，液态
丙烷②		0.120	千克/米³ -液化石油气，液态

说明：表中数据参考环保部 2015 年的发文《关于印发〈石化行业 VOCs 污染源排查工作指南〉及〈石化企业泄漏检测与修复工作指南〉的通知》(环办〔2015〕104 号)。

① 表示此处产污系数以总非甲烷有机物(TNMOC)代替 VOCs；

② 表示此处产污系数以总有机化合物(TOC)代替 VOCs。

4.2.7　火炬排放

火炬通常用于燃烧过量燃料气、部分清除产物或开停工和故障产生的废气。大多数火炬均有天然气的预燃火。火炬产生的 VOCs 通常会包括未被燃烧的碳氢化合物。火炬排放源项产生的 VOCs 全部有组织排放，不存在无组织排放，因此该源项产生量即为排放量。

4.2.7.1　公式法

1）基于组分的公式法

通过对进入火炬气体的成分和流量进行连续监测，计算火炬的 VOCs 产生量，计算式为

$$E_{火炬,i}=\sum_{n=1}^{N}\left[Q_n\times t_n\times C_n\times\frac{M_n}{22.4}\times(1-F_{\mathrm{eff}})\right] \tag{4-56}$$

式中，$E_{火炬,i}$ 指统计期内火炬 i 的 VOCs 产生量，kg；n 指测量序数，第 n 次测量；N 指统计期内测量次数或火炬每次工作时的测量次数；当火炬非连续工作时，在火炬工作状态下应至少每 3 小时取样分析一次；Q_n 指第 n 次测量时火炬气的流量，m^3/h；t_n 指统计期内第 n 次测量时火炬的工作时间，h；C_n 指第 n 次测量时 VOCs 的体积分数；M_n 指第 n 次测量时 VOCs 的分子质量，g/mol；22.4 是摩尔体积转换系数，$m^3/kmol$；F_{eff} 指火炬的燃烧效率，%，取火炬正常操作过程中 $F_{\mathrm{eff}}>98\%$。部分条件下需修正火炬排放效率，在不同情况下火炬的燃烧效率取值如表 4-15 所示。

表 4-15　火炬的燃烧效率取值

火炬工况	助燃气体类型	火炬操作条件	火炬燃烧效率/%
正常	无助燃	火炬气体的净热值≥7.45 MJ/m^3； 当直径≥DN80 mm、氢含量≥8%（体积分数）时，出口流速<37.2 m/s 且<V_{max}； 出口流速<18.3 m/s，但当燃烧气体的净热值>37.3 MJ/m^3时，允许排放流速≥18.3 m/s，但应小于 V_{max} 且小于 122 m/s	98
	蒸汽助燃	火炬气体的净热值≥11.2 MJ/m^3； 出口流速<18.3 m/s，但当燃烧气体的净热值>37.3 MJ/m^3 时，允许排放流速≥18.3 m/s，但应小于 V_{max} 且小于 122 m/s； 蒸汽/气体≤4	98
	空气助燃	火炬气体的净热值≥11.2 MJ/m^3； 出口流速<V_{max}	98

（续表）

火炬工况	助燃气体类型	火 炬 操 作 条 件	火炬燃烧效率/%
非正常	无助燃	不满足火炬气净热值、出口流速的条件	93
	蒸汽助燃	不满足火炬气净热值、出口流速的条件	93
		不满足蒸汽与气体比值的条件	80
	空气助燃	不满足火炬气净热值、出口流速的条件	93
故障		火炬气流量超过设计值、火炬故障停用或未投用	0

注：表中数据参考 EPA 在 2015 发布的“Emission Estimation Protocol for Petroleum Refineries Version 3”。

2）基于热值的公式法

依据火炬气的热值，火炬的 VOCs 产生量计算式为

$$E_{火炬,i}=\sum_{n=1}^{N}(Q_n\times t_n\times LHV_n\times EF) \tag{4-57}$$

式中，$E_{火炬,i}$指统计期内火炬 i 的 VOCs 产生量，kg；n 指测量序数，第 n 次测量；N 指测量次数或火炬每次工作时的测量次数；Q_n 指第 n 次测量时火炬气的体积流量，m^3/h；t_n指统计期内第 n 次测量时火炬的工作时间，h；LHV_n指第 n 次测量时火炬气的低热值，MJ/m^3；EF 指总烃(以甲烷计)产污系数，kg/MJ，取 6.02×10^{-5}。

测量气体体积应与测定气体热值的条件相同。

火炬停用或故障时，式(4-57)应乘以$\frac{1}{1-F_{eff}}$，其中 F_{eff}默认值为 98%。

当采用基于热值的公式法计算火炬 VOCs 产生量时，事故中的容器超压排放 VOCs 产生量未包含在内，需另行计算。

3）基于装置的公式法

未对火炬进行实际测量时，火炬 VOCs 产生量的计算式为

$$E_{0,火炬}=\sum_{n=1}^{N}[Q_n\times(1-F_{eff})] \tag{4-58}$$

式中，$E_{0,火炬}$指统计期内火炬的 VOCs 产生量，kg；N 指统计期内火炬排放次数；n 指火炬排放序数，第 n 次排放；Q_n指统计期内第 n 次排放时排入火炬的总废气量(干基)，kg；F_{eff}指火炬燃烧效率，取 80%。

4.2.7.2 系数法

如火炬仅点燃长明灯，不处理废气，则参考 4.2.6 节燃烧烟气系数法计算火炬环节的 VOCs 产生量。

4.2.8　非正常工况排放

非正常工况(含开停工及维修)排放的 VOCs 产生量包括气相单元的产生量和液相单元的产生量。气相单元是指开停工时泄压、吹扫等动作产生的 VOCs;液相单元是指容器内残留的积液等逸散产生的 VOCs。当非正常工况排放的 VOCs 进入火炬,且火炬 VOCs 产生量按实测法和基于热值的公式法计算时,非正常工况的 VOCs 产生量可不重复计算,除此之外均应单独计算。

气相、液相单元的 VOCs 产生量均采用公式法计算,计算式为

$$E_{0,\text{开停工}} = E_{0,\text{容器泄压吹扫}} \tag{4-59}$$

1) 气相工艺设备泄压与吹扫排放

如容器内没有液体物料,气体遵守理想气体定律,按下式计算产生量:

$$E_{0,\text{气相}} = \sum_{i=1}^{n}\left[10^{-6} \times \frac{P_{\text{v}} + 101.325}{101.325} \times \frac{273.15}{T} \times (V_{\text{v}} \times f_{\text{空置}}) \times C\right]_i \tag{4-60}$$

式中,$E_{0,\text{气相}}$指统计期内开停工过程的气相单元的 VOCs 产生量,kg;P_{v}指泄压气体排入大气时容器的表压,kPa;T 指泄压气体排入大气时容器的温度,K;V_{v}指容器的体积,m^3;$f_{\text{空置}}$指容器的体积空置分数,除去填料、催化剂或塔盘等所占体积后剩余体积分数,当容器中不存在内构件时,取 1;C 指泄压气体中 VOCs 的浓度,mg/Nm^3;i 指统计期内的开停工次数。

2) 液相工艺设备泄压与吹扫排放

假设在容器中剩余的液体质量远大于气相空间污染物的量,则按下式计算产生量:

$$E_{0,\text{液相}} = \sum_{i=1}^{n}\left\{V_{\text{v}} \times (1 - V') \times f_1 \times d \times WF \times [f_2 \times (1 - F_{\text{eff}}) + (1 - f_2)]\right\}_i \tag{4-61}$$

式中,$E_{0,\text{液相}}$指统计期内开停工过程的 VOCs 产生量,kg;V_{v} 指容器的体积,m^3;V'指容器内填料、催化剂或塔盘等所占体积分数,在容器中不存在内构件时取 0;f_1指容器吹扫前液体薄层或残留液体的体积分数,取值范围为 0.1%~1%;d 指液体的密度,kg/m^3;WF 指容器内残液的 VOCs 的质量分数;f_2指液体薄层或残留液体被吹扫至火炬或其他处理设施的质量分数;F_{eff}指火炬或 VOCs 污染控制设施的效率,%,其中火炬效率可参见 4.2.7 节火炬排放,VOCs 污染控制设施的效率采用实测值;i 指统计期内的开停工次数。

4.2.9 冷却塔、循环水冷却系统释放

冷却水是热交换系统和冷凝器中的载热介质，通过冷却塔冷却降温而循环使用。由于热交换系统等设备管路的泄漏，有机物通常由高压一侧于裂缝中泄漏至冷却循环水中而产生 VOCs。冷却塔、循环水冷却系统的 VOCs 产生量计算方法包括实测法、公式法和系数法。

1）实测法

实测法用于测量冷却水中沸点低于 60℃ 的易气提组分的浓度，计算式为

$$E_{0,\text{冷却塔}}=\sum_{i=1}^{n}(C_i\times Q_i\times\rho_i\times t\times 10^{-6}) \tag{4-62}$$

式中，$E_{0,\text{冷却塔}}$ 指统计期内第 i 个冷却塔的 VOCs 排放量，kg；C_i 指可气提 VOCs 在循环水中的浓度，μg/g，；Q_i 指循环水流量，m^3/h；ρ_i 指循环水密度，kg/m^3；t 指统计时长或泄漏发生的时长，h。

C_i 的计算式为

$$C_i=\frac{C_{\text{空气},\text{VOCs}}\times MW_{\text{VOCs}}\times P\times b_{\text{气提空气流量}}}{R\times(T+273.15)\times a_{\text{样品水流量}}\times\rho_{\text{冷却水}}} \tag{4-63}$$

式中，C_i 指可气提 VOCs 在冷却水中的浓度，μg/g；$C_{\text{空气},\text{VOCs}}$ 指气提气中 VOCs 的浓度，μmol/mol；$M_{\text{空气},\text{VOCs}}$ 指气提气中 VOCs 的分子质量，g/mol；P 指气提塔的压强，Pa；$b_{\text{气提空气流量}}$ 指气提塔的气提空气流量，mL/min；R 是理想气体常数，82.057 mL・atm/(mol・K)；T 指气提塔温度，℃；$a_{\text{样品水流量}}$ 指气提塔样品水流量，mL/min；$\rho_{\text{冷却水}}$ 指样品循环水的密度，g/mL。

2）公式法

VOCs 产生量的计算式为

$$E_{0,\text{冷却塔}}=\sum_{i=1}^{n}[Q_i\times(C_{\text{入口},i}-C_{\text{出口},i})\times 10^{-3}\times t_i] \tag{4-64}$$

式中，$E_{0,\text{冷却塔}}$ 指统计期内冷却塔的 VOCs 产生量，kg；Q_i 指统计期内冷却塔 i 的循环水流量，m^3；$C_{\text{入口},i}$ 指冷却水暴露空气前逸散性挥发性有机物(EVOCs)的浓度，mg/L；$C_{\text{出口},i}$ 指冷却水暴露空气后逸散性挥发性有机物(EVOCs)的浓度，mg/L。

上式假定冷却水补水与蒸发损失、风吹损失相等且冷却塔进出流量不变。

冷却水暴露空气后 EVOCs 浓度无法获取时，则认为冷却水中的 EVOCs 全部排放，即 EVOCs 出口浓度为零。

3）系数法

VOCs 产生量的计算式为

$$E_{0,冷却塔} = \sum_{i=1}^{n}(EF \times Q_i) \tag{4-65}$$

式中，$E_{0,冷却塔}$指统计期内冷却塔的 VOCs 产生量，kg；Q_i指统计期内冷却塔 i 的循环水量，m^3；EF 指产污系数，取 7.19×10^{-4}千克/米^3-循环水。

4.2.10　事故排放

工艺生产过程的设备元件或排放控制装置发生故障而造成的突发性排放称为事故排放。事故产生的 VOCs 通常要比正常情况产生的 VOCs 浓度要高出很多。事故排放对于年排放量和短期排放的贡献非常大。

事故排放通常有三种情景：排放控制装置故障或发生某种情况导致 VOCs 不经过控制设施直接排放；容器超压；喷溅。

$$E_{0,事故} = E_{0,装置事故} + E_{0,容器超压} + E_{0,喷溅} \tag{4-66}$$

1）工艺装置事故排放

工艺装置事故造成的 VOCs 产生量是正常情况下产生量的数倍，则事故状态或停机状态下的非控制产生量可采用实测速率通过下式计算：

$$E_{0,装置事故} = e_{事故,i} \times EM_i \times t \tag{4-67}$$

式中，$E_{0,装置事故}$指事故状态或停机状态下的 VOCs 组分 i 产生量，千克/事件；$e_{事故,i}$指根据测量数据或现场的排放测试数据得出的控制状态下的 VOCs 组分 i 的排放速率，kg/h；EM_i是事故乘数，其取值如表 4-16 所示；t 指事故持续时间，小时/事件。

表 4-16　工艺装置的效率及事故乘数

污染源/工艺装置描述	污染物种类	工艺装置控制效率/%	事故乘数
催化裂化或焦化/静电除尘	VOCs、有机 HAP	0	1
催化裂化或焦化/锅炉	VOCs、多数有机 HAP	98	50

说明：事故乘数是受控排放的乘数，提高控制状态产污系数使之能反映事故状态的排放，该乘数＝1/(1－工艺装置控制效率)。HAP 指有害大气污染物(hazardous air pollutants)。

2）容器超压排放

容器超压排放气体通常送入火炬，不单独计算容器超压排放的 VOCs 量。

3）喷溅

喷溅出的液体蒸发分为闪蒸蒸发、热量蒸发和质量蒸发三种，其蒸发总量为这三种蒸发之和，采用以下公式法计算其产生量。

(1) 闪蒸量估算　过热液体闪蒸量估算式为

$$Q_1 = \frac{F \times M_T}{t_1} \tag{4-68}$$

式中，Q_1指闪蒸蒸发速率，kg/s；W_T指液体泄漏总量，kg；t_1指闪蒸蒸发时间，s；F指蒸发的液体占液体总量的比例，计算式为

$$F = C_P \frac{T_L - T_b}{H} \tag{4-69}$$

式中，C_P指液体的定压比热容，J/(kg·K)；T_L指泄漏前液体的温度，K；T_b指液体在常压下的沸点，K；H 指液体的气化热，J/kg。

(2) 热量蒸发估算　热量蒸发速度 Q_2的计算式为

$$Q_2 = \frac{\lambda S \times (T_0 - T_b)}{H\sqrt{\pi \alpha t}} \tag{4-70}$$

式中，Q_2指热量蒸发速率，kg/s；λ 指表面热导系数，W/(m·K)；T_0指环境温度，K；T_b指沸点温度，K；S 指液池面积，m^2；H 指液体气化热，J/kg；α 指表面热扩散系数，m^2/s；t 指蒸发时间，s。

λ 和 α 在不同地面情况下的取值如表 4-17 所示。

表 4-17　某些地面的热传递性质

地 面 情 况	λ/[W/(m·K)]	$\alpha/(m^2/s)$
水　泥	1.1	1.29×10^{-7}
土地(含水 8%)	0.9	4.3×10^{-7}
干涸土地	0.3	2.3×10^{-7}
湿　地	0.6	3.3×10^{-7}
砂砾地	2.5	11.0×10^{-7}

(3) 质量蒸发估算　质量蒸发速度 Q_3的计算式为

$$Q_3 = \alpha \times P \times M/(R \times T_0) \times u^{(2-n)\times(2+n)} \times r^{(4+n)/(2+n)} \tag{4-71}$$

式中，Q_3指质量蒸发速率，kg/s；α、n 指大气稳定度系数，其取值如表 4-18 所示；P 指液体表面蒸气压，Pa；R 是气体常数，8.314 J/(mol·K)；M 指分子质量，g/mol；T_0指环境温度，K；u 指风速，m/s；r 指液池半径，m。

表 4-18　液池蒸发模式参数

稳定度条件	n	α
不稳定(A、B)	0.2	3.846×10^{-3}
中性(D)	0.25	4.685×10^{-3}
稳定(E、F)	0.3	5.285×10^{-3}

有围堰时，以围堰最大等效半径为液池半径；无围堰时，设定液体瞬间扩散到最小厚度时，推算液池等效半径。液池蒸发模式参数如表4-18所示。

(4) 液体蒸发总量计算 液体蒸发总量按下式计算：

$$E_{0,喷溅} = Q_1 t_1 + Q_2 t_2 + Q_3 t_3 \tag{4-72}$$

式中，$E_{0,喷溅}$指喷溅液体蒸发总量，kg；Q_1指闪蒸蒸发速率，kg/s；Q_2指热量蒸发速率，kg/s；Q_3指质量蒸发速率，kg/s；t_1指闪蒸蒸发时间，s；t_2指热量蒸发时间，s；t_3指从液体泄漏到液体全部处理完毕的时间，s。

4.3 溶剂使用源

溶剂使用源是工艺过程中使用的有机溶剂，但使用过程中有机溶剂不发生化学反应的VOCs排放源。该类源排放量计算最准确的方法是物料平衡法。通过统计工艺过程中相关VOCs物料投入量与产出及相关去向之和的差值计算得到污染物产生量，产生量减去污染物收集处理净化的部分即排放量[5]。

财政部、国家发展改革委和环境保护部2015年的发文《关于印发〈挥发性有机物排污收费试点办法〉的通知》(财税〔2015〕71号)，以及上海市环境保护局2015年的发文《关于印发石化等5个行业挥发性有机物排放量计算方法(试行)的通知》(沪环保防〔2016〕36号)均推荐这类排放源使用物料平衡为基础的方法进行定量。

溶剂使用源VOCs产生量按物料平衡法计算，即

$$E_{0,工艺} = E_{0,物料} - E_{0,回收} \tag{4-73}$$

式中，$E_{0,工艺}$指统计期内的VOCs产生量，kg；$E_{0,物料}$指统计期内投用物料中的VOCs量之和，kg；$E_{0,回收}$指统计期内各种VOCs溶剂与废弃物(含固体和液体)回收物中的VOCs量之和，kg。

$E_{0,物料}$的计算式为

$$E_{0,物料} = \sum_{k=1} W_k \times WF_k \tag{4-74}$$

式中，W_k指统计期内第k种含有VOCs的物料投用量，kg；WF_k指统计期内第k种物料的VOCs质量分数，%。

$E_{0,回收}$的计算式为

$$E_{0,回收} = \sum_{y=1} W_y \times WF_y \tag{4-75}$$

式中，W_y指统计期内第y种溶剂或废弃物的回收量，kg；WF_y指统计期内第y种溶剂或废弃物的VOCs质量分数，%。

应用物料平衡法计算溶剂使用源 VOCs 排放量的关键基础数据为含溶剂物料量和物料中的 VOCs 含量,收集的污染源基本信息的质量决定了排放估算结果的质量。

目前,上海市的重点污染源企业均能提供物料的 VOCs 含量计算原始依据,并作为企业基本台账,以备核查。VOCs 含量计算依据一般包括两种,一种为物料供应商的产品基本信息说明文件,如 MSDS 等,另一种是按国家标准检测方法对物料中 VOCs 含量进行检测的检测报告。

对于小型排放源的物料,原始数据收集程度受限时,可优先参考已经发布的各类排放源计算办法中的参数,如上海市印刷行业计算办法等;也可以参考相关行业专业资料。对量大面广、物料复杂且缺少计算参考依据的溶剂使用源,则应开展专项调查,研究获取平均的行业物料 VOCs 含量的参考比例。

4.4 废弃物处理源

废弃物处理源涉及的排放源包括市政垃圾焚烧和填埋、工业和医疗废弃物处置、市政和工业废水处理厂等。

大型的废弃物燃烧和处理源视为点源,目前主要应用在线监测和监督监测或自行监测,优先应用在线和手工监测实测法计算其排放量,没有监测数据的排放源则采用排放系数法计算。排放系数来源包括国家发布的排放清单统计办法、国内本地排放系数的研究成果报告,以及 EPA AP - 42 等国外排放系数[6]。计算方法应用原则与固定燃料燃烧源相同,可参考 4.1 节。

废水处理和垃圾填埋排放的氨的计算可参考环保部发布的《大气氨源排放清单编制技术指南(试行)》。另外,环保部源分类编码体系中将废气净化处理工艺产生的其他污染排放也归为废弃物处理排放源,如燃煤电厂脱硝净化装置逸散排放的氨,其排放量应通过专项研究获得相关的液氨损耗率来估算。

参考文献

[1] 伏晴艳.上海市空气污染排放清单及大气中高浓度细颗粒物的形成机制[D].上海:复旦大学,2009.

[2] 刘禹淇,陈报章,郭立峰,等.南昌市固定燃烧点源大气污染源排放清单及特征[J].环境科学学报,2017,37(5):1855 - 1863.

[3] Zhao Y,Zhang J,Nielsen C P. The effects of recent control policies on trends in emissions of anthropogenic atmospheric pollutants and CO_2 in China[J]. Atmospheric Chemistry and Physics, 2012, 12(9):24985 - 25036.

[4] 雷宇.中国人为源颗粒物及关键化学组分的排放与控制研究[D].北京：清华大学，2008.
[5] 牟莹莹，郑新梅，李文青，等.南京市工业源大气污染源排放清单的建立[J].环境科学与技术，2017，40(3)：204-210.
[6] 刘春蕾，牟莹莹，谢轶嵩，等.南京市废弃物处理源 VOCs 和 NH_3 排放特征研究[J].科技资讯，2017，15(28)：81.

第5章 移动源大气污染源排放清单编制方法

移动源包括道路移动源和非道路移动源，道路移动源包括机动车（载客汽车、载货汽车）、摩托车和助动车等，非道路移动源包括船舶、飞机、火车和非道路移动机械等。

机动车排放估算主要采用专业的模型软件，目前有多种成熟的模型可以应用，并在应用中将关键的排放参数进行本地化。船舶航运、港口等水上交通的排放定量可在开展专项调查统计的基础上，获取相关的排放研究成果进行估算。机场飞机起飞和降落、非电力火车机车均有对应的排放系数可进行估算。非道路移动源包括各类工程、港口等使用的内燃机机械设备，厂区/场区内部机动车、割草机等均可视为面源，可采用面源的估算方法分别进行统计估算。本章将重点介绍机动车、船舶、飞机和非道路移动机械的清单编制方法。

5.1 机动车

随着生活水平的提高，人们对机动车的需求日益增加。有研究表明，到2050年中国机动车总保有量将可能达到5.30亿～6.23亿辆。机动车排放的大气污染物CO、NO_x、非甲烷挥发性有机物（NMVOCs）、SO_2、NH_3、$PM_{2.5}$和PM_{10}等会对大气环境造成严重影响，危害人类健康。因此，建立准确的机动车排放清单对于掌握其排放特征、空气质量模拟和机动车污染控制政策的制定十分必要[1]。

5.1.1 排放计算方法

机动车大气污染物排放包括尾气排放和蒸发排放。其中，尾气排放计算方法有基于燃油消耗的测算方法、基于保有量的测算方法和基于道路交通量的测算方法。

5.1.1.1 尾气排放

1）基于机动车燃油消耗的测算方法

基于燃油消耗的测算方法通常利用基于燃油消耗的排放系数，结合当地的燃油消耗总量，建立机动车排放清单。基于机动车燃油消耗的测算方法公式如下：

$$E=\sum_{i} Q_i \times EF_i \times 10^{-6} \tag{5-1}$$

式中，E 为年度机动车排放量，t/a（下同）；i 为燃油类型；Q 为燃油消耗量，kg/a；EF 为燃油排放系数，g/kg。

2）基于机动车保有量的测算方法

利用宏观排放系数模型（如 MOBILE、COPERT）计算得到排放系数[2]，并通过调查的手段或者根据客货运量计算的方法获取当地机动车的年均行驶里程，计算得到当地的机动车排放清单。基于机动车保有量方法的公式如下：

$$E=\sum_{i} P_i \times VMT_i \times EF_i \times 10^{-6} \tag{5-2}$$

式中，i 为车型；P 为保有量，辆；VMT 为年均行驶里程，km/a；EF 为排放系数，克/（千米·辆）。

3）基于道路交通量的测算方法

排放测算对象以城市道路为基础，计算过程依托道路交通流量及其特征数据[3-4]，关注机动车在城市每段道路上的行驶规律，采用基于工况的机动车排放系数计算模拟机动车排放。基于道路交通量的测算方法公式如下：

$$E=\sum_{i,j} T_{i,j} \times L_{i,j} \times EF_{i,j} \times 10^{-6} \tag{5-3}$$

式中，i 为车型，j 为道路类型；T 为交通量，辆/年；L 为道路长度，km；EF 为排放系数，克/（千米·辆）。

基于道路交通量方法的测算模型有以下四种。

（1）基于平均速度的测算模型　MOBILE 和 EMFAC 是最早出现的一代机动车排放系数模型，分别由 EPA 和加州空气资源局（CARB）开发。对基于 FTP（federal test procedure）的台架测试结果进行统计回归，综合考虑机动车的行驶里程、新车技术水平、劣化系数、行驶速度、气温、I/M 制度以及燃油品质等因素对排放的影响。

（2）基于机动车比功率的模型　机动车比功率 VSP（vehicle specific power）的物理意义是瞬态机动车输出功率与机动车质量的比值。VSP 综合考虑机动车在行驶过程中动能和势能的变化，以及克服地面摩擦阻力和克服空气阻力所做的功。国际可持续发展研究中心（ISSRC）和加州大学河滨分校（UCR）共同开发了 IVE 模型，采用 VSP 和发动机负载（ES）两个代用参数对非 FTP 工况下的机动车排放进行模拟。

(3) 基于瞬时运行状态参数的函数模型　基于瞬时运行状态参数的函数模型的代表为以 UCR 为主于 1995 年开发的 CMEM 模型。CMEM 是表征机动车污染物内在排放过程的微观模型，其原理是通过计算发动机功率和空燃比确定机动车瞬时油耗状态(富燃、贫燃或当量燃烧)，加上发动机转速得到油耗，依据油耗和空燃比获取机动车污染物排放量。CMEM 模型对机动车运行过程的各个影响因素进行了全面考虑，具有较高的精确度和较好的通用性。CMEM 模型可表征机动车污染物排放的物理意义，适合与微观交通仿真模型相结合。

(4) 基于交通模型的道路路段排放测算方法　输入参数来自交通模型或实时的交通资料和对应的路段、时段等信息。模型首先根据交通模型或实时的路段类型和车流总量数据，从数据库中提取对应的车流分布和车辆技术分布，计算各技术类型车辆的流量。然后，根据平均车速从机动车基础排放系数数据库中获得各车型排放系数，再根据路段的长度和总车流，计算路段的机动车污染物排放，每小时将各路段计算结果进行汇总并输出(见图 5-1)。

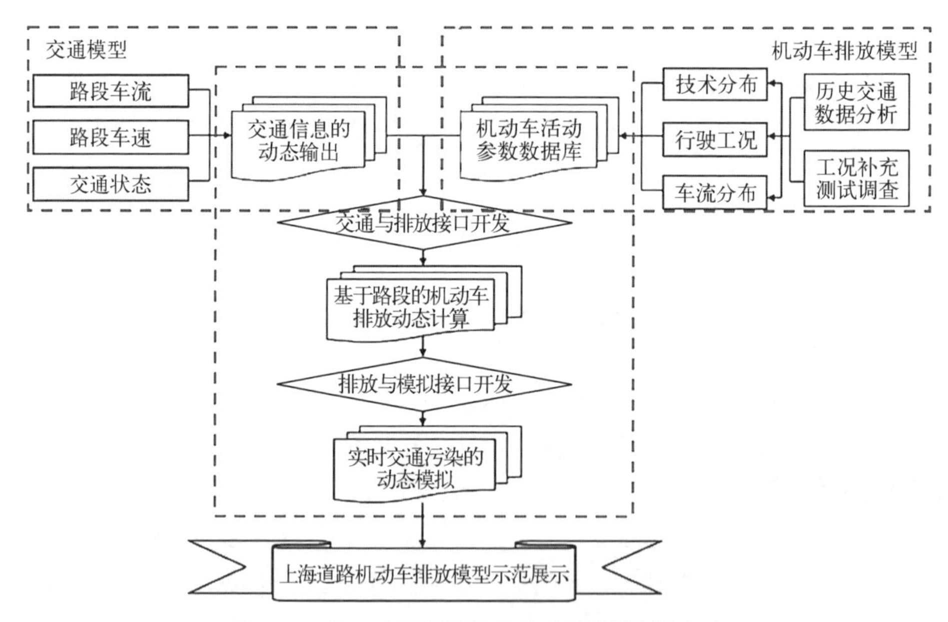

图 5-1　基于交通模型的道路路段排放测算方法

5.1.1.2　蒸发排放算法

蒸发排放仅考虑汽油车、摩托车行驶中的 VOCs 蒸发排放量和驻车期间的 VOCs 蒸发排放量：

$$E_2 = (EF_1 \times VKT/V + EF_2 \times 365) \times P \times 10^{-6} \tag{5-4}$$

式中，E_2为行驶及驻车期间的 VOCs 年蒸发排放量，g；EF_1为机动车行驶过程中的蒸发排放系数，克/(小时・辆)；VKT 为当地车辆的单车年均行驶里程，km；V 为机动车运行的平均行驶速度，km/h；EF_2 为驻车期间的综合排放系数，克/(天・辆)；P 为当地以汽油为燃料的机动车保有量，辆。

驻车期间的 VOCs 蒸发排放量可以根据车辆保有量进行计算，公式如下：

$$EF_2 = \sum_i P_i \times EF_{i,j} \times D_j \times 10^{-6} \tag{5-5}$$

式中，i 为车型；j 为温度区间，按月均温度划分为三类，包括≤10℃、10～25℃、>25℃；P 为保有量，辆；EF 为排放系数，克/(天・辆)；D 为不同温度区间的天数。

5.1.2　活动水平特征调查

1) 调查道路交通量

交通量数据获取方式：一是通过交通运输部门提取城际道路交通量；二是结合浮点车和补充观测数据获取，通过购买典型城市浮点车数据获取路段实时速度信息，研究建立适应我国典型城市的速度-交通流量模型，并通过速度数据准确推算路段交通量，开展典型道路交通量补充观测，对速度-交通流量模型和推算的交通量进行校核。

(1) 快速路断面机动车流量数据　通过对快速路线圈检测器和牌照识别系统数据的分析，掌握主要高架道路断面机动车流量，高架之间的交通出行量(OD)，车辆使用高架道路的时间、里程、行程车速，以及本地车与外地车比例等机动车交通行为特征。

(2) 对外道口机动车流量数据　经对外道口分车型 24 小时机动车流量数据的获得主要依靠公路管理处公路道口流量采集系统以及公路收费系统按小时统计经道口分车型机动车流量。

(3) 高速公路机动车流量数据　考虑到目前采集后汇入数据存在丢失现象，由交通运输部门同时提供高速公路收费站机动车流量及 OD 数据。

(4) 不同等级公路断面机动车流量数据　该数据的获得和收集依靠交通运输部门每年开展的公路交通调查项目。内容包括路段基本情况及日均分车型流量。每年还开展一定量的人工观测，补充县道、乡道等断面的交通流量数据。

(5) 人工观测数据　对于需校核的数据或用信息化手段无法获得的数据主要采用人工观测方法，由调查员详细记录通过调查断面的所有双向车流量。

(6) 道路运行交通模型覆盖所有道路网　包括所有道路基本信息数据、各段道路流量和车速。交通模型的输入包括道路网络、机动车 OD 等，交通模型输出包括道路网络车流分布及供需评价相关指标。经过交通模型的深化处理，可得到 24 小时含各车种的道路流量、道路车速数据。

2）调查机动车保有量

保有量数据获取方式如下：一是各省或地级市公安交管部门提取地级市机动车保有量；二是各省或地级市公安交管部门提取地级市例行机动车保有量统计报表，然后按推荐的燃油比例（含出租车、公交车比例）及存活曲线外推，结合环保部门的排放要求，获得不同燃料不同车型不同排放等级的保有量详细统计表。

3）调查机动车年行驶里程特征

年行驶里程数据获取方式有三种：一是使用同一车辆两次环保定期检验里程表读数之差推导获取；二是使用同一车辆两次售后维修保养时里程表读数之差推导获取；三是使用出租车和公交车公司、物流公司行驶里程调查表推导获取。

调查内容：机动车注册日期（购买日期）、注册地区、车辆的使用性质、车辆型号、车辆类型、车用燃料性质、两次保养时间和相应的行驶里程等内容。

调查方法：年均行驶里程调查基于同一车辆两次环保检验或维修时的里程表读数之差估算，公式如下：

$$VMT=\frac{(L_2-L_1)\times 365}{t_2-t_1} \tag{5-6}$$

式中，VMT 为车年均行驶里程，km；L_2为第二次环保检验或维修时的里程表读数，km；L_1为上一次环保检验或维修时的里程表读数，km；t_2为第二次环保检验或维修日期；t_1为上一次环保检验或维修日期。

调查来源：各地市环保检验机构、售后维修保养部门数据。

调查对象选择：轻型客车、中型客车、大型客车、轻型货车、中型货车、重型货车、摩托车等。

4）调查机动车行驶工况特征

在车辆随道路车流正常行驶的状态下，采用 GPS 记录仪，选取社会客车、出租车、公交车及货车 4 种车型，在城区高架路、主干道和次干道上开展车辆行驶工况的实测。GPS 记录仪实时记录测试车辆的车速、经纬度、海拔高度等信息。各车型的具体调查方法如下：

（1）社会客车　利用 GPS 随车记录正常行驶状态下的工况，出行路线根据车辆日常工作需要随机进行选择。

（2）出租车　随车安装 GPS 设备，按照出租车日常运营状态采集车辆全天行驶工况。

（3）公交车　指派跟车人员携带 GPS 记录仪，选取各区域主要交通枢纽站，在公交正常运营期间，随车记录不同方向公交线路的行驶工况。

（4）货运车　在货运车上随车安装 GPS 记录仪，按照货运车日常运营路线记录车辆全天的行驶工况。

5.1.3 排放系数

机动车综合排放系数根据基本排放系数和修正排放系数测算获得,公式如下:

$$EF = BEF \times CF \tag{5-7}$$

式中,EF 为机动车综合排放系数,克/(千米·辆);BEF 为基本排放系数,克/(千米·辆);CF 为综合修正排放系数,包括速度(工况)、温度、海拔、空调、负载、燃料及劣化修正。

BEF 的计算公式为

$$BEF = \frac{BER \times \delta}{V} \times 3\,600 \tag{5-8}$$

式中,BER 为不同 VSP Bin 下的基本排放率,g/s;δ 为不同道路类型、拥堵状况行驶工况下的 VSP Bin 百分比分布,%;V 为不同道路类型、拥堵状况行驶工况下的平均速度,km/h。

通过文献资料获得所有车型的基本排放系数,可参考环保部发布的《道路机动车大气污染物排放清单编制技术指南(试行)》中推荐的机动车基本排放系数。

1) 轻型汽车排放系数本地化测试

根据《轻型汽车污染物排放限值及测量方法(中国第五阶段)》(GB 18352.5—2013)和《轻型汽车污染物排放限值及测量方法(中国第六阶段)》(GB 18352.6—2016)标准,采用Ⅰ型实验在轻型转毂上对轻型汽车的排放系数进行检测,检测内容包括气态污染物(CO、THC、NO_x)和颗粒物(PM)质量。试验设备主要包括轻型车转毂、CVS 采样系统、高精度的废气分析仪及天平,如图 5-2 所示。

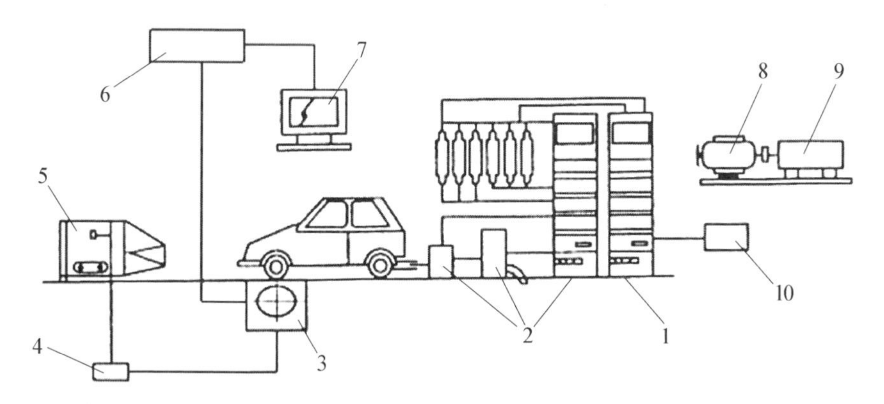

1—废气分析仪;2—CVS 采样系统;3—测功机;4—变频器;5—风机;6—测功机的控制台;7—司机助手;8—电动机;9—测功器;10—加热过滤器。

图 5-2 测试系统的基本配置

2) 重型汽车排放系数本地化测试

重型汽车采用 PEMS 设备在满足试验条件的实验室或实际道路上进行测试[5-6]。基于 PEMS 设备在不同 VSP Bin 单元下测量的瞬时排放率和其他工况数据，再根据通过活动特征调查获取的全国重型汽车的 VSP Bin 分布计算重型车的基本排放系数。基本排放系数测试工况应尽可能覆盖所有样车在不同 VSP Bin 下的运行工况。PEMS 设备与试验车辆的安装示意图如图 5－3 所示，尾气分析采用非分散红外分析法测量 CO 和 CO_2 含量，用火焰离子化检测器(FID)测量 HC 含量，采用非分散紫外分析法测量 NO 和 NO_2 含量，用电化学法测量 O_2 含量，以及利用 EFM 测量排气流量，由此计算得到污染物质量排放速率。

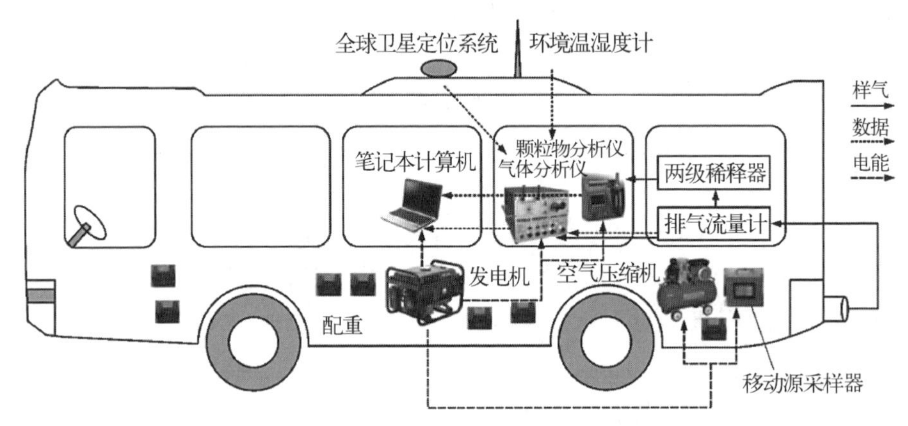

图 5－3　PEMS 设备安装示意图

3) 蒸发排放系数测试方案

该测试包括轻型汽车和摩托车两部分。轻型汽车的蒸发排放系数测试主要根据《轻型汽车污染物排放限值及测量方法(中国第六阶段)》(GB 18352.6—2016)中的Ⅳ型试验要求；摩托车蒸发排放系数测试主要根据《摩托车污染物排放限值及测量方法(中国第四阶段)》(GB 14622—2016)、《轻便摩托车污染物排放限值及测量方法(中国第四阶段)》(GB 18176—2016)中的Ⅳ型试验，采用密闭室法进行。试验样车根据排放标准、车辆保有量(或销量)情况、油箱大小、油箱材料、进气方式、喷油方式等综合分配选取。试验样车的碳罐应保证充分得到老化，车辆的背景碳氢排放应达到稳定状态或采用生产 6 个月以上的样车。根据实际车辆使用情况调研与分析，在不同温度区间条件和不同燃油品质条件下进行热浸排放和昼间排放测试，得出不同排放条件下的不同车型蒸发排放系数。

4) 本地化机动车排放系数

利用典型机动车实测排放系数，结合当地的道路行驶特征、温度、海拔、空调、负载、燃料及劣化修正，建立本地化机动车排放系数。

基于《道路机动车大气污染源排放清单编制技术指南(试行)》的综合基准排放系数,上海市开展了排放系数本地化工作。驻车期间的综合排放系数 EF_2 为 6.5 克/天。汽油车排放等级在国一及以上,柴油车在国三及以上,LNG 汽车排放等级为国五,结合上海市交通部门提供的机动车运行平均行驶速度 26.6 km/h、燃油品质(汽油和柴油硫含量都为 10 ppm①)等调研实际情况修正系数对排放系数进行调整,获得上海本地化机动车排放系数,如表 5-1 所示。

表 5-1　本地化各车型实测综合排放系数

机动车类型		污染物排放情况/(g/km)				
		CO	HC	NO_x	$PM_{2.5}$	PM_{10}
出租车	国四汽油车	1.07	0.318	0.367	—	—
	国五汽油车	0.275	0.039	0.043	0.001 6	0.001 6
中型客车	国三汽油车	0.80	0.02	0.02	0.010	0.010
	国三柴油车	0.58	0.19	4.1	0.021	0.021
重型货车	国三柴油车(加后处理装置)	2.790	0.255	12.9	0.030	0.030
	国三柴油车	0.72	0.58	—	0.063	0.063
	国五 LNG 车	0.26	1.82	4.87	0.044	0.049
公交车	国三柴油车(加后处理装置)	6.740	0.283	6.3	0.016	0.016

5.2　船舶

随着大气污染精细化管理需求不断提高和空气质量持续改善压力逐步加大,船舶对区域空气质量的影响受到越来越多关注,尤其对于港口城市,船舶已经成为重要的污染排放来源。建立排放清单是评估船舶排放对空气质量影响的重要基础工作。船舶排放清单的编制总体经历了从“自上而下”的估算方法到“自下而上”的精细化计算的过程[7],其准确性和分辨率随着技术水平和信息化程度的提高而得到不断改进。

5.2.1　船舶大气污染物排放计算方法

1) 基于燃油消耗量统计的方法

当船舶的加油与航行均在一个区域内发生且船舶燃油量可以统计时[8-9],“自

① ppm 表示百万分之一(parts per million),1 ppm=10^{-6},行业惯用。

上而下"的燃油法是评估船舶大气污染的一个简便而有效的方法。该方法的计算式如下：

$$E_{i,j}=M_i \times EF_{i,j} \times 10^{-3} \tag{5-9}$$

式中，$E_{i,j}$ 为船舶燃料 i 的污染物 j 的排放量，kg；M_i 为船舶燃料 i 的消耗量，kg；$EF_{i,j}$ 为船舶燃料 i 的污染物 j 的排放系数，克/千克燃油。

从上述公式中可以看到，使用基于燃油量统计法计算船舶大气污染物排放量时，需要的参数主要是船舶燃料消耗量及相应的排放系数。其中我国船舶燃料的分类按《船用燃料油》(GB 17411—2015)标准中定义的船舶燃料油种类进行分类。若在某特定区域内要求特定船舶使用特别燃油(如中国排放控制区要求核心港口内河船使用普通柴油)，则应增加对该类燃油的统计。

2) 基于航运活动水平统计估算燃油消耗量的方法

航运的特殊性导致船舶所加的燃油不完全在本地消耗排放。为了能够统计在本地发生的燃油消耗，通过贸易水平或船舶工况来评估船舶的耗油量，并通过燃油法估算船舶大气污染物排放是一种有效计算本地船舶排放的方法。

$$E_{i,j}=M'_i \times EF_{i,j} \times 10^{-3} \tag{5-10}$$

式中，$E_{i,j}$ 为船舶燃料 i 的污染物 j 的排放量，kg；M'_i 为船舶燃料 i 的消耗量，kg；$EF_{i,j}$ 为船舶燃料 i 的污染物 j 的排放系数，g/kg。

M_i 的计算式为

$$M_i=(Z_{货}+0.065 \times Z_{客}) \times MX_i \tag{5-11}$$

式中，M_i 为船舶燃料 i 的消耗量，kg；$Z_{货}$ 为货物周转量，万吨公里；$Z_{客}$ 为客运周转量，万人公里；MX_i 为燃料 i 的油耗系数，千克/万吨公里。

M_i 也可以用下式计算：

$$M_i=C_i \times p_i \times t_i \times MY_i \tag{5-12}$$

式中，M_i 为船舶燃料 i 的消耗量，kg；C_i 为使用船舶燃料 i 的船舶进出港数量，艘次；p_i 为使用 i 燃料船舶的平均功率，kW；t_i 为使用 i 燃料的船舶在区域内的平均航行时间，h；MY_i 为 i 燃料的油耗系数，kg/(kW·h)。

若需要对船舶各工况下的排放进行计算，则

$$M_{i,k}=C_i \times p_{i,k} \times t_{i,k} \times MY_i \tag{5-13}$$

式中，$M_{i,k}$ 为船舶在 k 工况下燃料 i 的消耗量，kg；C_i 为使用船舶燃料 i 的船舶进出港数量，艘次；$p_{i,k}$ 为使用 i 燃料船舶在 k 工况下的平均功率，kW；$t_{i,k}$ 为使用 i 燃料船舶在 k 工况下在排放清单计算区域内的平均工作时间，h；MY_i 为 i 燃料油耗系数,kg/(kW · h)。

从上述公式中可以看到,使用基于航运活动水平统计估算燃油消耗量的方法计算船舶大气污染物排放量,相较于单纯基于燃油消耗量统计的方法,需要通过客货吞吐量或船舶航行活动量来估算船舶在区域内消耗的燃油,从而获得船舶的排放量。如果有船舶工况的调查数据,该方法有进一步细化的空间。

3) 基于船舶进出港签证数的动力法

随着排放清单编制技术的发展以及海事部门信息系统的完善,利用基于船舶签证数的“自下而上”的动力法评估船舶排放得以实现[10-11]。基于船舶进出港签证数的动力法技术路线如图 5-4 所示。

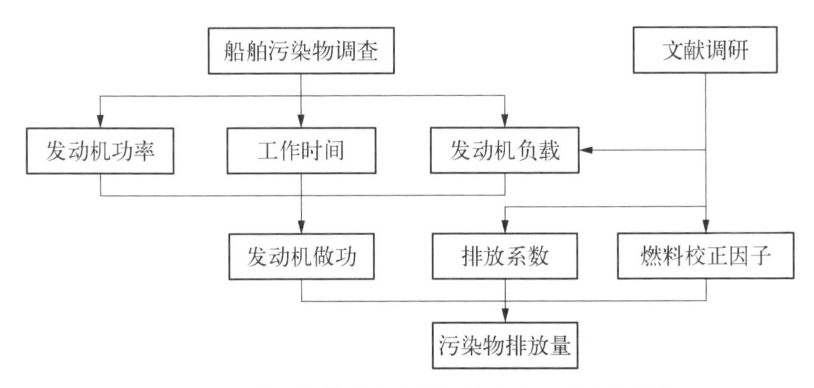

图 5-4　基于船舶进出港签证数的动力法技术路线

基于船舶进出港签证数的动力法的计算式如下:

$$E_{i,j,k}=W_{i,j,k}\times EF_{j,k}\times FCF_{i,j,k}\times CF_{i,j,k}\times 10^{-3} \tag{5-14}$$

式中,$E_{i,j,k}$ 为 i 类船舶的 j 发动机在 k 工况下的污染物排放量,kg;$W_{i,j,k}$ 为 i 类船舶的 j 发动机在 k 工况下在排放清单计算边界内所做的功,kW · h;$EF_{j,k}$ 为发动机 j 在 k 工况下的排放系数,g/(kW · h);$FCF_{i,j,k}$ 为 i 类船舶的 j 发动机在 k 工况下的燃油校正因子,无量纲;$CF_{i,j,k}$ 为 i 类船舶的 j 发动机在 k 工况下的排放控制因子,无量纲。

$W_{i,j,k}$的计算式为

$$W_{i,j,k}=MCR_{i,j}\times LF_{i,j,k}\times t_{i,j,k} \tag{5-15}$$

式中,$W_{i,j,k}$ 为 i 类船舶的 j 发动机在 k 工况下在排放清单计算边界内所做的功,kW · h;$MCR_{i,j}$ 为 i 类船舶的 j 发动机的额定功率,kW;$LF_{i,j,k}$ 为 i 类船舶的 j 发动机在 k 工况下的负载,%;$t_{i,j,k}$ 为 i 类船舶的 j 发动机在 k 工况下的工作时间,h。

$EF_{j,k}$的计算式为

$$EF_{j,k}=EF_{基础}\times LLA_{j,k} \tag{5-16}$$

式中，$EF_{j,k}$ 为 j 发动机在 k 工况下的排放系数，g/(kW·h)；$EF_{基础}$ 为基础排放系数，g/(kW·h)；$LLA_{j,k}$ 为 j 发动机在 k 工况下的低负载校正因子，无量纲。

从上述公式中可以看到，使用基于船舶进出港签证数的动力法计算船舶大气污染物排放量，除了需要船舶进出港签证数外，还需要获取船舶发动机额定功率、在每个工况下的工作时间和负载以及各工况下的发动机排放控制措施。

4）基于船舶AIS信息的动力法

随着船舶自动识别系统（AIS）的发展，利用AIS中的动态信息获取船舶工况，并通过AIS静态信息与船舶数据库的比对获取船舶基本信息，可以计算每艘船舶的排放（见图5-5），最终可得到高分辨率船舶大气污染源排放清单。

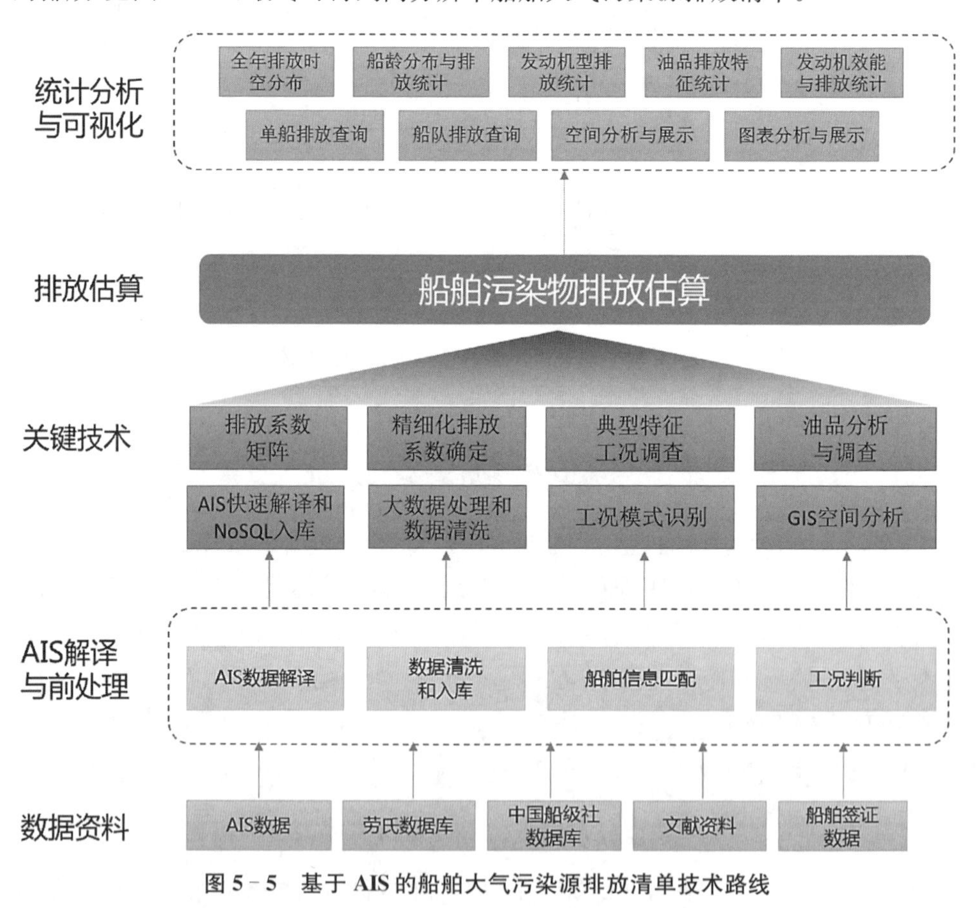

图5-5　基于AIS的船舶大气污染源排放清单技术路线

相较于前三种方法，基于船舶AIS信息的动力法由于要计算排放清单计算区域内每一艘船舶在每一个时间段的排放量，故需要使用数据库技术方能实现排放清单的计算（见图5-6）。具体步骤如下。

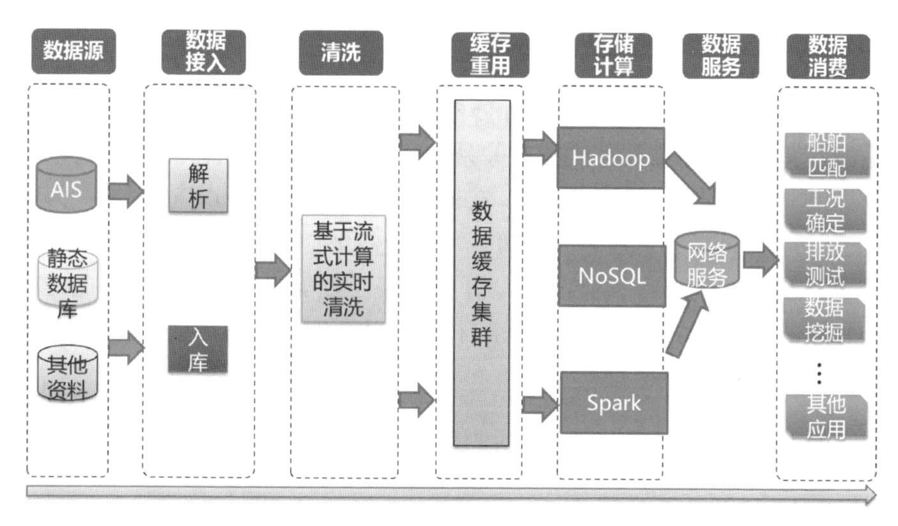

图5-6 AIS信息数据处理质量和流程监控图

(1) 船舶AIS数据解译　根据AIS相关文档，通过AIS数据自动解译模块，获得船舶编号（国际船舶为IMO编号，国内船舶为当地统一编号）、位置、对地航速、船头方向、对应时间、目的地等信息。

(2) 数据清洗和入库　AIS信息中会存在一些异常数据，这些数据会在后续的匹配、工况确定、估算等环节造成偏差，产生不确定性，因此需要在入库前进行数据清洗，自动化识别异常数据，然后再存入数据库。AIS数据量大，在解析、清洗、入库的环节中，需采用大数据处理技术提高计算性能。

(3) 船舶信息匹配　将AIS中每条船的基本信息与劳氏海事数据库、克拉克森数据库或其他商业海事数据库进行匹配，如有需要可以向海事部门申请海事签证查验船舶基本信息数据库，使AIS数据融合关联船舶类型、总吨位、净吨位、载重吨位、船舶建造时间、主机/辅机、锅炉、船队、油品等船舶基本信息。该环节的难点是对公开的或商业数据库中不存在的船舶信息的匹配。

(4) 船舶工况确定　工况确定匹配是关键步骤，根据对地航速、航线、目的地、位置等多维信息采用模式识别、GIS空间分析等技术，自动化识别出每条船舶在不同时间内的工况。根据工况，可获得船舶巡航时间、离靠泊时间、主机负载、主机辅机和锅炉开启时间等信息。通过开展典型船舶工况调查，还可以得到代表性船舶更为精细化的工况信息。

(5) 污染物排放量计算　基于AIS数据、船舶基础信息、船舶工况、排放系数数据库等数据，根据船舶大气污染物计算模型，可计算出每条船舶在数据段内任意时间和空间位置的污染物排放量。将这些估算结果叠加，可获得年度总排放量以及空间分布。

(6) 统计分析与可视化　基于 AIS 数据估算船舶污染物排放量是“自下而上”的一种计算方法，可获得每条船在任意时间和空间位置的污染物排放量，是大数据处理的范畴，因此，可获得丰富的统计分析结果以及大量的图表和空间展示可视化成果。例如，船舶船龄与其排放状况关系，船舶发动机效能与排放状况关系，船舶使用不同油品与污染物排放关系等。在最小单元拥有位置和时间信息，可开展深度 GIS 空间与时间分析、数据挖掘、可视化等业务化应用工作。

单艘船舶的大气污染物排放量计算式与基于船舶进出港签证数的动力法相同，但不同的是所有活动水平因子均来自船舶 AIS 信息，区域内船舶排放量为该区域内航行船舶的排放量总和。

5.2.2　船舶大气污染源排放计算所需数据及其获取途径

1) 船舶油品质量及消耗量

船舶油品质量需向当地海事、交通管理部门调研后获取，也可对典型船舶进行油品采样分析后获取。船舶油品消耗量需通过调研当地船舶供油企业获取，或由航运活动水平推算。

2) 航运货物及旅客吞吐量

航运货物及旅客吞吐量数据可查阅《中国港口年鉴》或各省市统计年鉴，若没有统计年鉴数据，可通过调查获得所需信息。

3) 船舶进出港数据

船舶进出港数据需向海事、交通部门申请获得，在无数据支持的情况下，可通过实地调查港口码头获取船舶停靠信息[12]。

4) 船舶工况

船舶工况划分可按国际惯例，也可根据当地航道特征在国际惯例基础上再进一步细分。船舶在各工况下活动水平的获取，在没有 AIS 数据或缺乏 AIS 数据解译技术的情况下，可进行抽样调查；若抽样调查困难，可根据文献描述对船舶各工况下的活动水平进行假设。若港口既有沿海航道，又有内河航道，考虑到海船和内河船航行工况差别较大，可对海船和内河船分别进行工况和活动水平分析。

(1) 海船　本书中海船包括国际航行船舶和沿海船舶。国际上将船舶工况分为巡航、进出港和停泊三种主要工况。考虑到油船、邮轮、散装化学品船在靠岸装卸货物时，相较于其他船舶的停泊工况，需要辅机提供额外动力，故本书将停泊工况细分为停泊和装卸货两种不同的工况。

巡航工况指船舶以正常航速行驶，船舶航速大于等于 5 kn。可通过 AIS 数据分析获得船舶巡航工况的活动水平，包括航行距离、航行时间和平均速度。若无法获得 AIS 数据，则可通过抽样调查以及通过海事部门获取当地航道的限速来综合分析巡航工况的活动水平。

进出港工况(maneuvering)指船舶从停泊工况到巡航工况的过渡工况，航速大于等于1 kn且小于5 kn。可通过AIS数据分析获得船舶进出港工况的活动水平，包括航行距离、航行时间和平均速度。若无法获得AIS数据，则可通过抽样调查或在港口实地观测船舶进出港时间获得进出港工况的活动水平。

装卸货工况指船舶停靠码头，船舶使用自身的动力系统配合港作机械装卸货物，航速小于1 kn。可通过AIS数据分析获得船舶装卸货工况的活动水平，装卸货时间=有效停靠时间−2小时(锚泊船舶无装卸货工况)。若无法获取AIS信息，则可通过抽样调查获得船舶装卸货工况的活动水平。

停泊工况指船舶处于停靠码头或锚泊状态，航速小于1 kn。此工况下主机关机，辅机和锅炉仅提供船舶正常运转所需电力和热能需要的功率。可根据调查的样本数据和美国洛杉矶港排放列表等资料，确定当地港口船舶停靠时间对应的功率。

(2) 内河船舶　内河船舶工况相对于海船，其工况可分为巡航和停泊两种工况。内河船舶进出港工况持续时间短，可以纳入巡航工况；停靠期间，船舶一般使用岸电或使用船上的蓄电池供电。

5) 船舶AIS数据

可向海事或交通部门申请获取岸基AIS数据，或从商业公司购买卫星AIS数据。由于AIS系统中含有船舶位置及航行工况的字段，船舶活动水平可以通过分析AIS数据获取。AIS系统分析所得活动水平数据与基于船舶签证及查验数据的动力法有所不同，具体表现为分析船舶AIS数据可得到其活动水平。

根据船舶实际的航行状态的排放特征以及船舶工况的通用划分条件，船舶的航行工况分为巡航、进出港、停泊，其中根据船舶的停泊位置，船舶的停泊状态可再分为岸泊和锚泊。使用船舶航速作为判断船舶工况的依据。

(1) 巡航　巡航指船舶以大于等于5 kn的速度在航道上航行的工况。船舶的主机负载=(船舶实际航速÷船舶额定航速)^3，船舶辅机和船舶锅炉开启。

(2) 进出港　进出港工况指船舶以大于等于1 kn且小于5 kn的速度航行，处于进出港时的机动航行状态。船舶的主机负载=(船舶实际航速÷船舶最大航速)^3，船舶辅机和船舶锅炉开启。

(3) 锚泊　船舶在锚地停泊，考虑到AIS信息中船舶速度信息的噪声问题，定义船舶速度小于1 kn时为停泊工况。

(4) 岸泊　船舶在岸线停靠，船舶速度小于1 kn，船舶主机关闭，辅机、锅炉开启。

6) 船舶基本信息

船舶类型、总吨位、净吨位、载重吨位、船龄、主机、船队、油品等船舶基本信息可通过购买劳氏海事档案、克拉克森海事数据库获取；排放清单数据若用于行政用途，也可向海事部门申请海事签证查验数据库。船舶辅机和锅炉的数据可参考国际文献获得或通过抽样调查获得。

5.2.3 船舶排放清单计算参数推荐

5.2.3.1 各种类船舶辅机和锅炉在各工况下的功率

表 5-2 中的数据来自上海港本地船舶调查以及 IMO 第三次温室气体研究报告。

表 5-2 各种类船舶辅机和锅炉在各工况下的功率 单位：kW

船舶种类	动力源	工况	总吨位≤99	总吨位为100～499	总吨位为500～999	总吨位为1 000～2 999	总吨位为3 000～9 999	总吨位为10 000～49 999	总吨位≥50 000
油船	辅机	巡航	43	86	108	288	432	691	864
	辅机	进出港	59	119	149	396	594	950	1 188
	辅机	岸泊	47	93	116	310	465	744	930
	辅机	锚泊	43	86	108	288	432	691	864
	锅炉	巡航	0	0	0	0	0	0	0
	锅炉	进出港	0	0	0	124	186	297	371
	锅炉	岸泊	0	0	0	833	1 250	2 000	2 500
	锅炉	锚泊	0	0	0	124	186	297	371
液化气船	辅机	巡航	30	60	75	201	301	482	602
	辅机	进出港	41	83	104	276	414	662	828
	辅机	岸泊	33	65	82	217	326	522	652
	辅机	锚泊	30	60	75	201	301	482	602
	锅炉	巡航	0	0	0	0	0	0	0
	锅炉	进出港	0	0	0	124	186	297	371
	锅炉	岸泊	0	0	0	833	1 250	2 000	2 500
	锅炉	锚泊	0	0	0	124	186	297	371
散装化学品船	辅机	巡航	36	73	91	242	363	581	726
	辅机	进出港	50	100	125	333	499	798	998
	辅机	岸泊	39	79	98	262	393	629	786
	辅机	锚泊	36	73	91	242	363	581	726
	锅炉	巡航	0	0	0	0	0	0	0

（续表）

船舶种类	动力源	工况	总吨位≤99	总吨位为100～499	总吨位为500～999	总吨位为1 000～2 999	总吨位为3 000～9 999	总吨位为10 000～49 999	总吨位≥50 000
散装化学品船	锅炉	进出港	0	0	0	124	186	297	371
	锅炉	岸泊	0	0	0	833	1 250	2 000	2 500
	锅炉	锚泊	0	0	0	124	186	297	371
散货船	辅机	巡航	12	23	29	78	117	187	234
	辅机	进出港	31	62	78	207	310	496	620
	辅机	岸泊	7	14	17	46	69	110	138
	辅机	锚泊	12	23	29	78	117	187	234
	锅炉	巡航	0	0	0	0	0	0	0
	锅炉	进出港	0	0	0	46	69	110	137
	锅炉	岸泊	0	0	0	46	69	110	137
	锅炉	锚泊	0	0	0	46	69	110	137
集装箱船	辅机	巡航	22	45	56	149	223	357	446

5.2.3.2　各种类船舶最大航速和实际航速表

由于船舶静态数据库中船舶航速信息缺失，须参考文献数据或实地调查。表5-3中的数据来自IMO第三次温室气体研究报告。

表5-3　各种类船舶最大航速和实际航速表　　航速单位：n mile/h

船舶种类	船舶大小	丈量方式或单位	平均设计航速	平均实际航速
散货船	0～9 999	载重吨位	11.6	9.4
	10 000～34 999	载重吨位	14.8	11.4
	35 000～59 999	载重吨位	15.3	11.8
	60 000～99 999	载重吨位	15.3	11.9
	100 000～199 999	载重吨位	15.3	11.7
	≥200 000	载重吨位	15.7	12.2
散装化学品船	0～4 999	载重吨位	11.9	9.8
	5 000～9 999	载重吨位	13.4	10.6
	10 000～19 999	载重吨位	14.1	11.7
	≥20 000	载重吨位	15	12.3

（续表）

船舶种类	船 舶 大 小	丈量方式或单位	平均设计航速	平均实际航速
集装箱船	0～999	标准箱	16.5	12.4
	1 000～1 999	标准箱	19.5	13.9
	2 000～2 999	标准箱	22.2	15
	3 000～4 999	标准箱	24.1	16.1
	5 000～7 999	标准箱	25.1	16.3
	8 000～11 999	标准箱	25.5	16.3
	12 000～14 500	标准箱	28.9	16.1
	＞14 500	标准箱	25	14.8
件杂货船	0～4 999	载重吨位	11.6	8.7
	5 000～9 999	载重吨位	13.6	10.1
	≥10 000	载重吨位	15.8	12
液化气船	0～49 999	立方米	14.2	11.9
	50 000～199 999	立方米	18.5	14.9
	≥200 000	立方米	19.3	16.9
油船	0～4 999	载重吨位	11.5	8.7
	5 000～9 999	载重吨位	12.6	9.1
	10 000～19 999	载重吨位	13.4	9.6
	20 000～59 999	载重吨位	14.8	11.7
	60 000～79 999	载重吨位	15.1	12.2
	80 000～119 999	载重吨位	15.3	11.6
	120 000～199 999	载重吨位	16	11.7
	≥200 000	载重吨位	16	12.5
其他液货船	所有	载重吨位	9.8	8.3
客渡船	0～1 999	总吨位	22.7	13.9
	≥2 000	总吨位	16.6	12.8
邮轮	0～1 999	载重吨位	12.4	8.8
	2 000～9 999	载重吨位	16	9.8
	10 000～59 999	载重吨位	19.9	13.8
	60 000～99 999	载重吨位	22.2	15.7
	≥100 000	载重吨位	22.7	16.4

（续表）

船舶种类	船舶大小	丈量方式或单位	平均设计航速	平均实际航速
客滚船	0～1 999	车辆数	13	8.4
	≥2 000	车辆数	21.6	13.9
冷藏船	0～1 999	总吨位	16.8	13.4
滚装船	0～4 999	总吨位	10.7	8.8
	≥5 000	总吨位	18.6	14.2
车辆运输船	0～3 999	总吨位	18.3	14.2
	≥4 000	总吨位	20.1	15.5
游艇	所有	总吨位	16.5	10.7
顶推拖轮	所有	总吨位	11.8	6.7
渔船	所有	总吨位	11.5	7.4
近海船	所有	总吨位	13.8	8
服务船	所有	总吨位	12.8	7.9
其他船舶	所有	总吨位	12.7	7.3

5.2.3.3　船舶大气污染物排放系数来源与分类

目前国内船舶排放系数的主要来源是美国和欧盟研究报告中的排放系数数据库。上海主要参考洛杉矶港排放清单的排放系数。

1）燃油法排放系数

燃油法排放系数是基于船舶燃料消耗的排放系数，根据燃料种类的不同，燃油法排放系数会有所区别（见表 5-4），燃油法排放系数的单位是克/千克燃油。

表 5-4　燃油法排放系数　　单位：克/千克燃油

来源	燃料种类	PM_{10}	$PM_{2.5}$	NO_x	HC	CO	SO_2
《非道路移动源大气污染物排放清单编制技术指南（试行）》	柴油	3.81	3.65	47.6	6.19	23.8	—
	燃料油	6.20	5.60	79.3	2.70	7.4	—
上海港 2003—2006 年数据	燃料油	8.00	—	81.0	2.70	—	54

2）动力法排放系数

动力法排放系数是基于船舶发动机动力消耗的排放系数，单位为 g/(kW・h）或其他等量单位。

（1）主机排放系数　洛杉矶港、台湾各港口、香港港及上海港选用的主机排放系数如表 5－5 所示。

洛杉矶港的排放清单根据 IMO 的 MARPOL 公约附则Ⅵ的主机排放标准实施时间进行了更新，且细化了含硫率不同的燃油的排放系数。

（2）辅机排放系数　洛杉矶港、台湾各港口、香港港及上海港选用的辅机排放系数如表 5－6 所示。

（3）锅炉排放系数　洛杉矶港、台湾各港口、香港港及上海港选用的锅炉排放系数如表 5－7 所示。

（4）其他辅助校正因子　由于排放系数是基于正常巡航工况下使用 2.7％的燃料油测算的，若使用了清洁燃料，或船舶在其他负载更小的工况下航行，可使用燃油校正因子和低负载校正因子对其大气污染物排放进行修正。

a. 燃油校正因子　所有主机、辅机和锅炉的排放系数都是基于船舶发动机或锅炉使用含硫率为 2.7％的燃料油设定的，如果船舶发动机或锅炉使用含硫率较低的清洁燃油，排放量则相应降低。内河船舶根据当地法规统一使用某含硫率的校正因子，目前上海港内河船舶应使用含硫率为 0.001％（质量分数）的普通柴油；根据对上海港船舶用油的调查，总吨位≥50 000 的海船不使用校正因子，10 000≤总吨位＜50 000 的海船使用含硫率为 1.5％（质量分数）的校正因子，1 000≤总吨位＜10 000 的海船使用含硫率为 0.5％（质量分数）的校正因子，总吨位≤1 000 及所有拖船使用含硫率为 0.1％（质量分数）的校正因子。燃油校正因子的值如表 5－8 所示。

b. 低负载校正因子　船舶主机的负载低于 20％的时候，排放量会相应上升。在上海市排放清单的计算过程中，在公式中加入主机低负载校正因子来实现排放量的校正。低负载因子在不同负载情况下的取值如表 5－9 所示。

5.2.3.4　船舶大气污染物排放系数本地化

上海市环境监测中心与同济大学、上海市环境科学研究院利用便携式排放测试系统（portable emissions measurement system，PEMS）对船舶实船排放进行了测试，测试结果用以验证船舶排放系数。排放系数测试所用 PEMS 系统由颗粒物粒径谱仪、气体污染物分析仪和尾气采样稀释系统组成[13-14]。

1）气态污染物测试

气态污染物测试设备为日本 HORIBA 公司的 OBS－2200 船载气态物排放测试仪，该测试仪主要由主机、电源控制单元（PCU）、外部信号输入单元（EIU）、皮托管流量计、附属传感器和控制电脑等组成，如图 5－7 所示。

OBS－2200 能够测试船舶尾气排放中的 CO、CO_2、THC（总碳氢）、NO_x 四种气态排放物，其测试单元由测量 CO、CO_2 排放的不分光红外线分析仪（NDIR）、测量 THC 排放的火焰离子化检测器（FID）和测量 NO_x 排放的化学发光检测器（CLD）组成。分析仪的测量数据和传感器的数据通过控制软件存储在控制计算机中，软件

表5-5　船舶主机排放系数

单位：g/(kW·h)

排放系数来源	排放系数使用时间	发动机类型	燃料类型	燃料含硫率/%（质量分数）	PM_{10}	$PM_{2.5}$	NO_x	HC	CO	SO_2	PM_{10}
香港港（2007）	所有年份	低速柴油机	燃料油	2.70	1.42	1.31	—	18.1	10.29	0.6	1.4
		低速柴油机	重柴油	1.00	0.45	0.42	—	17	3.62	0.6	1.4
		低速柴油机	轻柴油	0.50	0.31	0.28	—	17	1.81	0.6	1.4
		中速柴油机	燃料油	2.70	1.43	1.32	—	14	11.24	0.5	1.1
		中速柴油机	重柴油	1.00	0.47	0.43	—	13.2	3.97	0.5	1.1
		中速柴油机	轻柴油	0.50	0.31	0.29	—	13.2	1.98	0.5	1.1
		燃气轮机	燃料油	2.70	0.05	0.04	—	6.1	16.1	0.1	0.2
		燃气轮机	重柴油	1.00	0.02	0.02	—	5.7	5.67	0.1	0.2
		燃气轮机	轻柴油	0.50	0.01	0.01	—	5.7	2.83	0.1	0.2
		蒸汽轮机	燃料油	2.70	0.8	0.6	—	2.1	16.1	0.1	0.2
		蒸汽轮机	重柴油	1.00	0.31	0.24	—	2	5.67	0.1	0.2
		蒸汽轮机	轻柴油	0.50	0.19	0.14	—	2	2.83	0.1	0.2
台湾各港口（2010）	1999年及以前	低速柴油机	燃料油	2.70	1	0.8	1	18.1	10.5	0.6	1.4
		中速柴油机	燃料油	2.70	1	0.8	1	14	11.5	0.5	1.1
	2000年后	低速柴油机	燃料油	2.70	1	0.8	1	17	10.5	0.6	1.4
		中速柴油机	燃料油	2.70	1	0.8	1	13	11.5	0.5	1.1
	所有年份	燃气轮机	燃料油	2.70	0.05	0.04	0	6.1	16.5	0.1	0.2
		蒸汽轮机	燃料油	2.70	0.8	0.5	0	2.1	16.5	0.1	0.2

（续表）

排放系数来源	排放系数使用时间	发动机类型	燃料类型	燃料含硫率/%（质量分数）	PM_{10}	$PM_{2.5}$	NO_x	HC	CO	SO_2	PM_{10}
POLA（2009）	1999年及以前	低速柴油机	燃料油	2.70	1.5	1.2	1.5	18.1	10.5	0.6	1.4
		中速柴油机	燃料油	2.70	1.5	1.2	1.5	14	11.5	0.5	1.1
	2000年后	低速柴油机	燃料油	2.70	1.5	1.2	1.5	17	10.5	0.6	1.4
		中速柴油机	燃料油	2.70	1.5	1.2	1.5	13	11.5	0.5	1.1
	所有年份	燃气轮机	燃料油	2.70	0.05	0.04	0	6.1	16.5	0.1	0.2
		蒸汽轮机	燃料油	2.70	0.8	0.5	0	2.1	16.5	0.1	0.2
POLA（2011）	2011—2015年	低速柴油机	燃料油	2.70	1.5	1.2	1.5	15.3	10.5	0.6	1.4
		中速柴油机	燃料油	2.70	1.5	1.2	1.5	11.2	11.5	0.5	1.1
POLA（2012）	1999年及以前	低速柴油机	重柴油	0.50	0.38	0.35	0.38	17	1.9	0.6	1.4
		中速柴油机	重柴油	0.50	0.38	0.35	0.38	13.2	2.1	0.5	1.1
	2000—2010年	低速柴油机	重柴油	0.50	0.38	0.35	0.38	16	1.9	0.6	1.4
		中速柴油机	重柴油	0.50	0.38	0.35	0.38	12.2	2.1	0.5	1.1
	2011—2015年	低速柴油机	重柴油	0.50	0.38	0.35	0.38	14.4	1.9	0.6	1.4
		中速柴油机	重柴油	0.50	0.38	0.35	0.38	10.5	2.1	0.5	1.1
	所有年份	燃气轮机	重柴油	0.50	0.01	0.01	0	5.7	3.1	0.1	0.2
		蒸汽轮机	重柴油	0.50	0.2	0.18	0	2	3.1	0.1	0.2
上海港	1999年及以前	低速柴油机	燃料油	2.70	1.5	1.2	1.5	18.1	10.5	0.6	1.4
		中速柴油机	燃料油	2.70	1.5	1.2	1.5	14	11.5	0.5	1.1

（续表）

排放系数来源	排放系数使用时间	发动机类型	燃料类型	燃料含硫率/%（质量分数）	PM_{10}	$PM_{2.5}$	NO_x	HC	CO	SO_2	PM_{10}
上海港	2000—2010年	低速柴油机	燃料油	2.70	1.5	1.2	1.5	17	10.5	0.6	1.4
		中速柴油机	燃料油	2.70	1.5	1.2	1.5	13	11.5	0.5	1.1
	2011—2015年	低速柴油机	燃料油	2.70	1.5	1.2	1.5	15.3	10.5	0.6	1.4
		中速柴油机	燃料油	2.70	1.5	1.2	1.5	11.2	11.5	0.5	1.1
	所有年份	燃气轮机	燃料油	2.70	0.05	0.04	0	6.1	16.5	0.1	0.2
		蒸汽轮机	燃料油	2.70	0.8	0.5	0	2.1	16.5	0.1	0.2

说明：表中燃料种类中，燃料油指 HFO(heavy fuel oil)，重柴油指 MDO(marine diesel oil)，轻柴油指 MGO(marine gas oil)，HC 指碳氢化合物。

表 5-6　船舶辅机排放系数

单位：g/(kW·h)

排放系数来源	辅机制造年份	辅机类型	燃料类型	燃料含硫率/%（质量分数）	PM_{10}	$PM_{2.5}$	NO_x	HC	CO	SO_2	PM_{10}
香港港（2007）	所有	中速柴油机	燃料油	2.70	1.44	1.32	—	14.7	11.98	0.4	1.1
		中速柴油机	重柴油	1	0.49	0.45	—	13.9	4.24	0.4	1.1
		中速柴油机	轻柴油	0.50	0.32	0.29	—	13.9	2.12	0.4	1.1
台湾各港口（2009）	1999年及以前	中速柴油机	燃料油	2.70	1	0.8	1	14.7	12.3	0.4	1.1
		中速柴油机	重柴油	1.00	1	0.8	1	13.9	4.3	0.4	1.1
	2000年后	中速柴油机	燃料油	2.70	1	0.8	1	13	12.3	0.4	1.1
		中速柴油机	重柴油	1.00	1	0.8	1	13	4.3	0.4	1.1
POLA（2009）	1999年及以前	中速柴油机	燃料油	2.70	1.5	1.2	1.5	14.7	12.3	0.4	1.1
	2000年后	中速柴油机	燃料油	2.70	1.5	1.2	1.5	13	12.3	0.4	1.1

（续表）

排放系数来源	辅机制造年份	辅机类型	燃料类型	燃料含硫率/%（质量分数）	PM_{10}	$PM_{2.5}$	NO_x	HC	CO	SO_2	PM_{10}
POLA (2011)	2011—2015 年	中速柴油机	燃料油	2.70	1.5	1.2	1.5	11.2	12.3	0.4	1.1
POLA (2012)	1999 年及以前	中速柴油机	重柴油	0.50	0.38	0.35	0.38	13.8	2.3	0.4	1.1
	2000—2010 年	中速柴油机	重柴油	0.50	0.38	0.35	0.38	12.2	2.3	0.4	1.1
	2011—2015 年	中速柴油机	重柴油	0.50	0.38	0.35	0.38	10.5	2.3	0.4	1.1
上海港	1999 年及以前	中速柴油机	燃料油	2.70	1.5	1.2	1.5	14.7	12.3	0.4	1.1
	2000 年后	中速柴油机	燃料油	2.70	1.5	1.2	1.5	13	12.3	0.4	1.1
	2011—2015 年	中速柴油机	燃料油	2.70	1.5	1.2	1.5	11.2	12.3	0.4	1.1

表 5-7　船舶锅炉排放系数

单位：g/(kW・h)

排放系数来源	发动机类型	燃料类型	燃料含硫率/%（质量分数）	PM_{10}	$PM_{2.5}$	DPM	NOX	SO_2	HC	CO
香港港(2007)	蒸汽锅炉	燃料油	2.70	0.8	0.6	—	2.1	16.1	0.1	0.2
	蒸汽锅炉	重柴油	1.00	0.31	0.24	—	2	5.67	0.1	0.2
	蒸汽锅炉	轻柴油	0.50	0.19	0.14	—	2	2.83	0.1	0.2
POLA(2009)	蒸汽锅炉	燃料油	2.70	0.8	0.6	0	2.1	16.5	0.1	0.2
POLA(2011)	蒸汽锅炉	燃料油	2.70	0.8	0.64	0	2.1	16.5	0.1	0.2
	蒸汽锅炉	重柴油	0.50	0.2	0.18	0	2	3.1	0.1	0.2
上海港	蒸汽锅炉	燃料油	2.70	0.8	0.6	0	2.1	16.5	0.1	0.2

表 5-8　燃油校正因子

燃油种类	含硫率/%(质量分数)	PM	NO_x	SO_x	CO	HC
重油	1.50	0.82	1	0.56	1	1
柴油	1.50	0.47	0.9	0.56	1	1
柴油/轻质柴油	0.50	0.25	0.94	0.18	1	1
柴油/轻质柴油	0.20	0.19	0.94	0.07	1	1
柴油/轻质柴油	0.10	0.17	0.94	0.04	1	1

表 5-9　船舶主机低负载校正因子

负载/%	PM	NO_x	SO_x	CO	HC
2	7.29	4.63	1	9.68	21.18
3	4.33	2.92	1	6.46	11.68
4	3.09	2.21	1	4.86	7.71
5	2.44	1.83	1	3.89	5.61
6	2.04	1.6	1	3.25	4.35
7	1.79	1.45	1	2.79	3.52
8	1.61	1.35	1	2.45	2.95
9	1.48	1.27	1	2.18	2.52
10	1.38	1.22	1	1.96	2.18
11	1.3	1.17	1	1.79	1.96
12	1.24	1.14	1	1.64	1.76
13	1.19	1.11	1	1.52	1.6
14	1.15	1.08	1	1.41	1.47
15	1.11	1.06	1	1.32	1.36
16	1.08	1.05	1	1.24	1.26
17	1.06	1.03	1	1.17	1.18
18	1.04	1.02	1	1.11	1.11
19	1.02	1.01	1	1.05	1.05
20	1	1	1	1	1

根据 GPS 传感器测量的船速和经纬度信号绘制出船舶的行驶路线，内置的程序可以通过气态排放物的体积排放浓度和流量计算出污染物的质量排放和燃油消耗量，结合船速数据可以进一步得到船舶各气态污染物的单位里程排放量。OBS-2200 气态物测试仪的连接示意图如图 5-8 所示。

气体污染物的测量还可以使用 SEMTECH-DS 气体分析仪。该设备采用非分 NDIR 测量 CO 和 CO_2 的浓度，用 FID 测量 THC 的浓度，用不分光紫外线分析法(NDUV)测量 NO 和 NO_2 的浓度，用电化学法测量 O_2 的浓度，利用 SEMTECH-

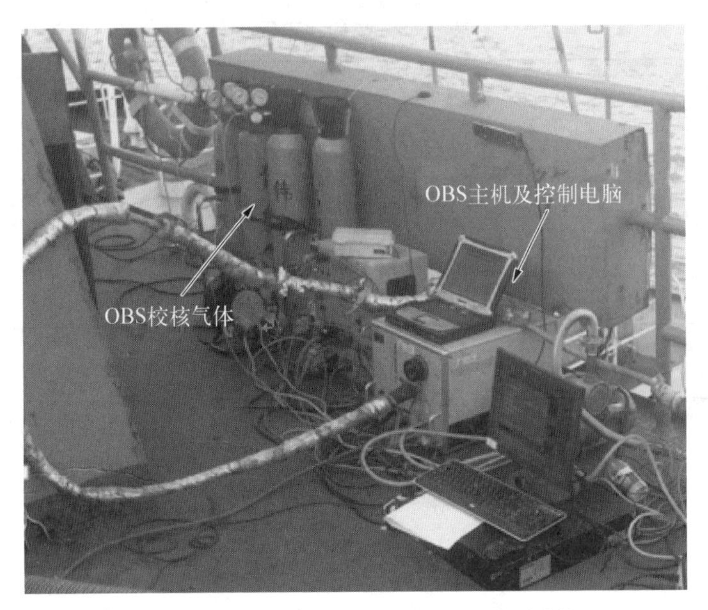

图 5-7　OBS-2200 船载气态物排放测试仪

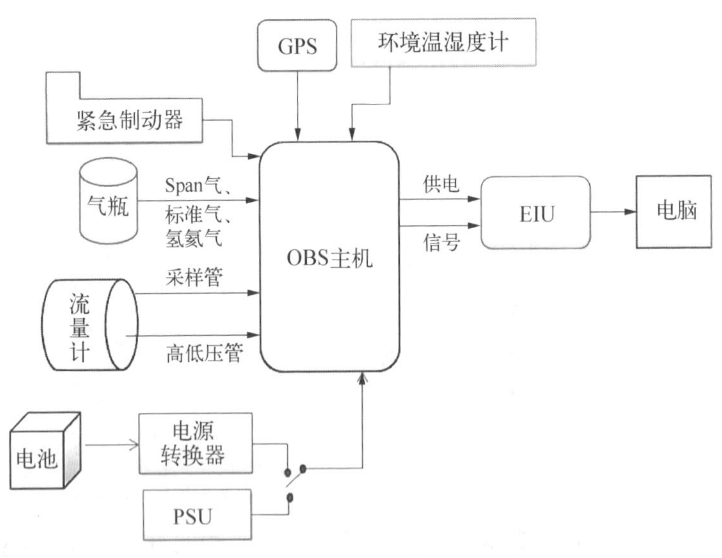

图 5-8　OBS-2200 测试仪的连接示意图

EF 流量计测量排气流量，由此可得到污染物质排放量。SEMTECH-DS 还自带一套全球卫星定位系统，逐秒记录船舶行驶过程中的地理位置(经度、纬度、高度)和行驶速度。其连接方式与 OBS-2200 相似。

2) 颗粒物排放测试设备

颗粒物排放测试设备由美国 TSI 公司的 EEPS-3090 排气颗粒数量及粒径分

析仪、379020型旋转盘稀释器，以及芬兰 Dekati 公司的静电低压撞击器(ELPI)和DI－2000稀释器组成，两套设备分别如图5－9和图5－10所示。

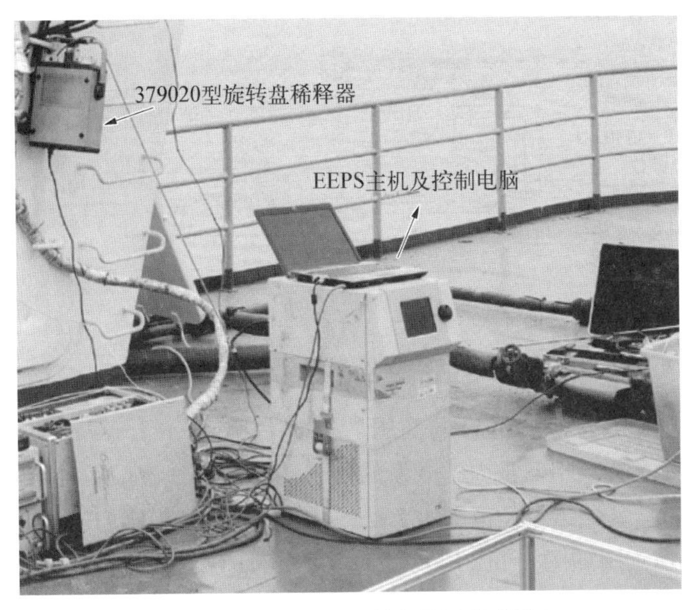

图5－9　EEPS－3090粒径仪及其稀释盘

图5－10　静电低压撞击器和DI－2000稀释器

EEPS－3090粒径分析仪可快速测取尾气中颗粒物数量、浓度及粒径分布，测量粒径范围为5.6～560 nm，在0.1 s内可测取一个完整的颗粒物粒径分布图谱，并同步输出32个粒径通道的颗粒物数量和粒径分布数据，此设备完全满足瞬态排放测试要求。尾气进入颗粒物测试设备之前要进行稀释，为更加真实地模拟排气在实际环境中的稀释过程，采用了两级稀释，总稀释比为500∶1。第一级稀释系统采用 TSI 公司的专用旋转盘稀释器对排气进行稀释，控制初级稀释系统的加热温度为 80℃，稀释比为 200∶1；第二级稀释采用流量计对进气流量进行补偿，并同时进行稀释，稀释比为 2.5∶1。该粒径分析仪测试连接示意图如图 5-11 所示。

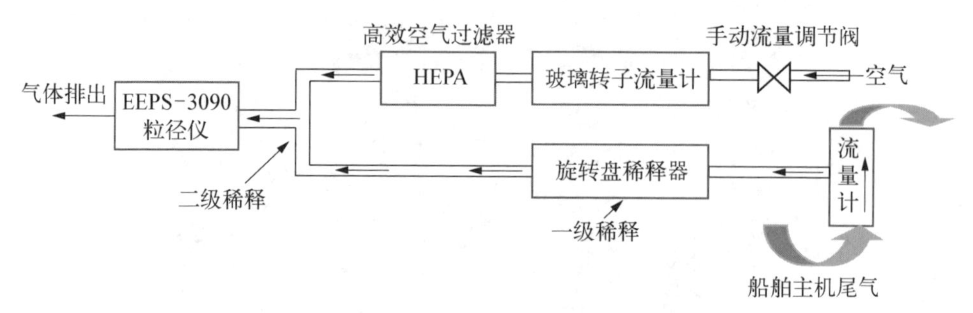

图 5-11　EEPS-3090 粒径分析仪连接示意图

颗粒物测试仪也可采用静电低压撞击器(electrical low-pressure impactor, ELPI)。ELPI 是芬兰坦佩雷大学开发的用于实时测量气溶胶粒径分布的仪器，与 EEPS 不同的是，其测量粒径范围为 7 nm～10 μm，测试范围更广，通道数为 12 个。ELPI 的连接示意图如图 5-12 所示。其主要部件有电晕放电器、低压级联撞击器和多通道静电计等。ELPI 将冲击仪粒子分级的精确性和电子测量的快速反应性有效地结合在同一套装置上。由于 ELPI 是一个收集装置，所以随后可以对收集到的分级粒子样品进行化学分析或者密度分析。

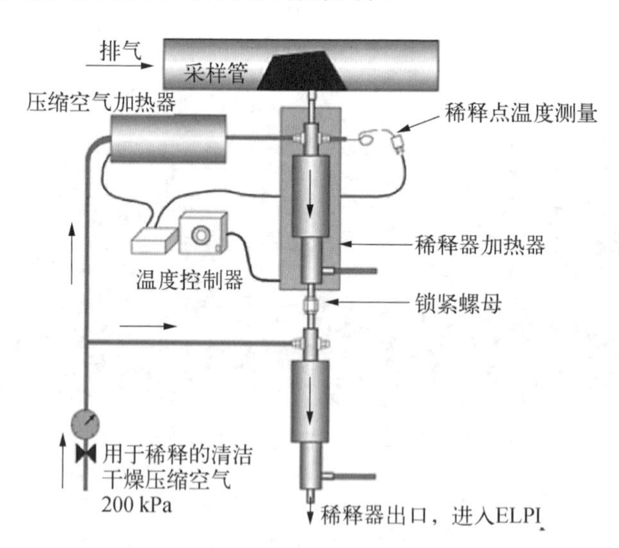

图 5-12　ELPI 粒径分析仪及稀释器连接示意图

截至 2018 年，上海市对 10 余艘船舶的排放进行了尾气监测。目前，由于测试数量和船舶种类的原因，测试结果主要用以验证排放系数数据库。

5.3　民航飞机

随着科技和经济的发展，航空运输已成为人们日常生活中重要的交通运输方式之一，飞机污染物排放逐渐成为影响空气质量的重要贡献源。民航飞机大气污染源排放清单作为人为源排放清单的一部分，近年来日益受到国内外相关研究机构和环境管理部门的重视。

5.3.1　《非道路移动源大气污染物排放清单编制技术指南(试行)》推荐方法

根据环保部《非道路移动源大气污染物排放清单编制技术指南(试行)》(以下简称《指南》)中的计算方法，对于民航飞机排放量，大气污染物排放量计算方法如下：

$$E = (C_{\mathrm{LTO}} \times EF) \times 10^{-3} \tag{5-17}$$

式中，E 为民航飞机的 CO、HC、NO_x、$PM_{2.5}$ 和 PM_{10} 排放量，单位为 t；C_{LTO} 为民航飞机起飞着陆循环次数，单位为次；EF 为排放系数，单位为 kg/LTO。

5.3.2　基于飞机起飞着陆周期的定量方法

5.3.2.1　核算方法

飞机飞行通常分为两个部分：起飞着陆(landing and take-off，LTO)循环部分以及巡航部分[15]，一个标准的 LTO 循环被 ICAO 定义为飞机在 3 000 ft(914 m)以下的工作模式，包括进近、滑行、起飞和爬升四种工作模式(见图 5－13)。而 3 000 ft 大约是大气混合层高度，大气混合层高度会随气象的不同而变化，飞机在大气混合层以上飞行对地面环境空气质量的影响可忽略。飞机污染物排放对地面环境影响较大的主要是 LTO 循环阶段[16]。

在 LTO 循环过程中，飞机污染物的排放量主要由飞机发动机类型、发动机工作模式(进近、滑行、起飞和爬升)、不同工作模式下飞机发动机燃油消耗速率和排放系数以及飞机在不同工作模式的工作时间(time-in-mode，TIM)所确定。

$$E_{i,m} = \sum_{a} \sum_{j} L_{a,j} \times EI_{i,m,j} \times ff_{a,m,j} \times TIM_{a,m} \times 10^{-6} \tag{5-18}$$

式中，$E_{i,m}$ 为飞机发动机污染物 i 在 m 工作模式下的年排放量，t/a；$L_{a,j}$ 为 j 型飞机的年 LTO 循环次数；$EI_{i,m,j}$ 为 j 型飞机的 i 污染物在 m 工作模式下的排放系数，g/kg；$ff_{a,m,j}$ 为 j 型飞机在 m 工作模式下的燃油消耗速率，kg/s，ff 表示燃油流量(fuel flow)；$TIM_{a,m}$ 为机场飞机在 m 工作模式下的工作时间，s；i 污染物为 ICAO 排放系数数据库中所包含的污染物，包括 NO_x、HC 和 CO。

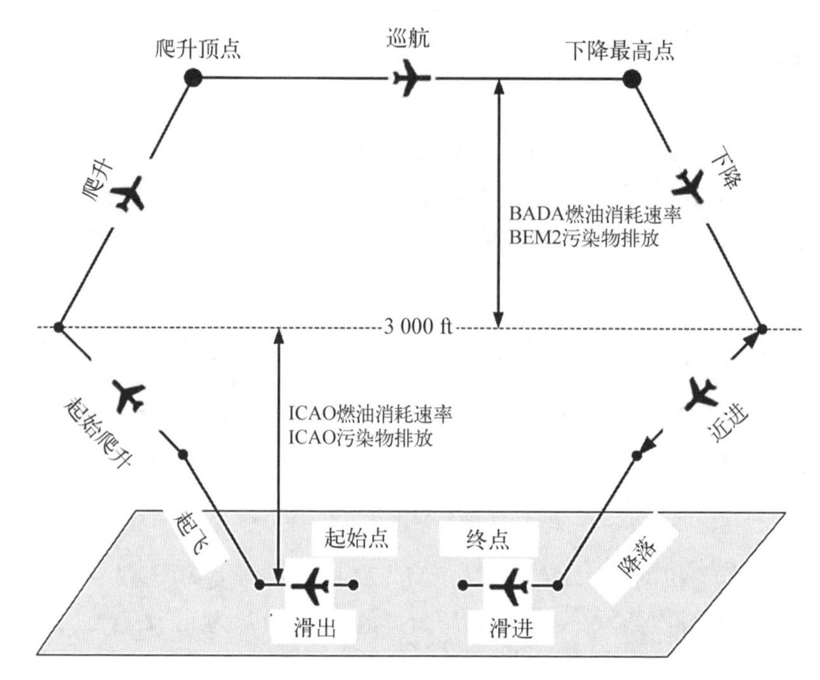

图 5－13　飞机巡航及 LTO 循环部分示意图(基于 ICAO 报告)

5.3.2.2　不同机型在 LTO 各工作模式下的污染物排放系数[17]

国际民航组织航空器发动机排放数据库由欧洲航空安全局(EASA)代表国际民航组织维护，其中包含已进入生产的涡轮喷气发动机和涡轮风扇发动机的废气排放信息(由发动机制造商提供)。

对于涡轮螺旋桨发动机，瑞典国防研究局(FOI)维护着一个机密数据库，其中包括 NO_x、HC 和 CO 的排放系数以及相应的燃料消耗量。该数据库中的数据表由涡轮螺旋桨发动机制造商提供，最初用于计算与排放有关的着陆费用。可以通过专用网页请求访问数据库。

活塞发动机飞机排放数据的唯一来源为瑞士联邦民用航空局(FOCA)，该办公室负责瑞士的航空发展和民航活动监督。

1) HC、CO、NO_x 的排放系数

飞机在 LTO 不同模式下，由于发动机设定推力不同，飞机发动机各污染物的排放也不一致。ICAO 的发动机排放数据库中有 CFM、GE、Rolls-Royce 等公司的多种发动机在各工作模式下 HC、CO、NO_x 的排放系数。由于飞机及发动机的制造时间不同，飞机的发动机匹配并不固定，一种型号的飞机可能对应多种型号的发动机，因此即便是同一种机型，由于匹配的发动机不一致，每架飞机对应的各污染物的排放系数也不一致。因此对于同一种机型，先确定机型与发动机的对应关系，

然后可通过加权平均的方法得到这一机型在 LTO 各工作模式下的各种污染物的排放系数。

2）$PM_{2.5}$的排放系数

颗粒物的排放情况复杂，燃油不完全燃烧会产生颗粒物，高推力运行时，由于高油耗也会导致很高的颗粒物排放。直接测量飞机发动机的颗粒物排放非常困难，这会导致颗粒物排放测试数据很不完善，因为只有很少一部分型号的发动机有可靠而详细的可见排气冒烟数据。ICAO 数据库中不包含 $PM_{2.5}$，$PM_{2.5}$排放系数的获得可参考美国联邦航空管理局制定的用冒烟数据及燃料消耗速率计算 $PM_{2.5}$ 排放系数的方法：

$$EI_{m,j}=0.6\times(SN_j)^{1.8}\times fuel\ flow_{m,j} \tag{5-19}$$

其中，$EI_{m,j}$ 是 j 机型在 m 工作模式下 $PM_{2.5}$的排放系数，mg/s；SN_j 为 j 型飞机烟数；$fuel\ flow_{m,j}$ 为 j 型飞机在 m 工作模式下的燃油消耗速率，kg/s。

3）SO_2的排放系数

二氧化硫是飞机尾气中占主导地位的含硫物种，主要来源于发动机中燃料硫的氧化。文献中报道的 SO_2的排放系数在完全燃烧的情况下为 0.8～1.3 克/千克燃料，如欧洲 Kalivoda 的 MEET 计划中[18] SO_2的排放系数取值为 1 克/千克燃料，然而测量表明，SO_2的排放与燃油的含硫率（FSC）相关[19-21]。Hunton 等[22]报道了 SO_2的排放系数随着燃料含硫率的变化而变化，高含硫燃料（1 150 ppm）的排放系数可达到 2.49 克/千克燃料，低含硫燃料（10 ppm）的排放系数甚至低于 0.01 克/千克燃料。Hunton 等根据研究得出结论，SO_2的排放与发动机的功率无关。飞机发动机在运行过程中，燃油在飞机发动机中的燃烧过程不会破坏，也不会产生新的硫，燃油中的硫原子对应生成 SO_2或者 SO_3（快速转化为 H_2SO_4），飞机排放物中硫的排放与含硫率相关，唯一不确定的是四价硫与六价硫的比例。尽管 SO_2在飞机尾气硫排放中占绝对主导，但 Starik 等[23]通过模拟研究发现，1%左右的硫原子在发动机燃烧室中生成 SO_3，10%左右的硫原子在飞机发动机出口前生成 SO_3和 H_2SO_4。Brown 等[24]和 Lukachko 等[25]的研究还表明，飞机发动机中六价硫的转化在动力学上受到氧原子水平的限制，从而导致在较低的含硫率下氧化效率更高。

丰度比，有时称为换算因子[$\varepsilon=(SO_3+H_2SO_4)$/总硫]，已广泛用于评估发动机出口处六价硫占总硫的比例。文献中通常报告的 ε 值分布范围为 1%～3%。例如，Schumann[26] 的研究发现，比较老旧的 Mk501 发动机的 ε 值为 0.34%～4.5%，而技术比较先进的 CFM56-3B1 发动机的 ε 值为(3.3±1.8)%；Wilson[27] 及 Sorokin[28] 研究了装备在 A310 上的 CF-6 系列发动机，发现其燃烧室出口处排出的气体在排出 5 ms 后的 ε 值为(2.2±1.3)%，而 Jurkat[29] 研究了飞行中的多种装备 Trent 系列和 CMF56 系列发动机的飞机，发现平均的 ε 值为(2.2±0.5)%，其中 Trent 系列发动机的 ε 最小值为 1.2%，CMF56 系列发动机的 ε 最大值为 2.8%。根据硫的转换系数并考虑到排气羽流中硫的质量守恒，SO_2 的排放系数可通过以下方式进行计算：

$$EI_{SO_2} = [M(SO_2)/M(S)] \times FSC \times (1-\varepsilon) \qquad (5-20)$$

以及

$$EI_{SO_4^{2-}} = [M(SO_2)/M(S)] \times FSC \times \varepsilon \qquad (5-21)$$

式中，$M(S)$、$M(SO_2)$ 表示硫、二氧化硫的分子质量，FSC 是燃料硫含量，ε 是四价硫与六价硫的转化率。若 FSC 的单位为 ppm，则需要单位转换。

此外，为研究燃料成分对各种功率设置下排放的影响而开发的 APEX-1 项目指出了关于航空发动机硫排放的另一个重要因素[30-31]。CFM56 系列发动机测试的结果显示，FSC 与硫的排放系数之间存在显著线性关系：

$$EI_s = 0.0136FSC + 4.495 \qquad (5-22)$$

式中，EI_s 为硫的排放系数，单位为 mg/kg；FSC 的单位为 ppm。

5.3.2.3 不同机型在 LTO 各工作模式下的燃油消耗速率

飞机在 LTO 不同模式下，飞机发动机的使用功率是不一样的。根据 ICAO 推荐的设定值，在进近阶段发动机的使用功率为飞机发动机额定功率的 30%；滑行阶段发动机的使用功率为飞机发动机额定功率的 7%；起飞和爬升阶段需要加大推力，发动机的使用功率分别为额定功率的 100%和 85%(见表 5-10)。

表 5-10　ICAO 推荐的 LTO 各模式下发动机的推力

LTO 模式	发动机推力设置(占飞机发动机额定功率的比例)/%
进近	30
滑行	7
起飞	100
爬升	85

飞机发动机在不同 LTO 模式下不同的功率设定导致燃油消耗速率不同，发动机推力较大时，燃油消耗速率较大，如起飞阶段；滑行阶段燃油消耗速率则相对较小。

ICAO 的发动机排放数据库中有多种发动机在各工作模式下的燃油消耗值，但由于飞机与发动机的匹配不固定，一种型号飞机可能对应多种型号发动机，同一种机型匹配的发动机也可能不一致，每架飞机的燃油消耗速率也不一致。通过对同一机型的不同发动机燃油消耗速率进行加权平均，可得到这一机型的不同工作模式下的燃油消耗速率。

5.3.2.4　LTO各工作模式用时

ICAO给出的LTO循环各模式的指导用时如表5-11所示。

表5-11　ICAO推荐的LTO各模式下用时

LTO模式	模式运行时间/min
进近	4.0
滑行	26
起飞	0.7
爬升	2.2

但在实际运行过程中，飞机在LTO循环不同模式下的工作时间与机型、飞机质量、当地的气象条件以及机场的相关条件等有关。进近和爬升过程的持续时间很大程度上取决于机场的气象条件，因为混合层高度随气象条件变化而变化。

无论是滑进还是滑出，滑行/慢车(taxi/idle)时间与机场的跑道、地面交通量以及机场的工作程序等因素相关。滑行/慢车是LTO各模式中变化最大的量，在不同机场、不同季节、不同时间均会有差异。

起飞阶段的主要特征是全推力(或高推力)工作，时间相对标准，一般不随地点和机型类别的变化而变化。

5.4　铁路内燃机车

在铁路运输中，内燃机车耗用柴油会直接排放CO、NO_x、SO_2、HC等大气污染物。铁路内燃机车的排放定量主要采用排放系数法，根据《非道路移动源大气污染源排放清单编制技术指南(试行)》，其大气污染物排放量计算公式如下：

$$E = (Y \times EF) \times 10^{-6} \tag{5-23}$$

式中，E为铁路内燃机车的大气污染物排放量，t/a；Y为燃油消耗量，kg/a；EF为排放系数，克/千克燃料。

5.5　非道路移动机械

非道路移动机械指不在道路上行驶的移动式机械设备或车辆，相对于道路移动源，非道路移动源多以柴油和重油为主要燃料，排放标准相对较低，NO_x 和 PM 排放占比较高，其污染排放问题不容忽视。

5.5.1 排放计算方法

《指南》指出了非道路移动机械包括工程机械、农业机械、小型通用机械、柴油发电机组等。鉴于各地活动水平获取程度不同，该指南提供了 3 种计算方法。使用者可基于掌握的排放源相关信息，选择合适的方法。三种方法的准确度从高到低依次为方法 3、方法 2 和方法 1。

1）*方法 1*

某一用途非道路移动机械大气污染物排放量的计算公式如下：

$$E = (Y \times EF) \times 10^{-6} \tag{5-24}$$

式中，E 为非道路移动机械的 CO、HC、NO_x、$PM_{2.5}$ 和 PM_{10} 排放量，单位为 t；Y 为燃油消耗量，单位为 kg；EF 为排放系数，单位为克/千克燃料。

2）*方法 2*

对于农用运输车排放量，大气污染物排放量计算公式与道路机动车测试方法相同。

对于其他非道路移动机械排放量，大气污染物排放量计算公式如下：

$$E = \sum_{j} \sum_{k} (Y_{j,k} \times EF_{i,k}) \times 10^{-6} \tag{5-25}$$

式中，E 为非道路移动机械的 CO、HC、NO_x、$PM_{2.5}$ 和 PM_{10} 排放量，t；j 为非道路移动机械的类别；k 为排放阶段；Y 为燃油消耗量，kg；EF 为排放系数，克/千克燃料。

3）*方法 3*

对于农用运输车排放量，大气污染物排放量计算公式与道路机动车测试方法相同。

对于其他非道路移动机械排放量，大气污染物排放量计算公式如下：

$$E = \sum_{j} \sum_{k} \sum_{n} (P_{j,k,n} \times G_{j,k,n} \times LF_{j,k,n} \times T_{j,k,n} \times EF_{i,k.n}) \times 10^{-6} \tag{5-26}$$

式中，E 为非道路移动机械的 CO、HC、NO_x、$PM_{2.5}$ 和 PM_{10} 排放量，t；j 为非道路移动机械的类别；k 为排放阶段；n 为功率段；P 为保有量，辆；G 为平均额定净功率，千瓦/台；LF 为负载因子；T 为年使用小时数，h；EF 为污染物排放系数，g/(kW · h)。

排放系数是估算大气污染物排放量的关键参数。对于 SO_2 排放系数，采用燃料平衡方法进行计算：

$$EF_{i,l}=2\times\sum_{l}\sum_{i}(S_l\times F_{i,l})\times 1\,000 \tag{5-27}$$

式中，S_l 为 l 类燃料的硫含量；$F_{i,l}$ 为 i 类机械使用 l 类燃料的占比。

5.5.2　活动水平调查

为获取各类非道路移动机械活动水平信息，通过实地调查和机械申报登记，对施工工地、港口码头、工厂企业、农业合作社、航空公司等单位的机械使用情况进行调查，发放调查表，获取机械活动水平信息[32]。各类机械中，挖掘机械数量相对较多。建筑和市政道路工地的各类机械使用数量不等，建筑工地中挖掘机械、起重机械数量相对较高，市政道路工地中铲运机械、压实机械和路面机械数量较多。从年均工作小时数来看，建筑市政施工机械中，挖掘机械、铲运机械和起重机械的工作小时数相对较高；港作机械中，起重机械使用最为频繁，其次为牵引车；场(厂)内机械的工作小时数显著低于港作机械，与机场地勤设备接近；农用机械的工作小时数与东部地区农业活动周期有关，工作时间显著低于其他机械[33-34]。

非道路移动机械使用的燃料种类对其大气污染物排放具有重要影响，因此需要调查各大类机械使用的不同燃料种类构成情况。柴油是非道路移动机械使用的最主要燃料，其中尤以普通柴油为主。各类机械中，以上海为例，使用普通柴油的数量分别为 43.1%～87.1%，还有 12.9%～35.5%的机械使用车用柴油，约 3.3%的机械开始使用天然气。农用机械中约有 41.8%使用汽油，主要为功率较小的田园管理机械和耕整地机械[35-37]。挖掘机械、铲运机械、起重机械、压实机械和路面机械的发动机功率(单位为 kW)普遍分布在[75，130)和[130，560)的中高功率段，桩工机械和发电机的功率相对较小。港口和场(厂)内作业机械中，牵引车功率最大，其次为场内客车、场内货车和其他工业机械，叉车功率(单位为 kW)最小，主要分布在[37,56)。农用机械的功率普遍小于工程机械，各类机械的平均功率在 10～54 kW 的范围内。机场工程车的功率(单位为 kW)主要分布在[75，130)，如表 5-12 所示。目前国内非道路移动机械的排放控制水平总体偏低[38-39]。建筑市政施工机械中，未达到一阶段(Stage 0)标准的机械占 33%～58%。叉车的排放标准主要为二阶段(Stage 2)，占 61.8%。港口和场(厂)内机械的排放标准相对较高，主要分布在二、三阶段(Stage 2，Stage 3)。在农用机械中，拖拉机、农用运输车的排放控制水平相对滞后，分别有 64.6%和 50.0%的机械为 Stage 0；收割机、耕整地机械和田园管理机械大部分已达到 Stage 2，占 69.8%～89.5%。机场工程车中约有 58.7%达到 Stage 2。

表 5－12　非道路移动机械平均功率调查汇总表

机 械 种 类	平均功率/kW
挖掘机械	110
铲运机械	139
起重机械	157
压实机械	102
路面机械	158
桩工机械	96
发电机	79
场内牵引车	154
场内客车	109
场内货车	77
其他场内工业机械	58
叉车	49
机场工程车	100

5.5.3　排放系数

1）车载排放测试方法

非道路移动机械采用车载排放测试方法进行测量[40-43]，测试工况包括怠速、行驶和作业 3 种，每次测量时长为 1～2 小时。为了不影响测试过程中机械的行驶和作业，利用非道路移动机械车载跟踪测量平台，将车载排放测试设备及稀释采样系统搭载在可移动平台上进行实时测量，图 5－14 所示为非道路移动机械的测试系统和现场情况。

2）排放系数汇总

表 5－13 所示为各类机械的 NO_x、CO、VOCs、PM_{10} 和 $PM_{2.5}$ 平均排放系数，分别参考 NONROAD 模型、环保部《指南》及国内相关研究实测的排放系数，取平均值计算获得[44-45]。按照各类机械的工作方式和燃料类型，将排放系数分为 8 大类，场内客、货车的排放系数取自研究团队已有的研究成果。总体来看，实测的非道路移动机械排放系数普遍高于 NONROAD 模型和《指南》中的排放系数，但是由于目前国内非道路移动机械实测排放系数数据较少，尚无法对各类机械的排放系数进行系统化更新校正，建议在后续研究中加强非道路移动机械排放系数的实测研究，以建立可反映我国非道路移动机械实际排放水平的本地化排放系数数据库。除平均排放系数外，还应考虑不同功率段及排放标准阶段的排放系数差异。

图 5-14　非道路移动机械的测试系统和现场情况

表 5-13　各类非道路移动机械推荐使用的平均排放系数

机械种类	燃料类型	数据来源	平均排放系数/(g/kg)				
			NO_x	CO	THC	PM_{10}	$PM_{2.5}$①
挖掘/铲运/压实/路面/桩工/叉车/牵引车/其他工业机械/机场工程车等	柴油	黄成等,2015	42.78	14.37	3.91	2.40	2.28
		NONROAD 模型	28.60	17.81	2.88	2.46	2.33
		《指南》	32.79	10.72	3.39	2.09	1.99
		李东玲等,2012	52.50	—	—	3.79	3.60
		Fu 等,2012	57.24	14.57	5.46	1.46	1.39
		曲亮等,2015	—	—	—	2.20	2.09
起重机械	柴油	黄成等,2015	31.49	11.22	3.09	2.03	1.93
		NONROAD 模型	30.19	11.72	2.79	1.97	1.88
		《指南》	32.79	10.72	3.39	2.09	1.99
发电机	柴油	黄成等,2015	31.72	12.13	3.18	2.15	2.04
		NONROAD 模型	30.64	13.54	2.98	2.21	2.10
		《指南》	32.79	10.72	3.39	2.09	1.99

说明：① 文献中未列出 PM_{10} 或 $PM_{2.5}$ 排放系数的，分别以 PM 的 100%和 95%推算获得。

（续表）

机械种类	燃料类型	数据来源	平均排放系数/(g/kg)				
			NO_x	CO	THC	PM_{10}	$PM_{2.5}$
拖拉机/收割机/耕整地机械/田园管理机械等	柴油	黄成等，2015	42.77	21.44	6.31	3.00	2.85
		NONROAD 模型	28.60	17.81	2.88	2.46	2.33
		《指南》	35.04	10.94	3.37	1.74	1.65
		付明亮等，2013	54.86	33.64	10.70	2.77	2.63
		葛蕴珊等，2013	52.58	23.37	8.29	5.05	4.79
田园管理机械	汽油	黄成等，2015	5.34	739.95	76.84	1.09	1.09
		NONROAD 模型	5.73	784.33	23.79	0.22	0.22
		《指南》	4.95	695.58	129.90	1.96	1.96
农用运输车	柴油	平均	56.46	89.04	13.58	2.67	2.51
		《指南》	54.86	50.51	15.80	2.67	2.51
		申现宝等，2010	58.05	127.58	11.35	—	—
机动船	柴油	黄成等，2015	57.54	16.71	6.69	3.90	3.71
		《指南》	47.60	23.80	6.19	3.81	3.65
		Fu 等，2013	64.25	10.88	4.18	4.45	4.23
		Zhang 等，2016	60.77	15.44	9.71	3.43	3.26
所有机械	CNG/LPG/其他	黄成等，2015	24.68	130.64	68.61	0.25	0.25
		NONROAD 模型	24.68	130.64	68.61	0.25	0.25

参考文献

[1] 黄奕玮，赵瑜，杨杨，等.基于不同方法的省级机动车大气污染源排放清单研究——以江苏省为例[J].中国科技论文，2017，12(3)：346-353.

[2] 车汶蔚，郑君瑜，钟流举.珠江三角洲机动车污染物排放特征及分担率[J].环境科学研究，2009，22(4)：456-461.

[3] 刘登国，刘娟，张健，等.道路机动车活动水平调查及其污染物排放测算应用——上海案例研究[J].环境监测管理与技术，2012，24(5)：64-68.

[4] 刘登国，刘娟，黄伟民，等.基于交通信息的道路机动车排放 NO_x 模拟研究[J].环境监测管理与技术，2016，28(3)：15-19.

[5] 刘登国，刘娟，楼狄明，等.长三角典型城市公交车实际道路细颗粒物排放测试[J].中国环境监测，2017，33(2)：152-157.

[6] Liu D G, Lou D M, Liu J, et al. Evaluating nitrogen oxides and ultrafine particulate matter emission features of urban bus based on real-world driving conditions in the Yangtze River Delta area, China[J]. China Sustainability, 2018, 10(6): 2051.
[7] 朱倩茹,廖程浩,王龙,等.基于 AIS 数据的精细化船舶排放清单方法[J].中国环境科学,2017,37(12): 4493 - 4500.
[8] Whall C, Cooper D, Archer K, et al. Quantification of emissions from ships associated with ship movements between ports in the European community[R]. Cheshire: Entec UK Limited, 2002.
[9] Zhang Q, Streets D G, Carmichael G R, et al. Asian emissions in 2006 for the NASA INTEX-B mission[J]. Atmospheric Chemistry and Physics, 2009, 9(14): 5131 - 5153.
[10] Yang D Q, Kwan S H, Lu T, et al. An emission inventory of marine vessels in Shanghai in 2003[J]. Environmental Science & Technology, 2007, 41(15): 5183 - 5190.
[11] 伏晴艳,沈寅,张健.上海港船舶大气污染源排放清单研究[J].安全与环境学报,2012,12(5): 57 - 64.
[12] Ng S K W, Lin C B, Chan J W M, et al. Study on marine vessels emission inventory final report[R]. Hong Kong: The Hong Kong University of Science & Technology, 2012.
[13] Fu M L, Ding Y, Ge Y S, et al. Real-world emissions of inland ships on the Grand Canal, China[J]. Atmospheric Environment, 2013(81): 222 - 229.
[14] Cooper D, Gustafsson T. Methodology for calculating emissions from ships: 1. Update on emission factors[J]. Swedish Methodology for Environmental Data, 2004(4), 47.
[15] 夏卿.飞机发动机排放对机场大气环境影响评估[D].南京: 南京航空航天大学,2009.
[16] Wayson R L, Fleming G G. Consideration of air quality impacts by airplane operations at or above 3000 feet AGL[R]. Washington: Office of Environment and Energy, 2000.
[17] Yu K N, Cheung Y P, Cheung T, et al. Identifying the impact of large urban airports on local air quality by nonparametric regression[J]. Atmospheric Environment, 2004, 38(27): 4501 - 4507.
[18] Kalivoda M T, Kudrna M. Methodologies for estimating emissions from air traffic: future emissions[R]. Vienna: Meet Project, 1997: 46 - 53.
[19] Lee D S, Pitari G, Grewe V, et al. Transport impacts on atmosphere and climate: aviation [J]. Atmospheric Environment, 2010, 44: 4678 - 4734.
[20] Kim B Y, Fleming G G, Lee J J, et al. System for assessing Aviation's Global Emissions (SAGE), part 1: model description and inventory results[J]. Transportation Research Part D: Transport and Environment, 2007, 12(5): 325 - 346.
[21] Lewis J S, Niedzwiecki R W, Bahr D W, et al. Aircraft Technology and Its Relation to Emissions[M]. Oxford: Oxford University Press, 1999.
[22] Hunton D E, Ballenthin J O, Borghetti J F, et al. Chemical ionization mass spectrometric measurements of SO_2 emissions from jet engines in flight and test chamber operations[J]. Journal of Geophysical Research Atmospheres, 2000, 105(D22), 26841 - 26855.
[23] Starik A M, Savel'ev A M, Titova N S, et al. Modeling of sulfur gases and chemiions in aircraft engines[J]. Aerospace Science and Technology, 2002, 6(1): 63 - 81.

[24] Brown R C, Anderson M R, Miake-Lye R C, et al. Aircraft exhaust sulfur emissions[J]. Geophysical Research Letters, 1996, 23(24): 3603 - 3606.

[25] Lukachko S P, Waitz I A, Miake-Lye R C, et al. Production of sulphate aerosol precursors in the turbine and exhaust nozzle of an aircraft engine[J]. Journal of Geophysical Research Atmospheres, 1998, 103(D13): 16159 - 16174.

[26] Schumann U, Arnold F, Busen R, et al. Influence of fuel sulfur on the composition of aircraft exhaust plumes: the experiments SULFUR 1 - 7[J]. Journal of Geophysical Research Atmospheres, 2002, 107(15): 1 - 27.

[27] Wilson C W, Petzold A, Nyeki S, et al. Measurement and prediction of emissions of aerosols and gaseous precursors from gas turbine engines (PartEmis): an overview[J]. Aerospace Science and technology, 2004, 8(2): 131 - 143.

[28] Sorokin A, Katragkou E, Arnold F, et al. Gaseous SO_3 and H_2SO_4 in the exhaust of an aircraft gas turbine engine: measurements by CIMS and implications for fuel sulfur conversion to sulfur (VI) and conversion of SO_3 to H_2SO_4[J]. Atmospheric Environment, 2004, 38(3), 449 - 456.

[29] Jurkat T, Voigt C, Arnold F, et al. Measurements of HONO, NO, NO_y and SO_2 in aircraft exhaust plumes at cruise[J]. Geophysical Research Letters, 2011, 38(10): 1 - 5.

[30] Knighton W B, Rogers T M, Anderson B E, et al. Quantification of aircraft engine hydrocarbon emissions using proton transfer reaction mass spectrometry[J]. Journal of propulsion & power, 2012, 23(5): 949 - 958.

[31] Wey C C, Anderson B E, Hudgins C H, et al. Aircraft particle emissions eXperiment (APEX): NASA/TM-2006 - 214382[R]. Ohio: NASA, 2006.

[32] 李东玲,吴烨,周昱,等.我国典型工程机械燃油消耗量及排放清单研究[J].环境科学,2012,32(2): 518 - 524.

[33] 樊守彬,聂磊,阚春斌,等.基于燃油消耗的北京农用机械排放清单建立[J].安全与环境学报,2011,11(1): 145 - 148.

[34] 付明亮,丁焰,尹航,等.实际作业工况下农用拖拉机的排放特性[J].农业工程学报,2013,29(6): 42 - 48.

[35] 葛蕴珊,刘红坤,丁焰,等.联合收割机排放和油耗特性的试验研究[J].农业工程学报,2013,29(19): 41 - 47.

[36] 金陶胜,陈东,付雪梅,等.基于油耗调查的 2010 年天津市农业机械排放研究[J].中国环境科学,2014,34(8): 2148 - 2152.

[37] 申现宝,王岐东,姚志良,等.农用运输车实际道路油耗特征研究[J].北京工商大学学报(自然科学版),2010,28(2): 71 - 75.

[38] 谢轶嵩,郑新梅.南京市非道路移动源大气污染源排放清单及特征[J].污染防治技术,2016,29(4): 47 - 51.

[39] 张礼俊,郑君瑜,尹沙沙,等.珠江三角洲非道路移动源排放清单开发[J].环境科学,2010,31(4): 886 - 891.

[40] 林秀丽.NONROAD 非道路移动源排放量计算模式研究[J].环境科学与管理,2009,34(4): 42 - 45.

[41] 曲亮，何立强，胡京南，等.工程机械不同工况下 $PM_{2.5}$ 排放及其碳质组分特征[J].环境科学研究，2015，28(7)：1047 - 1052.

[42] Kean A J, Sawyer R F, Harley R A. A fuel-based assessment of off-road diesel engine emissions[J]. Journal of the Air & Waste Management Association, 2000, 50(11): 1929 - 1939.

[43] Fu M L, Ge Y S, Tan J W, et al. Characteristics of typical non-road machinery emissions in China by using portable emission measurement system[J]. The Science of the Total Environment, 2012(437): 255 - 261.

[44] Zhang F, Chen Y J, Tian C G, et al. Emission factors for gaseous and particulate pollutants from offshore diesel engine vessels in China[J]. Atmospheric Chemistry and Physics, 2016, 16(10): 6319 - 6334.

[45] U.S. Environmental Protection Agency. Exhaust and crankcase emission factors for non-road engine modeling-compression ignition, EPA - 420 - R - 10 - 018[R]. Washington D.C.: United States Environmental Protection Agency, 2010.

第6章　面源大气污染源排放清单编制方法

面源一般包括个体排放量小但数量众多的小型源、生活源、农业源、分散燃烧源和自然排放源等，这类源大多以各种综合人口、能源、工艺设备数量、相关物料消耗、产品产量等统计数据为活动量，采用排放系数方法定量。另外，该类源也可应用专门的排放估算模型进行估算。

对于没有对应的排放系数或活动量无法获得的污染面源，可进行小范围专题调研，通过研究获得与可获取活动量对应的排放系数。估算方法和排放系数确定后，可开发应用基层环境管理部门统计填表的小型点源和面源填报和估算系统软件平台来统计排放量。本章重点介绍农业源、扬尘源等面源排放清单的编制方法。

6.1　农业源

农业源主要指农田生态系统、畜禽养殖和农村人口排放，排放的污染物主要为氨。

6.1.1　农田生态系统

农田生态系统的氨排放包含氮肥施用、土壤本底、固氮植物和秸秆堆肥。

1) 氮肥施用

氮肥施用计算方法主要有以下2种。

(1) 排放系数法　农田生态系统中氮肥种类包括尿素、碳铵、硝铵、硫铵和其他氮肥5类：

$$E_{氮肥}=E_{尿素}+E_{碳铵}+E_{硝铵}+E_{硫铵}+E_{其他} \tag{6-1}$$

其中，

$$E_{尿素}=A_{尿素}\times EF_{尿素} \tag{6-2}$$

$$E_{碳铵}=A_{碳铵}\times EF_{碳铵} \tag{6-3}$$

$$E_{硝铵}=A_{硝铵}\times EF_{硝铵} \tag{6-4}$$

$$E_{硫铵} = A_{硫铵} \times EF_{硫铵} \quad (6-5)$$

$$E_{其他} = A_{其他} \times EF_{其他} \quad (6-6)$$

式中，E 为排放量；A 为排放源活动水平；EF 为各类污染源的排放系数。

(2) 模型计算法　目前，较为常用的氮肥施用计算模型为 NARSES 模型，计算方法具体为

$$EF = EF_{max} \times RF_{SoilpH} \times RF_{temperature} \times RF_{rainfall} \times RF_{rate} \times RF_{landuse} \quad (6-7)$$

式中，EF 是各氮肥排放系数，EF_{max} 是其最大排放系数；RF 是与每个变量相关的削减因子，以比例的形式来表示，其中，RF_{SoilpH} 为土壤 pH 削减因子，$RF_{temperature}$ 为温度削减因子，$RF_{rainfall}$ 为降雨削减因子，RF_{rate} 为氮肥施用率削减因子，$RF_{landuse}$ 为土地利用削减因子。

2) 土壤本底

土壤本底排放系数定义为每亩耕地每年向大气排放氨的量，可通过获取不同土地类型的面积、比例和相关活动数据，结合各土地类型的排放系数，计算相应的 NH_3 排放量。具体计算式如下：

$$E_{i,j} = \sum_j (A_{i,j} \times EF_j) \quad (6-8)$$

式中，E 为 NH_3 排放量；i，j 分别为地区、源类别；A 为排放源活动水平，这里为耕地的面积；EF 为各类污染源的排放系数，这里主要为大气氨排放，参照环保部《大气氨源排放清单编制技术指南(试行)》中的推荐值，EF 取 0.12 千克氨/(亩・年)(1 亩≈666.67 m^2)。

3) 固氮植物

固氮植物排放系数定义为该植物单位固氮量排放大气氨的量。具体计算公式如下：

$$E_{i,j} = \sum_j (A_{i,j} \times EF_j) \quad (6-9)$$

式中，E 为 NH_3 排放量；i、j 分别为地区、源类别；A 为排放源活动水平，这里主要为固氮植物的种植面积；EF 为各类污染源的排放系数，这里主要为大气氨排放。我国广泛种植的固氮植物为大豆、花生和绿肥三类，参照环保部《大气氨源排放清单编制技术指南(试行)》中的推荐值，排放系数值分别为 0.07 千克氨/(亩・年)、0.08 千克氨/(亩・年)和 0.09 千克氨/(亩・年)。

4) 秸秆堆肥

秸秆堆肥氨排放定义为单位质量秸秆在堆肥过程中释放大气氨的量，具体计算式如下：

$$E_{i,j}=\sum_{j}(A_{i,j}\times EF_{j}) \tag{6-10}$$

式中，E 为 NH_3 排放量；i、j 分别为地区、源类别；A 为排放源活动水平，这里为秸秆焚烧量等；EF 为各类污染源的排放系数，这里主要为大气氨排放，参照环保部《大气氨源排放清单编制技术指南（试行）》中的推荐值，排放系数为 0.32 千克氨/吨秸秆。

6.1.2 畜禽养殖

畜禽养殖业中氨排放主要由动物排泄物释放。粪便包括室内和户外两部分，室内粪便在圈舍中停留一段时间后，会汇集进行储存腐熟处理，最后进行施肥。畜禽粪便管理阶段包括户外、圈舍内、粪便储存处理和后续施肥。后 3 种方式属于室内粪便管理，具有尿液和粪便两种形态；动物户外排泄的尿液和粪便通常混合在一起。畜禽排泄物释放大气氨包含户外、圈舍-液态、圈舍-固态、储存-液态、储存-固态、施肥-液态、施肥-固态共 7 个部分，即

$$E_{\text{畜禽}}=E_{\text{户外}}+E_{\text{圈舍-液态}}+E_{\text{圈舍-固态}}+E_{\text{存储-液态}}+E_{\text{存储-固态}}+E_{\text{施肥-液态}}+E_{\text{施肥-固态}} \tag{6-11}$$

动物的 NH_3 排放系数是以 NH_3 形式排放的 N 的百分数，也可以用单个动物平均一年的 NH_3（或 N）来表示（单位为 kg/a）。氨排放首先与畜禽种类有直接关系，即种类决定了其排泄物的产生量；同时畜禽舍构造、舍内不同地面类型、粪便清理方式、储存设施和还田方法等的划分则是粪便产生后影响氨排放的主要因素。

具体计算方法如下：

$$TAN_{\text{室内,户外}}=\text{畜禽年内饲养量}\times\text{单位畜禽排泄量}\times\text{含氮量}\times\text{氨态氮比例}\times\text{内户外比} \tag{6-12}$$

圈舍内排泄阶段总氨态氮计算方法如下：

$$A_{\text{圈舍-液态}}=TAN_{\text{室内}}\times X_{\text{液}} \tag{6-13}$$

$$A_{\text{圈舍-固态}}=TAN_{\text{室内}}\times(1-X_{\text{液}}) \tag{6-14}$$

式中，$A_{\text{圈舍-液态}}$、$A_{\text{圈舍-固态}}$ 为圈舍内排泄阶段液态粪便和固态粪便排放的总氨态氮；$TAN_{\text{室内}}$ 为排泄阶段在室内排放的总氨态氮；$X_{\text{液}}$ 为液态粪肥占总粪肥的质量分数，散养畜禽均取 11%，集约化养殖中畜类取 50%，禽类取 0，放牧畜禽均取 0。

粪便储存处理总氨态氮计算方法如下：

$$A_{\text{储存,液态}}=TAN_{\text{室内}}\times X_{\text{液}}-EN_{\text{圈舍,液态}} \tag{6-15}$$

$$A_{储存,固态}=TAN_{室内}\times(1-X_{液})-EN_{圈舍,固态} \tag{6-16}$$

$$EN_{圈舍,液态}=A_{圈舍,液态}\times EF_{圈舍,液态} \tag{6-17}$$

$$EN_{圈舍,固态}=A_{圈舍,固态}\times EF_{圈舍,固态} \tag{6-18}$$

式中，$A_{储存,液态}$、$A_{储存,固态}$为粪便储存处理液态粪便和固态粪便排放的总氨态氮；$X_{液}$为液态粪肥占总粪肥的质量分数；$EF_{圈舍,液态}$、$EF_{圈舍,固态}$为粪便排出阶段室内环境下液态粪便和固态粪便的氨挥发率。

施肥过程中液态和固态的总氨态氮计算方法为

$$A_{施肥,液态}=(TAN_{室内}\times X_{液}-EN_{圈舍,液态}-EN_{储存,液态}-EN_{N损失,液态})\times(1-R_{饲料}) \tag{6-19}$$

$$A_{施肥,固态}=[TAN_{室内}\times(1-X_{液})-EN_{圈舍,固态}-EN_{储存,固态}-EN_{N损失,固态}]\times(1-R_{饲料}) \tag{6-20}$$

$$EN_{储存,液态}=A_{储存,液态}\times EF_{储存,液态} \tag{6-21}$$

$$EN_{储存,固态}=A_{储存,固态}\times EF_{储存,固态} \tag{6-22}$$

式中，$A_{施肥,液态}$、$A_{施肥,固态}$为施肥过程中液态粪便和固态粪便的总氨态氮；$A_{储存,液态}$、$A_{储存,固态}$为粪便储存处理液态粪便和固态粪便总氨态氮；$EF_{储存,液态}$、$EF_{储存,固态}$为储存阶段液态粪便和固态粪便氨挥发率；$R_{饲料}$为粪肥用作生态饲料的比例，通常仅考虑集约化养殖过程；$A_{N损失,液态}$和$A_{N损失,固态}$分别为储存过程中氮的损失，计算公式如下：

$$EN_{N损失,液态}=(TAN_{室内}\times X_{液}-EN_{圈舍,液态})\times(EF_{储存,液态,N_2O}+EF_{储存,液态,NO}+EF_{储存,液态,N_2}) \tag{6-23}$$

$$EN_{N损失,固态}=[TAN_{室内}\times(1-X_{液})-EN_{圈舍,固态}]\times f\times(EF_{储存,固态,N_2O}+EF_{储存,固态,NO}+EF_{储存,固态,N_2}) \tag{6-24}$$

式中，f为固态粪便储存过程中总氨态氮向有机氮转化的比例；$EF_{储存,液态,N_2O}$、$EF_{储存,液态,NO}$、$EF_{储存,液态,N_2}$为粪便储存过程液态粪便的N_2O、NO、N_2挥发率；$EF_{储存,固态,N_2O}$、$EF_{储存,固态,NO}$、$EF_{储存,固态,N_2}$为粪便储存过程固态粪便的N_2O、NO、N_2挥发率。

具体各环节排放系数主要参照环保部《大气氨源排放清单编制技术指南(试行)》中的推荐值。

6.1.3　农村人口

城镇人口排放的生活污水的处理过程通常为集中式处理，氨排放主要来自污水处理厂活性污泥处理过程和淤泥铺摊，污水处理率通常达到80%以上。相比而言，农村人口污水排放处理率相对较低，一般各区平均为20%～40%，且不同区的水平差异较大，未经处理的人体粪便等生活污水排入环境，就成为氨排放的一大来源。通过获取各区乡镇农村的生活污水处理率，可计算得到未经处理生活污水的人口数量。相应的NH_3排放量由未经处理生活污水的人口数量结合人口排泄物NH_3释放因子获得。具体计算式如下：

$$E = A \times (1 - R) \times EF \tag{6-25}$$

式中，E为氨排放量，A为农村人口数量，R为农村生活污水处理率，EF为人口排泄物氨释放系数。参照环保部《大气氨源排放清单编制技术指南（试行）》中的推荐值，EF取0.787千克/（年・人）。

6.2 扬尘源

城市扬尘源包括土壤扬尘、道路扬尘、施工扬尘、堆场扬尘等。

6.2.1 土壤扬尘

土壤扬尘源排放量的计算式如下：

$$W_{Si} = E_{Si} \times A_S \tag{6-26}$$

$$E_{Si} = D_i \times C \times (1 - \eta) \times 10^{-4} \tag{6-27}$$

$$D_i = k_i \times I_{we} \times f \times L \times V \tag{6-28}$$

$$C = 0.504 \times \frac{u^3}{PE^2} \tag{6-29}$$

式中，W_{Si}为土壤扬尘中PM_i（空气动力学粒径为0～i μm的颗粒物，下同）的总排放量，t/a。E_{Si}为土壤扬尘源的PM_i排放系数，t/（m^2・a）。A_S为土壤扬尘源的面积，m^2。D_i为PM_i的起尘因子，t/（$10^4 m^2$・a）。C为气候因子，表征气象因素对土壤扬尘的影响。η为污染控制技术对扬尘的去除效率，%；若多种措施同时开展，则取控制效率最大值。k_i为PM_i在土壤扬尘中的百分含量，推荐值TSP为1，PM_{10}为0.30，$PM_{2.5}$为0.05；也可使用巴柯粒度仪或动力学粒径谱仪进行实测，对该值进行修正。I_{we}为土壤风蚀指数。f为地面粗糙因子，取值为0.5，在近海、海岛、海岸、湖岸及沙漠地区取值为1。L为无屏蔽宽度因子，即没有明显的阻挡物（如建筑物或者高大的树木）的最大范围，当无屏蔽宽度≤300 m时，L=0.7；当无屏蔽宽度为300～600 m时，L=0.85；当无屏蔽宽度≥600 m时，L=1.0。V为植被覆盖因子，是指裸露土壤面积占总计算面积的比例，计算公式如下：

$$V = 裸露土壤面积 / 总计算面积 \tag{6-30}$$

式中，u 为年平均风速，m/s；PE 为桑氏威特降水-蒸发指数，计算公式如下：

$$PE = 1.099 \times p/(0.5949 + 0.1189 \times T_a) \tag{6-31}$$

式中，p 为年降水量，mm；T_a 为年平均温度，℃。

土壤扬尘颗粒物排放定量的相关参数及排放系数可参考《扬尘源颗粒物排放清单编制技术指南(试行)》。

6.2.2　道路扬尘

6.2.2.1　铺设道路

1）以 AP－42 为基础的本地化方法

车辆行驶过铺设好的道路表面时会产生颗粒物排放。铺设道路的颗粒物排放源有两类：一是由车辆尾气、刹车磨损和轮胎磨损造成的直接排放；二是道路表面疏松物质的再悬浮。这两部分可以分别由 $C \times A$ 和 $E_{ext} \times A$ 表示。由于降水对扬尘有削减作用，所以应加入降水修正项。根据 AP－42 方法[1]，降水修正项为$\left(1-\frac{P}{4N}\right)$。由此可以获得估算铺设道路扬尘量的基本公式：

$$E = \sum (E_{ext} \times A + C \times A)\left(1 - \frac{P}{4N}\right) \tag{6-32}$$

式中，E 为某一区域铺设道路的年总排放量，g；E_{ext} 为路面输送物质再悬浮的排放系数，g/km；A 为车公里数，km；C 为车辆尾气、刹车磨损和轮胎磨损的排放系数，g/km；P 为研究期间的可见降水天数；N 为天数(取 1 年，即 365 天)。

AP－42 方法认为铺设道路的表面承载量应该达到一个平衡值，即再悬浮的物质量与补充的量相等。在此假设条件下，对于排放系数 E_{ext}，AP－42 提出的经验估算式如下：

$$E_{ext} = k\left(\frac{sL}{2}\right)^{0.65}\left(\frac{W}{3}\right)^{1.5} - C \tag{6-33}$$

式中，k 为不同粒度范围的粒度乘数，g/km；sL 为路面的泥沙承载量，g/m^2；W 为驶过路面的车辆的平均质量，t；C 为车辆尾气、刹车磨损和轮胎磨损的排放系数，g/km。

将式(6－33)代入式(6－32)，并令

$$EF = k\left(\frac{sL}{2}\right)^{0.65}\left(\frac{W}{3}\right)^{1.5}\left(1-\frac{P}{4N}\right) \tag{6-34}$$

则排放量为

$$E = \sum(EF \times A) \tag{6-35}$$

式中，EF 为铺设道路扬尘的排放系数。

在估算铺设道路扬尘量时，车公里数 A 即为估算区域车辆的行驶公里数。在美国有专门的部门可以获取 A 的数据，但是在中国难以获得该数据，因此从统计区域内每条道路上行驶的车辆数的角度出发，用车流量与道路长度的乘积来代替，并确保量纲的统一：

$$A = F \times L \times T \tag{6-36}$$

式中，F 为车流量，辆/年；L 为道路长度，km；T 为时间长度(取 1 年)。

由式(6-36)可知，所需确定的变量中，k、sL、W、F 和 L 为实测和计算所得，sL 和 k 通过野外采样和分析获得；W 和 F 由野外实测车流获得；道路长度信息利用 GIS 技术获得；可见降水天数 P 根据气象资料统计得出。具体的工作流程如图 6-1所示。

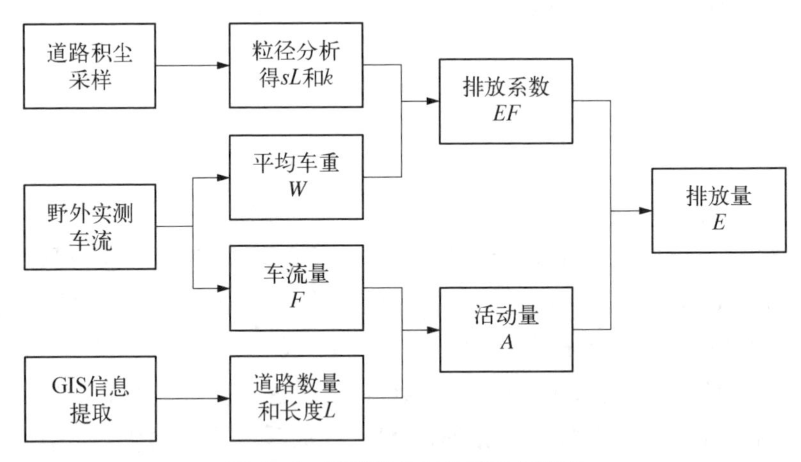

图 6-1　道路扬尘量估算工作流程

(1) 粒度乘数(k)　EPA 根据美国中西部大量的实验和研究得出不同粒径范围的粒度乘数 k 值，它包括了公式中未曾体现的其他因素，如车速、风速、车轮数等。但是，AP-42 文档只是提供了默认值，并没有给出具体的确定方法，因此在估算过程中不得不采用其默认值。然而，由于公式中各粒径的起尘量只与 k 值有关且成正比，所以如直接使用美国 AP-42 提供的 k 值，则势必会使所有使用这一方法的地区拥有相同的粒径比例，因此必须结合实际情况对 k 值进行修正。可选择使用动力学粒径谱仪的实验结果，利用式(6－37)对EPA给出的粒度乘数进行修正：

$$k_i = \frac{l_i}{l_{15}} \times k_{15} \quad (i = 2.5,\ 10,\ 15,\ 30) \tag{6-37}$$

式中，k_i 为修正后的粒度乘数；l_i 为粒径测试仪给出的小于 i μm 的颗粒物质量百分比；k_{15}和 l_{15}分别为粒径小于15 μm 的颗粒物的 k 值和粒径测试仪值。

(2) 积尘负荷(sL)　积尘负荷是每单位行驶面积上泥沙物质(直径≤75 μm)的质量。根据这一定义，使用目数为200的筛子筛出75 μm以下的物质，利用式(6－38)得出积尘负荷：

$$sL = \frac{s \times M}{S} \tag{6-38}$$

式中，sL 为积尘负荷，g/m^2；s 为泥沙含量，%；M 为样品质量，g；S 为采样面积，m^2。

(3) 平均车重(W)　平均车重即为道路上行驶车辆的平均质量。由于无法直接获得这个数据，因此采用其他数据换算的方法，再通过式(6－39)计算获得研究区域内道路的平均车重。假设机动车总数为 N，则

$$W = \frac{\sum_i N \times a_i \times m_i}{N} = \sum_i a_i \times m_i \tag{6-39}$$

式中，a_i 为第 i 类车的车型比例；m_i 为第 i 类车的平均质量。

(4) 车流量(F)　可通过当地交通管理部门掌握的数据获取，在获得每条道路车流量的等级基础上，结合机动车实际行驶公里数，对各类道路的车流量进行修正。

(5) 道路长度(L)　通过对已有资料的掌握、航片的判读和GIS技术的使用，确定每条道路的长度。

2) *以指南方法为基础的本地化方法*

根据《扬尘源颗粒物排放清单编制技术指南(试行)》中的计算方法，道路扬尘量等于调查区域所有铺装道路与非铺装道路扬尘量的总和。每条道路的扬尘排放量的计算式如下：

$$W_{Ri} = E_{Ri} \times L_R \times N_R \times \left(1 - \frac{n_r}{365}\right) \times 10^{-6} \tag{6-40}$$

式中，W_{Ri}为道路扬尘源中颗粒物PM_i的总排放量，t/a；E_{Ri}为道路扬尘源中PM_i的平均排放系数，克/(千米·辆)；L_R为道路长度，km；N_R为一定时期内车辆在该段道路上的平均车流量，辆/年；n_r为不起尘天数，一般情况下通过实测(统计降水造成的路面潮湿的天数)得到，在实测过程中存在困难的，可使用一年中降水量大于

0.25 mm/d 的天数表示。

对于铺装道路，道路扬尘源排放系数的计算公式如下：

$$E_{Pi} = k_i \times (sL)^{0.91} \times (W)^{1.02} \times (1-\eta) \tag{6-41}$$

式中，E_{Pi} 为铺装道路的扬尘中 PM_i 的排放系数，g/km(机动车行驶 1 km 产生的道路扬尘质量)；k_i 为产生的扬尘中 PM_i 的粒度乘数，推荐值如表 6-1 所示；sL 为道路积尘负荷，g/m²，具体监测方法见《防治城市扬尘污染技术规范》(HJ/T 393—2007)中的附录 B；W 为平均车重，t，平均车重表示通过某等级道路所有车辆的平均质量；η 为污染控制技术对扬尘的去除效率，%。

表 6-1　铺装道路产生颗粒物的粒度乘数　　单位：g/km

粒　径	TSP	PM_{10}	$PM_{2.5}$
粒度乘数	3.23	0.62	0.15

表 6-2 所示是常用的铺装道路扬尘控制措施的控制效率，其他控制措施的控制效率可选用与表中类似的措施效率替代。若多种措施同时开展，则取控制效率的最大值。

表 6-2　铺装道路扬尘源控制措施的控制效率　　单位：%

控制措施	控制对象	TSP 控制效率	PM_{10} 控制效率	$PM_{2.5}$ 控制效率
洒水 2 次/天	所有铺装道路	66	55	46
喷洒抑尘剂	城市道路	48	40	30
吸尘清扫（未安装真空装置）	支路	8	7	6
	干道	13	11	9
吸尘清扫（安装真空装置）	支路	19	16	13
	干道	31	26	22

式(6-41)涉及粒度乘数(k_i)、积尘负荷(sL)、平均车重(W)和去除效率(η)的确定。

(1) 粒度乘数(k_i)　《扬尘源颗粒物排放清单编制技术指南(试行)》中给出了铺装道路产生颗粒物的粒度乘数推荐值表，表中给出的 TSP、PM_{10} 和 $PM_{2.5}$ 的粒度乘数之比约为 22∶4∶1。由于粒度乘数与道路扬尘排放系数和排放量直接成正比，也就是说，$PM_{2.5}$ 占 PM_{10} 的比例约为 24%，PM_{10} 占 TSP 的比例约为 19%。对于以细颗粒物为主要污染物的城市，这样的比例是偏低的。因此，可根据实际采样后的再悬浮结果，对 k_i 进行修正。如上海，根据现有样品的再悬浮分析结果，在道路扬尘源中，$PM_{2.5}$ 占

PM_{10}的比例约为24.3%，PM_{10}占TSP的比例约为56.0%。因此，获得的上海市道路扬尘中TSP、PM_{10}和$PM_{2.5}$的粒度乘数分别为3.23 g/km、1.81 g/km、0.44 g/km。

（2）积尘负荷（sL）　在《扬尘源颗粒物排放清单编制技术指南（试行）》中，对于道路积尘负荷sL，要求由实测获得。使用的监测方法和分析方法为《防治城市扬尘污染技术规范》（HJ/T 393—2007）中的附录B。

（3）平均车重（W）　由于无法直接获得平均车重数据，可采用其他数据换算的方法。根据交通部门提供的道路信息，将道路上的行驶车辆划分为出租车、小客车、大客车、小货车、大货车、公交车和集装箱卡车7种类型，并获得每类车型的车流量。对应车型的平均车重分别为1.2 t、1.2 t、8 t、5 t、8 t、8 t、10 t，由此可获得快速路、主干路、次干路和支路的平均车重。

（4）去除效率（η）　《扬尘源颗粒物排放清单编制技术指南（试行）》中给出了铺装道路扬尘源控制措施的控制效率表。根据环境卫生管理局提供的道路保洁方案来看，快速路适用每天洒水2次的控制措施，主干路和次干路适用未安装真空装置的吸尘清扫（干道）的控制措施，支路适用未安装真空装置的吸尘清扫（支路）的控制措施，具体的控制效率如表6-3所示。

表6-3　铺装道路扬尘源控制效率　单位：%

粒　径	快速路	主干路	次干路	支　路
TSP	66	13	13	8
PM_{10}	55	11	11	7
$PM_{2.5}$	46	9	9	6

6.2.2.2　未铺设道路

1）AP-42方法[2]

对于工业区的车辆行驶，用以下方程估算排放量：

$$E = k\ (s/12)^a\ (W/3)^b \tag{6-42}$$

对于公共道路上的行驶车辆（多数为轻型汽车），可用以下表达式估算排放量：

$$E = \frac{k\ (s/12)^a\ (S/30)^d}{(M/0.5)^c} - C \tag{6-43}$$

式中，k、a、b、c和d是经验常数，取值如表6-4所示。E为具体粒度的排放系数，lb/VMT，1 lb/VMT=281.9 g/VKT；s为表面物质的泥沙含量，%；W为车辆的平均质量，t；M为表面物质的湿度，%；S为平均车速，mph（mile per hour，1 mph≈1.609 km/h）；C为20世纪80年代车辆的尾气、刹车磨损和轮胎磨损的排放系数。

表 6-4　式(6-42)和式(6-43)中的常数

常　数	工 业 区 道 路			公 共 道 路		
	$PM_{2.5}$	PM_{10}	PM_{30}	$PM_{2.5}$	PM_{10}	PM_{30}
k/(lb/VMT)	0.23	1.5	4.9	0.27	1.8	6.0
a	0.9	0.9	0.7	1	1	1
b	0.45	0.45	0.45	—	—	—
c	—	—	—	0.2	0.2	0.3
d	—	—	—	0.5	0.5	0.3
质量等级	C	B	B	C	B	B

说明：假设 PM_{30} 相当于 TSP。

20 世纪 80 年代车辆尾气、刹车磨损和轮胎磨损的排放系数(C)可以从 EPA 的 MOBILE 6.2 模型中获得。这个排放系数也随着动力学粒度范围的变化而变化，如表 6-5 所示。

表 6-5　20 世纪 80 年代车辆尾气、刹车磨损和轮胎磨损的排放系数

粒 度 范 围	C/(lb/VMT)
$PM_{2.5}$	0.000 36
PM_{10}	0.000 47
PM_{30}	0.000 47

2) 指南方法

对于未铺装道路，扬尘排放系数的计算式如下：

$$E_{UPi}=\frac{k_i\times(s/12)\times(v/30)^a}{(M/0.5)^b}\times(1-\eta) \tag{6-44}$$

式中，E_{UPi} 为未铺装道路扬尘中 PM_i 的排放系数，g/km；k_i 为产生的扬尘中 PM_i 的粒度乘数，其与系数 a、b 的取值列于表 6-6 中；s 为道路表面有效积尘率，%；v 为平均车速，km/h，指通过某等级道路所有车辆的平均车速；M 为道路积尘含水率，%，将采集到的尘样品取一定量称重，记录初始质量，然后在 100℃条件下烘 24 小时后再次进行质量测定，记录烘干处理后的质量，取其差值，测定物料含水率；η 为污染控制技术对扬尘的去除效率，%。

表 6-7 所示是常用的未铺装道路扬尘控制措施的控制效率，其他措施的控制效率可选用类似的措施效率替代。若多种措施同时开展，取控制效率的最大值。

表 6-6　未铺装道路产生的颗粒物的粒度乘数 k_i 及系数 a、b 的取值

未铺装道路	TSP	PM_{10}	$PM_{2.5}$
k_i/(g/km)	1 691.4	507.42	50.742
a	0.3	0.5	0.5
b	0.3	0.2	0.2

表 6-7　未铺装道路扬尘源控制措施的控制效率　　单位：%

控制措施	TSP 控制效率	PM_{10} 控制效率	$PM_{2.5}$ 控制效率
限制最高车速(40 km/h)	53	44	37
洒水 2 次/天	66	55	46
使用化学抑尘剂	90	84	70

6.2.2.3　快速检测法测定道路积尘负荷和粒度乘数

《扬尘源颗粒物排放清单编制技术指南(试行)》中推荐的道路扬尘道路积尘负荷和粒度乘数的采样监测方法烦琐，因此有必要建立快速检测法测定道路积尘负荷和粒度乘数。

6.2.2.4　在线监测法

道路扬尘定量方法采用 EPA 认定的开放式人为扬尘源排放量量化测量方法——暴露高度浓度剖面法。根据质量守恒原理(道路扬尘净排放量=污染物输出量−污染物进入量)，在下风向布置一组具有上、下分布的颗粒物监测仪器，同时，对排放源下风向瞬间通过的大气污染物直接进行多点测量，测量有效横截面内的颗粒物浓度和风速，对剖面积分计算道路扬尘通量。计算式见式(6-45)，监测布置如图 6-2 所示。

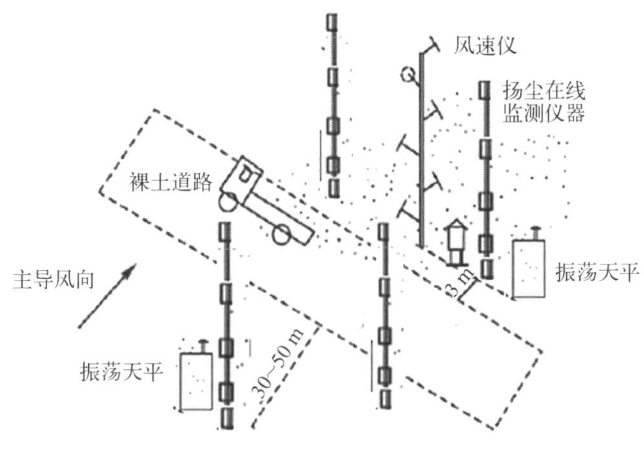

图 6-2　道路扬尘监测

定义 x 轴垂直于道路，y 轴平行于道路，z 轴为竖直方向，单位长度道路排放的颗粒物总量为

$$Q_{\mathrm{m}}=\int_{\mathrm{out}} u(z, t) \times C(z, t)\mathrm{d}z-\int_{\mathrm{in}} u(z, t) \times C(z, t)\mathrm{d}z \tag{6-45}$$

式中，Q_{m} 为单位时间、单位长度的道路扬尘排放量，g/(s·m)；C 为道路颗粒物进、出浓度，μg/m^3；u 为垂直于 y 和 z 平面的上、下风向风速，m/s。

6.2.3 施工扬尘

建设工程施工扬尘源排放清单的编制主要有三种方法，分别为地面浓度反推法、实测法和排放系数法。

6.2.3.1 地面浓度反推法

从大气扩散理论可知，排放源下风向地面大气中有害物质浓度与源排放量成正比。若已知影响有害物质扩散稀释的各项主要因素，即可根据在下风向测得的有害物质地面浓度反推算出排放量。

根据公式推算源排放量，计算式为

$$Q=11.3c_0 u_{10}\sigma_z(\sigma_y^2+\sigma_{y_0}^2)^{0.5}\exp\left(\frac{\bar{H}^2}{2\sigma_z^2}\right)\times 10^{-3} \tag{6-46}$$

式中，Q 为无组织排放量，kg/h；c_0 为无组织排放源的地面浓度，mg/m^3；u_{10} 为距地面 10 m 高处的平均风速，m/s；σ_y 为垂直于平均风向（x 方向）的水平横向（y 方向）扩散参数，m；σ_z 为垂直于地面方向（z 方向）的扩散参数，m；σ_{y_0} 为初始扩散参数，m；$\bar{H}$ 为无组织排放源的平均排放高度，m。

平均高度 $\bar{H}$ 可根据不同的施工阶段及建筑本身的高度进行选取；σ_y、σ_z 可根据大气稳定度按《大气污染物无组织排放监测技术导则》（HJ/T 55—2000）推荐方法查算；$\sigma_{y_0}=L_y/4.3$；L_y 为无组织排放源在 y 方向的长度；u_{10} 可由地面实测风速进行推算。

6.2.3.2 实测法

实测法有两个来源：EPA 的方法和台湾有关环保部门的方法。

EPA 的方法也称为暴露高度浓度剖面法[3-5]（exposure profiling method），是 EPA 认定的最适合开放式人为扬尘源排放量的量化测量方法。根据质量守恒原理（扬尘净排放量＝污染物输出量－污染物进入量），在施工现场边界四周等距离布置具有上、下分布的扬尘监测仪器，在施工现场附近 100 m 以外布置背景点，通过对垂直风向横截面内的扬尘量分布进行空间积分，从而计算出采样周期内该施工现场的扬尘排放量。

定义 x 轴沿着风向，y 轴与地面平行并垂直于 x 轴，z 轴垂直于地面，单位时间排放的颗粒物总量为

$$Q_n = \iint_{out} u(y, z, t) \times C(y, z, t) \times \mathrm{d}y\mathrm{d}z - \iint_{in} u(y, z, t) \times C(y, z, t) \times \mathrm{d}y\mathrm{d}z \tag{6-47}$$

式中，Q_n 为单位时间扬尘排放量，g/s；C 为颗粒物进、出浓度，$\mu g/m^3$；u 为风速，m/s。

台湾有关环保部门的实测方法根据实测颗粒物浓度、实测风速计算颗粒物排放系数，再根据排放系数与施工时间估算一段时间内的颗粒物排放量。该方法采用质量守恒原理，根据建设工程的颗粒物实测浓度进行计算。

该方法分有风和无风两种情况，对于国内大部分城市，应主要研究有风状态下颗粒物排放量的估算。

有风（或风速不等于零）状态下，工地因施工或车辆行驶造成粉尘飞扬，这些颗粒物一部分随风离开工地周界，一部分悬浮于工地上，并因重力关系，部分质量大的颗粒物即形成降尘（DF）。

施工期间总逸散粉尘量 M_{TFP} 的计算公式为

$$M_{TFP} = M_{DF} + M_{TSP} \tag{6-48}$$

式中，M_{DF} 为总降尘量，kg；M_{TSP} 为总悬浮颗粒量，kg。

悬浮颗粒飘逸于污染工地上方，且会随风飞离工地区，此部分的排放率（mg/s）为 $\iint u(x, y, z, t) \times C(x, y, z, t)\mathrm{d}y\mathrm{d}z$。在量测时间内，为简化此问题，假设风速只向一个方向吹且不随高度而变，即 $u(x, y, z, t)$ 与 $C(x, y, z, t)$ 简化成 $u(y)$ 与 $C(x, y)$。另由于污染源工地内的浓度分布随个别点源（x 位置）排放率不同而变化，而浓度 C 在工地内沿 x 方向的变化分布不易取得，因此从另一个角度思考可简化此问题。从质量守恒考虑，离开工地的 C_2 减去进入工地的 C_1 即可表示污染源区域内的贡献值（$C = C_2 - C_1$），而 C_2 与 C_1 因已无污染源的排放效应，其浓度分布纯为颗粒物的传输现象，故可假设 C_1、C_2 在 y 轴方向的变化远大于在 x 轴方向和 z 轴方向的变化，即颗粒物浓度只在 y 轴方向有明显变化，则上项简化为

$$\frac{1}{L} \times \int u_x(y) \times C(y)\mathrm{d}y \tag{6-49}$$

故

$$E = DF + \frac{1}{L} \times \int_0^{y_{max}} C \times u\mathrm{d}y \tag{6-50}$$

式中，M 为粉尘质量；E 为总逸散粉尘量排放系数，kg/(m^2 · 时间)；y 为离地高度，最大高度可取 $C/C_0=0.005$ 时的离地高度，m；L 为沿大气方向的工地界长，m；C 为工地上方的悬浮颗粒浓度(下风减上风，C_2-C_1)，kg/m^3；DF 为降尘量，千克/(米^2 · 时间)；C_1、C_2可以用 TSP 代表，且其随着工地上方位置或高度 y 而变，其关系可借由质量输送原理推知：

$$u_y \frac{\mathrm{d}c}{\mathrm{d}y}+D\frac{\mathrm{d}^2 C}{\mathrm{d}y^2}=0 \tag{6-51}$$

式中，D 为扩散系数；u_y为往上速度；C 表示上风或下风的 TSP。则

$$\frac{\mathrm{d}C}{\mathrm{d}y}=-\frac{u_y}{D}\times C \tag{6-52}$$

$$\int_{C_0}^{C}\frac{\mathrm{d}C}{C}=-\int_0^y \frac{u_y}{D}\mathrm{d}y \tag{6-53}$$

$$\ln\frac{C}{C_0}=-ay \quad \left(设\frac{u_y}{D}=a\right) \tag{6-54}$$

假设尘粒向上速度 u_y 平均为定值，而气体污染物因其分子较小，且离地上方有风场的原因，u_y 可能会随着 y 而增加，故对颗粒质量较大的尘粒的浓度一般可用式(6-55)表示：

$$C=C_0\times\exp(-ay) \tag{6-55}$$

式中，a 为颗粒物浓度递减常数，此值可由实验回归求得。

上、下风处的 TSP 随着高度(y)的分布有些差异，即上、下风的 a 值可能稍有不同，但如果工地随风方向的周界长(L)不是很大时，或污染源内的排放量不是大到足以改变分布趋势时，则为简化测量与计算过程，从工程应用的角度来看其所造成的微量误差可忽略。

u 为大气风速，各高度平均风速随着工地高度变化而变化，由于受地形及气候影响，u 并非为稳定值，风向问题虽可由风向玫瑰图修正，但为了简化计算步骤，参考文献(AP-42)：

$$u=K\times u^*\times\ln\left(\frac{y}{y_0}\right) \tag{6-56}$$

式中，K 为冯卡门常数的倒数(一般可取 2.5)；u^* 为摩擦特性速度，随 y_0 而变；y_0 为地面粗糙特性高度。

实际现场取样时可测量工地两个不同高度(y_1与 y_2)稳定的平均风速(u_1与 u_2)，代入式(6-56)解联立方程式以求得 u^* 与 y_0。

根据以上的积分方程可求出颗粒物的排放系数 E[千克/(米^2 · 时间)]，排放系数乘以时间和施工面积，即可得到一段时间内建设工程颗粒物的排放量。

6.2.3.3　排放系数法

排放系数法有三个来源，分别是环保部发布的指南方法、EPA 的方法和台湾地区有关环保部门发布的排放系数法。

1）指南中的排放系数法

《扬尘源颗粒物排放清单编制技术指南(试行)》中施工扬尘源排放量可分为总体估算和精细化计算两种方法，针对整个工地的总体估算可使用第一种计算方法；在条件允许的城市，可采用基于施工具体环节的精细化计算方法。

施工扬尘源中颗粒物排放量的总体计算式如下：

$$W_{ci} = E_{ci} \times A_c \times T \tag{6-57}$$

$$E_{ci} = 2.69 \times 10^{-4} \times (1 - \eta) \tag{6-58}$$

式中，W_{ci} 为施工扬尘源中 PM_i 的总排放量，t/a；E_{ci} 为整个施工工地 PM_i 的平均排放系数，吨/(米^2 · 月)；A_c 为施工区域面积，m^2；T 为工地的施工月份数，一般按施工天数除以 30 计算；η 为污染控制技术对扬尘的去除效率，%，若多种措施同时开展，则取控制效率最大值。

该公式适用于总体估算整个建筑施工区域的排放总量，TSP、PM_{10} 和 $PM_{2.5}$ 排放量根据施工积尘的粒径分布情况估算获得，参考粒径系数如下：TSP 为 1，PM_{10} 为 0.49，$PM_{2.5}$ 为 0.1，下同；也可使用巴柯粒度仪或动力学粒径谱仪对粒径分布情况进行实测。

基于各个施工环节的建筑施工扬尘源排放量的精细化计算方法为

$$W_{ci} = E_{ci} \times A_c \times T \tag{6-59}$$

$$E_{ci} = 0.025\,34 \times D \times u^{1.983} \times M^{-1.993} \times sL^{0.745} \times N^{0.684} \times (1 - \eta) \times 10^{-6} \tag{6-60}$$

式中，W_{ci} 为施工扬尘源中 PM_{10} 的总排放量，t；E_{ci} 为施工扬尘源中 PM_{10} 的排放速率，t/(m^2 · h)；A_c 为施工区域面积，m^2；T 为工地的施工小时数，h；D 为采样施工工地的起尘面积率，%；u 为距离地面上方 2.5 m 处的风速，m/s；M 为工地表面积尘含水率，%，实际测定方法同道路积尘含水率测定方法；sL 为工地路面积尘负荷，g/m^2；N 为建筑工地每小时运行的机动车数量，辆；η 为污染控制技术对扬尘的去除效率，%。其中，式(6-59)只能计算 PM_{10} 的排放速率，TSP 与 $PM_{2.5}$ 的排放速率可根据粒径系数进行估算。

施工扬尘源活动水平的调查主要通过向当地建设、市政等部门获取施工活动分布，包括施工点位分布、施工数量、施工面积和施工时间计划。使用卫星定位系统准确标定建筑工地的经纬度，详细记录建筑施工工地所在区域位置（具体到街道/乡镇/村）及周边环境情况；记录建筑施工扬尘的性质，主要包括建筑类型（城市市政基础设施建设、建筑物建造与拆迁、设备安装工程及装饰修缮工程等）、建筑施工面积（施工面积、开工面积、竣工面积等）、施工阶段划分、施工活动采取的扬尘控制措施和建筑施工单位等；记录其责任单位。

2）美国 AP－42 的排放系数法

美国的 AP－42（空气污染物排放系数汇编）由 EPA 在 1972 年首次发表，对各个建筑活动环节的排放情况进行了现场测试，并根据现场监测结果，利用扩散模型等模拟源排放量的情况，提供了对区域范围的排放估算、具体设备的排放估算以及与周围空气质量相关的排放估算的计算模型及参数，其模型公式是在大量排放测试回归分析的基础上得出的经验公式。

一般来讲，排放量的估算可以参照以下计算式：

$$E = A \times EF \times (1 - ER/100) \tag{6-61}$$

式中，E 为排放量；A 为活动水平；EF 为排放系数；ER 为总排放减排效率，%。

建筑施工场地是典型的开放性、无组织颗粒物排放源。建筑排放主要集中在地基开挖和回填阶段。AP－42 指出，美国施工颗粒物排放量与施工工艺、施工强度、气象条件、地质条件和污染控制措施等影响因素有关。

在中等强度和活动水平条件下，排放系数可以参照下式：

$$\text{TSP}: E = 2.69\ \text{吨}/(\text{公顷}\cdot\text{月}) \tag{6-62}$$

以上提供了一个非常直观的排放源情况，但以下三方面特点限制了其在具体工地的使用：对于某一个具体的工地，使用以上排放系数会大大高估 PM_{10} 排放量；等式没有包含一些具有较高排放潜势的特殊的建筑活动情况；该等式不能够对制订一个有效的颗粒物控制计划提供指导作用。

由于以上原因的存在，强烈建议排放源量的估算需要具体过程具体分析，可以把整个建筑过程划分为一些主要操作阶段，这样就可以考虑一些更为基础的尘土的来源（如卡车运输及材料搬运等），即建筑活动可以考虑为若干个操作单元，包括交通和材料的搬运。其他 AP－42 章节中提到的排放系数也可以用来估算产生的排放量。表 6－8 列出了建筑活动中涉及的颗粒物源以及推荐的排放系数。

除表 6－8 中涉及的排放源外，可能有大量其他排放源存在，如材料的倒与装，交通车辆通过造成二次悬浮颗粒，此外，风速较大也可以导致排放。

以 AP－42 推荐的建筑施工"单元操作"排放系数法为基础，结合工程中各操作单位颗粒物排放特点，研究各种颗粒物排放量的计算方法，并通过统计分析施工现场各尘源的分布情况，估算出整个施工过程中的颗粒物排放量。

表 6-8　建筑活动的推荐排放系数

建筑过程	产生尘土的活动	推荐的排放系数	评　论	等级调整[1]
1) 毁坏和碎片的清除	(1) 将房屋和其他自然障碍物(树、大石块等)毁坏			
	① 对现有的建筑物进行机械分解	NA[2]		—
	② 现存建筑物的内爆	NA	Table 11.9-1 和 Table 11.9-2 的爆破系数并不适用于一般的建筑活动	—
	③ 土地的打钻和爆破	打钻系数见 Table 11.9-4 爆破系数 NA		−1 NA
	④ 一般的土地清理			−1/−2[3]
	(2) 将碎片装载到卡车上	推土机方程见 Table11.9-1 和 Table 11.9-2		−0/−1
	(3) 装载碎片的卡车运输	物质搬运系数见 Section 13.2.2		−0/−1
	(4) 碎片的卸载	未铺设道路或铺设道路的排放系数见 Section 13.2.2 和 Section 13.2.1 物质搬运系数见 Section 13.2.2	可能发生在建筑点以外	−0/−1
2) 建筑点的准备	(1) 用推土机推平 (2) 铲土机卸载表层土 (3) 行驶中的铲土机 (4) 铲土机去除表层土 (5) 将挖出的物质装载入卡车 (6) 将填补物质、路基或其他物质从卡车上倾销下来 (7) 压实 (8) 地基平整	推土机方程见 Table 11.9-1 和 Table 11.9-2 铲土机卸载系数见 Table 11.9-4 铲土机(行驶模式)表达式见 Table 11.9-1 和 Table 11.9-2 5.7 千克/车公里 物质搬运系数见 Section 13.2.2 物质搬运系数见 Section 13.2.2 推土机方程见 Table 11.9-1 和 Table 11.9-2 地基平整方程见 Table 11.9-1 和 Table 11.9-2	可能发生在建筑点以外 操作设备的不同导致了排放系数的降级	−1/−2 −1 −0/−1 E[4] −0/−1 −0/−1 −1/−2 −1/−2

（续表）

建筑过程	产生尘土的活动	推荐的排放系数	评　论	等级调整
3）一般的建筑	（1）车辆装载的运输 （2）简易工厂 ① 粉碎 ② 筛分 ③ 材料传输 （3）其他操作	未铺设道路的排放系数见 Section 13.2.2 或铺设道路的排放系数见 Section 13.2.1 类似物质或操作的系数见 Chapter 11 类似物质或操作的系数见 Chapter 11 物质搬运系数见 Section 13.2.2 类似物质或操作的系数见 Chapter 11	—	−0/−1 −0/−1 −1/−2 −1/−2 −0/−1 —

说明：① 指排放系数应下降几个字母。例如："−2"表示一个 A 级的系数应下降为 C 级，−0 表示系数级别不下降。注意等级都不低于 E。② NA 指不适用(not applicable)。③ 对于 AP-42 给出范围中的独立变量，使用第一个值；对于至少有一个变量在范围外的情况，使用第二个值。④ 给出的排放系数的等级。

3）中国台湾地区的排放系数法

中国台湾地区结合美国 AP-42 方法，通过大量的工地实测，建立了本地化排放系数，然后估算其排放量；主要分为未巡查工地和巡查工地，前者主要按以下公式计算：

$$E = EF \times A \times T \times 10^{-3} \tag{6-63}$$

式中，E 为排放量，t；EF 为排放系数，千克/(米^2·月)(见表 6-9)；A 为面积，m^2；T 为实际工期，月。

表 6-9　营建工程逸散性粉尘排放系数

工程类别		费　基	总逸散粉尘排放系数	TSP 排放系数	PM_{10} 排放系数
建筑(房屋)工程	RC 机构	基地面积×工期	0.716 9 千克/(米^2·月)	0.200 0 千克/(米^2·月)	0.111 1 千克/(米^2·月)
	SRC 结构	基地面积×工期	0.684 6 千克/(米^2·月)	0.191 0 千克/(米^2·月)	0.106 1 千克/(米^2·月)
	拆除	地板总面积	0.256 4 kg/m^2	0.071 5 kg/m^2	0.039 7 kg/m^2
道路(隧道)工程	道路	施工面积×工期	0.536 0 千克/(米^2·月)	0.149 5 千克/(米^2·月)	0.083 1 千克/(米^2·月)
	隧道	隧道面积×工期	0.755 6 千克/(米^2·月)	0.210 8 千克/(米^2·月)	0.117 1 千克/(米^2·月)

（续表）

工程类别		费基	总逸散粉尘排放系数	TSP排放系数	PM_{10}排放系数
管线工程		施工面积×工期	0.917 1千克/(米^2·月)	0.255 9千克/(米^2·月)	0.142 2千克/(米^2·月)
桥梁工程		桥面面积×工期	0.474 7千克/(米^2·月)	0.132 4千克/(米^2·月)	0.073 6千克/(米^2·月)
区域开发工程	社区	开发面积×工期	2.040 8吨/(公顷·月)	0.569 4吨/(公顷·月)	0.316 3吨/(公顷·月)
	工业区	开发面积×工期	3.384 1吨/(公顷·月)	0.944 1吨/(公顷·月)	0.524 5吨/(公顷·月)
	游乐区	开发面积×工期	1.55吨/(公顷·月)	0.432 5吨/(公顷·月)	0.240 3吨/(公顷·月)
其他建筑工程		合约经费	107.2千克/百万元	29.908 8千克/百万元	16.616千克/百万元

说明：资料来源于营建工程空气污染防制费征收制度检讨与修订计划，台湾有关环保部门；TSP排放系数为总逸散粉尘排放系数的0.279倍，PM_{10}排放系数为总逸散粉尘排放系数的0.155倍。

此外，因未巡查工地无法得知其采取的污染防治措施，故其削减率设为0，即无削减量。

2003年，台湾有关环保部门对排放系数进行了修正，其中钢骨钢筋混凝土结构(SRC结构)的总逸散粉尘排放系数由0.684 6千克/(米^2·月)修订为0.506千克/(米^2·月)，TSP排放系数由0.191 0千克/(米^2·月)修订为0.141千克/(米^2·月)，PM_{10}的排放系数由0.106 1千克/(米^2·月)修订为0.077 8千克/(米^2·月)(见表6-10)。

表6-10　修订后的营建工程逸散性粉尘排放系数

工程类别		费基	排放系数		
			总粉尘	TSP	PM_{10}
建筑(房屋)工程	RC	基地面积×工期	0.529千克/(米^2·月)	0.147千克/(米^2·月)	0.081 3千克/(米^2·月)
	SRC	基地面积×工期	0.506千克/(米^2·月)	0.141千克/(米^2·月)	0.077 8千克/(米^2·月)
建筑(房屋)工程	拆除	总楼板面积	0.190千克/(米^2·月)	0.052 8千克/(米^2·月)	0.029 2千克/(米^2·月)

(续表)

工程类别		费基	排放系数		
			总粉尘	TSP	PM_{10}
道路(隧道)工程	道路	施工面积×工期	0.572千克/(米^2·月)	0.159千克/(米^2·月)	0.0879千克/(米^2·月)
	隧道	隧道面积×工期	0.764千克/(米^2·月)	0.212千克/(米^2·月)	0.117千克/(米^2·月)
管线开挖工程		施工面积×工期	0.854千克/(米^2·月)	0.237千克/(米^2·月)	0.131千克/(米^2·月)
桥梁工程(含引桥部分)		桥面面积×工期	0.0897千克/(米^2·月)	0.0249千克/(米^2·月)	0.014千克/(米^2·月)
区域开发工程	工业	开发面积×工期	3.411吨/(公顷·月)	0.948吨/(公顷·月)	0.524吨/(公顷·月)
	社区	开发面积×工期	2.056吨/(公顷·月)	0.572吨/(公顷·月)	0.316吨/(公顷·月)
	游乐区	开发面积×工期	1.563吨/(公顷·月)	0.435吨/(公顷·月)	0.240吨/(公顷·月)

6.2.4 堆场扬尘

干散货码头堆场的扬尘主要包括装卸运输扬尘和风蚀扬尘。

6.2.4.1 装卸运输扬尘

装卸运输扬尘是指干散货物料在装卸、输送过程中产生的扬尘。

1) 计算公式

根据《扬尘源颗粒物排放清单编制技术指南(试行)》,堆场的装卸运输扬尘量的计算式如下:

$$W_{装卸运输}=\sum_{i=1}^{m}E_{\mathrm{h}}\times G_{\mathrm{Y}i}\times 10^{-3} \tag{6-64}$$

式中,$W_{装卸运输}$为堆场扬尘源中颗粒物总排放量,t/a;m 为每年料堆物料装卸总次数;$G_{\mathrm{Y}i}$为第 i 次装卸过程的物料装卸量,t; E_{h}为堆场装卸运输过程的扬尘颗粒物排放系数,kg/t。E_{h} 的估算式如下:

$$E_{\mathrm{h}}=k_i\times 0.0016\times\frac{\left(\frac{u}{2.2}\right)^{1.3}}{\left(\frac{M}{2}\right)^{1.4}}\times(1-\eta) \tag{6-65}$$

式中，k_i为物料的粒度乘数；u为地面平均风速，m/s；M为物料含水率，%；η为污染控制技术对扬尘的去除效率，%。

2）装卸运输过程计算参数的选取

(1) m为每年料堆物料装卸总次数，可根据每个码头堆场的调查表获得。

(2) G_{Yi}为物料装卸量，可根据每个码头堆场的调查表获得。

(3) k_i为物料的粒度乘数，根据指南的推荐值确定(见表6-11)。

表6-11　装卸运输过程中产生的颗粒物粒度乘数　单位：g/km

粒　径	TSP	PM_{10}	$PM_{2.5}$
粒度乘数	0.74	0.35	0.053

(4) u为地面平均风速。

(5) M为物料含水率，%，可根据每个码头的调查表获得，若调查表中含水率未填，则根据指南中的推荐值确定(见表6-12)。

表6-12　各种行业堆场物料的含水率参考值(实际)　单位：%

行　业	材　料	物料含水率/%
钢铁冶炼	球团矿	2.2
	块　矿	5.4
	煤　炭	4.8
	混合矿石	6.6
燃煤电厂	煤　炭	4.5

(6) η为污染控制技术对扬尘的去除效率，%，可结合调查表提供的防尘措施、根据指南中的推荐值确定(见表6-13)。

表6-13　堆场操作扬尘控制措施的控制效率　单位：%

控制措施	TSP	PM_{10}	$PM_{2.5}$
输送点位连续洒水操作	74	62	52

6.2.4.2　风蚀扬尘

风蚀扬尘是指物料在堆积存放期间，因风力作用引起的扬尘。

1）堆场的风蚀扬尘计算公式

$$风蚀扬尘量 = E_w + A_Y \times 10^{-3} \tag{6-66}$$

式中，E_w为料堆受到风蚀作用的颗粒物排放系数，kg/m^2；A_Y为料堆表面积，m^2。

料堆表面遭受风扰动后引起颗粒物排放的排放系数可以用下式计算：

$$E_w = k_i \times \sum_{i=1}^{n} P_i \times (1-\eta) \times 10^{-3} \tag{6-67}$$

$$P_i = \begin{cases} 58 \times (u^* - u_t^*) + 25 \times (u^* - u_t^*), & u^* > u_t^* \\ 0, & u^* \leqslant u_t^* \end{cases} \tag{6-68}$$

式中，k_i 为物料的粒度乘数；n 为料堆每年受扰动的次数；P_i 为第 i 次扰动中观测的最大风速的风蚀潜势，g/m^2；η 为污染控制技术对扬尘的去除效率，%，各种控制措施的效率推荐值见指南，若多种措施同时开展，则取控制效率最大值；u^* 为摩擦风速，m/s。u^* 的计算方法如下：

$$u^* = 0.4u(z) \Big/ \ln\left(\frac{z}{z_0}\right), \ z > z_0 \tag{6-69}$$

式中，u_t^* 为阈值摩擦风速，即起尘的临界摩擦风速，m/s，其取值可参考指南；$u(z)$ 为地面风速，m/s；z 为地面风速检测高度，m；z_0 为地面粗糙度，m，城市的取值为 0.6 m，郊区的取值为 0.2 m；0.4 为冯卡门常数，无量纲。

2）风蚀扬尘计算参数的选取

（1）A_Y 为料堆表面积，m^2，可根据调查表获得。

（2）k_i 为物料的粒度乘数，可根据指南提供的粒度乘数确定（见表 6-14）。

表 6-14　风蚀过程中产生的颗粒物粒度乘数　　单位：g/km

粒　径	TSP	PM_{10}	$PM_{2.5}$
粒度乘数	1.0	0.5	0.2

（3）n 为料堆每年受扰动的次数，可根据不同物料的阈值摩擦风速和城市年逐小时的阵风来估算受风扰动的次数（见表 6-15）。

表 6-15　不同物料受风扰动次数　　单位：次/年

物　料	受风扰动次数
煤　炭	152
矿　石	65
砂石料	65
煤　粉	1 881

（4）P_i 为第 i 次扰动中观测的最大风速的风蚀潜势，g/m^2。

（5）η 为污染控制技术对扬尘的去除效率，%，可结合调查表提供的防尘措施，并且根据指南中的推荐值确定（见表 6-16）。

表 6-16　堆场风蚀扬尘控制措施的控制效率　单位：%

料堆性质	控制措施	TSP	PM_{10}	$PM_{2.5}$
矿料堆	定期洒水	52	48	40
	化学覆盖剂	88	86	71
煤　堆	定期洒水	61	59	49
	化学覆盖剂	86	85	71

(6) u^* 为摩擦风速，m/s。计算方法如下：

$$u^* = 0.4u(z) \Big/ \ln\left(\frac{z}{z_0}\right), \ z > z_0 \tag{6-70}$$

(7) u_t^* 为阈值摩擦风速，即起尘的临界摩擦风速，m/s，根据指南推荐确定取值(见表 6-17)。

表 6-17　阈值摩擦风速参考值 u_t^*　单位：m/s

料 堆 性 质	阈值摩擦风速
煤堆	1.02
铁渣、矿渣(路基材料)	1.33
煤粉尘堆	0.54
铁矿石	6.3

说明：砂石料和矿石粉可参照路基材料。

6.3　生物质燃烧源

对于生物质燃烧源，某一种大气污染物的排放量 E_i 的计算采用以下公式：

$$E_i = \sum_{i,j,k,m} (A_{i,j,k,m} \times EF_{i,j,k,m})/1\,000 \tag{6-71}$$

式中，A 为排放源活动水平，t；EF 为排放系数，g/kg；i 为某一种大气污染物；j 为地区，如省(直辖市或自治区)、市、县；k 为生物质燃烧类型(户用生物质炉具、森林火灾、草原火灾、秸秆露天焚烧)；m 为燃料类型(植被带、草地、秸秆等)。

生物质燃烧排放系数的获取方法包括实测法和文献调研法。排放系数获取方法优先采用污染源实测法，若缺少可靠的实测数据，则采用文献调研法。

表 6-18～表 6-21 列出了生物质燃烧导致的几种主要大气污染物排放的计算参数。对于户用生物质炉具，如果采用第二级分类，则宜根据表 6-18 的排

放系数进行计算；如果采用第三级分类，则宜采用表 6 - 19 的排放系数进行计算。对于生物质开放燃烧，如秸秆燃烧，采用第二级分类，其排放系数如表 6 - 20 所示；如果秸秆采用第三级分类，则其排放系数如表 6 - 21 所示。燃烧状态对生物质源排放系数的影响显著，在可获取生物质源的实际燃烧状态和有实测的不同燃烧状态下排放系数的情况下，可根据不同的燃烧状态确定适合本地的排放系数。

表 6 - 18　户用生物质炉具排放系数汇总(第二级分类)

单位：克/千克生物质

项目		SO_2	NO_x	NH_3	CO	VOCs	PM_{10}	$PM_{2.5}$
户用生物质炉具	秸秆	1.8	0.62	0.53	95.3	8.27	7.05	6.56
	薪柴	0.40	0.97	1.30	29.0	3.13	3.48	3.24
	生物质成型燃料	0.40	1.07	1.30	8.25	1.13	1.24	0.67
	牲畜粪便	0.28	0.58	1.30	19.8	3.13	8.84	8.22

表 6 - 19　户用生物质炉具排放系数汇总(第三级分类)

单位：克/千克生物质

项目		SO_2	NO_x	NH_3	CO	VOCs	PM_{10}	$PM_{2.5}$
户用生物质炉具	玉米秸秆	1.33	0.83	0.68	56.6	7.34	7.39	6.87
	小麦秸秆	2.36	0.51	0.37	171.7	9.37	8.86	8.24
	水稻秸秆	0.48	0.43	0.52	67.7	8.40	6.88	6.40
	高粱秸秆	1.25	1.12	0.52	44.9	1.61	7.63	7.10
	油菜秸秆	1.36	1.65	0.52	133.5	7.97	13.73	12.77
	其他秸秆	1.36	0.72	0.52	85.2	7.97	7.69	7.15
	薪柴	0.40	0.97	1.30	2.90	3.13	3.48	3.24
	生物质成型燃料	0.40	1.07	1.30	8.25	1.13	1.24	0.67
	牲畜粪便	0.28	0.58	1.30	19.8	3.13	8.84	8.22

表 6 - 20　生物质开放燃烧排放系数汇总(秸秆第二级分类)

单位：克/千克生物质

项目		SO_2	NO_x	NH_3	CO	VOCs	PM_{10}	$PM_{2.5}$
森林火灾	热带	0.57	1.60	2.90	104.0	8.10	9.29	9.10
	温带	1.00	3.00	2.90	107.0	5.70	13.27	13.00
草原火灾		0.35	3.90	0.70	65.0	3.40	5.51	5.40
秸秆露天焚烧		0.53	2.92	0.53	49.9	8.45	6.93	6.79

表 6-21　生物质开放燃烧排放系数汇总(秸秆第三级分类)

单位：克/千克生物质

项　目		SO_2	NO_x	NH_3	CO	VOCs	PM_{10}	$PM_{2.5}$
森林火灾	热带	0.57	1.60	2.90	104.0	8.10	9.29	9.10
	温带	1.00	3.00	2.90	107.0	5.70	13.27	13.00
草原火灾		0.35	3.90	0.70	65.0	3.40	5.51	5.40
秸秆露天焚烧	玉米	0.44	4.30	0.68	53.0	10.40	11.95	11.71
	小麦	0.85	3.31	0.37	59.6	7.48	7.73	7.58
	水稻	0.53	1.42	0.53	27.7	8.45	5.78	5.67
	其他	0.53	2.92	0.53	49.9	8.45	6.93	6.79

户用生物质炉具的活动水平 A，即生物质燃料燃烧量，可从当地能源统计数据或农业统计数据中获取秸秆、薪柴和生物质成型燃料作为农村能源的消费量。如需更细致的第三级分类，或者在畜牧业发达地区需要获得牲畜粪便的使用量，或者无法直接从当地能源统计数据或农村统计数据中获取相关信息，可自行开展各种生物质燃料使用情况的调查分析。当地不具备秸秆、薪柴统计数据，且没有条件开展调查时，可基于上一级行政区域的统计数据并利用农村人口密度等代用参数插值获得。

秸秆露天焚烧的活动水平 A，也就是秸秆露天焚烧消耗的生物量(单位为 t)，按照下式进行计算：

$$A = P \times N \times R \times \eta \tag{6-72}$$

或

$$A = AR \times B \times N \times \eta \tag{6-73}$$

式中，P 为农作物产量，t；N 为草谷比，指秸秆干物质量与作物产量的比值；R 为秸秆露天焚烧比例；η 为燃烧率；AR 为秸秆露天焚烧的面积，hm^2；B 为单位面积农作物产量，t/hm^2。

农作物产量数据来源于农业农村部的统计资料；草谷比的取值如表 6-22 所示；燃烧率取 0.9。秸秆露天焚烧比例在各地区差异较大，因此，在有条件的情况下，宜通过抽样调查的方法获得；若没有条件开展抽样调查，则亦可取秸秆露天焚烧比例经验值 20%。

表 6-22　各类农作物的平均草谷比

农作物类型	水　稻	小　麦	玉　米	其他主要农作物
草谷比	1.323	1.718	1.269	1.5

6.4 溶剂使用面源

溶剂使用面源主要包括机动车维修、建筑涂料使用、市政道路及相关设施维护保养涂料使用、沥青铺路、医院溶剂使用、干洗、民用含溶剂产品使用、农药使用等源类，此类面源多采用排放系数法进行计算。计算公式如下：

$$Q_p = \sum_{i=1}^{m} S_i F_i \tag{6-74}$$

式中，Q_p 为 VOCs 产生量；S_i 为 i 排放源的活动量水平；F_i 为 i 排放源的排放系数。

对于不同的溶剂使用面源，S_i 和 F_i 所代表的具体含义如下。

(1) 机动车维修　S_i 为汽修喷涂油漆使用总量，kg/(m^2 · a)；F_i 为汽修喷涂排放系数，克 VOCs/千克油漆。

(2) 建筑涂料使用　S_i 为建筑涂料使用总量，kg/(m^2 · a)；F_i 为建筑涂料排放系数，克 VOCs/千克涂料。

(3) 市政道路及相关设施维护保养涂料使用　S_i 为类型漆使用总量，kg/a；F_i 为类型漆排放系数，克 VOCs/千克类型漆。

(4) 沥青铺路　S_i 为沥青使用总量，t/a；F_i 为沥青路面排放系数，克 VOCs/千克沥青。

(5) 医院溶剂　S_i 为医院的门急诊量，千人次/年；F_i 为排放系数，千克 VOCs/千人次。

(6) 干洗　S_i 为干洗业的干洗剂使用量，kg/a；F_i 为排放系数，克 VOCs/千克干洗剂。

(7) 民用含溶剂产品使用　S_i 为人口总量，人/年；F_i 为基于人口的排放系数，克 VOCs/人。

(8) 农药使用　S_i 为不同类型农药总量，kg/a；F_i 为不同类型农药的排放系数，克 VOCs/千克农药。

(9) 人造板使用　S_i 为人造板总面积，m^2/a；F_i 为人造板排放系数，克 VOCs/米^2。

(10) 停车场　S_i 为停车场停车位及划线漆使用量，kg/a；F_i 为不同类型漆的排放系数，克 VOCs/千克漆。

6.5 其他面源排放

除了以上各类源外，面源排放还包括民用化石燃料燃烧、餐饮油烟、植物排放、油气储运和液散码头等其他面源。

6.5.1　民用化石燃料燃烧

从统计部门获取民用能源消耗平衡量，根据单位能耗各污染物的排放系数计算污染物排放量，计算式如下：

$$E_i = EF_i \times A \tag{6-75}$$

式中，E_i表示民用燃烧面源某i污染物的排放量，g；EF_i表示民用燃烧面源某i污染物的排放系数，g/kg；A表示民用燃烧面源的能源消耗量，kg。

煤炭的SO_2排放量另行参照以下计算式：

$$E_i = A \times 0.6\% \times 2 \times 0.85 \tag{6-76}$$

式中，E_i表示民用燃烧面源SO_2的排放量，g；A表示民用燃烧面源的能源消耗量，kg。

6.5.2　餐饮油烟

餐饮油烟排放采用下式进行计算：

$$A_i = n_i \times V_i \times H_i \tag{6-77}$$

式中，n_i为餐饮单位i的固定基准灶头数，个；V_i为餐饮单位i单个灶头的烟气排放速率，m^3/h，为简化活动水平的计算，小型、中型、大型餐饮单位每个灶头的烟气排放速率V_i分别取1 500 m^3/h、2 000 m^3/h和2 500 m^3/h；H_i为餐饮单位i的全年总经营时间，h。

餐饮单位i中大气污染物j的产生量(P_{ij})的计算式为

$$P_{ij} = A_i \times EF_i = n_i \times V_i \times H_i \times EF_j \tag{6-78}$$

式中，EF_j为未安装油烟净化设备时第j种大气污染物的排放系数，mg/m^3。

在以上单个餐饮单位污染物产生量的基础上，可以根据调查得到的某规模餐饮单位户数、某规模餐饮单位油烟净化设备的平均净化率(η_m)，计算一定区域(如区、县、全市等)各污染物的排放量，计算式如下：

$$\begin{aligned} E_j &= \sum N_m \times P_{ij} \times (1-\eta_m) \times 10^{-9} \\ &= \sum N_m \times n_i \times V_i \times H_i \times EF_j \times (1-\eta_m) \times 10^{-9} \end{aligned} \tag{6-79}$$

式中，E_j为油烟排放中第j种大气污染物的排放量，t；N_m为某规模餐饮单位户数，户。

6.5.3 植物排放

生物源挥发性有机物(BVOCs)的排放与区域气候、植被类型和分布状况等密切相关,综合各种影响因素,国际上建立了一系列的区域及全球 BVOCs 排放模型,如代表性的 BEIS、G95、BEIS2、GloBEIS 和 MEGAN 等排放模型[6-7]。

20 世纪 80 年代中期,EPA 在大量观测数据的基础上首次建立了一个 BVOCs 排放模型——生物源排放清单系统(BEIS),使用土地利用、叶生物量、排放系数和气象环境等参数,计算美国某一县的 BVOCs 总排放速率。

1995 年,Guenther 等[8-9]在总结原有算法和数据的基础上,在 BVOCs 排放源、排放速率、环境影响因子以及时空模拟等方面进行了改进,首次建立了 BVOCs 排放的全球模式,即全球排放清单活动(G95),G95 使用全球网格化的生态系统类型、全球植被指数(GVI)、降水、温度、云量数据作为模型输入进行叶面排放计算。

20 世纪 90 年代后期,第二代生物源排放清单系统 BEIS2[10]取代了之前的模型。BEIS2 由 BEIS1 和 G95 发展而来,结合了当时最新的研究成果,对数据和算法等做了及时更新。相比于 BEIS1,BEIS2 采用了新的土地利用清单,更新了排放速率,修订了环境校正公式。相比于 G95,BEIS2 使用了更高时间分辨率的环境校正因子,从每月提高到每小时;引进了高空间分辨率的土地利用数据,即生物源排放土地利用数据库 BELD[11],植被分类更加精细,达 76 个树种。基于 BEIS1 和 G95,BEIS2 主要对环境因子校正方法进行了修订。

20 世纪 90 年代末期,EPA 和美国国家大气研究中心(NCAR)联合开发了 GloBEIS,至此,BEIS 系列已经由区域模式发展到全球模式。GloBEIS 是基于 Guenther 提出的 G95 算法(主要是异戊二烯的计算方法)建立的[12-13]。

Guenther 在 2006 年推出自然气体、气溶胶排放模型(MEGAN),该模型是 Guenther 等在大量实验资料以及 G95 算法的基础上,通过进一步完善机理和地表资料数据库提出关于气态污染物、气溶胶自然源排放模型,相比于其他模型,MEGAN 不仅能够很好地替代之前的模型,且具有更高的分辨率,即 1 km×1 km 经纬度网格点,能够同时满足区域和全球尺度模拟的要求,在国内外 BVOCs 排放研究中得到了普遍应用。

本节重点介绍植物排放的估算公式,以及参考 EPA 开发的模型 BEIS 对部分排放系数进行修正的计算方法。

6.5.3.1 估算方法

参考国内外的研究,植物的排放可采用下式估算:

$$E = \sum_{i} EF_i \times D_i \times A_i \tag{6-80}$$

式中，E 为研究区域内所有植被的排放总量，$\mu gC/h$；EF_i 为第 i 种植被的排放系数，$\mu gC/(g \cdot h)$；D_i 是第 i 种植被的叶生物量密度，gDW/m^2；A_i 为研究区域内第 i 种植被的面积，m^2。

植物的排放是随外界环境因素的变化而变化的，因此建立植物源 VOCs 排放清单需要考虑环境因素的变化。在影响植物排放的各项因素中，叶生物量是最重要的生物因素之一，而在非生物因素中，主要的影响因素为光照和叶温。在国内外对植物源 VOCs 排放的研究中，目前主要的量化指标即上述三个指标。

6.5.3.2　排放系数的修正

为了便于比较和应用，通常文献报道的排放系数都已转换成标准条件下的排放值，即对应的叶温为 30℃、光合有效辐射为 1 000 $\mu mol/(m^2 \cdot s)$。由于实际环境条件往往是偏离标准条件的，因此排放系数通常需要根据环境条件（光照和叶温）来进行修正。其修正方法如下：

$$EF_i = EF_S \times C_T \times C_L \tag{6-81}$$

式中，EF_S 是在叶温为 303 K、光合有效辐射（PAR）为 1 000 $\mu mol/(m^2 \cdot s)$ 的标准条件下的 VOCs 排放系数，$\mu gC/(g \cdot h)$；C_T、C_L 分别是温度和光照的修正系数。

如前所述，忽略不同植被受环境影响的差异，异戊二烯的排放主要受光照和温度变化的影响，因此在实际计算中，往往需要对温度和光照的变化进行修正，可利用美国的 BEIS 2.0 模型中的修正系数公式进行计算。

1）叶温的修正

叶温修正系数的计算方法如下：

$$C_{T,异戊二烯} = \frac{\exp\left[\frac{C_{T1}(T - T_S)}{RT_S T}\right]}{1 + \exp\left[\frac{C_{T2}(T - T_M)}{RT_S T}\right]} \tag{6-82}$$

式中，R 是理想气体常数[8.314 J/(K·mol)]，T(K)是叶温，T_S（取 303 K）是标准叶温，T_M（取 314 K）、C_{T1}（取 95 000 J/mol）和 C_{T2}（取 230 000 J/mol）为经验系数。如图 6－3 所示，该经验模型表明，如果不考虑生物学下限温度和上限温度的影响，当温度较低时，异戊二烯的排放速率增长缓慢；从 293 K 左右开始，异戊二烯的排放速率随温度的升高较快地增长，并在 313 K 左右时达到最大；当温度继续升高时其排放速率则迅速减小。

如图 6－4 所示，温度是控制单萜排放速率的主要因素，通常采用下式所示的指数形式的经验公式进行修正：

$$C_{T,单萜} = \exp[\beta(T - T_S)] \tag{6-83}$$

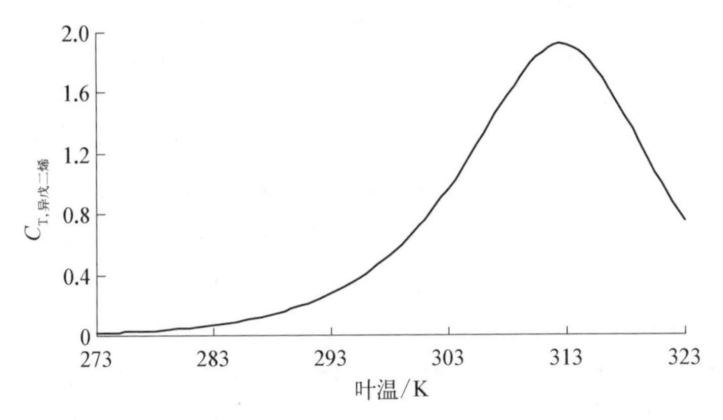

图 6-3　异戊二烯的温度修正系数 $C_{T,异戊二烯}$ 变化曲线

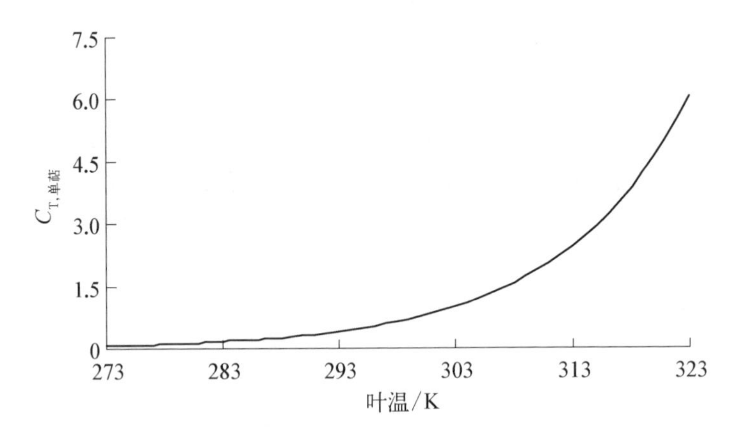

图 6-4　单萜的温度修正系数 $C_{T,单萜}$ 随温度变化曲线

式中，β(取 0.09/K)是经验系数。

2) 光照的修正

有研究证明，对无光照的植物材料，其异戊二烯的释放只能持续几分钟，因为异戊二烯在植物体中的储存量很小，在叶绿体中合成后很快就通过气孔释放到大气中，异戊二烯的释放速率与其合成速率相等。光合有效辐射(*PAR*)是评估光照对植物光合作用影响的重要参数，因此也被用来间接表示异戊二烯排放速率受光照的影响。其修正方法如下：

$$C_{L,异戊二烯}=\frac{\alpha C_{L1}L}{(1+\alpha^2L^2)^{1/2}} \tag{6-84}$$

式中，L 是光合有效辐射通量，α(取 0.002 7)和 C_{L1}(取 1.066)是经验系数。如图 6-5 所示，在光照较弱时，异戊二烯的排放速率是随着光照的增强而增加的，当光合有效辐射增加到一定程度[800 μmol/(m^2 · s)以上]时，它对异戊二烯排放速率的影响变小。

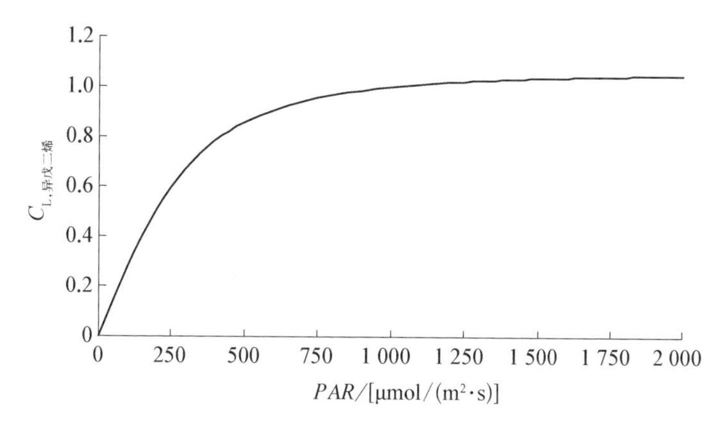

图 6-5　异戊二烯的光强修正系数 $C_{L,异戊二烯}$ 变化曲线

单萜的排放速率受光照的影响不明显，因此 $C_{L,单萜}$ 近似取 1，对光照不进行修正。

3）叶生物量密度的修正

叶生物量直接影响 VOCs 排放的多少。研究 VOCs 的年排放量时需要考虑叶生物量的季节变化。一般来讲，叶生物量密度可采用对植物进行破坏性采样的方法来测量，但这样的测定方法实施起来比较困难，需要花费大量的劳力和时间，所以在实际工作中它通常被用来提供叶生物量的标准值。叶生物量的标准值有时也用净初级生产力来估算或根据植株大小来估算。由于不同植物之间叶生物量差异很大，而且叶生物量的实测数据往往难以获取，因此在生物排放模型 BEIS 中对不同植物类型采用平均的叶生物量数据。

叶生物量的季节修正可以根据有效积温来估算。文献在研究欧洲的生物排放时采用的是有效积温的方法。其研究中把叶生物量的变化分为三个阶段：生长段、稳定段和衰减段。生长段表示植物叶生物量从零开始逐渐增加的阶段，衰减段即植物的落叶期，稳定段植物的叶生物量变化忽略不计。生长段的叶生物量随着温度的升高而增加，生长段第 i 天的叶生物量修正系数 $SH_{up,\,i}$ 如下式所示：

$$SH_{up,\,i}=\frac{1}{2}\lg\left(100\times\frac{ETS-a}{b-a}\right) \tag{6-85}$$

$$ETS=\sum_{d=1}^{i}(T_d-T_1),\ T_d\geqslant T_1 \tag{6-86}$$

式中，ETS 为有效积温；T_d为气温；T_1 为生物学零度；i 为生长期的天数；a 和 b 分别为生长期起始日和结束日的有效积温。衰减段的叶生物量则随着温度的降低而减小，衰减段第 i 天的叶生物量修正系数 $SH_{\text{down}, i}$ 如下式所示：

$$SH_{\text{down}, i} = 1 - \sum_{i=1}^{i} \frac{1}{C}(T_{\text{h}} - T_{\text{d}}) \tag{6-87}$$

$$C = \sum_{i=1}^{n}(T_{\text{h}} - T_{\text{d}}) \tag{6-88}$$

式中，C 为温度修正系数，它表示整个衰减段的有效积温；T_{h} 为植物开始落叶的平均温度；T_{d} 为气温；n 表示衰减段持续天数。

6.5.4 油气储运

油气储运源的排放主要为蒸发排放，包括汽油储运销环节（加油站、储油库、油罐车）产生的 VOCs 排放，可根据汽油周转量进行计算，计算式如下：

$$E = Y \times EF \tag{6-89}$$

式中，Y 为汽油周转量，kg；EF 为排放系数，克/千克燃油。

相关活动水平基本信息包括加油站和储运库名单、油品收发量、储存量、消费量、油气回收装置建设和运行情况等，可通过实地调研获得活动水平。

油品储运销环节排放系数根据未采取油气排放控制措施时的油气排放系数和油气回收效率测算获取，计算式如下：

$$EF = ef \times (1 - \delta) \tag{6-90}$$

式中，ef 为油品储运销环节的油气排放系数，克/千克燃油；δ 为油气回收效率，%。

优先采用实测法获取油气排放系数，可采用加油站在线监测系统的监测值推算排放系数。未安装油气回收装置时的油气排放系数通过查阅国家标准《散装液态石油产品损耗》（GB 11085—89）或调研美国 AP-42 中的计算方法确定；油气回收效率通过测试（加油站、储油库）或调研（油罐车）油气回收装置的相关数据获取。

6.5.5 液散码头

液散码头的排放估算包括原油、汽油、柴油、化学品等的储存、装卸以及管道输送过程的 VOCs 排放。VOCs 排放估算主要采用排放系数法，计算式如下：

$$E_{i, j} = ef_{i, j} \times A_{i, j} \times 10^{-3} \tag{6-91}$$

式中，i 为排放环节，包括储存、管道输送及装卸三个环节；j 代表原油、汽油、柴油、化学品等物料；E 为排放量，t；A 为物料周转量，t；ef 为排放系数，千克 VOCs/吨物料。

参 考 文 献

[1] U.S. Environmental Protection Agency. Paved roads, miscellaneous sources, compilation of air pollutant emission factors, volume 1: stationary point and area sources, AP-42[R]. North Carolina: U.S. Environmental Protection Agency, 2011.

[2] U.S. Environmental Protection Agency. Unpaved roads, miscellaneous sources, compilation of air pollutant emission factors, volume I: stationary point and area sources, AP-42[R]. North Carolina: U.S. Environmental Protection Agency, 2006.

[3] U.S. Environmental Protection Agency. Heavy construction operations, miscellaneous sources, compilation of air pollutant emission factors, volume I: stationary point and area sources, AP-42[R]. North Carolina: U.S. Environmental Protection Agency, 1995.

[4] Cowherd C, Axetell K, Guenther C M, et al. Development of emissions factors for fugitive dust sources, EPA-450/3-74-037[R]. North Carolina: U.S. Environmental Protection Agency, 1974.

[5] U.S. Environmental Protection Agency. Aggregate handling and storage piles, miscellaneous sources, compilation of air pollutant emission factors, volume 1: stationary point and area sources, AP-42[R]. North Carolina: U.S. Environmental Protection Agency, 2006.

[6] 何龙,李智恒.天然源排放清单估算方法研究[C].北京:中国社会科学院,2008.

[7] 张富华,黄明祥,张晶,等.生物源挥发性有机物(BVOCs)排放模型及排放模拟研究综述[J].中国环境管理,2014,6(1):30-43.

[8] Guenther A B, Monson R K, Fall R. Isoprene and monoterpene emission rate variability: observations with eucalyptus and emission rate algorithm development[J]. Journal of Geophysical Research: Atmospheres (1984-2012), 1991, 96(D6): 10799-10808.

[9] Guenther A B, Zimmerman P R, Harley P C, et al. Isoprene and monoterpene emission rate variability: model evaluations and sensitivity analyses[J]. Journal of Geophysical Research: Atmospheres (1984-2012), 1993, 98(D7): 12609-12617.

[10] Pierce T, Geron C, Bender L, et al. Influence of increased isoprene emissions on regional ozone modeling[J]. Journal of Geophysical Research: Atmospheres (1984-2012), 1998, 103(D19): 25611-25629.

[11] Kinnee E, Geron C, Pierce T. United States land use inventory for estimating biogenic ozone precursor emissions[J]. Ecological Applications, 1997, 7(1): 46-58.

[12] Guenther A B, Baugh B, Brasseur G, et al. Isoprene emission estimates and uncertainties for the Central African EXPRESSO study domain[J]. Journal of Geophysical Research: Atmospheres(1984-2012), 1999, 104(D23): 30625-30639.

[13] Guenther A B, Archer S, Greenberg J, et al. Biogenic hydrocarbon emissions and landcover/climate change in a subtropical savanna[J]. Physics and Chemistry of the Earth, Part B: Hydrology, Oceans and Atmosphere, 1999, 24: 659-667.

第7章　高时空分辨率排放清单的构建与应用

高时空分辨率清单能更真实地反映当地的污染源排放情况，是进行空气质量模拟、区域污染特征识别和大气环境管理的基础。本章在点源、移动源、面源排放清单编制方法的基础上，重点介绍这些方法在构建上海市高时空分辨率排放清单时的应用案例，以及为了使排放清单数据更接近实际排放状况，上海市在本地化排放系数建立方面做出的尝试及努力。

7.1　基于在线监测的电厂排放清单

伴随着超低排放技术在中国火电行业的广泛应用，中国火电行业排放水平已发生了显著变化，现有火电排放清单排放系数和排放量无法反映当前火电污染物排放提标后的客观状况。利用在线监测数据自下而上逐企业建立电力行业排放清单的方法能更全面地考虑电力行业超低排放技术、实际排放浓度与活动水平等综合因素[1]。本节介绍了通过基于在线监测数据建立的上海市燃煤电厂排放清单，能更清楚地表征减排现状以及排放时间变化特征。

7.1.1　上海市燃煤电厂减排现状

“十二五”期间，上海市完成燃煤机组烟气脱硫约 574 MW，约占全市燃煤电厂脱硫机组装机容量的 4%(见图 7-1)。

“十二五”期间，上海市累计完成燃煤机组烟气脱硝改造 9 992 MW，约占全市燃煤电厂脱硝机组装机容量的 67%(见图 7-2)。全市燃煤电厂以 14 912 MW 的脱硝机组总量计算，12 家公用燃煤电厂约占 89.5%，3 家自备燃煤电厂约占 10.5%。

截至 2015 年 12 月底，上海市联入在线监控平台的燃煤电厂为 15 家，全年烟尘、SO_2和 NO_x排放总量分别为 1 993 t、10 170 t 和 12 067 t(见表 7-1)。

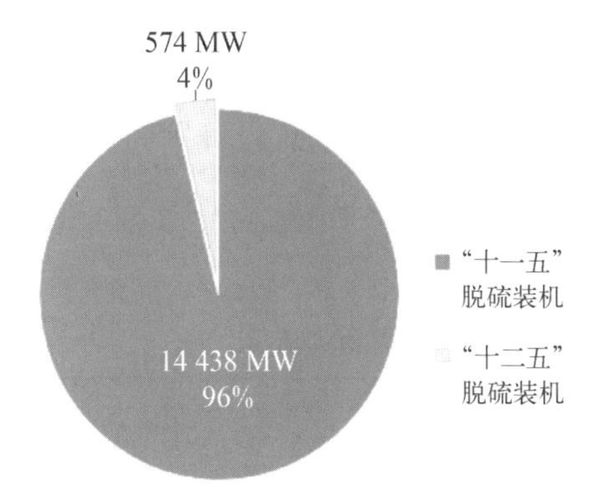

图7-1　全市燃煤电厂脱硫机组装机容量

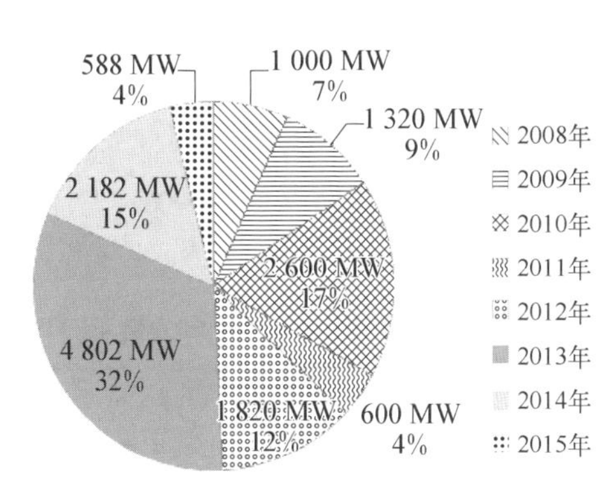

图7-2　2008—2015年上海市燃煤电厂烟气脱硝机组投运规模

表7-1　2015年安装烟气排放连续监测系统(CEMS)的燃煤电厂大气污染物排放总量

单位：t

月　份	烟　尘	SO_2	NO_x
1	230	1 189	1 764
2	189	996	1 443
3	211	1 082	1 279
4	179	962	1 036
5	177	872	1 072
6	166	773	926
7	177	1 027	917
8	180	946	951
9	116	578	628
10	100	486	572
11	105	563	637
12	163	696	842
总计	1 993	10 170	12 067

进入"十三五"以后，根据《上海市煤电节能减排升级与改造工作实施方案(2015—2017年)》(沪发改能源〔2015〕140号)，本市燃煤电厂超低排放升级改造总体分为两部分：一是上海市现役60万千瓦及以上燃煤发电机组在2017年年底前完成改造，达到燃气轮机排放限值，烟尘、二氧化硫、氮氧化物浓度分别达到5 mg/m^3、35 mg/m^3、50 mg/m^3，同步消除石膏雨污染；二是其他燃煤发电机组按照清洁能源替代、上大压小、升级改造三种方式在2020年以前完成改造，基本达到燃气轮机排放限值，烟尘、二氧化硫、氮氧化物浓度分别达到10 mg/m^3、35 mg/m^3、50 mg/m^3。

通过对超低排放改造后的技术性能、运行稳定性、环境改善效果、能耗水平、经济成本等指标进行综合性评估，各机组运行均持续稳定，周边环境明显改善。在线监测数据统计表明，2017 年燃煤电厂的烟尘、SO_2 和 NO_x 排放总量分别为 659 t、3 341 t 和 6 809 t(见表 7 - 2)，较“十二五”期末进一步下降，烟尘、SO_2 和 NO_x 的降幅分别达到 66.9%、67.1%和 43.6%。

表 7 - 2　2017 年安装 CEMS 的燃煤电厂大气污染物排放总量　　单位：t

月　份	烟　尘	SO_2	NO_x
1	81	371	696
2	66	359	672
3	71	414	709
4	60	312	530
5	53	241	481
6	48	258	493
7	55	330	653
8	65	324	718
9	40	178	445
10	35	137	374
11	40	182	465
12	45	235	573
总计	659	3 341	6 809

由图 7 - 3 可见，大气污染物排放量在冬季(1—3 月、12 月)和夏季(7 月、8 月)达到了一年中的峰值水平，表明本地燃煤机组发电总量受度冬和度夏的调峰影响明显。

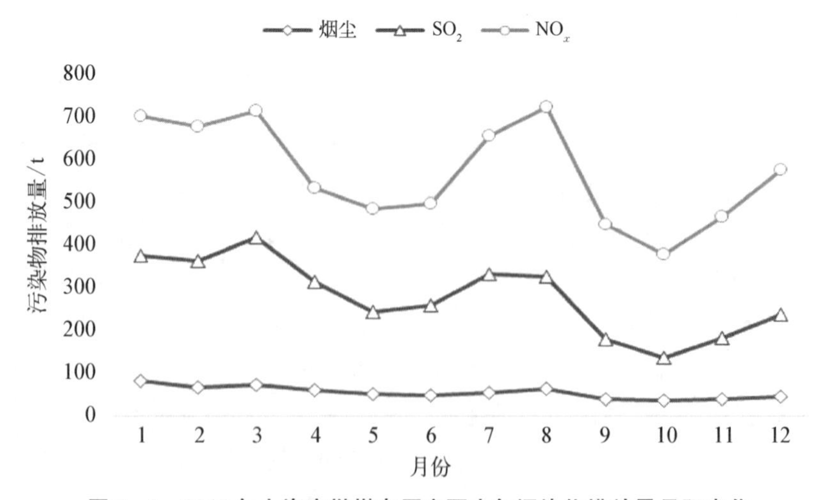

图 7 - 3　2017 年上海市燃煤电厂主要大气污染物排放量月际变化

7.1.2 燃煤电厂超低排放的时间变化特征

本节以上海外高桥三厂7号机组CEMS数据为例来说明燃煤电厂主要大气污染物排放的时间变化特征。外高桥三厂7号机组为1 000 MW的超超临界燃煤发电机组，2015年完成超低排放改造，节能和减排整体水平目前处于全市领先，无调峰压力，综合运行工况较为稳定。

由图7-4和图7-5可见，二氧化硫、氮氧化物的排放浓度无明显的月变化规律。4月14日至6月27日停炉检修期间，脱硫、脱硝设施的部分设备进行了清理和更换，下半年该机组的主要大气污染物的排放浓度都明显低于上半年。

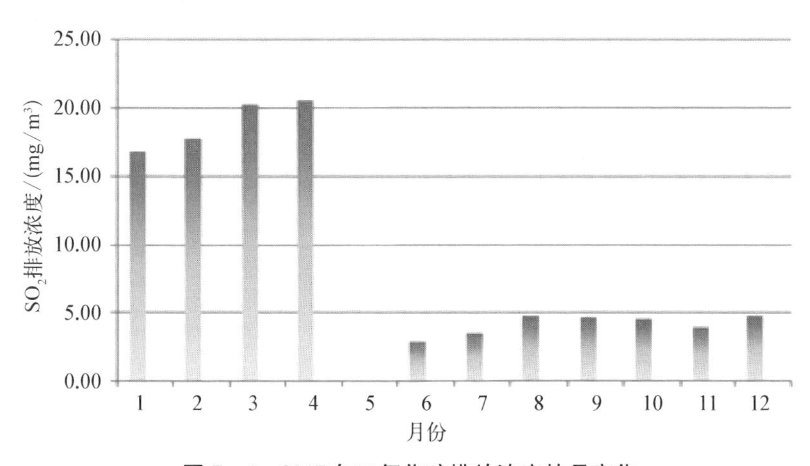

图7-4 2017年二氧化硫排放浓度的月变化

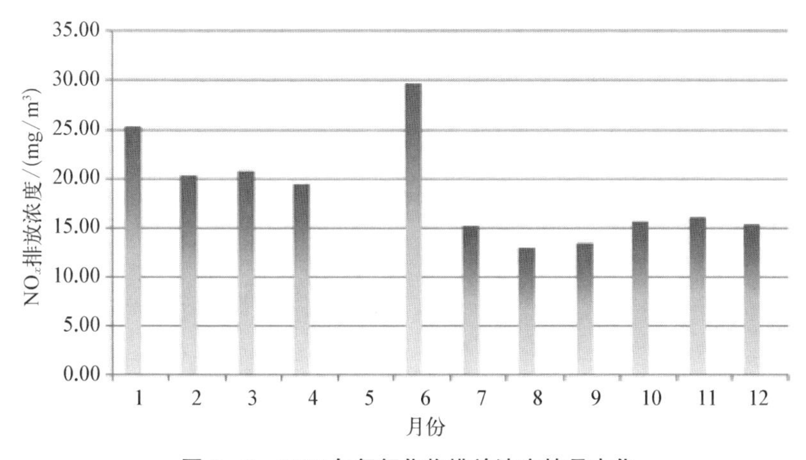

图7-5 2017年氮氧化物排放浓度的月变化

图7-6所示是外高桥三厂7号机组在6月27日至6月30日的实时生产曲线，上部的曲线为脱硝反应器进口温度，下部曲线是氮氧化物排放浓度。当锅炉负

荷低于40%时，脱硝反应器进口温度达不到脱硝热解炉的投运要求，导致脱硝装置无法正常投运(除尘和脱硫不受机组负荷影响)。整个6月份外高桥三厂7号机组有效运行小时数仅有96小时，部分高浓度的氮氧化物小时排放数据抬高了当月平均排放水平。

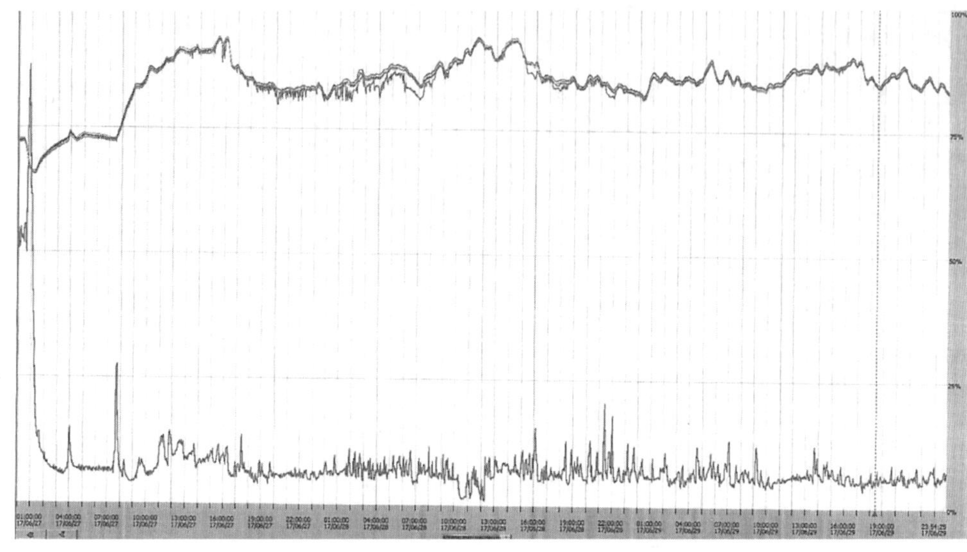

图7-6　外高桥三厂7号机组在2017年6月27日—6月30日的实时生产曲线

由图7-7和图7-8可见，二氧化硫、氮氧化物的小时排放浓度无明显的趋势性变化规律。在负荷相对稳定的情况下，主要污染物之间无明显的浓度相关性，净烟气中单项污染物的排放浓度主要取决于原烟气浓度和治理设施的去除效率。

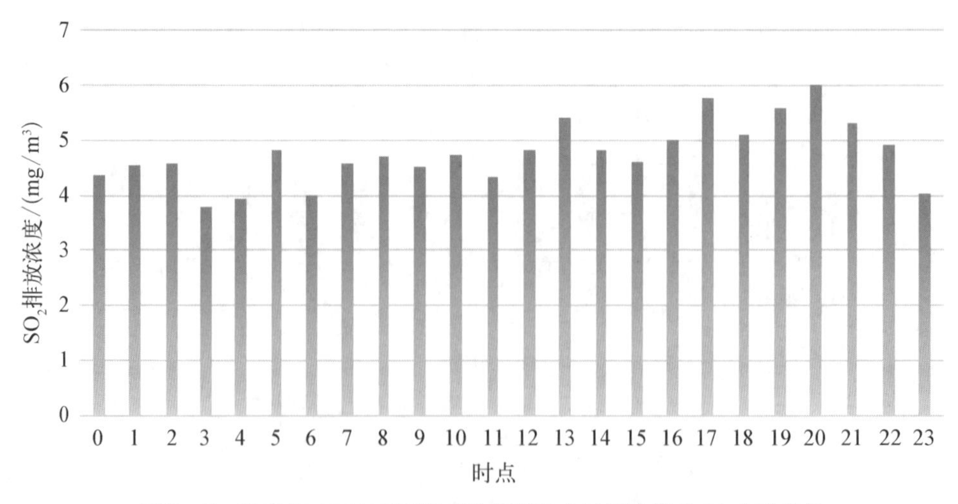

图7-7　2017年12月二氧化硫排放浓度小时平均值的24小时变化

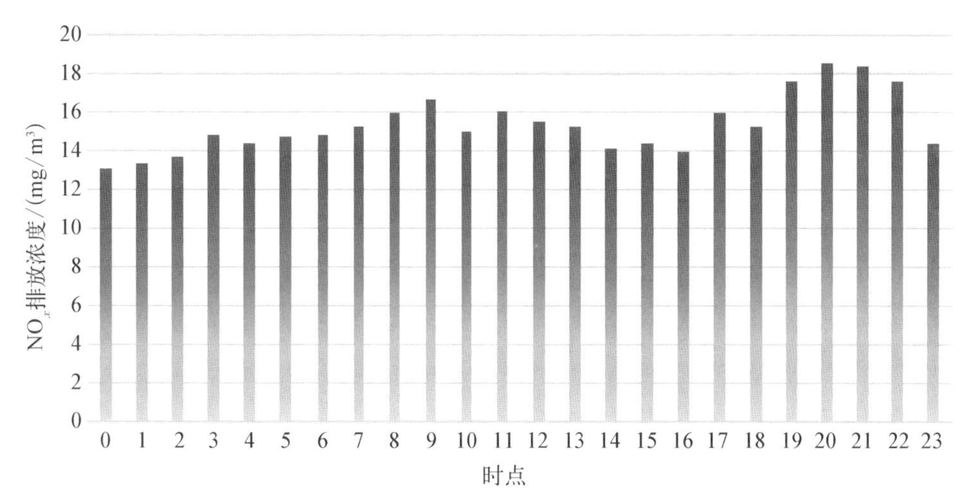

图7-8　2017年12月氮氧化物排放浓度小时平均值的24小时变化

7.2　石化行业开停工放空过程排放估算

化工装置中的物料状态主要以液体和气体或浆液为主，纯粹为固相的极少。对于气体物料，通过高压压缩后在装置内也主要是以液化或半液化的状态存在。因此，研究过程中主要考虑的是液体或常温下为气体的物料。如果这些污染物在装置退料、清洗和吹扫过程中气化逸散到大气中或进入火炬系统等处理装置并且未能被完全净化，就会以大气污染物的形式排放。

现有化工装置可按处理物料性质和停车退料工序分为4种典型类型：① 常温下液体物料的水洗、蒸汽蒸塔放空吹扫流程；② 溶剂、药剂清洗蒸煮加蒸汽蒸煮放空吹扫流程；③ 常温气态物料装置放空吹扫流程；④ 水溶性特殊物料放空吹扫流程等。

放空过程中可能排放的大气污染物来源主要是生产物料在退料后残留在装置内部的物料，以及清洗过程中添加的试剂。残留方式包括壁面黏附、内部空间的气相存留及因重力因素导致的底部存留等。

本书针对正常情况下开停车过程的排放进行定量分析，不包括事故排放。由于事故排放具有偶然性和突发性的特点，且在事故发生后，从安全的角度出发，安全风险的消除总是处于最优先等级，因此其过程表现出极大的不规则性和复杂性，过程的污染排放需另行深入研究。

7.2.1　正常停车清洗维护阶段大气有机污染物的排放来源

装置停车清洗维护阶段有机污染物排放来源主要包括两部分。

1) 设备停车、退料和清洗过程

设备内原有物料的外排包括以下几种情况：

(1) 液体物料退料外排时接收容器顶空气体的外排和设备内部部分液体气化充填顶空；

(2) 气体物料退料操作到一定压力值后设备内剩余物料的外排；

(3) 装置设备及管道内壁、内构件、换热面、填料、催化剂等的液体挂料的外排；

(4) 残留存于设备系统放空、弯头及其他管件缝隙等处的液体物料的外排；

(5) 部分情况下气态物料的直排(未进回收中间罐或火炬罐)。

2) 采用溶剂清洗或其他使用溶剂进行除锈、除臭的操作过程

有机物挥发排放，包括以下几种情况：

(1) 采用溶剂清洗设备时溶剂挥发占据设备内部空间并外排(此工况下的生产物料往往为相对分子质量较大、难挥发性物质或易聚合的物质，添加溶剂与设备内原物料呈置换关系)；

(2) 清洗溶剂的挂壁(与设备内原物料呈置换关系)挥发；

(3) 清洗溶剂或脱臭剂外排时的逸散。

因此，正常放空过程的排放潜势(可能的最大排放量)包括装置内物料外排收纳容器的顶空气体外排量、装置退料完成时装置内部新形成的物料顶空气体中有机物的量、装置设备内部各类壁面的液体有机物黏附量、因装置设备管道因素无法排净并且因重力因素等而存留在设备低洼处的物料量。顶空气体的排放量潜势主要与气相中各类有机气体的分压、分子质量及顶空的温度等有关；挂壁黏附量取决于装置设备内部的各类面积、退料工况下物料的黏度等；物料残存量主要取决于装置系统放空系统的设计和相应装置设备结构等因素。

7.2.2 化工装置开停车排放估算方法

由以上分析可知，化工装置开停车过程中可能排放污染物的来源主要是设备表面(包括内壁、填料、催化剂、换热器等)的黏附量，由于设备结构等因素而在退料结束后因重力产生的积液，设备内部空间气体中所含的污染物的量等。估算方法也从这三个方面开展。

对于表面黏附量，主要考虑从设备内表面积和内部填料、催化剂和换热器的表面积通过不同黏度物料的比黏附量来进行估算：

$$E_{ap} = C_{ap} \times f_s \times 1\,000 \tag{7-1}$$

式中，E_{ap}为黏附排放潜势，kg；C_{ap}为比黏附系数，g/m^2，取决于工况物料黏度和黏附表面性质，通过后续实验测定；f_s 为黏附面积，m^2，催化剂和填料需按比表面积

折算。

对于设备内部空间气体中所含污染物的量可按下式计算：

$$E_{vi}=\frac{P_v+101.325}{101.325}\times\frac{273}{T_v}\times V\times F_{void}\times\frac{M_{wi}}{22.4}\times\Phi_i \tag{7-2}$$

式中，E_{vi} 为 i 组分气相排放潜势，kg；P_v 为放空操作时的设备内部表压，kPa；T_v 为放空操作时的设备内部温度，℃；V 为设备内部容积，m^3；F_{void} 为设备内部空隙率；M_{wi} 为 i 组分的相对分子质量；Φ_i 为气相中 i 组分比例。

在退料结束后，因重力造成的内部积液量主要取决于设备结构等因素，目前参照文献按设备容积比率的 0.002 来估算残留物料量（如前期未采用热水清洗，则该残留比率应取更高值）。

以上污染物的排放潜势中，清洗过程的效率按 95%计，清洗后 5%的残留将在装置设备检修前直接放散到大气中。

对于气体物料，如采用压缩回收，其回收量按 80%计，如无压缩回收系统，则回收率取 30%～50%（取决于装置系统设置的中间罐配置情况）；其余部分在设有与火炬系统连通气体管线的情况下将进入火炬系统，无管线部分则直接排放；排入火炬系统的气体，采用蒸气吹扫时按 93%～98%的销毁率计，采用氮气吹扫时，进入火炬系统的气体按 80%的销毁率计。

对于液体物料装置设备，如在蒸塔清洗过程中配置了冷凝回收系统，其回收量可按 80%计，如未配置冷凝系统则回收量按 0 计，采用氮气吹扫气体也不考虑回收率；如装置系统设有连接火炬系统的管线，则排入火炬系统的气体采用蒸气吹扫时按 93%～98%的销毁率计，采用氮气吹扫时，进入火炬系统的气体按 80%的销毁率计。

7.2.3　上海市典型企业化工装置开停车排放量估算

调研收集上海市典型的 5 家企业 2010 年开停工过程的基础资料和数据，并且考虑到装置内部还充填有不同比例的填料、催化剂、塔板等构件的情况后，项目组对 5 家典型化工类企业 2010 年度开停车放空操作过程进行了排放潜势估算，具体估算结果如表 7－3 所示。

5 家典型企业 2010 年度的排放潜势约为 4 061 t，估算排放量约为 2 564 t。开停车过程的大气污染物排放具有瞬时排放的特点，短期内对周围环境的影响较大。其中，设备内部构件如催化剂、填料、塔件或换热面等的黏附量占 40%左右，内部顶空气体约占 30%。通过目前配置的火炬系统很难达到高效的减排任务。

表 7-3　2010 年度上海重点化工企业开停车排放估算汇总情况

企业	装置内表面积/m^2	装置容积/m^3	装置排放潜势/(吨/次)	辅助管线排放潜势/(吨/次)	合计排放潜势/(吨/次)	估算排放量/(吨/年)	备注说明
A	53 646	39 551	1 164	318	1 482	928.5	主要装置操作程序为液相放料(或气体压力平衡、加压放料),蒸煮,N_2 吹扫或干燥,火炬处理,但部分芳烃装置先进行 N_2 吹扫,再蒸煮,一定比例气态或轻组分设备
B	119 714	55 878	1 674	473	2 147	1 347	以液态烃类加工为主,液体放料,水洗水顶,蒸煮,N_2 吹扫或干燥,火炬处理
C	1 230	4 377	25	7	32	18.5	该年度仅一台设备检修
D	11 036	23 862	318	77	395	266	该年度平均开停车 2 次,仅有液体放料、水洗和吹扫,部分设施配有净化装置,无火炬
E	2 967	1 051	3.7	1	4.7	4.11	小型设备为主,非连续生产,仅水洗,无火炬,年度上报年均清洗 2 次

7.3　基于通量监测的 VOCs 排放定量

对于污染面源,如石化工业区、大型垃圾处理场、大型养殖场以及石油天然气储运站等大范围逸散源的监测,传统的点式监测方法难以全面获得整个待测区域的污染情况,更无法满足长期连续自动监测的需求。采用基于太阳直射光的傅里叶变换红外光谱光学遥测技术,通过选取合适的工业区污染传输界面,结合风场数据,获得厂区范围内的 VOCs 污染浓度分布及排放通量水平,是现有的排放清单估算及模型计算排放通量的一种较好的验证手段。本节主要介绍通量监测法在上海市石化企业和典型工业区 VOCs 无组织排放定量研究方面的应用。

7.3.1　通量监测方法

为了区分一个监测区域污染物的输入输出情况,假定输入监测区域的污染物通量为负值,输出监测区域的污染物通量为正值。流经 x_1、x_2 两点间线段 dx 的污染物通量的输入输出情况取决于该线段在监测区域的相对位置,如果线段位于监测区域的上风向为输入，位于监测区域的下风向则为输出。流过测量点 x_1 和测量点 x_2 之间线段 $\mathrm{d}x$ 的有害气体的通量用 $Flux(x)$ 表示。$Flux(x)$ 在数值上等于以线段 $\mathrm{d}x$ 、风速 $u(x)$ 和线段 $\mathrm{d}x$ 上平均竖直柱浓度 $\bar{C}_{li}(x)$ 构成的直平行六面体的几何体积，如式(7 - 3)所示：

$$Flux(x) = \bar{C}_{li}(x)u(x)\cos\theta(x)\mathrm{d}x \tag{7-3}$$

式中，$\bar{C}_{li}(x)$ 为 $\mathrm{d}x$ 路径上的平均竖直柱浓度；$u(x)$ 为 x 处的风速。$\bar{C}_{li}(x)$ 的计算式为

$$\bar{C}_{li}(x) = \frac{C_{li}(x_1) + C_{li}(x_2)}{2} \tag{7-4}$$

沿着所有测量点组成的测量路径(一般要求闭合)积分，得到测量区域的有害气体体积排放通量 $Flux$，如式(7 - 5)所示：

$$Flux = \int_{x_1}^{x_2} \bar{C}_{li}(x)u(x)\cos\theta(x)\mathrm{d}x = \sum_{x_1}^{x_2} Flux(x) \tag{7-5}$$

式中，x_1 为测量起始点的位置，x_2 为测量终点的位置。

如果 $\bar{C}_{li}(x)$ 的单位取 ppm，$u(x)$ 的单位取 m/s，$\mathrm{d}x$ 单位取 m，那么，此时得到的是污染源有害气体体积排放通量，用 $Flux_{\mathrm{v}}$ 表示，单位为 $\mathrm{m^3/s}$；如果 $\bar{C}_{li}(x)$ 单位取 $\mathrm{g/m^2}$，$u(x)$ 单位取 m/s，$\mathrm{d}x$ 单位取 m，那么，此时得到的是污染源有害气体质量排放通量，用 $Flux_{\mathrm{m}}$ 表示，单位为 g/s。

以车载 SOF 系统对工业区进行污染源排放通量监测为例，为得到污染源排放的通量信息，一般要求沿所监测化工厂区外围选取一光照条件较好的闭合路径进行连续测量。在各个连续的测量点上测得经过污染气体选择吸收后的红外吸收光谱，并从标准数据库中提取污染物分子的标准吸收截面，结合仪器参数(如分辨率、仪器线型函数等)和气象参数(温度、压强等)，计算出污染物的柱浓度。再结合气象仪器和风场廓线测量设备提供的风速、风向信息，计算出污染物穿过某一个竖直平面的通量，并根据 GPS 系统提供测量点的经纬度位置信息，即可反演出经过该区域的污染物排放通量。

7.3.2　某石化企业乙烯装置通量监测

在某石化企业乙烯(C_2H_4)装置进行放空前后，沿该装置(区域)外围进行连续监测。

1) 监测因子：C_2H_4

各圈的 C_2H_4 柱浓度监测结果依次如图 7 - 9 所示，各圈测得的 C_2H_4 排放通

量以及最大柱浓度分布如图 7-10 所示。为便于表示和理解，图 7-10 横轴中的 0 表示放空过程中的监测结果，负值表示放空前的监测结果，正值表示放空后的监测结果。整个监测过程一共进行了 9 次测量，其中放空前测量了 2 次，放空过程中测量了 1 次，放空后测量了 6 次，显示出基于光谱法的通量监测技术具有较高的监测效率。

由图 7-10 可以看出，装置关停时，C_2H_4通量较往常约降低 70%，排放强度在放空时达到最大，约为 244 kg/h，之后迅速降低。受风场变化等因素作用，放空后最大浓度呈先上升后降低的变化趋势。

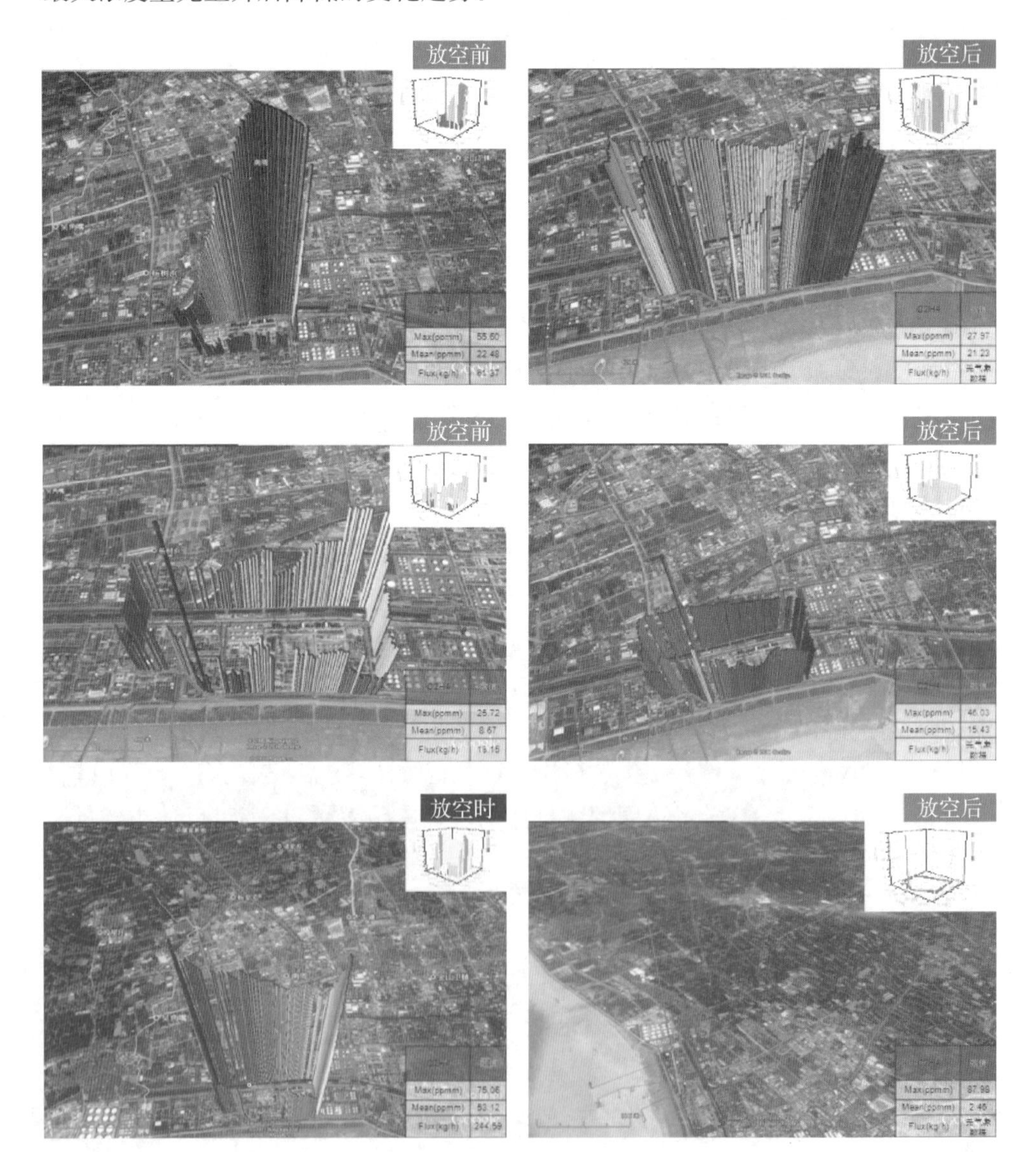

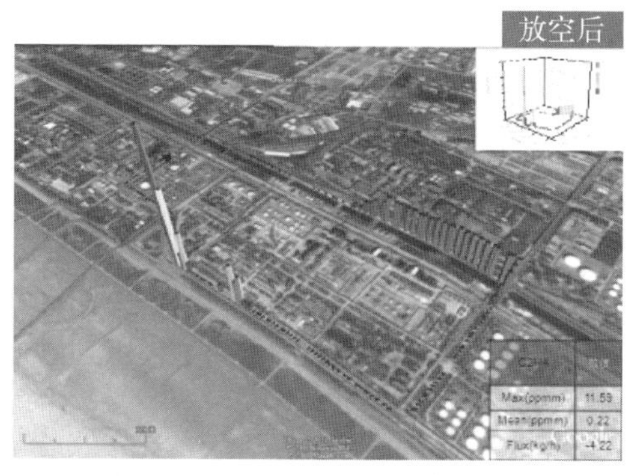

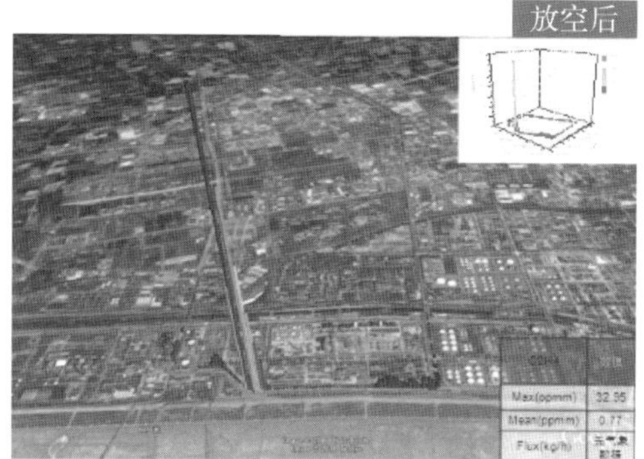

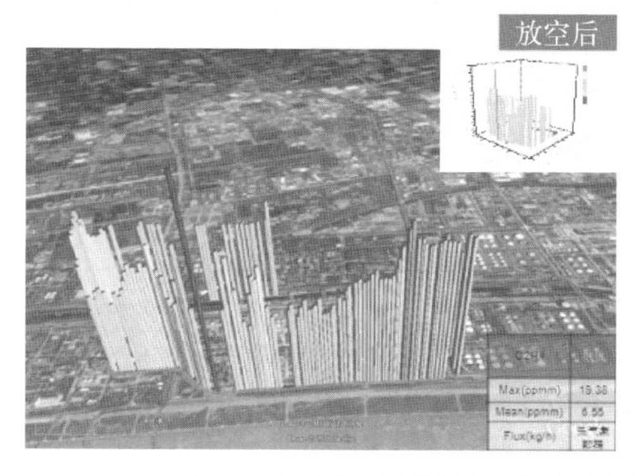

图 7-9　某石化企业乙烯装置放空前后 C_2H_4 监测结果(彩图见附录)

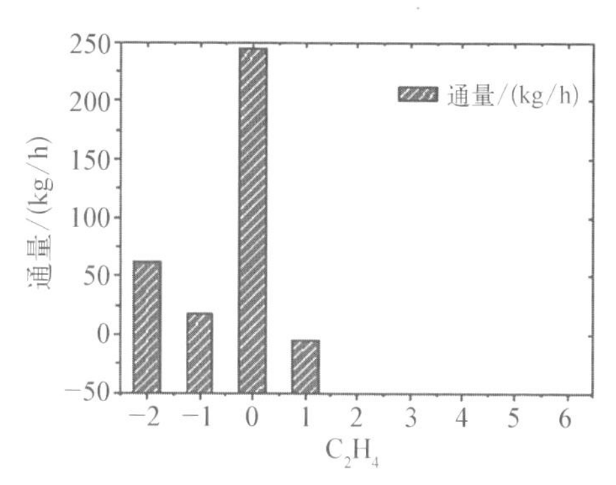

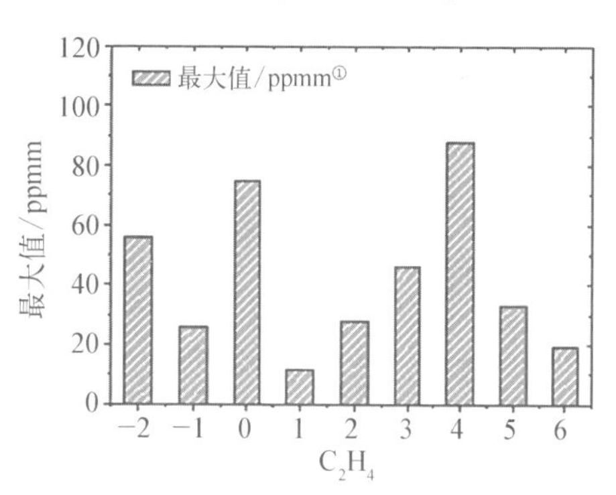

图 7-10　某石化企业乙烯装置放空前后 C_2H_4 排放通量及最大柱浓度趋势变化

2）其他监测因子

图 7-11 为该装置放空前后丁酸($C_4H_8O_2$)的平均柱浓度、最大柱浓度趋势变化图。关停时，$C_4H_8O_2$ 浓度较往常降低，排放强度在放空时达到最大，此后逐渐降低；受风场影响，放空后最大浓度呈先上升后降低的变化趋势，$C_4H_8O_2$ 的放空过程明显滞后于 C_2H_4。

---

① ppmm 表示质量比为百万分之一，相当于单位 mg/kg，行业惯用。

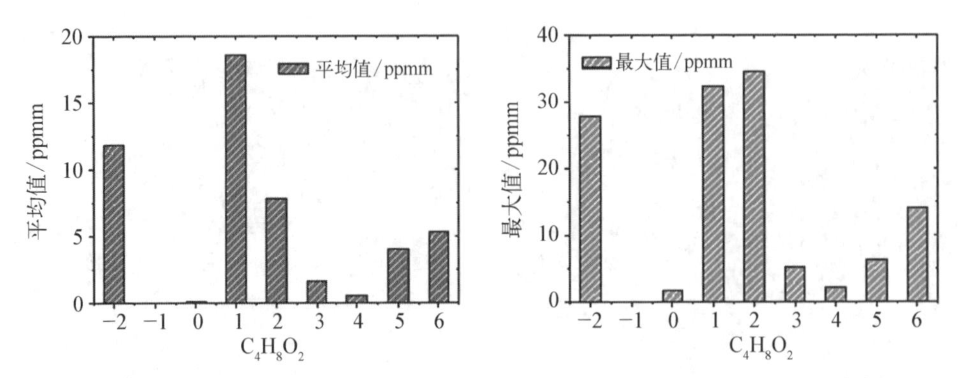

图 7-11 某石化企业乙烯装置放空前后 $C_4H_8O_2$ 平均柱浓度、最大柱浓度趋势变化

图 7-12 为该装置放空前后丙烯(C_3H_6)的平均柱浓度、最大柱浓度趋势变化图。关停时，C_3H_6 平均水平降低，通量降低 62.7%；放空后，最高浓度出现峰值并缓慢降低，C_3H_6 的放空过程接近 C_2H_4，但是平均浓度及最大检出浓度的变化速度慢于 C_2H_4。

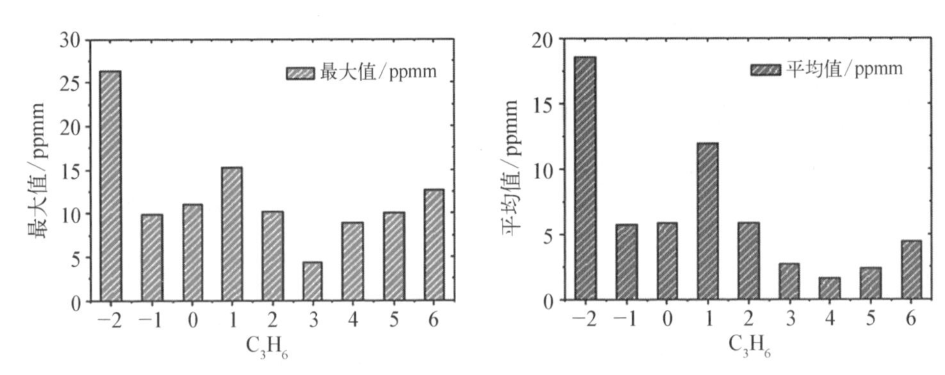

图 7-12 某石化企业乙烯装置放空前后 C_3H_6 平均柱浓度、最大柱浓度趋势变化

图 7-13 为该装置放空前后二氯二氟甲烷(CCl_2F_2)的平均柱浓度、最大柱浓度趋势变化图。放空时，CCl_2F_2 的平均浓度随放空过程变化明显，放空后逐渐减少至最低值后迅速增高。

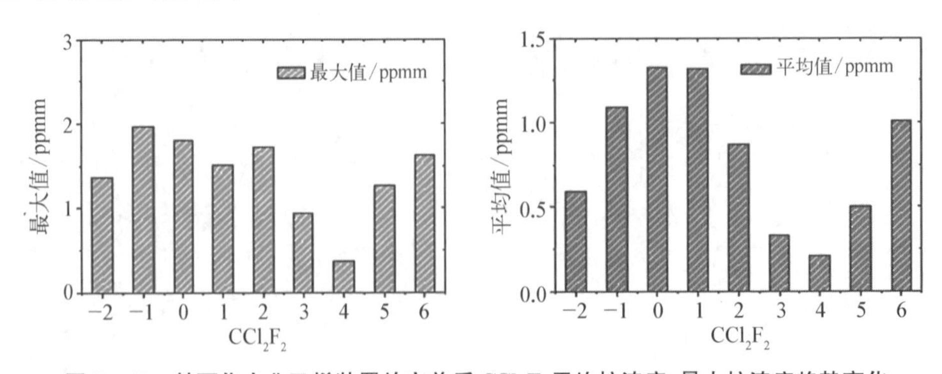

图 7-13 某石化企业乙烯装置放空前后 CCl_2F_2 平均柱浓度、最大柱浓度趋势变化

图 7-14 为该装置放空前后 C_3～C_9 总烷、烯烃的平均柱浓度、最大柱浓度趋势变化图。由图中可以看出，放空后，总烷、烯烃的浓度变化不明显，提示放空过程与当地的烷、烯烃排放情况关联性较弱。

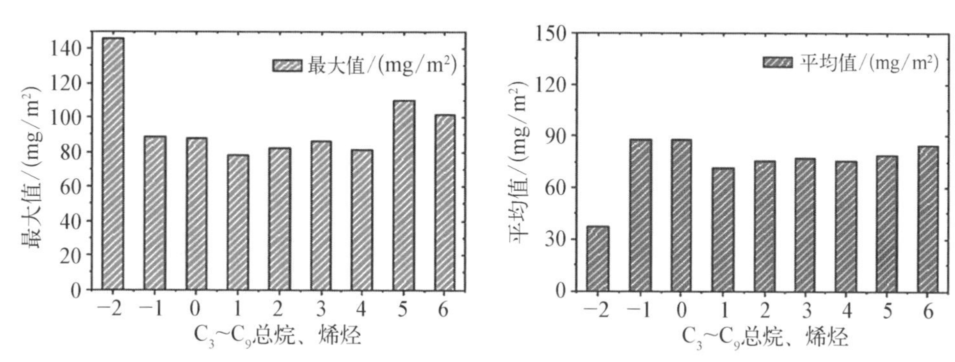

图 7-14　某石化企业乙烯装置放空前后 C_3～C_9 总烷、烯烃平均柱浓度和最大柱浓度趋势变化

7.3.3　典型工业区通量测量结果

上海市部分典型化工厂区监测所得的 VOCs 排放通量以及柱浓度最大值的对比情况如表 7-4～表 7-5 所示。以连续监测数据各物质所占 VOCs 总浓度的百分比进行推算，上海市工业区 1 的 VOCs 总量约为 21 086 t/a；工业区 2 的 VOCs 总量约为 10 039 t/a；工业区 3 的 VOCs 总量约为 47 337 t/a；工业区 4 的 VOCs 总量约为 29 545 t/a。

表 7-4　典型化工区 VOCs 排放通量比较　　单位：kg/h

测量地点	C_2H_4 通量	CCl_2F_2 通量	C_3H_6 通量	$C_4H_8O_2$ 通量
工业区 1	10.17	7.29	—	68.69
工业区 2	−355.53	−24.8	—	−143.52
工业区 3	61.37	2.69	−26.50	−84.64
工业区 4	135.43	22.23	59.11	99.03

表 7-5　典型化工区 VOCs 排放柱浓度最大值比较　　单位：ppmm

测量地点	C_2H_4 最大值	CCl_2F_2 最大值	C_3H_6 最大值	$C_4H_8O_2$ 最大值
工业区 1	12.38	1.75	—	25.90
工业区 2	109.63	1.87	—	13.08
工业区 3	55.60	1.37	22.04	27.68
工业区 4	20.67	1.66	8.34	36.00

7.4 基于实时交通流的全市路网机动车排放清单

以往机动车排放清单主要采用“自上而下”的方法，依靠平均化的排放系数和机动车保有量等历史统计资料获得，无法及时反映道路交通的实际情况，与实际道路排放相比，仍然存在比较大的不确定性。已有研究表明不同交通条件下的大气污染存在较大差异，因此，越来越多的研究开始采用动态的车流、车速等交通信息，逐步提高机动车排放清单的空间和时间分辨率[2-7]。本节以实时的车流、车速等交通信息为基础，选取上海市城区典型道路为研究案例，建立基于路段的机动车动态排放清单模拟方法[8]，并给出上海市机动车排放的时空及车型分配结果。

7.4.1 构建基于实时交通流的全市路网机动车活动水平

构建基于实时交通流的全市路网机动车活动水平的技术路线如图 7－15 所示。

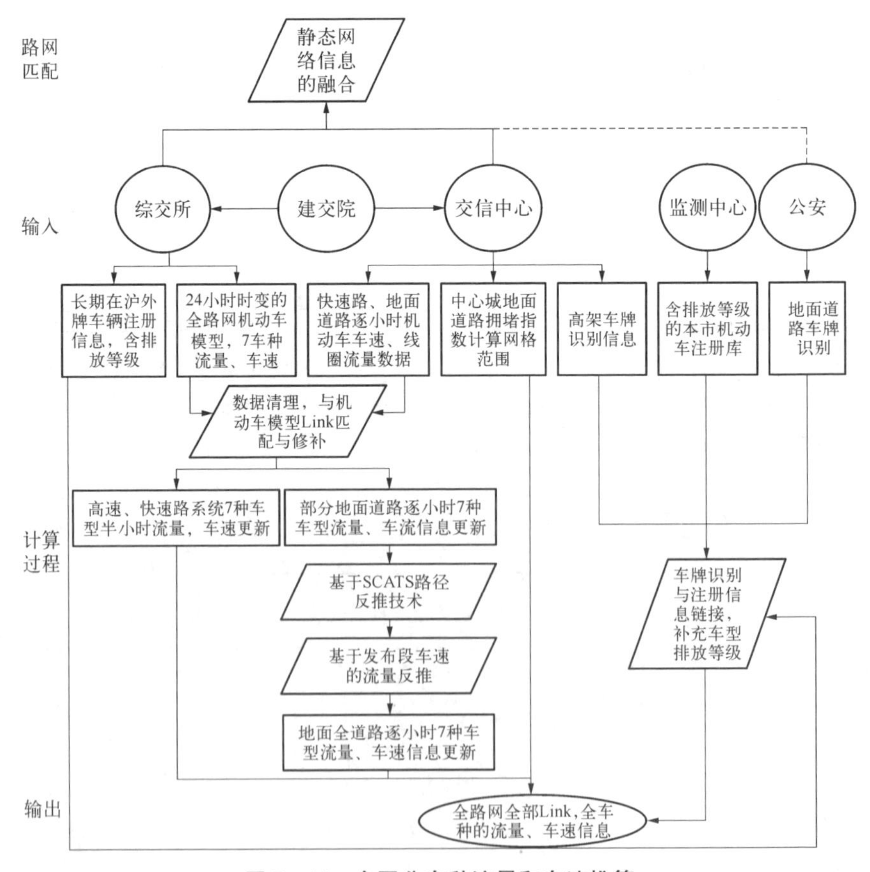

图 7－15 全网分车种流量和车速推算

以上海交通模型为基础的全日模型输出静态全市路网 9.2 万条路段公交车、出租车、小客车、大客车、小货车、大货车、集装箱车 7 种车型的 24 小时含各车种的道路流量、道路车速数据。

以上海实时交通数据为基础建立全日实时动态的交通流，主要包括上海发布段车速、SCATS 线圈、快速路线圈、地面公安卡口、12 吨以上货车集装箱车 GPS、高速收费站 OD 等系统的数据。其中，发布段车速由浮动车、互联网地图商数据综合而成，共计 8 万个；用于交警交叉口信号控制的 SCATS 线圈共计 5 000 余个；用于流量、车速监测的快速路线圈共计 1 500 个断面；地面公安卡口为上海国家展览中心周边的近 50 个交叉口；还需包括所有沪牌和外牌的 12 吨以上货车集装箱车 GPS 数据；高速收费站 OD 为全市高速路收费站车辆信息等。

通过程序自动匹配和人工检验、对照，将静态交通模型的 9 万余个 Link 与信息化平台的 8 万余个发布段，以及 SCATS 线圈、快速路线圈与交通模型 Link 进行匹配，实现每 30 分钟的全网分车种流量、车速推算更新。

以上海 2018 年 10 月 29 日为例，基于实时交通流的全市路网机动车活动水平的全网 9.2 万条路段、7 种车型的 24 小时含各车种的道路流量、道路车速数据信息，建立以 1 km×1 km 为网格的时空分布，如图 7-16 和图 7-17 所示。在早高峰时段，全市路网车公里密度比较高的地区出现在外环、中心城区快速道路等周边地区。

7.4.2 构建全市路网机动车实时排放模型

全市路网机动车实时排放模型实现了交通模型与 IVE 模型的融合，并实现静态和动态实时交通流数据融合、实时交通流数据与交通模型数据融合等功能，可每半小时测算一次全市路网机动车实时排放清单。

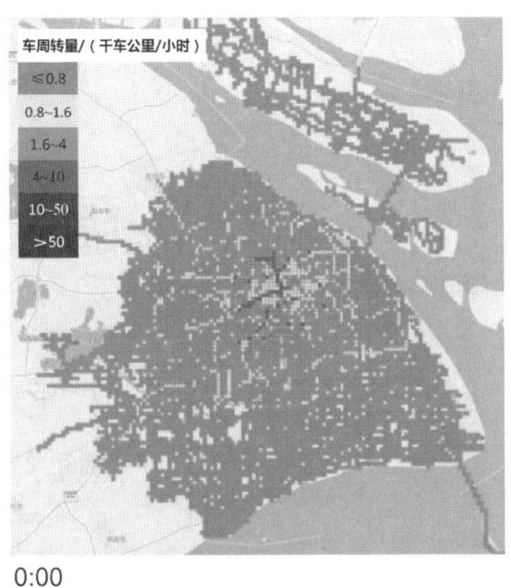

0:00

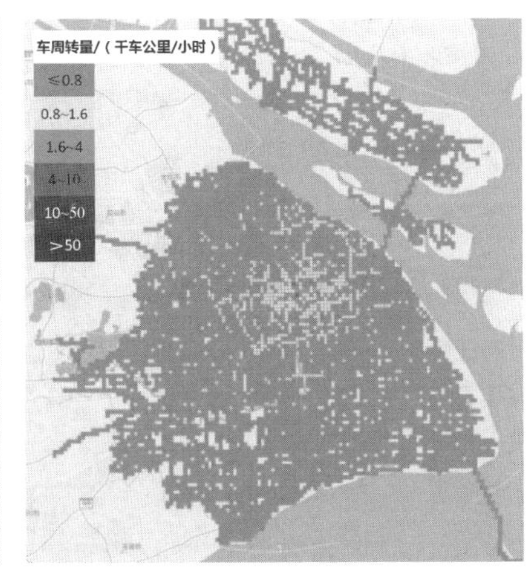

4:00

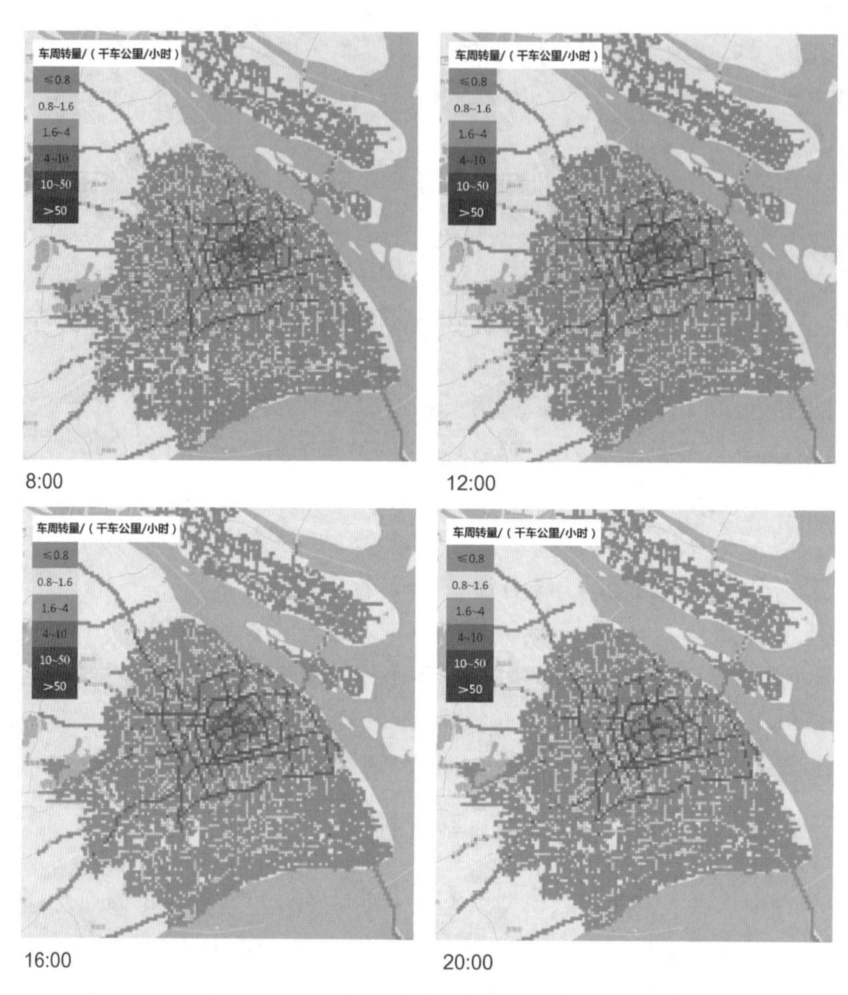

图 7-16　交通模型输出的小时道路交通流量变化图(彩图见附录)

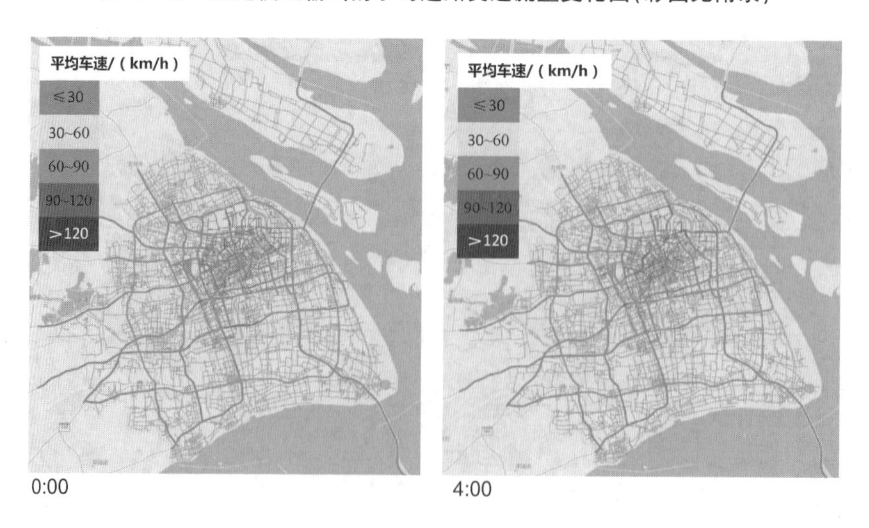

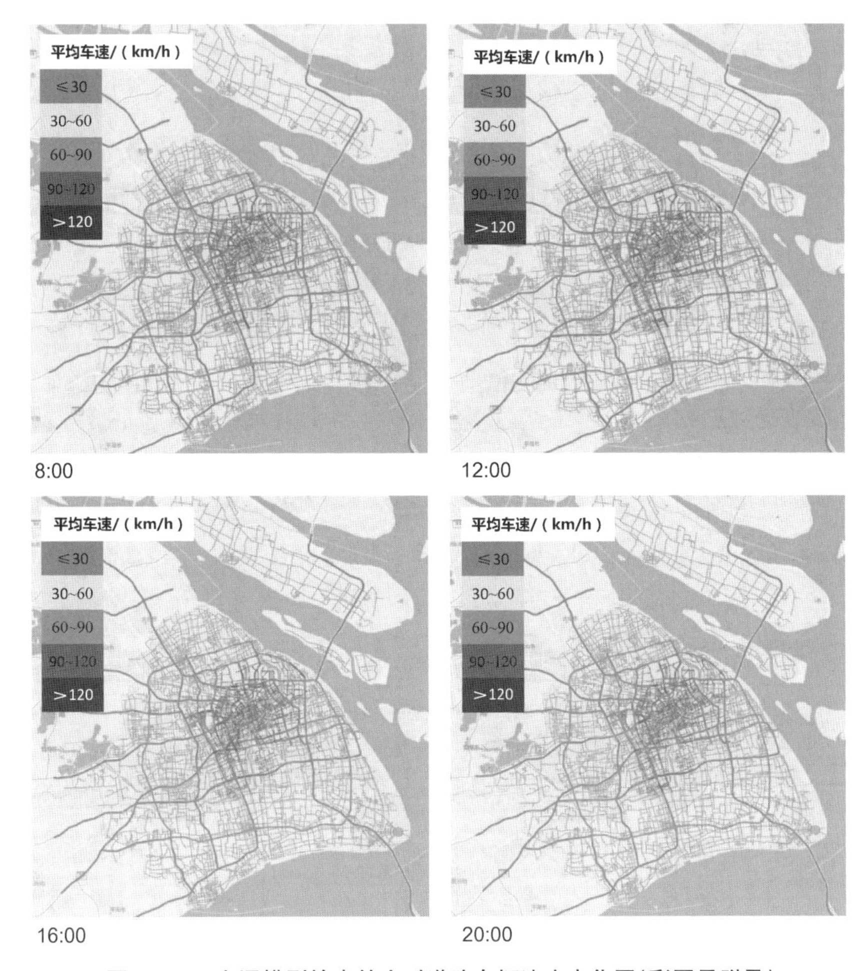

图7-17 交通模型输出的小时道路车辆速度变化图(彩图见附录)

1) 机动车基础排放系数的校正参数数据库

针对上海市城区的典型道路(包括高速、高架路、主干路和次干路)、典型车型(包括小客车、小货车、出租车、公交车、大客车、大货车、集装箱车)、典型交通时段(包括工作日、休息日以及高峰和平峰),建立了包含车辆技术类型、工况 VSP 分布以及车型基本排放系数等关键参数的数据库。

2) 以实时交通流的全市路网机动车活动水平为基础的机动车排放算法

在数据库基础上,根据 IVE 机动车排放模型的计算原理,建立了以实时交通流的全市路网机动车活动水平为基础的机动车排放算法。模型通过实时判断输入的交通信息以及当前的路段和时段,从数据库中提取对应的计算参数,代入机动车排放计算模块,实现基于实时交通流的全市路网机动车排放清单测算功能。

3）机动车实时排放测算模块

基于道路交通量方法的机动车实时排放量测算方法的计算式如下：

$$E=\sum_{i,j} T_{i,j}\times L_j\times EF_{i,j}\times 10^{-6} \tag{7-6}$$

式中，i 为车型，j 为道路类型；T 为交通量，辆；L 为道路长度，km；EF 为排放系数，克/(千米·辆)。

根据机动车排放模型的计算原理，可以开发机动车排放测算模块。将全市路网实时交通流数据（作为动态交通活动水平数据）与车型分布、VSP 分布、车辆技术基本参数等数据相结合，然后通过 IVE 模型、数据处理模型动态测算道路机动车污染物排放清单。

模型输出的机动车大气污染物实时排放清单主要包括的污染物类型为 PM、PM_{10}、$PM_{2.5}$、NO_2、SO_2、CO、VOCs、BC、OC、HC 等。开发机动车排放测算模块系统须实现 IVE 模型自动化、IVE 模型参数自动和人工调整、IVE 模型输入和输出数据结构定制等功能（见图 7-18）。

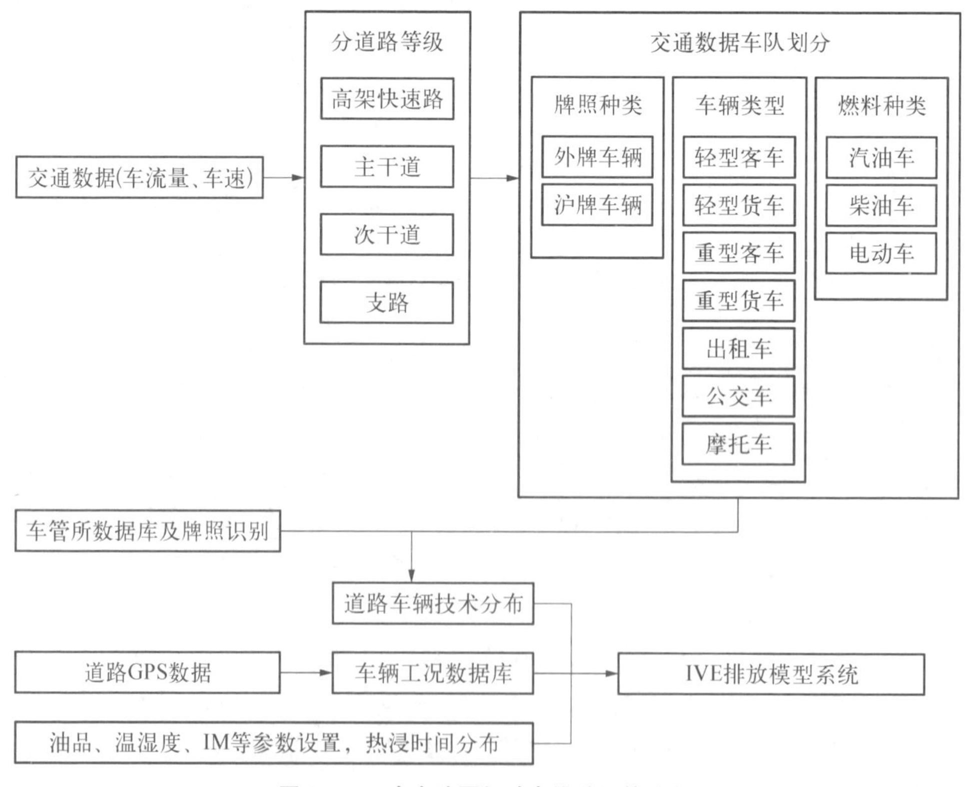

图 7-18　全市路网机动车排放运算流程

7.4.3　机动车排放的时间分配

机动车污染与车流量密切相关。以2018年10月29日为例，机动车排放量呈现明显的白天高、凌晨低的趋势(见图7－19)，分别在早晨7点、晚上5点出现的双高峰与上、下班的车流量(见图7－20)相吻合。

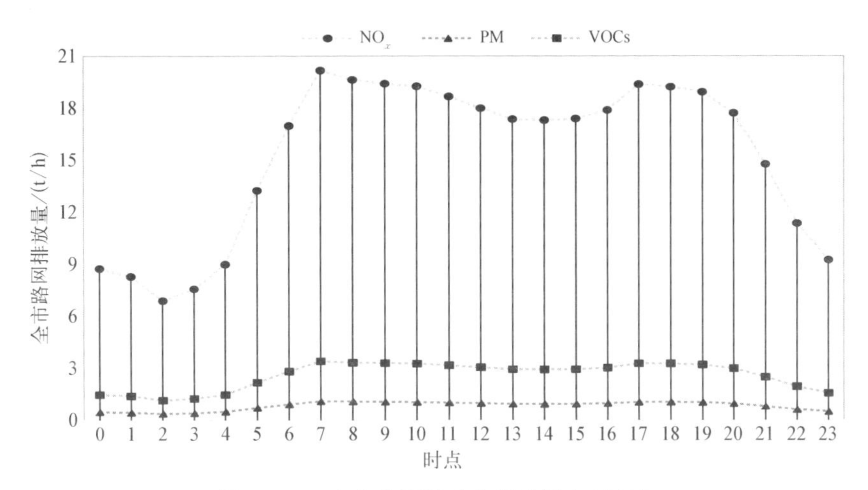

图7－19　全市路网机动车排放量小时变化

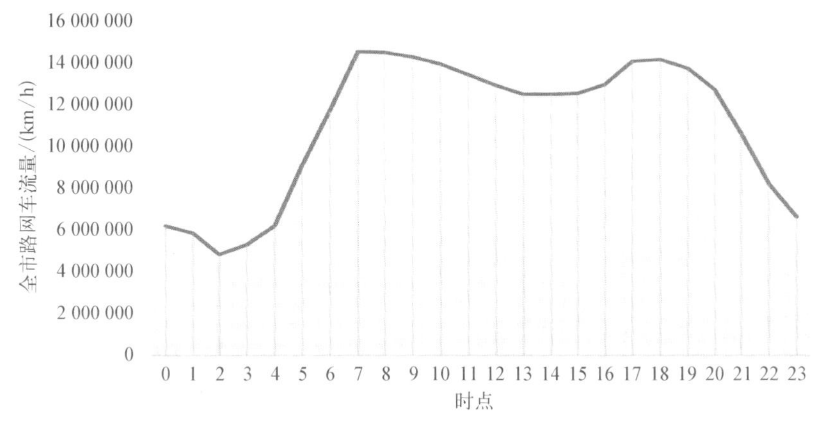

图7－20　车流量时间分布

7.4.4　机动车排放的空间分配

基于交通量计算道路机动车排放总量，计算结果细化到全天24个时段，全网9.2万条路段，7种车型的CO、VOC、NO_x、PM 4种主要污染物的排放情况，根据地理信息系统(geographic information system，GIS)空间技术将排放量划分成1 km×1 km的网格，图7－21所示为部分时段的机动车NO_x排放情况。

图 7－21　上海市机动车小时 NO_x 排放强度(彩图见附录)

7.4.5　机动车排放的车型分配

全市路网机动车污染物排放与车辆类型和燃油种类密切相关。以柴油为燃料的大货车、大客车、集装箱车等以 NO_x、PM 为主要污染物，以汽油为燃料的小客车、出租车等排放的 CO、VOCs 较多。

以 2018 年 10 月 29 日为例，全市路网机动车排放 NO_x 为 366 t/d，其中大货车 NO_x 排放占全市路网机动车的 36.1%，集装箱车 NO_x 排放占全市路网机动车的 18.3%，大客车 NO_x 排放占全市路网机动车的 15.4%(见图 7-22)。全市路网机动车 PM 排放为 20 t/d，其中大货车 PM 排放占全市路网机动车的 46.8%，集装箱车 PM 排放占全市路网机动车的 23.7%，大客车 PM 排放占全市路网机动车的 12.1%。全市路网机动车 CO 排放为 769 t/d，其中沪牌小客车 CO 排放占全市路网机动车的 41.7%，外牌小客车 CO 排放占全市路网机动车的 20.8%，出租车 CO 排放占全市路网机动车的 18.1%。全市路网机动车 VOCs 排放为 62 t/d，其中沪牌小客车 VOCs 排放占全市路网机动车的 40.6%，外牌小客车 VOCs 排放占全市路网机动车的 20.2%，大货车 VOCs 排放占全市路网机动车的 10.9%。

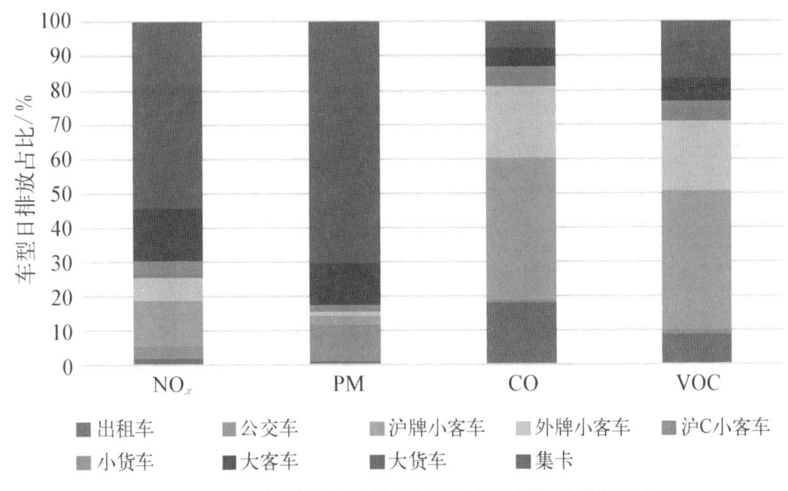

图 7-22　车型全市路网日排放占比(彩图见附录)

以 2018 年 10 月 29 日为例，全市路网机动车 NO_x 小时排放量为 6.86～20.16 t/h，其中大货车 NO_x 小时排放量占全市路网机动车的 35.4%～39.2%，集装箱车 NO_x 小时排放量占全市路网机动车的 16.5%～18.9%，大客车 NO_x 小时排放量占全市路网机动车的 14.2%～15.7%(见图 7-23)。

全市路网机动车 PM 小时排放量为 0.37～1.09 t/h，其中大货车 PM 小时排放量占全市路网机动车的 45.8%～50.8%，集装箱车 PM 小时排放量占全市路网

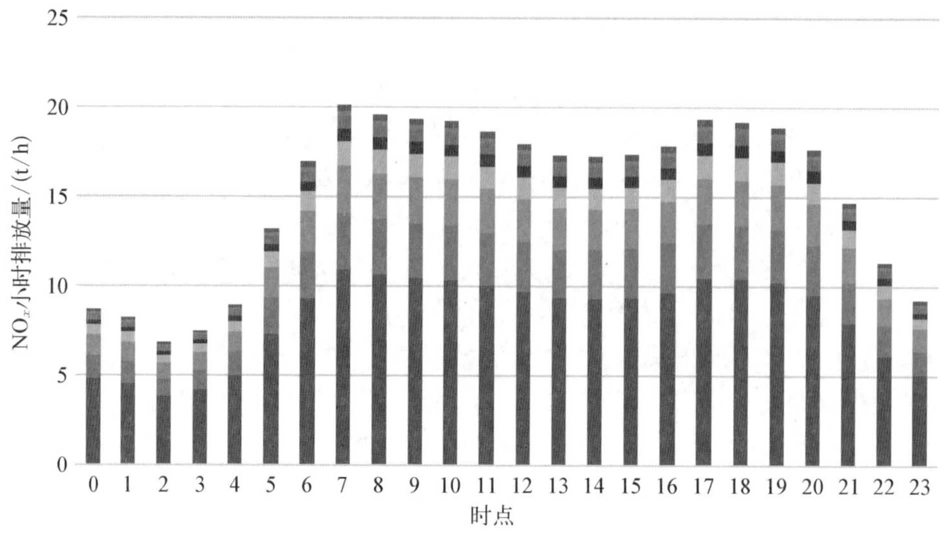

图 7-23 车型全市路网 NO_x 小时排放量(彩图见附录)

机动车的 21.7%～24.4%，大客车 PM 小时排放量占全市路网机动车的 11.2%～12.3%(见图 7-24)。

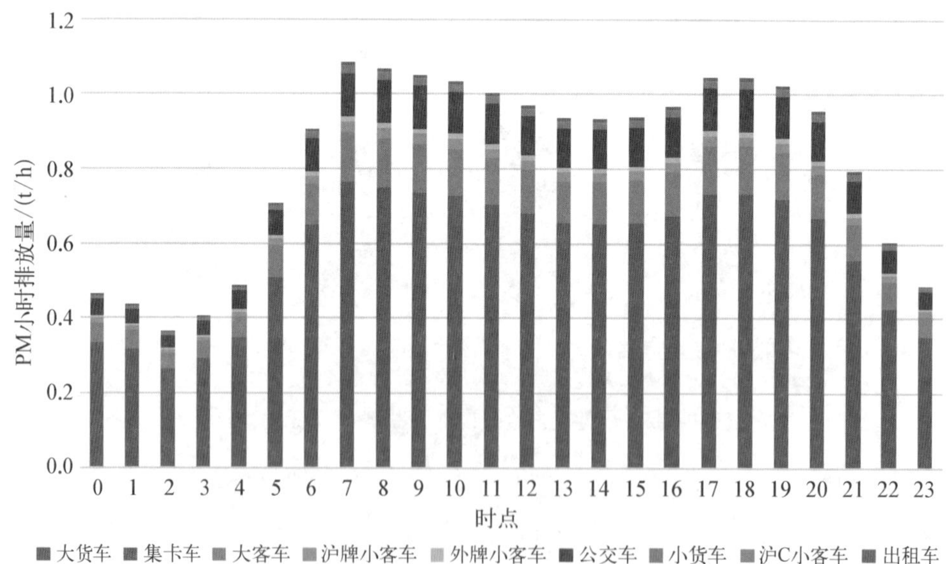

图 7-24 车型全市路网 PM 小时排放占比(彩图见附录)

全市路网机动车 CO 小时排放量为 14.39～42.30 t/h，其中沪牌小客车 CO 小时排放量占全市路网机动车的 41.0%～42.4%，外牌小客车 CO 小时排放量占全市路网机动车的 20.5%～21.2%，出租车 CO 小时排放量占全市路网机动车的 16.4%～19.5%（见图 7-25）。

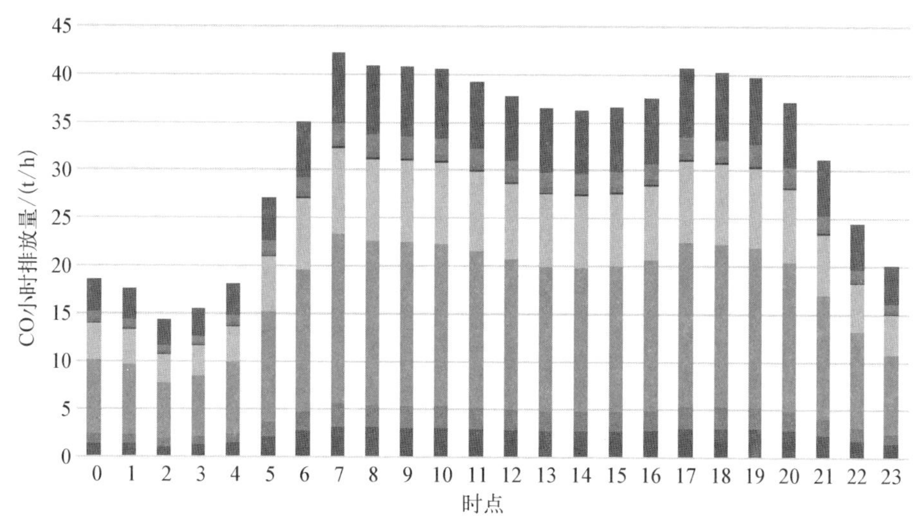

图 7-25　车型全市路网 CO 小时排放占比（彩图见附录）

全市路网机动车 VOCs 小时排放量为 1.34～3.39 t/h，其中沪牌小客车 VOCs 小时排放量占全市路网机动车的 40.1%～41.0%，外牌小客车 VOCs 小时排放量占全市路网机动车的 19.9%～20.4%，大货车 VOCs 小时排放量占全市路网机动车的 10.7%～11.9%（见图 7-26）。

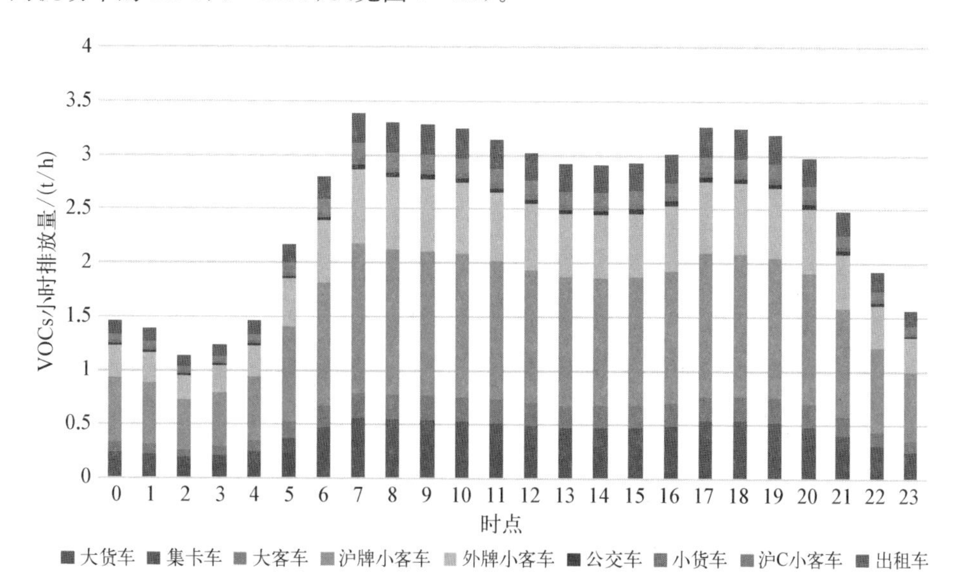

图 7-26　车型全市路网 VOC 小时排放占比（彩图见附录）

7.5 基于 AIS 系统的高精度船舶清单

自 2007 年上海首次建立船舶排放清单以来，到 2018 年，上海港船舶大气污染物空间分布经历了 3 次更新。2007 年，在当年上海港船舶大气污染排放总量测算的基础上，利用 GIS 技术定位航道来分摊船舶排放量；2011 年，初步解译 AIS 信息提取上海港周边船舶 GPS 信息，从而将基于签证数的动力法排放量按 GPS 点位密度分摊船舶排放量；2016 年，通过解译东海航区 AIS 数据，直接将计算结果转化为空间分布，AIS 静态报文与船舶数据库的匹配率达到 70%[9-10]。

7.5.1 基于船舶进出港艘次和 AIS 信息的空间分配

2011 年，由于当时的研究时限和技术限制，无法直接基于 AIS 构建船舶排放清单。比较不同船舶清单研究方法后，重点借鉴了洛杉矶长滩港排放清单研究方法，结合上海市前期已有研究成果，在上海海事以及港政管理部门的全力支持下，采用了更为准确的动力法对上海港船舶排放进行研究。在获得船舶艘次、船队构成、载重吨位分布等基本信息的基础上，设计了专项调查表，对 2010 年进出上海港船舶的典型船舶进行了详细的调查，从而获得了主辅机（含辅助锅炉）配置、运行工况、船舶吨位和功率对应关系、航行路线、平均航速、停港时间等关键信息。综合国外排放系数和国内船舶的设计参数，最终确定了在不同工况下对应各船种的排放系数和排放量。并进一步利用 AIS 获取船舶航行路径的空间统计信息和流量发布强度，以数值模型所需的 1 km×1 km 网格为空间精度单位，获得船舶大气污染物和温室气体排放量的空间分布。

1）船舶活动水平分析

2010 年上海港进出港船舶有 2 700 666 艘次，其中进出外港水域船舶有 1 696 396 艘次，约占上海港进出港船舶总量的 62.8%；进出内河水域船舶有 1 004 270 艘次，约占总数的 37.2%（见图 7－27）。外港水域进出港船舶中，远洋船有 135 181 艘次（远洋船舶包括国际航行船舶以及沿海船舶），约占上海港外港船舶进出港总数的 8.0%，约占上海港进出港船舶总数的 5.0%；进出外港水域的内河船舶有 1 389 550 艘次（包括了部分定期签证船舶），约占上海港外港船舶总数的 81.9%，约占进出上海港船舶总数的 51.5%（见图 7－28）；另有 171 665 艘次外港定期签证船舶由于海事部门没有有效数据统计，因此未将其排放的大气污染物计算入排放清单中，约占进出港船舶总数的 6.4%。

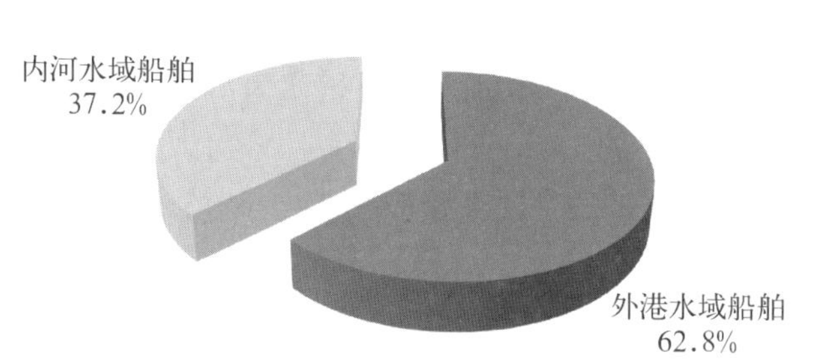

图 7-27 2010 年上海港进出外港水域与内河水域船舶比例

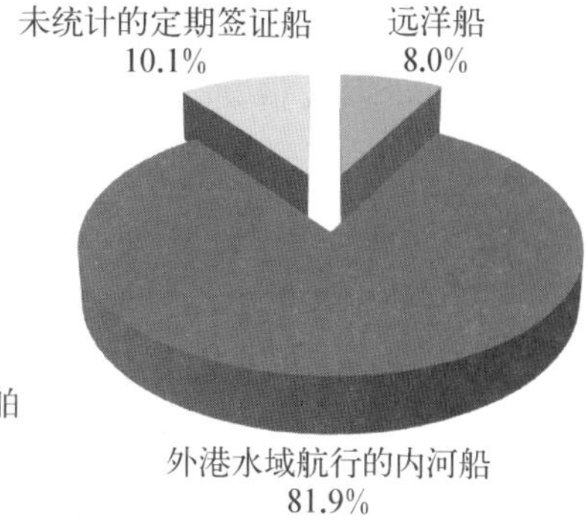

未统计的定期签证船 10.1%
远洋船 8.0%
外港水域航行的内河船 81.9%

图 7-28 2010 年进出外港水域船舶比例

2）船舶污染物排放量计算方法

船舶污染物排放量计算方法如下式所示：

$$E_{i,j,k}=W_{i,j,k}\times EF_{j,k}\times FCF_{i,j,k}\times CF_{i,j,k}\times 10^{-3} \tag{7-7}$$

式中，$E_{i,j,k}$ 为 i 类船舶的 j 发动机在 k 工况下的污染物排放量，kg；$W_{i,j,k}$ 为 i 类船舶的 j 发动机在 k 工况下在排放清单计算边界内所做的功，kW·h；$EF_{j,k}$ 为发动机 j 在 k 工况下的排放系数，g/(kW·h)；$FCF_{i,j,k}$ 为 i 类船舶的 j 发动机在 k 工况下的燃油校正因子，无量纲；$CF_{i,j,k}$ 为 i 类船舶的 j 发动机在 k 工况下的排放控制因子，无量纲。

$W_{i,j,k}$ 的计算式如下：

$$W_{i,j,k}=MCR_{i,j}\times LF_{i,j,k}\times t_{i,j,k} \tag{7-8}$$

式中，$W_{i,j,k}$ 为 i 类船舶的 j 发动机在 k 工况下在排放清单计算边界内所做的功，kW·h；$MCR_{i,j}$ 为 i 类船舶的 j 发动机的额定功率，kW；$LF_{i,j,k}$ 为 i 类船舶的 j 发动机在 k 工况下的负载，%；$t_{i,j,k}$ 为 i 类船舶的 j 发动机在 k 工况下的工作时间，h。

$EF_{j,k}$ 的计算式为

$$EF_{j,k}=EF_{\text{基础}}\times LLA_{j,k} \tag{7-9}$$

式中，$EF_{j,k}$ 为发动机 j 在 k 工况下的排放系数，g/(kW·h)；$EF_{\text{基础}}$ 为基础排放系数，g/(kW·h)；$LLA_{j,k}$ 为 j 发动机在 k 工况下的低负载校正因子，无量纲。

3）船舶排放空间分布

2010 年进出上海港的远洋船排放的大气污染物总量如下：PM_{10} 4 218 t，$PM_{2.5}$ 3 363 t，DPM 3 989 t，NO_x 42 431 t，SO_x 34 255 t，CO 3 536 t，HC 1 513 t，排放温室气体 CO_2 1.99×10^6 t，N_2O 102 t，CH_4 29 t。进一步将远洋船分为 9 种主要船种，对应的排放量顺序如下：集装箱船>其他货船>散货船>油船>滚装船>

散装化学品船>非运输船>顶推拖轮>液化气船(见图 7-29)。研究表明,由于集装箱船数量多且船型较大,是远洋船污染物排放的主要船种,集装箱船艘次占远洋船总数的 25%,其对应的大气污染物和温室气体的排放分担率为 54%~60%。表 7-6 和表 7-7 显示,远洋船舶在 4 种不同工况下的排放量顺序依次为巡航>进出港>装卸货>停泊;其中,巡航工况是排放的主要来源,占 65%~85%。

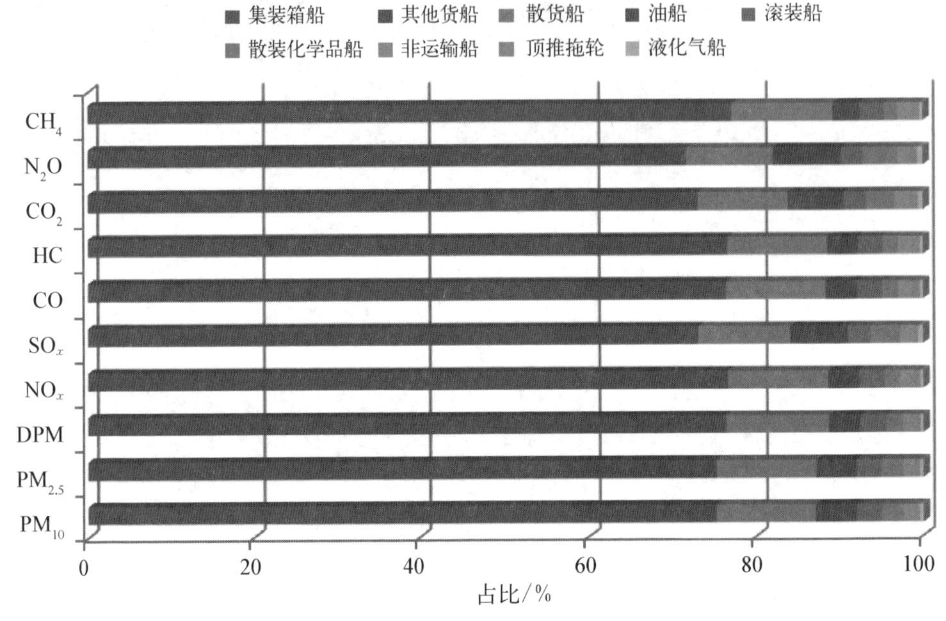

图 7-29 不同类型远洋船的大气污染物排放比例(彩图见附录)

表 7-6 远洋船各工况下主要污染物排放分担率　　单位:%

工　况	PM_{10}	$PM_{2.5}$	DPM	NO_x	SO_x	CO	HC
巡　航	77	78	82	82	70	82	83
进出港	12	12	12	12	12	12	11
装卸货	10	9	5	6	17	6	5
停　泊	1	1	0.9	0.8	2	0.8	0.7
总　计	100	100	100	100	100	100	100

表 7-7 远洋船各工况下温室气体排放分担率　　单位:%

工　况	CO_2	N_2O	CH_4
巡　航	71	65	85
进出港	12	12	11

（续表）

工　况	CO_2	N_2O	CH_4
装卸货	16	22	4
停　泊	2	2	0.5
总　计	100	100	100

将主要航道的船舶大气污染物的排放量按路径船舶密度分摊在地图上 1 km×1 km 大小的网格中，获得船舶排放的空间分布；同时，将码头的 GPS 信息在地图上标识，并将其落在 1 km×1 km 的网格中，可得到港作机械和集疏运车辆大气污染物排放量的空间分布，如图 7－30～图 7－32 所示。

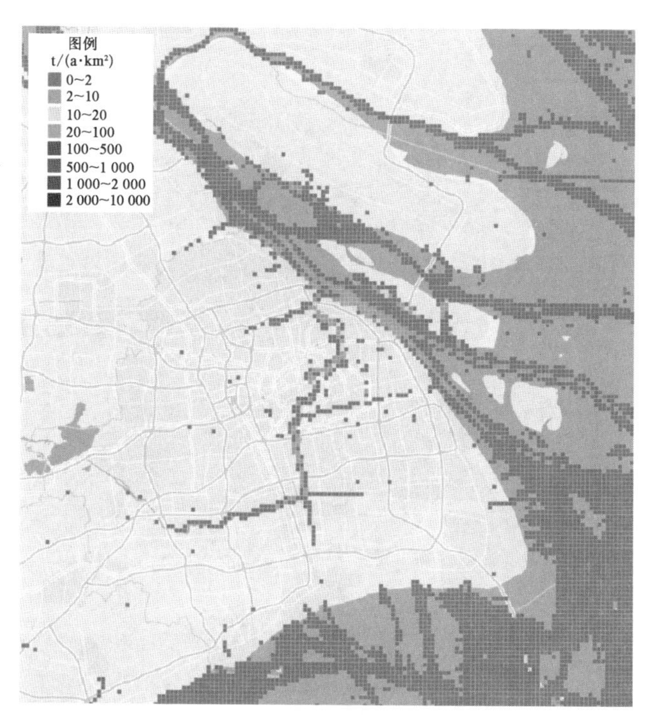

图 7－30　2010 年某月船舶 $PM_{2.5}$ 排放空间分布（彩图见附录）

7.5.2　基于 AIS 的船舶排放及其时间空间分配

为了更准确地分析上海港船舶大气污染物排放以及排放控制区政策对上海市空气质量的影响，上海市环境监测中心开发了基于 AIS 的船舶排放计算系统，该系统能计算过境上海船舶的大气污染物排放量，填补之前研究的空缺，同时能实现更准确的船舶排放时间空间分布。在上海海事局、交通运输部东海航海保障中心和上

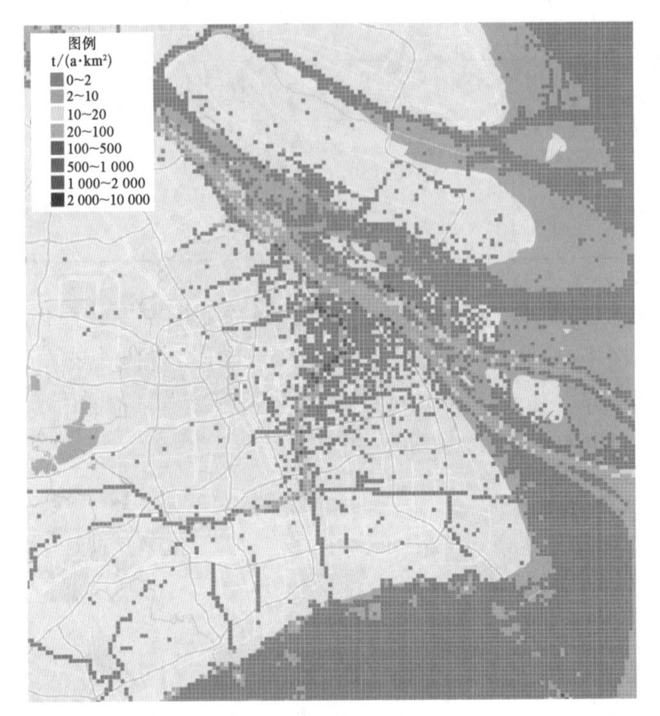

图 7-31　2010 年某月船舶 NO_x 排放空间分布(彩图见附录)

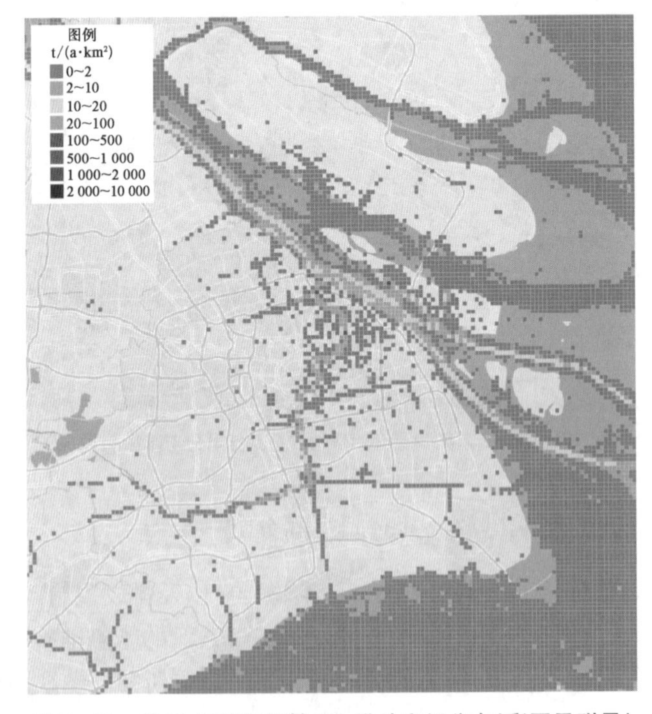

图 7-32　2010 年某月船舶 SO_x 排放空间分布(彩图见附录)

海市交通委的全力支持下，上海市环境保护局更新了 2015 年船舶大气污染源排放清单，并得到了船舶排放的空间分布。

1) 船舶活动水平分析

据上海海事局和上海市地方海事局统计，上海港 2015 年共有进出港船舶 169.1 万艘次；其中，国际航行船舶有 3.7 万艘次，约占进出港总数的 2.19%；沿海船舶有 11.3 万艘次，约占进出港总数的 6.68%；外港水域内河船有 106.3 万艘次，约占进出港总数的 62.86%；内河水域内河船舶有 47.8 万艘次，约占进出港总数的 28.27%(见图 7-33)。

从船舶总吨位来统计，上海港 2015 年进出港船舶的总吨位总数为 2.68×10^{9}；其中，国际航行船舶的总吨位为 1.55×10^{9}，占进出港船舶总吨位总数的 57.8%；沿海船舶的总吨位为 3.87×10^{8}，占 14.4%；外港水域内河船的总吨位为 5.73×10^{8}，占 21.4%；内河水域内河船舶的总吨位为 1.66×10^{8}，占 6.2%(见图 7-34)。

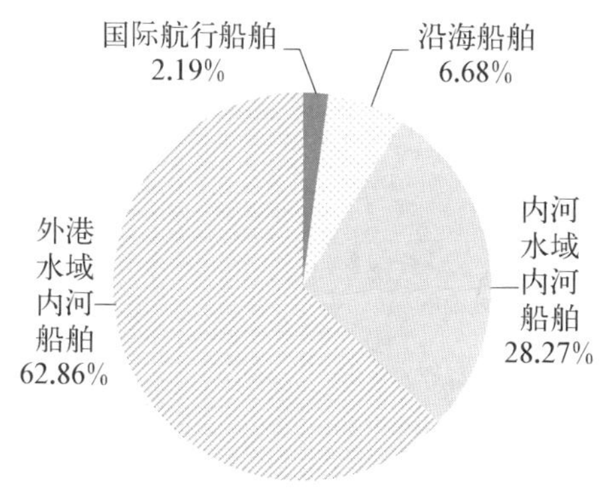

图 7-33　2015 年上海港进出港船舶签证艘次分布

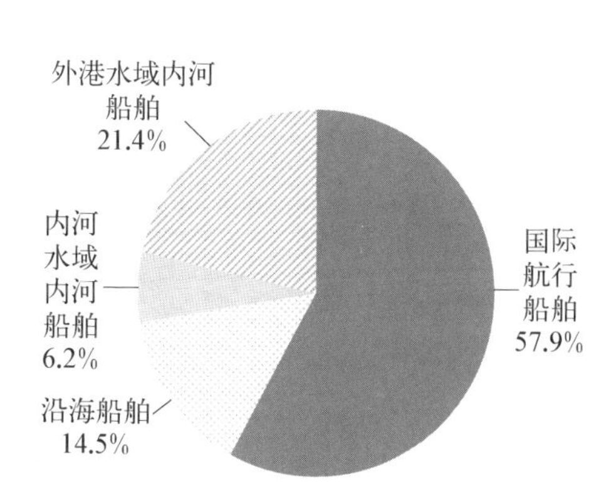

图 7-34　2015 年上海港进出港船舶总吨位分布

从海船(包括国际航行船舶和沿海船舶)的进出港艘次和船舶种类来分析，集装箱船是进出上海港的最主要船舶，占进出港船舶艘次总数的 28.2%；其次是其他货船(主要为件杂货船)，占 21.5%；顶推拖轮(主要用于顶推作业)占 17.3%；油船占 11.3%；散货船占 10.7%(见图 7-35)。

从进出港海船总吨位分布来分析，集装箱船占进入上海港海船总吨位的 70.2%；其次是散货船，占 14.5%；其他货船占 5.4%；滚装船占 4.9%(包括邮轮)；油船占 2.8%(见图 7-36)。

从国际航行船舶和沿海船舶进出港艘次的差异可以看出(见图 7-37)，国际航行船舶以集装箱船为主，而沿海船舶货种分布相对较为均衡。而从总吨位上分析(见图 7-38)，国际航行船舶的大型化程度明显高于沿海船舶。

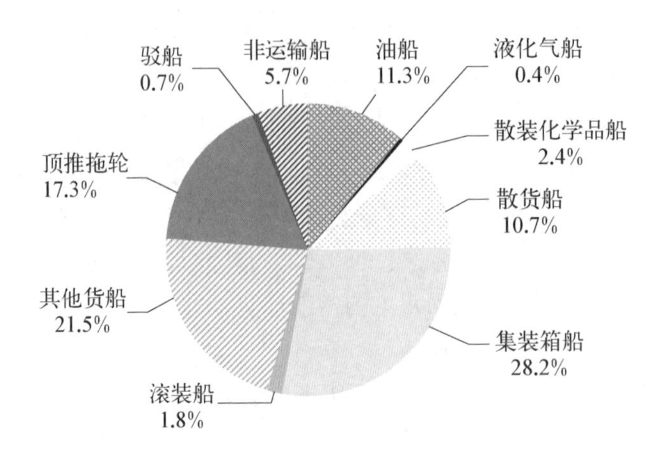

图 7－35　出港海船签证分布

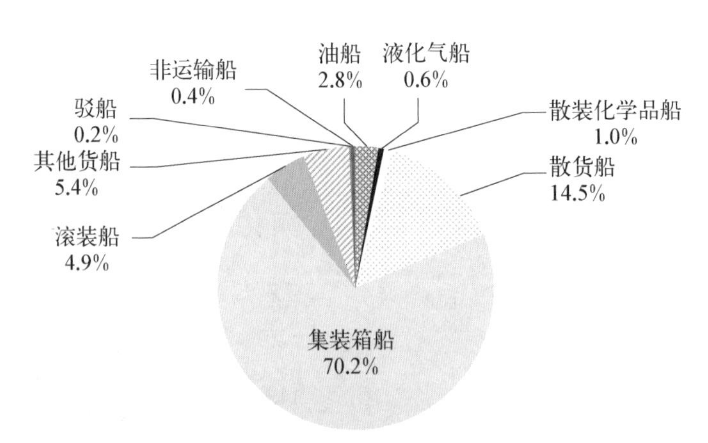

图 7－36　进出港海船总吨位分布

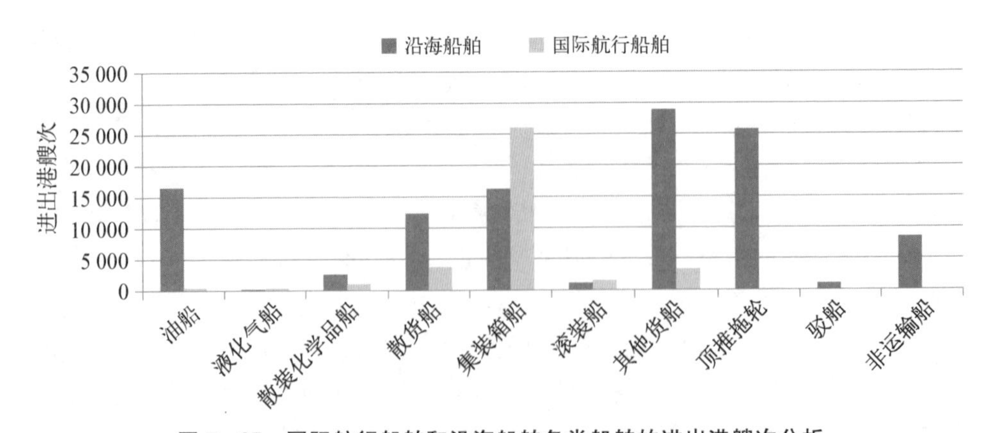

图 7－37　国际航行船舶和沿海船舶各类船舶的进出港艘次分析

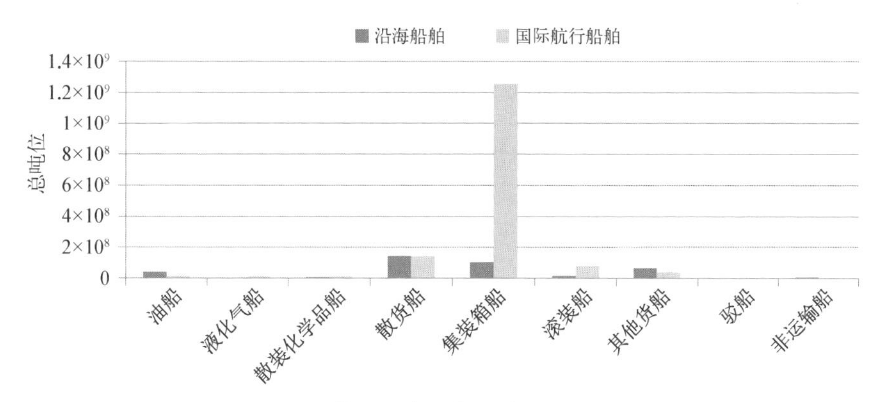

图 7－38　国际航行船舶和沿海船舶各类船舶的进出港总吨位分析

通过对 2015 年上海港船舶 AIS 数据解译与分析，得到船舶活动水平信息。2015 年进入上海港的船舶共 91 578 艘次，其中靠港船舶有 56 339 艘次，过境船舶有 35 239 艘次，靠港船舶与过境船舶的比例为 1∶0.625。从进入上海港水域船舶的时间分布来分析，2 月进入船舶数量最少，10 月进入船舶数量最多，如图 7－39 所示。从船舶活动水平来分析，12 月船舶累计航行时间最长，6 月船舶航行距离最长并且航速最快。上海港船舶全年平均航速为 6.8 kn，其中 6 月船舶航速最快，达 7.2 kn；1 月、3 月、7 月和 10 月四个月的航速最慢，均为 6.5 kn。船舶活动水平如表 7－8 和图 7－40 所示。

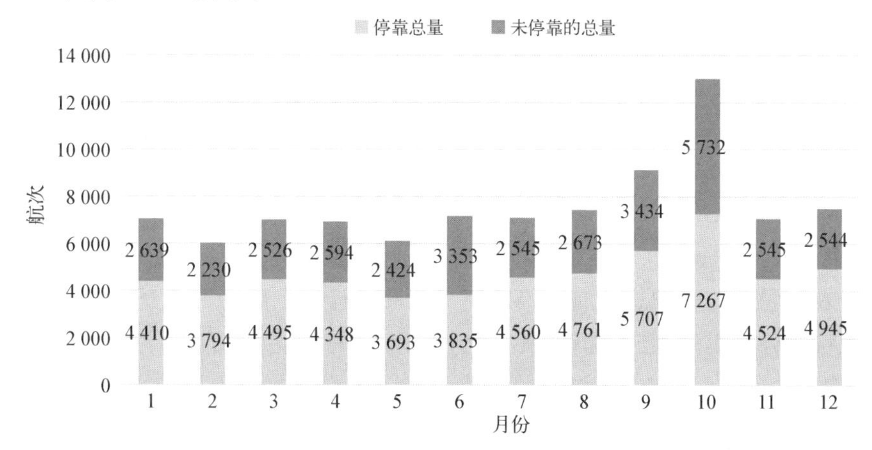

图 7－39　2015 年各月份进入上海港水域的船舶数量

表 7－8　2015 年各月份上海港船舶活动水平

月　份	航行时间/万小时	航行距离/亿海里	平均航速/kn
1	82.1	84.1	6.5
2	62.4	58.7	6.9

（续表）

月　份	航行时间/万小时	航行距离/亿海里	平均航速/kn
3	83.5	79.3	6.5
4	81.9	82.9	7.1
5	60.1	71.9	7.1
6	73.1	101.1	7.2
7	77.1	79.6	6.5
8	86.0	85.3	6.6
9	77.7	73.4	6.8
10	85.9	86.5	6.5
11	82.3	78.9	6.8
12	88.7	82.8	6.7
总计	940.7	964.4	6.8

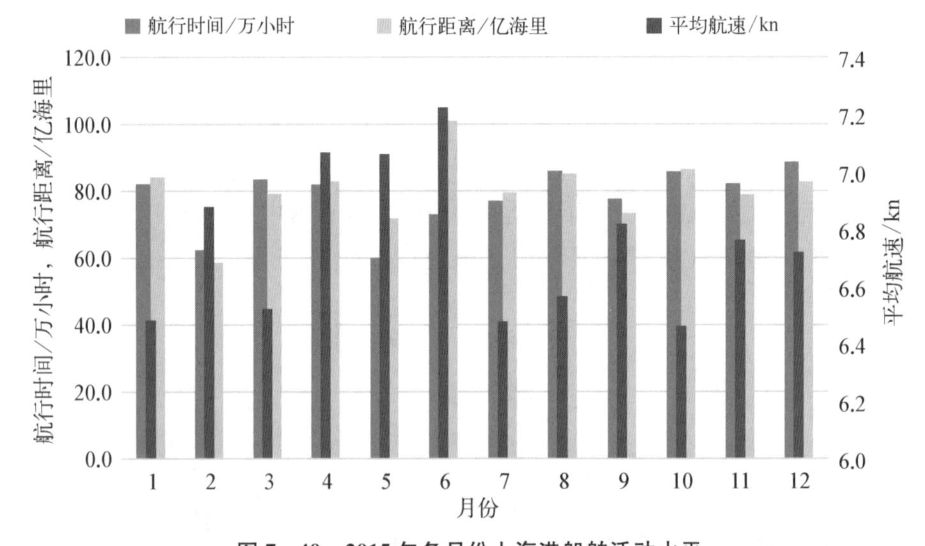

图 7-40　2015 年各月份上海港船舶活动水平

进入上海港的船舶总计航行 940.7 万小时，航行距离为 964 亿海里。将船舶的航行状态分为岸泊、经过和锚泊三类进行分析，岸泊指船舶在上海港水域内停靠码头岸线，锚泊指船舶在上海港水域锚地停泊，经过指船舶在上海港水域内不停泊。

如图 7-41 所示，经过海船的累计航行距离最长，为 225.0 亿海里，占所有船舶累计航行距离的 23.3%；在所有岸泊船舶中，海船（包括远洋船和沿海船）的航行距离最长，内河船舶的累计航行距离较短。其他类型船舶指 AIS 信息无法匹配船舶静态数据库的船舶。

从各类船舶的累计航行时间分析，岸泊海船的累计航行时间最长，为 345.8 万小时，占所有船舶累计航行时间的 36.8%；在所有岸泊船舶中，海船的累计航行时间最长，内河船舶的累计航行时间最短（见图 7-42）。

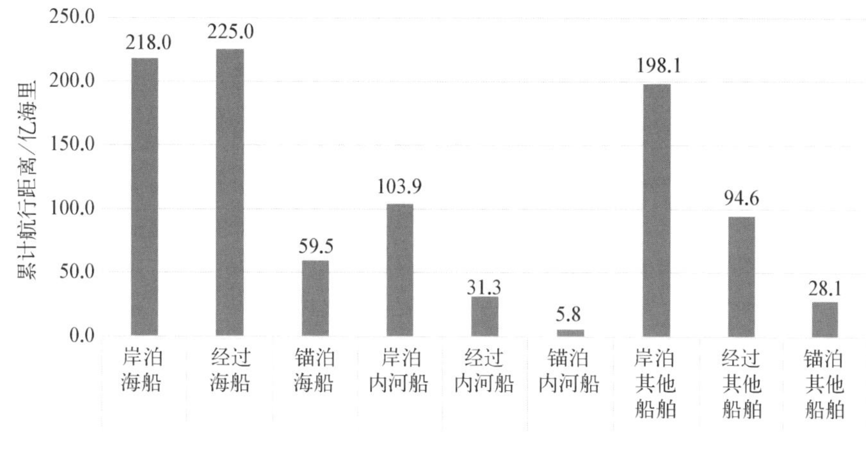

图7-41 船舶累计航行距离

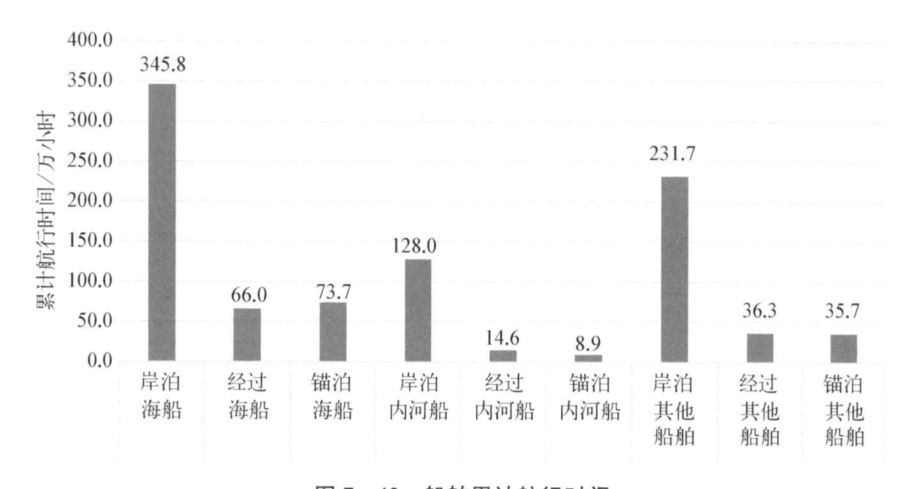

图7-42 船舶累计航行时间

从各类船舶的平均航速分析，经过船舶的航速最快，岸泊船舶的平均航速最慢。在经过船舶中，海船的平均航速最快，达到11.2 kn，其他船舶速度最慢为7.9 kn（见图7-43）。

2）船舶排放计算方法

基于AIS的船舶大气污染物排放计算公式与基于船舶进出港签证的相同，但对于动态和静态AIS数据的处理按下述6个步骤进行：① 船舶AIS数据解译；② 数据清洗和入库；③ 船舶信息匹配；④ 船舶工况确定；⑤ 污染物排放估算；⑥ 统计分析与可视化。具体步骤内容及技术路线详见本书第5章。

3）船舶排放时间空间分布

本研究通过基于AIS信息的方法计算上海港海船和其他船舶（AIS信息与船舶数据库无法匹配的船舶）的大气污染物排放量，通过基于签证数的动力法加上船

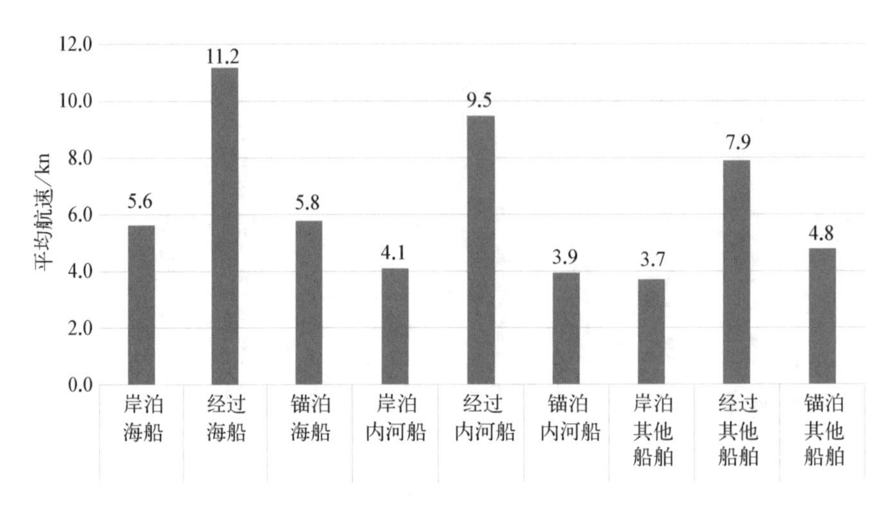

图 7－43 船舶平均航速

舶活动水平修正的方法计算上海港内河船舶的排放量。最终计算得到 2015 年上海港船舶的 PM_{10}、$PM_{2.5}$、DPM(柴油机颗粒物)、NO_x、SO_x、CO、HC 七种主要污染物排放量分别为 3 771 t、3 006 t、3 569 t、93 550 t、19 414 t、7 858 t、3 388 t。

2015 年上海港各类别船舶中，海船排放量最大，各污染物排放量占上海港所有船舶排放量的 76.8%～88.3%，内河船舶和其他船舶排放占比较小，如表 7－9、表 7－10 和图 7－44 所示。

表 7－9 2015 年上海港各类别船舶大气污染物排放量 单位：t

船舶类别	PM_{10}	$PM_{2.5}$	DPM	NO_x	SO_x	CO	HC
海船	3 268	2 607	3 113	73 020	17 140	6 055	2 600
内河船	246	197	246	11 795	444	1 062	483
其他船舶	256	203	210	8 735	1 830	742	305
总计	3 771	3 006	3 569	93 550	19 414	7 858	3 388

表 7－10 2015 年上海港各类别船舶大气污染物排放分担率 单位：%

船舶类别	PM_{10}	$PM_{2.5}$	DPM	NO_x	SO_x	CO	HC
海船	86.7	86.7	87.2	78.1	88.3	77.0	76.8
内河船	6.5	6.5	6.9	12.6	2.3	13.5	14.2
其他船舶	6.8	6.7	5.9	9.3	9.4	9.4	9.0

2015 年各月上海港船舶大气污染物排放量和排放分担率如表 7－11、表 7－12 和图 7－45 所示。2015 年各月中，12 月的污染物累计排放量最大，5 月的排放量最小，10 月至 12 月的排放量明显高于其他各月。

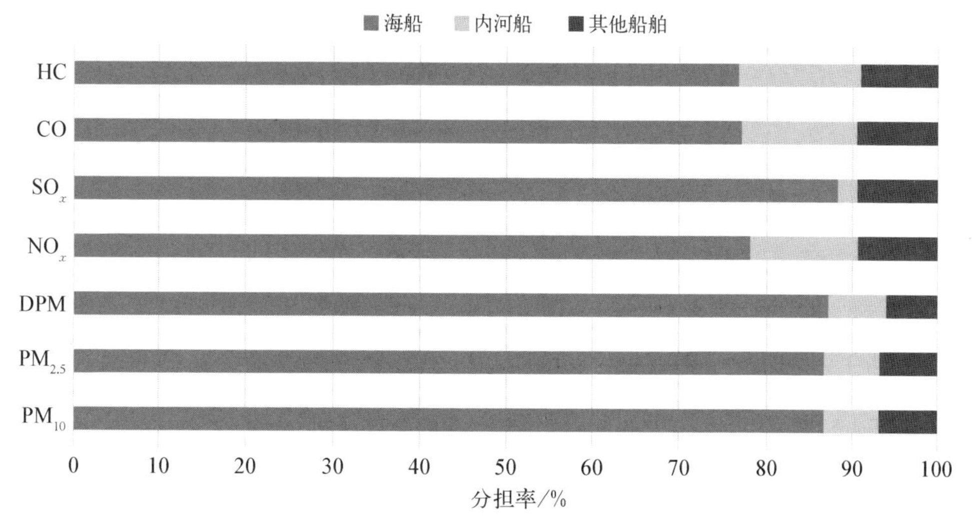

图 7－44　2015 年上海港各类别船舶大气污染物排放分担率

表 7－11　上海港船舶 2015 年各月排放量　　单位：t

月份	PM_{10}	$PM_{2.5}$	DPM	NO_x	SO_x	CO	HC
1	318	253	299	7 971	1 643	671	289
2	285	227	270	6 978	1 482	583	250
3	307	245	289	7 788	1 602	653	280
4	288	230	272	7 212	1 482	607	262
5	259	206	246	6 426	1 339	540	233
6	276	220	263	6 778	1 415	571	248
7	294	234	278	7 216	1 501	609	264
8	315	251	297	7 682	1 610	648	280
9	278	222	263	6 926	1 426	582	251
10	385	307	366	9 626	1 968	809	349
11	375	299	356	9 269	1 927	776	334
12	391	312	370	9 676	2 020	812	349
总计	3 771	3 006	3 569	93 550	19 414	7 858	3 388

表 7－12　上海港船舶 2015 年各月排放分担率　　单位：%

月份	PM_{10}	$PM_{2.5}$	DPM	NO_x	SO_x	CO	HC
1	8.4	8.4	8.4	8.5	8.5	8.5	8.5
2	7.6	7.6	7.6	7.5	7.6	7.4	7.4
3	8.1	8.1	8.1	8.3	8.2	8.3	8.3
4	7.6	7.6	7.6	7.7	7.6	7.7	7.7
5	6.9	6.9	6.9	6.9	6.9	6.9	6.9

（续表）

月份	PM_{10}	$PM_{2.5}$	DPM	NO_x	SO_x	CO	HC
6	7.3	7.3	7.4	7.2	7.3	7.3	7.3
7	7.8	7.8	7.8	7.7	7.7	7.7	7.8
8	8.3	8.3	8.3	8.2	8.3	8.2	8.3
9	7.4	7.4	7.4	7.4	7.3	7.4	7.4
10	10.2	10.2	10.2	10.3	10.1	10.3	10.3
11	10.0	10.0	10.0	9.9	9.9	9.9	9.8
12	10.4	10.4	10.4	10.3	10.4	10.3	10.3

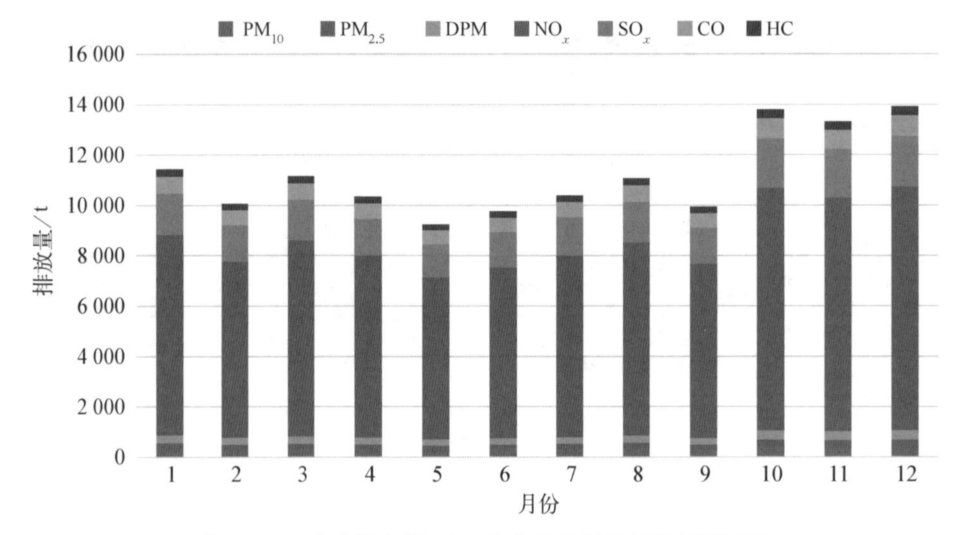

图 7－45　上海港船舶 2015 年各月排放量(彩图见附录)

2015 年上海港各航行状态海船的大气污染物排放量和排放分担率如表 7－13、表 7－14 和图 7－46 所示。岸泊海船排放量最大，其各类污染物排放量均约占所有海船排放量的 70%，其次为经过海船、锚泊海船，排放分担率约为 22%和 8%。

2015 年船舶 SO_x 和 NO_x 排放的空间分布如图 7－47～图 7－49 所示。长江深水航道以及上海东部水域船舶排放量较大。

表 7－13　2015 年上海港各航行状态海船的大气污染物排放量　　单位：t

船舶状态	PM_{10}	$PM_{2.5}$	DPM	NO_x	SO_x	CO	HC
岸泊	2 640	2 103	2 467	68 279	13 774	5 756	2 479
经过	847	677	845	18 379	4 094	1 513	654
锚泊	284	226	257	6 892	1 546	589	255
总计	3 771	3 006	3 569	93 550	19 414	7 858	3 388

表7-14　2015年上海港各航行状态海船的大气污染物排放占比　单位：%

船舶状态	PM_{10}	$PM_{2.5}$	DPM	NO_x	SO_x	CO	HC
岸泊	70.0	70.0	69.1	73.0	70.9	73.2	73.2
经过	22.5	22.5	23.7	19.6	21.1	19.3	19.3
锚泊	7.5	7.5	7.2	7.4	8.0	7.5	7.5

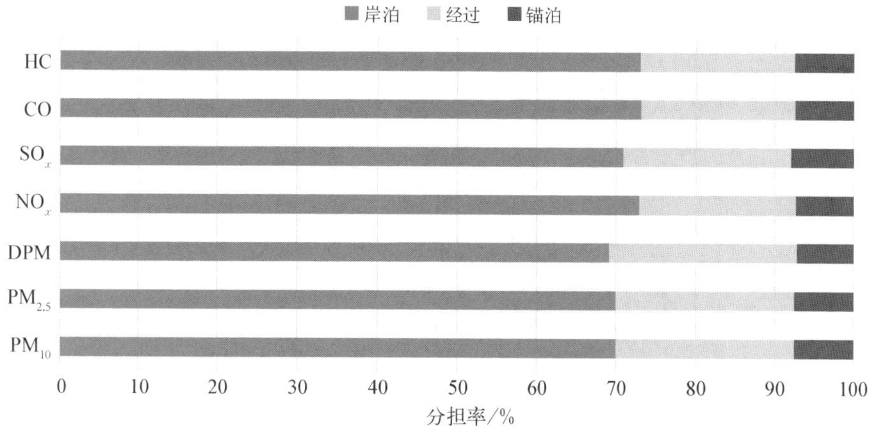

岸泊
经过
锚泊
HC
CO
SOx
NOx
DPM
PM2.5
PM10
0
10
20
30
40
50
60
70
80
90
100
分担率/%

图7-46　2015年上海港各航行状态海船大气污染物排放分担率

图例
t/a
0~200
200~500
500~1 000
1 000~2 000
2 000~5 000
5 000~10 000
10 000~20 000
20 000~30 000
30 000~8 520 000

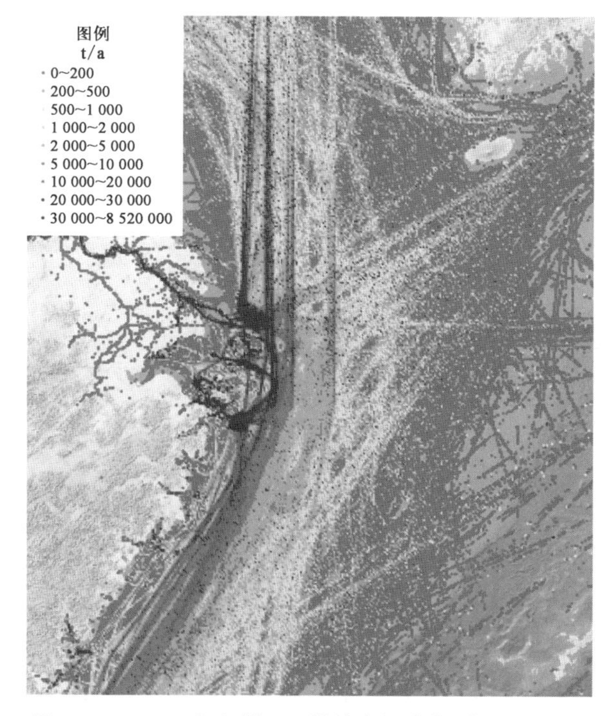

图7-47　2015年船舶 SO_x 排放空间分布(彩图见附录)

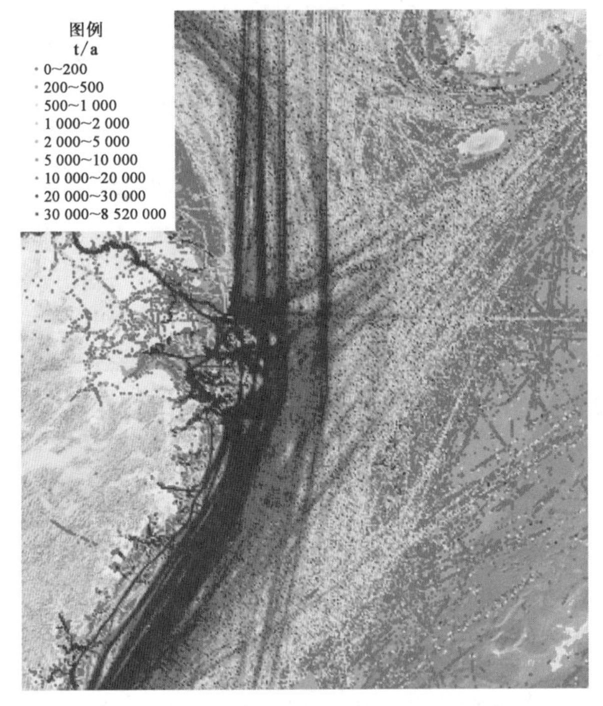

图 7-48　2015 年船舶 NO_x 排放空间分布(彩图见附录)

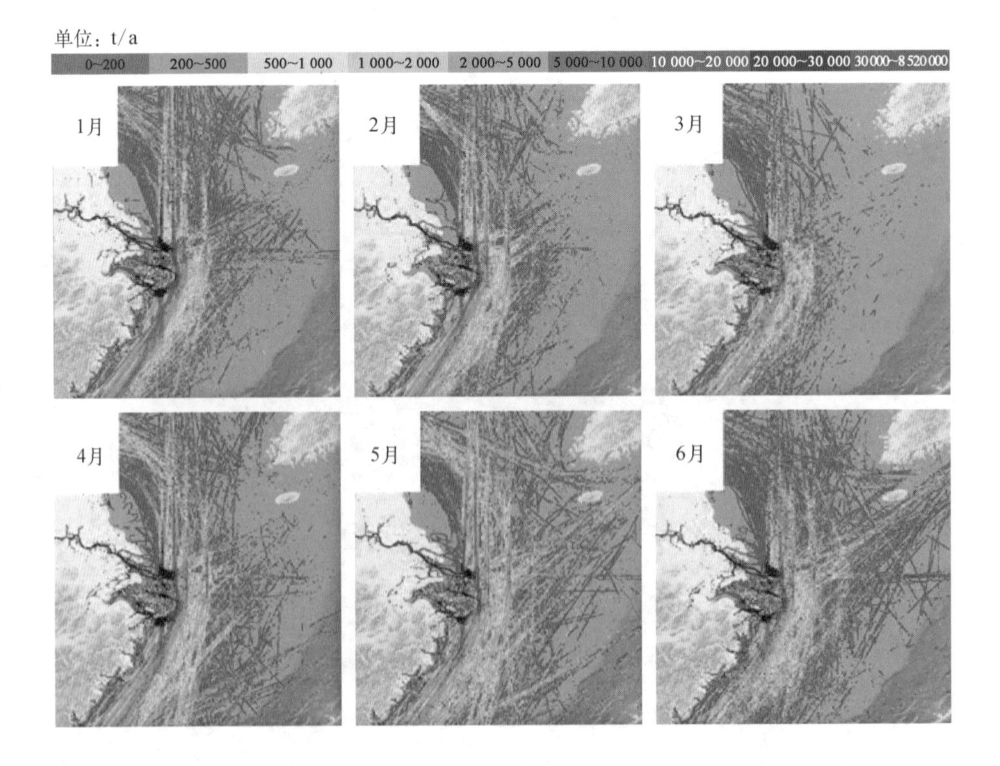

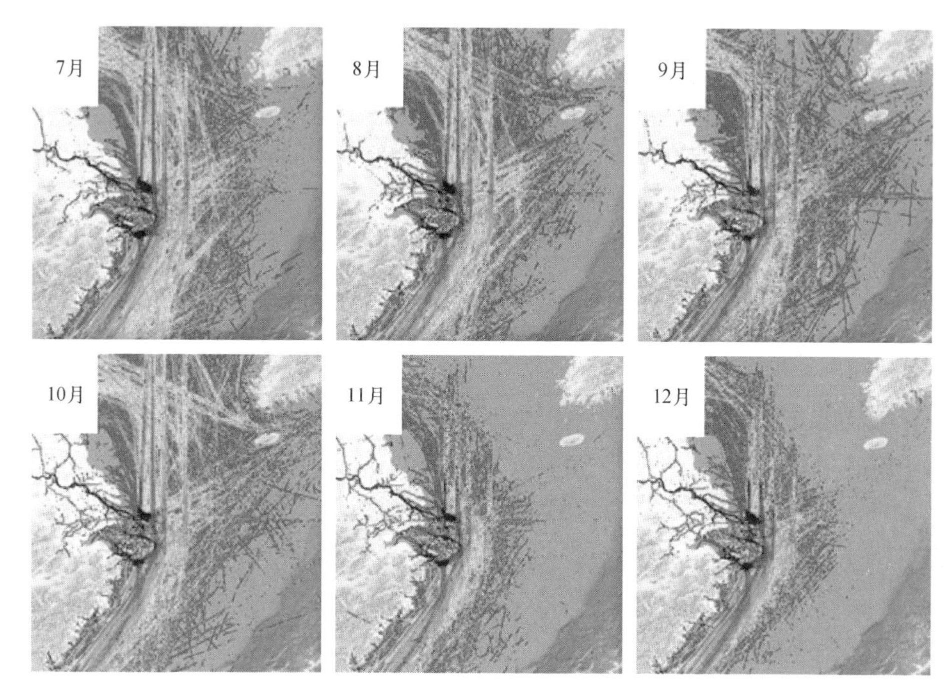

图 7-49　2015 年各月船舶 NO_x 排放空间分布(彩图见附录)

7.5.3　船舶排放控制区政策分析

通过基于 AIS 的船舶大气污染源排放清单,我们能更好地评估排放控制政策对于船舶排放的影响。同时通过高精度排放清单,我们能结合空气质量预测模型,更好地评估政策的环境效益。

船舶使用低硫燃油是船舶控制 SO_x 排放的主要手段,国际海事组织(IMO)正在逐步降低船舶燃料的硫含量以控制全球航运大气污染物排放。而排放控制区内的船舶油品的硫含量要求更为严格,上海港已于 2016 年 1 月发布了《上海港实施船舶排放控制区工作方案》,江苏和浙江也陆续发布了相关文件,要求船舶在靠港时使用低硫燃油。本研究通过测算,分析了船舶在排放控制区实施不同阶段油品改变所引起的排放量变化,如表 7-15 和表 7-16 所示。

表 7-15　排放控制区各阶段大气污染物减排效果　单位：t

控 制 措 施	$PM_{2.5}$	SO_x	NO_x
靠港船舶使用硫含量≤0.5%(质量分数)的燃油	222	2 291	1 123
靠港船舶使用硫含量≤0.1%(质量分数)的燃油	352	5 125	1 123
进入排放控制区船舶使用硫含量≤0.5%(质量分数)的燃油	1 371	8 542	2 994

（续表）

控制措施	$PM_{2.5}$	SO_x	NO_x
进入排放控制区船舶使用硫含量≤0.5%（质量分数）的燃油，靠港船舶使用硫含量≤0.1%（质量分数）的燃油	1 464	11 008	2 994
进入排放控制区船舶使用硫含量≤0.1%（质量分数）的燃油	1 975	18 055	2 994

表 7－16　排放控制区各阶段大气污染物减排比例　　单位：%

控制措施	$PM_{2.5}$	SO_x	NO_x
靠港船舶使用硫含量≤0.5%（质量分数）的燃油	7.4	11.8	1.2
靠港船舶使用硫含量≤0.1%（质量分数）的燃油	11.7	26.4	1.2
进入排放控制区船舶使用硫含量≤0.5%（质量分数）的燃油	45.6	44.0	3.2
进入排放控制区船舶使用硫含量≤0.5%（质量分数）的燃油，靠港船舶使用硫含量≤0.1%（质量分数）的燃油	48.7	56.7	3.2
进入排放控制区船舶使用硫含量≤0.1%（质量分数）的燃油	65.7	93.0	3.2

数据表明，排放控制区各阶段措施对上海港船舶大气污染控制，特别是对 SO_x 和一次排放 $PM_{2.5}$ 的控制有很好的效果。通过对低硫燃油政策的空间分布模拟，能更直观地评估其减排效果（见图 7－50～图 7－52）。

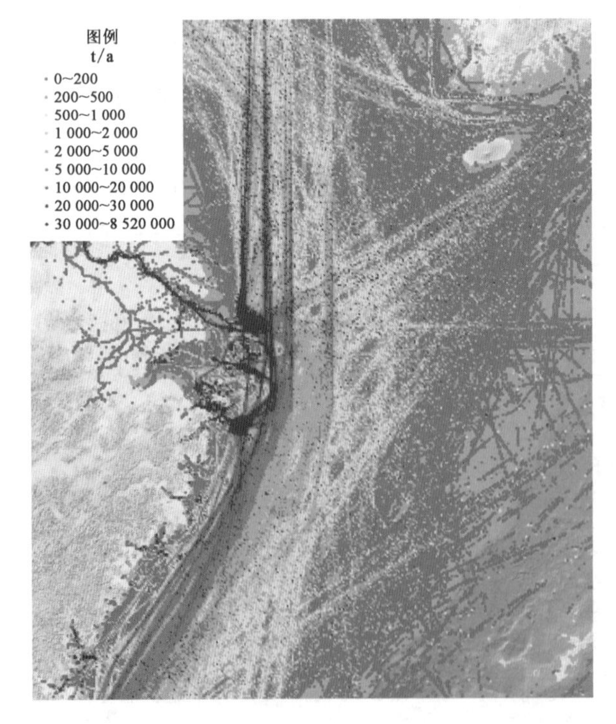

图 7－50　船舶排放 SO_x 空间分布（基准年为 2015 年，无控制措施，彩图见附录）

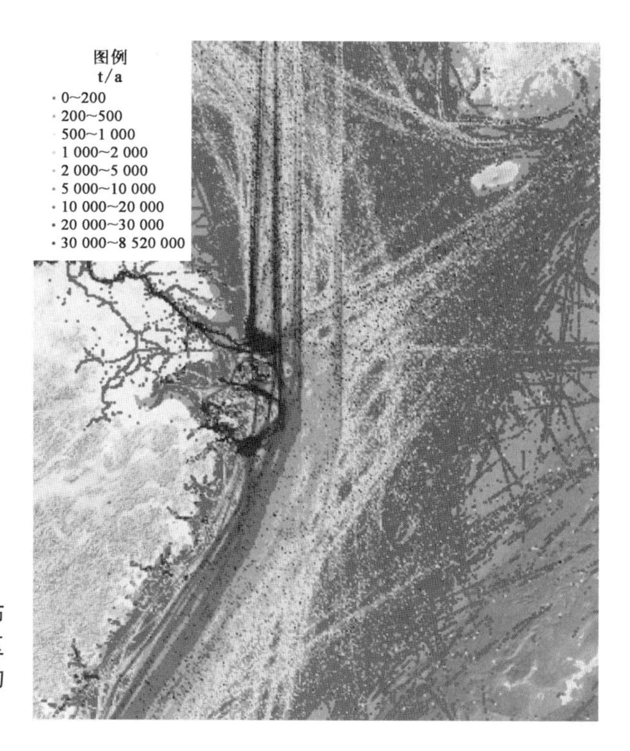

图 7-51　船舶排放 SO_x 空间分布（基准年为2015年，进入排放控制区船舶使用硫含量质量分数≤0.5%的燃油，彩图见附录）

图 7-52　船舶排放 SO_x 空间分布（基准年为2015年，进入排放控制区船舶使用硫含量质量分数≤0.1%的燃油，彩图见附录）

7.6 基于LTO的机场排放清单

飞机大气污染物的排放定量常采用环保部发布的《非道路移动源大气污染源排放清单编制技术指南(试行)》推荐的排放系数法，该方法简单易行，但由于不分机型、不考虑LTO各阶段飞机污染物排放差别、不考虑飞机在机场各运行阶段实际运行时间，因此有一定的局限性。本节以上海市浦东国际机场为研究对象，建立本地化的基于起飞着陆(LTO)周期的飞机排放定量方法，揭示LTO循环各阶段以及不同航班和机型的排放特征。

7.6.1 浦东国际机场活动水平

中国民航局2016年民航行业发展统计公报、中国民用航空华东地区管理局发布的数据显示，浦东国际机场2016年全年总旅客人次为6 600万，月均旅客人次均在500万以上，8月份旅客人次达到最高峰，为622万人次。全年货邮吞吐量为344万吨，其中2月份货邮吞吐量有较大跌幅(见图7-53)。全年起降47.99万架次，各月份起降架次无较大波动(见图7-54)。

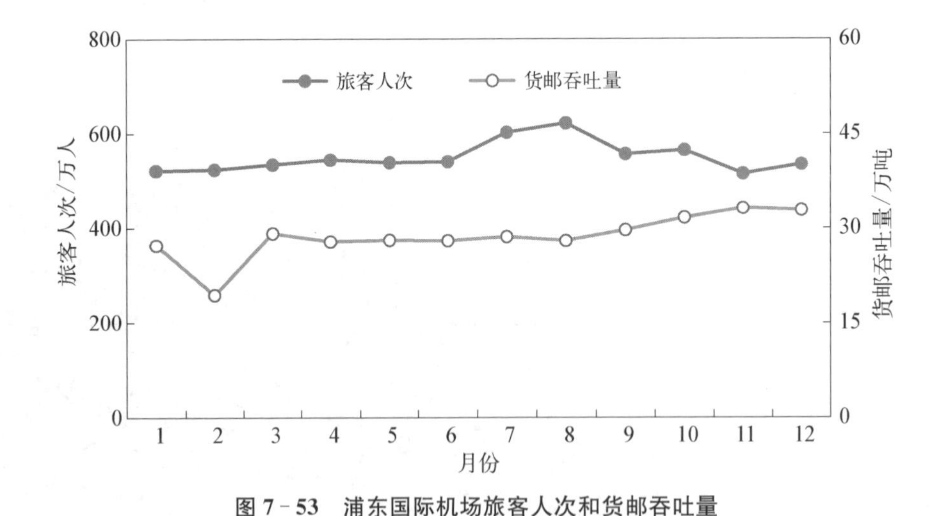

图7-53 浦东国际机场旅客人次和货邮吞吐量

7.6.2 飞机在不同工作模式下工作时间

飞机在不同模式下的工作时间取决于飞机类型、本地气象条件以及机场条件，进近和爬升的持续时间很大程度上取决于机场工作条件和气象条件，飞机污染物排放影响的垂直高度由机场区域逆温层的厚度决定，逆温层厚度即大气混合层高

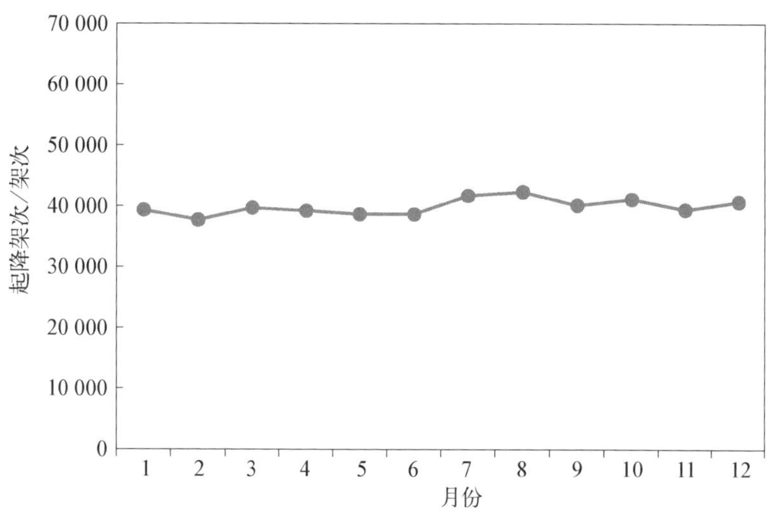

图 7 - 54　浦东国际机场起降架次

度，因此混合层高度的确定影响进近和爬升时间。滑行时间取决于机场跑道、地面交通量以及机场特定的工作程序。起飞阶段的高度变化一般不会随着地点和飞机类别的改变而改变。ICAO 规定了标准 LTO 循环在不同模式下发动机推力设置和工作时间，如表 7 - 17 所示。在本研究中，起飞、进近及爬升用时参考 ICAO 规定的标准值，由于滑行阶段在整个 LTO 循环过程中污染物排放占比较大，且仅有滑行阶段的污染物排放是可通过精细化管理加以控制的，因此本研究着重调查了滑行阶段的用时。根据机场空管部门提供的记录，整理获得浦东国际机场滑行阶段用时为 44 分钟(比 ICAO 标准用时长 18 分钟)，其中滑进阶段用时 18 分钟，滑出阶段用时 26 分钟。

表 7 - 17　LTO 循环下各阶段工作时间　　单位：min

工作模式	标准工作时间	实际工作时间
进近	4	3～5
滑行	26(滑进 7，滑出 19)	44(滑进 18，滑出 26)
起飞	0.7	0.7
爬升	2.2	2～3

7.6.3　飞机污染物排放的时间分配

1）各种类飞机污染物排放总量

通过计算，浦东国际机场 2016 年全年飞机污染物排放量如下：CO 4 814 t、HC

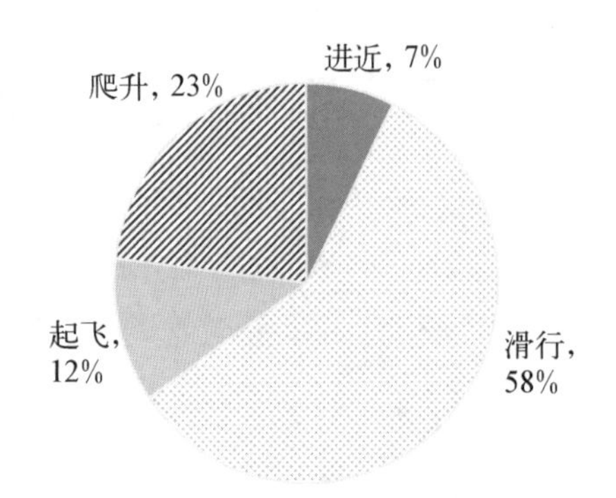

图 7-55　浦东国际机场飞机 LTO 各阶段污染物排放量占比

396 t、NO_x 5 252 t、SO_2 397 t、$PM_{2.5}$ 118 t。从污染物排放总量来看，滑行阶段污染物的排放量占比最大，占排放总量的 58%；爬升阶段次之，占排放总量的 23%；起飞阶段污染物排放量占排放总量的 12%；进近阶段污染物排放量最少，为 7%（见图 7-55）。

2）LTO 各阶段各污染物排放贡献

下图为 LTO 循环各阶段各污染物的排放贡献。在滑行阶段，HC、SO_2 及 CO 排放贡献较大；在起飞阶段，NO_x 和 $PM_{2.5}$ 的排放贡献较大；在爬升阶段 NO_x 和 $PM_{2.5}$ 的排放贡献较大；在进近阶段，SO_2 和 NO_x 的排放贡献较大（见图 7-56）。

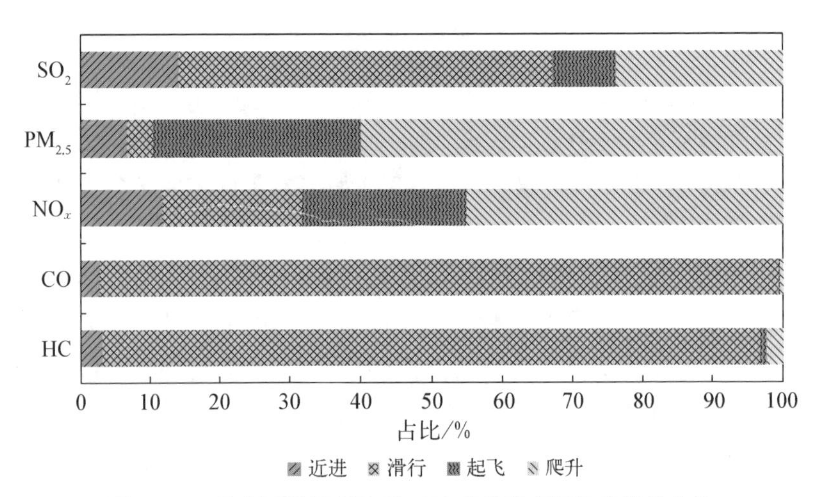

图 7-56　浦东国际机场飞机 LTO 各阶段各污染物排放占比

3）LTO 各阶段各污染物分担率

HC 及 CO 的排放量均在滑行阶段为最高，且占据 LTO 循环各阶段排放量的 90%以上，远高于其他各阶段排放量之和（见图 7-57）。

SO_2 的排放量在滑行阶段排放最多，占整个 LTO 循环各阶段排放总量的 52.8%，爬升阶段次之；NO_x 及 $PM_{2.5}$ 均在爬升阶段排放最多，分别占 45%和 59.9%（见图 7-58）。

4）不同类型航班排放占比

将航班按国内（中国大陆地区）、国际、区域（中国港澳台地区）划分，统计不同航班类型的各污染物排放量。浦东国际机场 2016 年全年起降 479 902 架次，其中国内

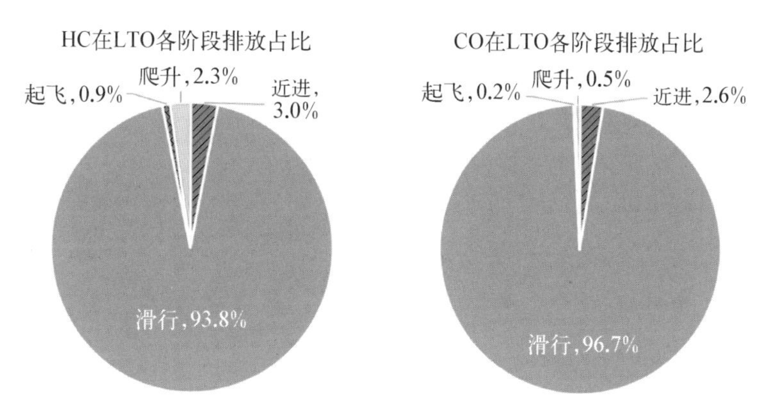

图7－57　飞机LTO各阶段HC及CO排放占比

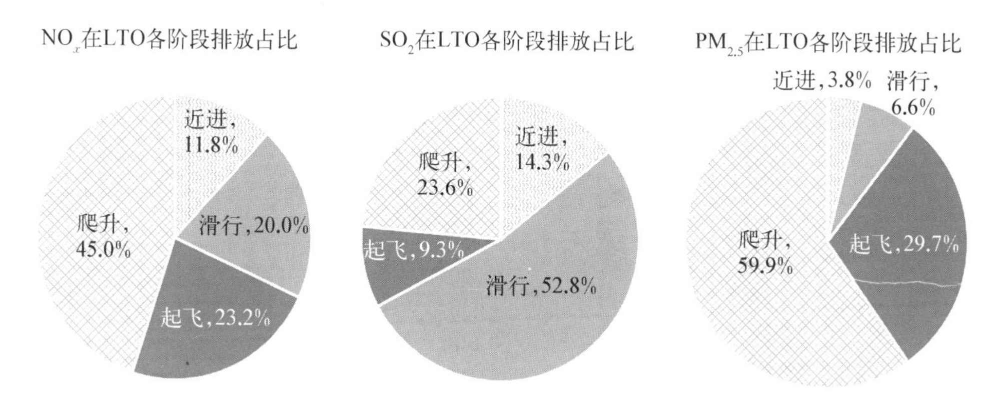

图7－58　飞机LTO各阶段NO_x、SO_2及$PM_{2.5}$排放占比

航班为257 718架次，国际航班为182 685架次，区域航班为39 499架次(见表7－18)。各类型航班量月份分布如图7－59所示，各类航班的月航班数量变化均较小，并且均在7—8月份达到峰值。

表7－18　2016年浦东国际机场各类型航班起降架次　　单位：架次

航班类型	起降架次
国　内	257 718
国　际	182 685
区　域	39 499
总　数	479 902

分析各类型航班污染物排放量发现，国际航班数量虽然少于国内航班，仅为国内航班的71%，但各污染物的排放量均高于国内航班的排放量；区域性航班的总量仅为总航班数量的8.2%，各污染物的排放量也相对较少(见图7－60)。

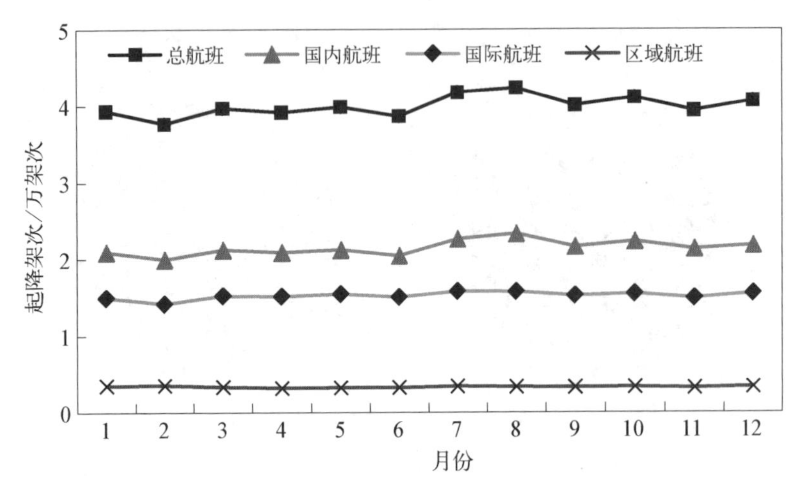

图 7-59　2016 年浦东国际机场各类型航班起降架次月份分布

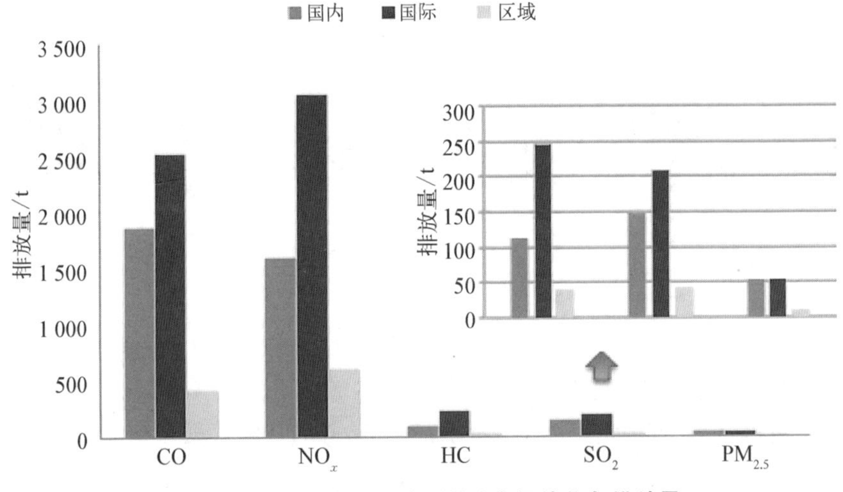

图 7-60　2016 年不同类型航班各污染物年排放量

5）不同机型污染物排放占比

将所有到港航班按机型分类，分为小型飞机、单通道飞机、双通道飞机，分别计算其各污染物排放量。2016 年浦东国际机场共计起降小型飞机 130 架次，单通道飞机 340 621 架次，双通道飞机 139 151 架次（见表 7-19），分别约占全年起降总架次的 0.027%、70.977%和 28.996%。

各类机型各污染物排放量如图 7-61 所示，小型飞机污染物排放量占污染物排放总量的 0.01%，单通道飞机污染物排放量占排放总量的 38.21%，而双通道飞机占 61.78%；单通道飞机数量是双通道飞机的 2.45 倍，但双通道飞机的 NO_x 排放量是单通道飞机的 1.8 倍。

表7-19　浦东国际机场各类机型起降架次　　单位：架次

机　　型	起降架次
小型飞机	130
单通道飞机	340 621
双通道飞机	139 151
总　计	479 902

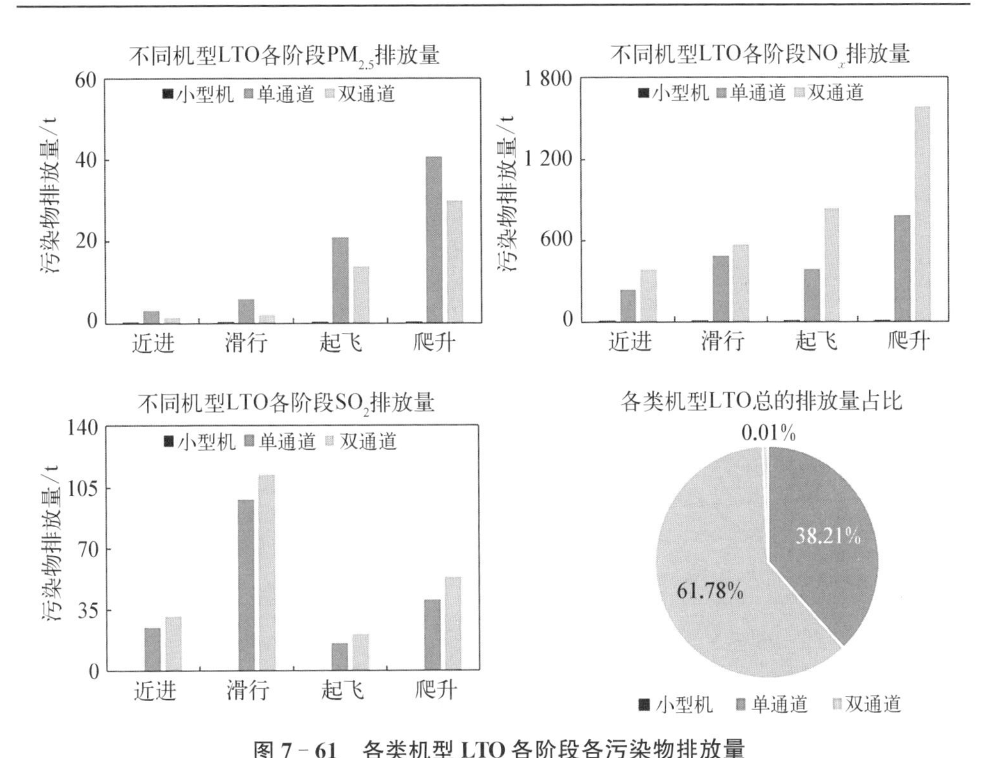

图7-61　各类机型LTO各阶段各污染物排放量

6）各污染物排放时间分布特征

分析机场飞机各污染物排放时间分布图可知机场不同污染物的排放量时间分布规律略有不同。HC及SO_2的排放量从凌晨3点开始逐步上升，在12点左右达到排放峰值，之后呈下降趋势，0点以后污染物排放量下降较快（见图7-62）。

CO及NO_x的排放量也从凌晨3点开始逐步上升，在12点左右达到排放峰值，之后呈下降趋势；CO在18点左右又达到一次峰值；0点以后污染物排放量下降较快（见图7-63）。

$PM_{2.5}$的排放量也从凌晨3点开始逐步上升，在10点左右达到排放峰值，之后持续波动，总体呈下降趋势，0点以后污染物排放量下降较快（见图7-64）。

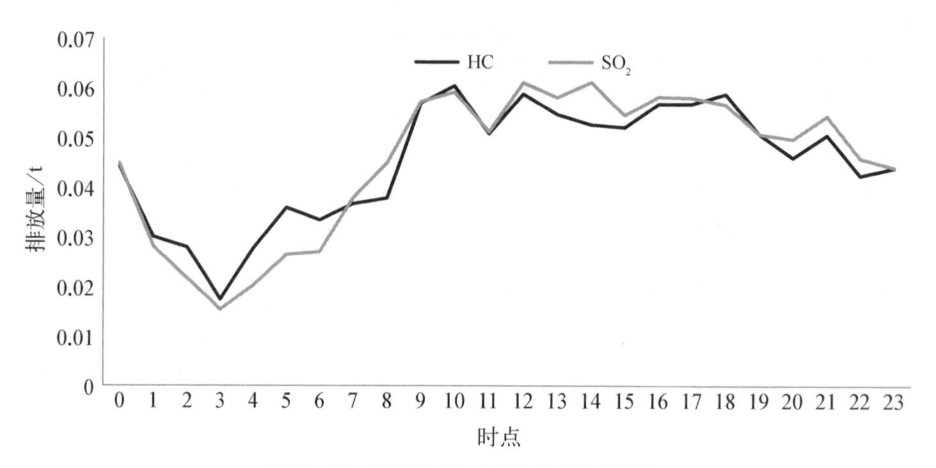

图 7－62　HC 及 SO_2 排放时间分布特征

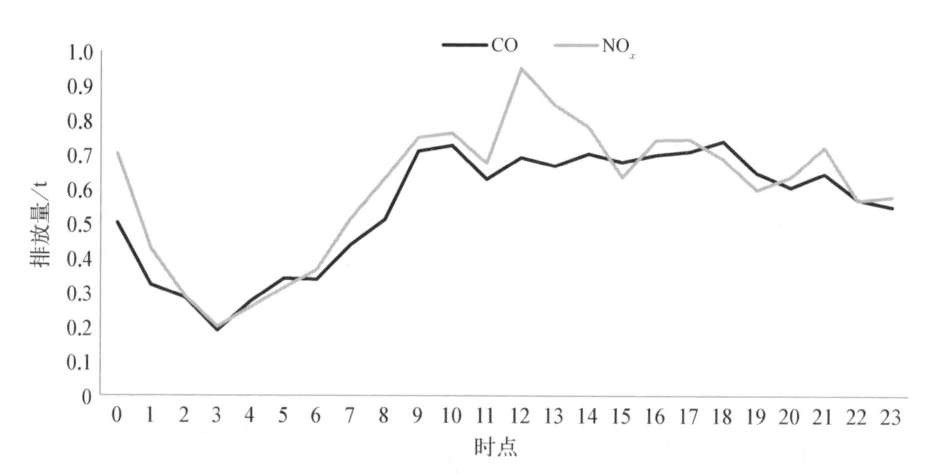

图 7－63　CO 及 NO_x 排放时间分布特征

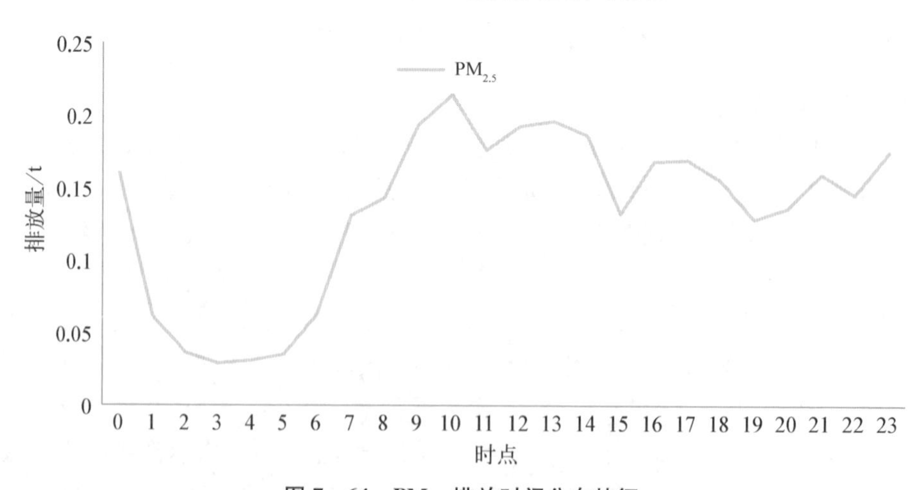

图 7－64　$PM_{2.5}$ 排放时间分布特征

7.7　基于实测与通量法的扬尘排放清单

上海在道路扬尘和工地扬尘排放定量工作中，基于国内外相关文献和研究成果，开展了扬尘源本地化排放系数更新的探索，通过实测了解道路扬尘的排放特征并建立本地化排放系数；采用通量法分析工地扬尘的排放特征并得到本地化颗粒物排放系数。

7.7.1　基于实测法的道路扬尘清单定量

快速检测法(TRAKER，道路再卷起气溶胶的动力排放测试)是以实验车为工具，在车辆轮胎和车顶设置采样口，实时获取由于机动车车轮转动卷起的颗粒物浓度值以及背景颗粒物浓度值，两者浓度差即为由单辆机动车行驶过程中车轮转动引起的颗粒物浓度，根据质量浓度差来推断二次扬尘排放潜势；再根据车轮扬起的 $PM_{2.5}$浓度与路面积尘负荷之间的关系计算得到积尘负荷。$PM_{2.5}$ 和 PM_{10} 粒度乘数也根据现场实测结果进行本地化校正[11-12]。

7.7.1.1　材料与方法

如图 7－65 所示，工程车装有两套颗粒物监测仪，监测设备加入颗粒物分割器，用一个采样口即可同时测定 TSP、PM_{10}、$PM_{2.5}$的质量浓度。按照快速检测法的采样要求，对工程车进行改装，获得车载采样装置，其中选用英国科赛乐 CEL712 粉尘仪作为监测设备，PM_{10}、$PM_{2.5}$ 颗粒物分割器分别选用 BGI 的 SCC1.829(PM_{10})和 SCC1.197($PM_{2.5}$)旋风分离器。一个采样口位于车顶，通过 1.5 m 采样管与仪器相连，采样口距地面 177 cm，用于测定颗粒物背景浓度值 C_1；另一套仪器通过 1.5 m 采样管与右前轮轮胎后部相连，用来测试机动车行驶过程中卷起的 $PM_{2.5}$(PM_{10}、TSP)与背景 $PM_{2.5}$(PM_{10}、TSP)之和的质量浓度 C_2，采样入口位于右前轮轮胎后侧 11.5 cm 处，距轮胎中心 46 cm，距地面 34 cm。实验期间，用 GPS 记录机动车实时位置，其数据记录间隔时间与仪器记录间隔时间一致，同样设定为 5 s；车辆行驶过程中同时测量道路环境中颗粒物浓度和车轮后颗粒物浓度。

7.7.1.2　排放特征及排放系数分析

按照前述实验方法，采用车载颗粒物采样装置对上海市典型主干路龙吴路的道路积尘负荷和粒度乘数展开研究。选取龙吴路上罗城路—罗秀路(2 km)、华泾路—景联路(2.1 km)、金都路—氟源路(1.8 km)、元江路—放鹤路(1.7 km)四段道路研究龙吴路扬尘排放系数。

1) 道路积尘负荷计算

根据南开大学[13]建立的车轮卷起 $PM_{2.5}$浓度与道路积尘负荷之间的关系式，

(a)

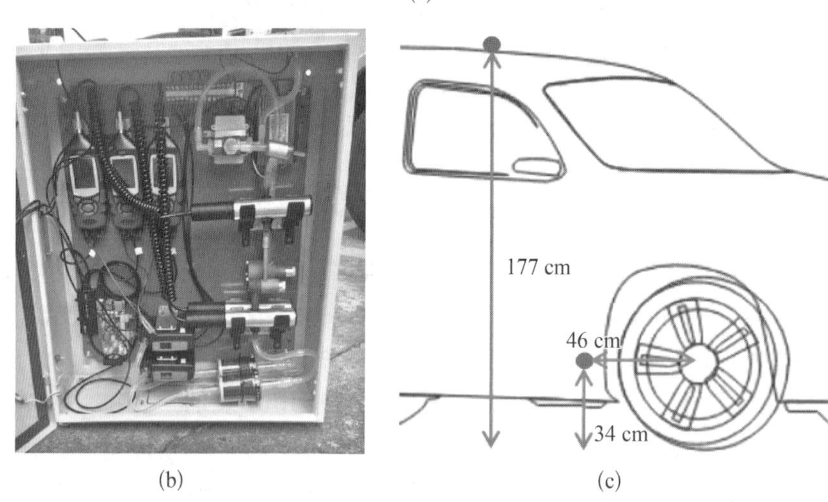

(b) (c)

图 7-65　车载采样装置

(a) 车载采样装置；(b) 采样设备细节图；(c) 采样装置采样口介绍

由实测浓度差估算道路积尘负荷。其中秋季浓度差关系为

$$sL = 9.62(C_2 - C_1)^{0.959} \tag{7-10}$$

根据式(7-10)，通过各路段轮胎采样口和背景采样口数据，计算得罗城路—罗秀路、华泾路—景联路、金都路—氰源路、元江路—放鹤路四条路段的道路积尘负荷分别为 0.43 g/m²、0.55 g/m²、0.32 g/m²、0.24 g/m²(见图 7-66)，则实测龙吴路积尘负荷为 0.38 g/m²。

2) 粒度乘数计算

在 EPA 推荐的道路扬尘 TSP 粒度乘数(3.23 g/km)的基础上，采用现场实测的方式，对 $PM_{2.5}$ 和 PM_{10} 粒度乘数进行本地化校正：

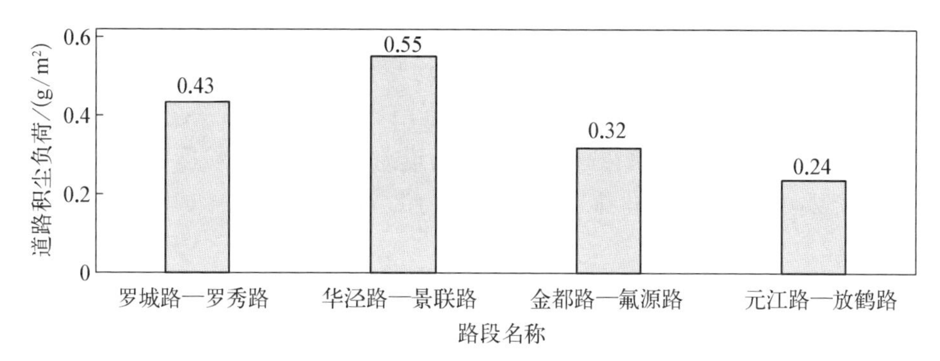

图 7-66　龙吴路各路段积尘负荷

$$k_{10} = r_1 \times k_{TSP} \tag{7-11}$$

$$k_{2.5} = r_2 \times k_{10} \tag{7-12}$$

$$r_1 = \frac{(C_2 - C_1)_{10}}{(C_2 - C_1)_{TSP}} \tag{7-13}$$

$$r_2 = \frac{(C_2 - C_1)_{2.5}}{(C_2 - C_1)_{10}} \tag{7-14}$$

式中，C_1为背景浓度值，g/m³；C_2为机动车行驶过程中卷起的 $PM_{2.5}$（PM_{10}）的浓度与背景浓度之和的质量浓度，g/m³。

根据式(7-11)～式(7-14)，由快速检测法测定龙吴路四条路段的数据结果如表7-20所示。通过处理各路段轮胎采样口和背景采样口数据，计算得罗城路—罗秀路、华泾路—景联路、金都路—氰源路、元江路—放鹤路四条路段 PM_{10} 粒度乘数分别为 2.45 g/km、1.14 g/km、1.59 g/km、2.33 g/km，四条路段 $PM_{2.5}$ 粒度乘数分别为 1.89 g/km、0.85 g/km、0.85 g/km、1.92 g/m，则实测龙吴路 PM_{10}、$PM_{2.5}$ 粒度乘数分别为 1.88 g/km、1.38 g/km。

表 7-20　龙吴路各路段积尘负荷和粒度乘数

路段名称	sL/(g/m²)	r_1	r_2	K_{10}/(g/km)	$K_{2.5}$/(g/km)
罗城路—罗秀路	0.43	0.76	0.77	2.45	1.89
华泾路—景联路	0.55	0.35	0.75	1.14	0.85
金都路—氰源路	0.32	0.49	0.53	1.59	0.85
元江路—放鹤路	0.24	0.72	0.82	2.33	1.92
龙吴路	0.38	0.58	0.72	1.88	1.38

说明：sL 为道路积尘负荷；r_1为扬尘中 PM_{10} 占总颗粒物的比例；r_2为扬尘中 $PM_{2.5}$ 占 PM_{10}的比例；K_{10}为产生的扬尘中 PM_{10}的粒度乘数；$K_{2.5}$为产生的扬尘中 $PM_{2.5}$的粒度乘数。

3）本地化排放系数计算

上海市龙吴路平均车重取主干路的平均车重 2.95 t；龙吴路控尘措施为每日洒水 4 次、吸尘 2 次。根据指南推荐数值，TSP、PM_{10}、$PM_{2.5}$ 控尘效率分别为 66%、55%、46%，结合车载采样装置实测的道路积尘负荷和粒度乘数，估算龙吴路 TSP、PM_{10}、$PM_{2.5}$ 本地化排放系数分别为 2.79 g/km、1.74 g/km、1.35 g/km（见表 7－21）。

表 7－21　龙吴路扬尘本地化排放系数计算

指　标	sL/(g/m²)	粒度乘数/(g/km)	平均车重/t	η/%	排放系数/(g/km)
TSP	0.38	3.23	2.95	66	2.79
PM_{10}		1.88		55	1.74
$PM_{2.5}$		1.38		46	1.35

7.7.2　基于通量法的工地扬尘清单定量

暴露高度浓度剖面法(exposure profiling method)是 EPA 认定为最适合开放式人为扬尘源排放量量化的测量方法。根据质量守恒原理(扬尘净排放量＝污染物输出量－污染物进入量)，在施工现场边界四周等距离布置具有上、下分布的扬尘监测仪器，在施工现场附近 100 m 以外布置背景点，通过对垂直风向横截面内的扬尘量分布进行空间积分，从而计算采样周期内该施工现场的扬尘排放量，计算方法见式(7－15)，监测布置图如图 7－67 所示。

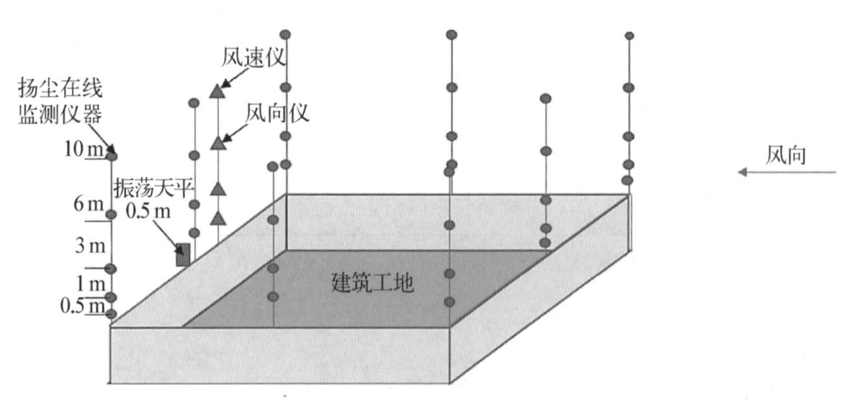

图 7－67　建筑工地监测点位布设

定义 x 轴沿着风向，y 轴与地面平行并垂直于 x 轴，z 轴垂直于地面，单位时间排放的颗粒物总量为

$$Q_n = \iint_{out} u(y, z, t) \times C(y, z, t) \times dydz - \iint_{in} u(y, z, t) \times C(y, z, t) \times dydz \tag{7-15}$$

式中，Q_n 为单位时间扬尘排放量，g/s；C 为颗粒物进、出浓度，$\mu g/m^3$；u 为风速，m/s。

1）材料与方法

通过对上海市典型工地开展实测，利用暴露高度浓度剖面法估算两工地在监测周期内的 TSP 排放量，并以每月单位施工区域面积排放量表示[千克/(米^2·月)]，即得到施工扬尘源 TSP 本地化排放系数，再由 PM_{10}、$PM_{2.5}$ 粒径系数计算得到施工扬尘源 PM_{10}、$PM_{2.5}$ 本地化排放系数。

按照前述实测方法的布点原则在两个工地设置水平和垂直点位。工地一悬挂 22 台仪器，监测周期为 9 天；工地二悬挂 30 台仪器，监测周期为 30 天。

扬尘在线监测系统（见图 7-68）采用基于连续自动监测技术的颗粒物在线监测仪，以激光为光源，根据颗粒物的散射光强度与其质量浓度成正比的原理工作。其技术性能指标符合表 7-22 中的要求。

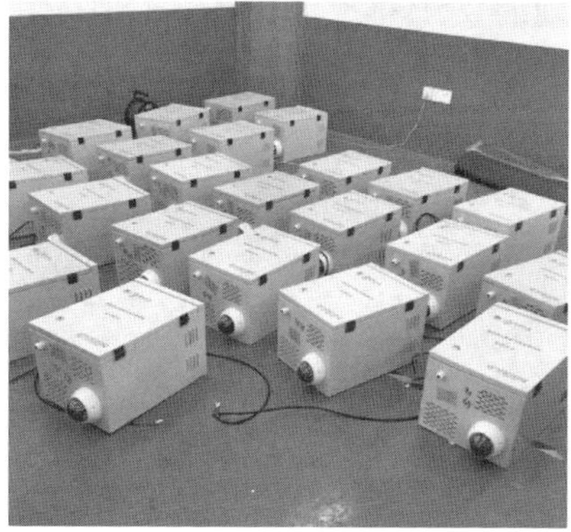

图 7-68　扬尘在线监测仪

表 7-22　扬尘在线监测系统技术指标

名称	指　标	技 术 要 求
颗粒物监测仪	测量原理	光散射式
	监测方式	连续自动监测
	时间分辨率	60 s
	监测因子	总悬浮颗粒物(TSP)
	测量量程	0.01～30.00 mg/m^3

（续表）

名称	指　标	技术要求
颗粒物监测仪	测量精度	±10%
	流量控制	1 L/min；24 h 内，任意一次测试时间点流量变化≤±10%设定流量，24 h 平均流量变化≤±5%
	重现性	≤±7%
	除湿	具备自动除湿功能
	校准	具备自动校准功能
	浓度报警	具备设定浓度报警功能
	与重量法比较	与重量法变化趋势可比，相关性符合要求；与重量法的相对误差符合要求

2）排放特征及排放系数分析

通过对上海市两典型工地进行实测，采用 EPA 推荐的暴露高度浓度剖面法，结合现场实测的上、下风向净浓度，风速，风向，工地的长度、宽度等数据，估算两工地的 TSP 排放量。其中工地一在监测周期（9 d）内的 TSP 排放量为 72.58 kg，TSP 排放量范围为 1.91～18.20 kg/d，TSP 平均排放量为 8.06 kg/d；工地二在监测周期（30 d）内的 TSP 排放量为 17.98 kg，TSP 排放量范围为 0.04～2.15 kg/d，TSP 平均排放量为 0.6 kg/d。

基于两工地在监测周期内的 TSP 排放量，结合每月单位施工区域面积排放量[千克/（米^2·月）]，得到两工地 TSP 本地化排放系数（见表 7－23）。工地一的 TSP 本地化排放系数为 2.71×10^{-3}千克/（米^2·月），工地二的 TSP 本地化排放系数为 4.47×10^{-4}千克/（米^2·月）。两工地中工地二的排放系数较小，可能受监测期间持续降雨影响。

表 7－23　实测工地 TSP 本地化排放系数

工地	施工面积/m^2	监测周期/d	实测 TSP 排放量/kg	实测 TSP 本地化排放系数/[千克/（米^2·月）]	指南排放系数/[千克/（米^2·月）]
工地一	89 162	9	72.58	2.71×10^{-3}	1.4×10^{-1}
工地二	40 223	30	17.98	4.47×10^{-4}	1.4×10^{-1}

由两工地 TSP 本地化排放系数和 PM_{10}、$PM_{2.5}$ 粒径系数，计算得到 PM_{10}、$PM_{2.5}$本地化排放系数（见表 7－24）。

表 7-24　实测工地 TSP、PM_{10}、$PM_{2.5}$本地化排放系数

数据来源	TSP 本地化排放系数/[千克/(米^2·月)]	PM_{10}本地化排放系数/[千克/(米^2·月)]	$PM_{2.5}$本地化排放系数/[千克/(米^2·月)]
工地一	2.71×10^{-3}	1.33×10^{-3}	0.27×10^{-3}
工地二	4.47×10^{-4}	2.19×10^{-4}	0.45×10^{-4}
《扬尘源颗粒物排放清单编制技术指南(试行)》	0.14	—	—
呼和浩特[14]	0.17	0.093	—
珠三角[15]	—	0.11	—
重庆[16]	—	0.07	—
南京[17]	0.094	0.053	—

7.8　基于微气象学梯度通量塔的稻麦轮作氨排放实测及清单结果

氨是大气中最重要的碱性气体之一，它一方面可以促进 SO_2 和 NO_x 等酸性物质的清除，对缓解大气环境酸化和酸雨危害起着重要作用；另一方面却可与 SO_2、NO_x 等气态前体物结合转化形成 NH_4NO_3、NH_4HSO_4 和 $(NH_4)_2SO_4$ 等二次颗粒物，对大气 $PM_{2.5}$ 污染和霾的形成有重要影响。此外，氨还对土壤酸化、水体富营养化及温室效应等环境问题有着直接或间接的影响。研究表明农业源氨排放是大气氨最主要的来源，占到人为源的 80%以上，其中，氮肥施用是最主要的农业氨排放源之一。因此，研究掌握氮肥施用的氨排放特征、掌握氨排放本地化系数，对于完善上海市氨排放清单、开展大气颗粒物污染防治、改善生态环境具有重要意义。

本节以稻麦轮作氮肥施用为研究对象，采用微气象学水平通量法，获得常规施肥情况下的氨排放通量特征和本地化系数，进而修正并获得部分基于本地化系数的农业源氨排放清单结果。

7.8.1　材料与方法

7.8.1.1　实验设备与装置

本实验装置主要包括支撑系统、控制系统和采样系统三大部分。其主要配件如表 7-25 所示。水稻和小麦种植期间的采样情况分别如图 7-69 和图 7-70 所示。

表 7-25 实验装置配件

配件名称	购买厂家	备注
FX1N/PLC 处理器	三菱电机自动化(中国)有限公司	—
LPS-B102SW 超声波风速仪	上海大学中瑞联合微系统集成技术中心	0～10 m/s
WZPB-231 温度传感器	上海精艺电子仪表厂	±50℃
VLK4506 真空泵	成都新为诚科技有限公司	—
流量计	SMC	0～4.3 L/min

说明：PLC 为可编程逻辑控制器。

图 7-69 水稻种植期间采样图

图7-70　小麦种植期间采样图

1）支撑系统

支撑系统主要包括采样杆和采样箱两大部分。

（1）采样杆　采样杆由采样支架、支撑臂和风速仪组成。采样支架材质为304不锈钢，外径约为40 mm，长度有50 cm、60 cm和80 cm三种。对采样杆下部钢管进行处理，将底部锯成45°角，减少受力面积，方便插入土壤，并在底部上方10 cm处焊接圆形铁饼，增加与地面的接触面积，增强支撑作用。不锈钢管上部焊有小孔，必要时可加装绳索用于固定。采样支架由50 cm至80 cm不等的不锈钢管通过螺旋方式进行连接，节数根据具体的实验环境及条件确定。支撑臂由长20 cm的角钢和10 cm的不锈钢管组成，以抱箍形式与支撑支架连接，用于固定风速仪和温度传感器。

（2）采样箱　采样箱尺寸为60 cm×45 cm×75 cm（长×宽×高，下同），置于120 cm×50 cm×45 cm的不锈钢支撑架上，与下垫面保持一定距离，避免田间水过高而进入箱内。采样箱上半部装有电源控制模块、PLC控制模块、液晶显示屏、真空泵、流量计等部件，下部为吸收瓶采集箱，上、下部分通过带孔隔板隔开。同时在箱内上部安装排风扇，用于内部散热。采样箱右部设有管路进口，用于连接外部的采样杆和监测仪器。

2）采样系统

采样系统工作原理如下：利用真空泵压强，通过聚四氟乙烯管将不同高度的环境空气样品收集至吸收瓶内，用 H_2SO_4 溶液进行吸收；经过吸收液的气体经干燥管干燥后依次经过真空泵和流量计，然后排出到环境中。干燥管可吸收因经过溶液而带出的水蒸气，避免对真空泵造成损坏。流量计可以根据实际需求对采样流量大小进行调节。采样结束后将吸收瓶带回实验室，利用比色法对吸收液中的氨浓度进行测定。

3）控制系统

控制系统是装置的核心部分，分为电源控制系统和数据处理系统。电源控制系统为所有部件供电，包括真空泵、流量计、风速仪、温度传感器和液晶显示器等部件。数据处理系统主要负责风速、温度和流量信号的收集、处理、输出和存储。PLC 对风速仪、流量计和温度传感器传递的信号进行处理，输出结果至液晶屏，同时将数据存储在 USB 存储器中，时间分辨率为 1 min。

通过控制系统程序对农田排放的氨进行连续采集，同时对风速、温度、流量等参数进行在线监测，根据实际情况对采样杆及风速仪高度进行调整，以满足不同研究的需求。

7.8.1.2　样品的采集及分析

1）空气样品的采集和分析

样品采集：利用真空泵和聚四氟乙烯管，将 5 个不同高度的空气采集至装有 100 mL 的 0.01 mol/L H_2SO_4的吸收瓶中，经酸性吸收液吸收后排出。采样周期为 24 h，每日早晨 9:00 左右更换吸收瓶。

样品分析：将装有样品的吸收瓶带回实验室，经处理后采用纳氏试剂分光光度法测定及换算得到铵态氮的浓度。

2）田间水样品的采集和分析

样品采集：于采样杆旁及左右各 10 m 等距离设置 3 个采样点，每天用采样管采集一定体积的田间水，置于聚乙烯瓶中，贴上标签后带回实验室分析。

样品分析：对采集的田间水进行过滤，用纳氏试剂分光光度法测定获得氨氮含量，用 pH 计测定 pH 值。

3）土壤样品的采集和分析

样品采集：在田间水采样点同步采集土壤样品，利用土样采样器采取表面 0～10 cm 的新鲜土样，装入密封的聚乙烯袋中，用于实验室分析；分析前对土样进行处理，去除杂质并处理成小块，一部分放入－20℃环境中冷冻储存，另一部分自然风干后用于分析。

样品分析：将冷冻土样置于 4℃的环境中进行解冻，通过 1 mol/L 的 KCl 溶液提取样品中的铵态氮，用可调速振荡器振荡 1 h 后，于 4 500 r/min 转速下离心 15 min，提取上清液（对于离心后仍浑浊的溶液进行抽滤），用靛酚蓝分光光度法测定得到铵态氮浓度，与此同时，采用重量法测定土壤样品的含水率。

对风干的土样进行处理，使其水土比达到 2.5∶1，利用含温度补偿功能的 pH 计测定获得其 pH 值。

7.8.1.3　数据分析

1）大气氨浓度的计算方法

大气氨的浓度通过吸收液中氨含量与相应的采样体积求得，具体公式如下：

$$C_{NH_3\text{-}N}=\frac{C_{NH_4^+\text{-}N}V_{acid}}{\Delta t q_{ac}} \tag{7-16}$$

式中，$C_{NH_3\text{-}N}$为采样周期内氨氮的平均浓度，$\mu g/m^3$；$C_{NH_4^+\text{-}N}$为吸收瓶中铵态氮的浓度，$\mu g/m^3$；V_{acid}为吸收瓶中溶液的体积，m^3；Δt 为样品采样时间，s；q_{ac}为采样的平均流量，m^3/s。

2）氨通量的计算方法

氨通量的计算方法为

$$F=\frac{1}{x}\left[\int_0^z(\overline{uc})_{dw}dz-\int_0^z(\overline{uc})_{up}dz\right] \tag{7-17}$$

式中，x 为测试区域半径，m；z 为实验所测最高点的高度，m；$\overline{uc}$ 为不同高度处的平均水平通量，$\mu g/(m^3 \cdot s)$；dw、up 分别代表所测值和背景值。

3）氨排放量和氨排放损失率的计算方法

$$\text{氨排放量}=\sum_j(F_j-F_{ck,j}) \tag{7-18}$$

式中，j 为时间，d；F_j 为第 j 天的氨排放通量，$kgN/(hm^2 \cdot d)$；$F_{ck,j}$ 为第 j 天的氨排放通量，$kgN/(hm^2 \cdot d)$。

$$\text{氨排放损失率}=\frac{\text{氨排放量}}{\text{施氮量}}\times 100\% \tag{7-19}$$

4）其他数据分析

田间水和土壤的 NH_4^+-N 浓度及 pH 值均采用三点取平均值的方法，能较好地代表实验场地田间水和土壤的相关特性。

7.8.2　排放特征及排放系数分析

由图 7－71 可见，稻季和麦季氨浓度水平存在显著差异。稻季不同施肥阶段氨浓度变化范围较大，为 23.13～344.95 $\mu g/m^3$，氨浓度的最大值是最小值的 14.91 倍；麦季不同施肥阶段氨浓度的变化范围较小，为 11.62～37.12 $\mu g/m^3$，氨浓度最大值是最小值的 3.19 倍；稻季最大浓度是麦季的 9.29 倍。可能原因有以下几点：① 稻季与麦季施肥期间不同的种植模式是导致氨浓度差异的主要原因，稻田种植期间以淹水为主，施肥方式多为撒施，增大了稻季田间水的氨排放。② 稻季和麦季施肥期间的温度差异也是影响氨排放的重要因素，稻季施肥期间的温度较高，平均温度为28.86℃，明显高于麦季的9.37℃。稻季施肥期间温度高，施肥后尿素在脲酶作用下迅速分解为碳铵，田间水NH_4^+－N浓度迅速增大，导致氨排放浓度增大。麦季温度较低，土壤中液态NH_3的浓度和扩散系数均较低，即使土壤NH_4^+－N的浓度很高，土壤中的氨排放潜能也较低，致使氨浓度变化范围较小。③ 施肥期间的降水、光照、风速和pH值等影响因子也在一定程度上影响了氨的排放。

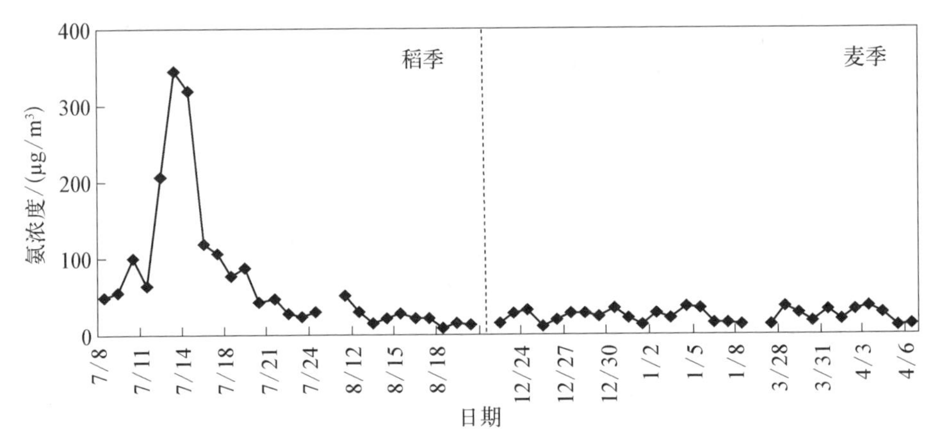

图7－71　稻麦轮作种植模式下不同施肥阶段0.4 m处氨浓度的变化

稻季和麦季氨排放通量的特征存在差异，主要体现在排放持续时间、首次高峰时间、时间变化趋势、最大排放通量、排放总量及氨排放损失率等几个方面，具体结果如表7－26所示。

表7－26　稻麦轮作氨排放通量特征和排放量的比较

项　　目	稻　季	麦　季	总　计
氨排放持续时间/d	7～11	10 ～17	—
最大值出现时间/d	1～2	7～15	—
氨排放通量变化趋势	上升—降低—稳定	波动上升—波动—下降	—
最大氨排放通量/[kgN/(hm² · d)]	11.83	2.63	—
氨累积排放量/(kgN/hm²)	58.78	22.71	81.49
氨排放损失率/%	24.34	7.47	31.81

稻季和麦季施肥阶段的氨排放持续时间分别为7～11 d和10～17 d，麦季稍长于稻季。这主要是由于稻季的种植方式以淹水为主，温度和田间水pH值均高于麦季，促进了氨的排放，缩短了氨排放的持续时间。另外，稻季和麦季施肥阶段出现氨排放高峰的时间分别为1～2 d和7～15 d，麦季明显晚于稻季。稻季施肥时的温度为25.71～33.65℃，高于麦季施肥时的2.69～10.45℃，同时稻季施肥期间的田间水含量丰富，尿素的水解速率快，这可能是造成稻季氨排放高峰出现峰值早于麦季的主要原因。其次，稻季施肥期间的氨排放通量呈先上升后降低最后稳定的单峰变化趋势，而麦季呈现先波动然后稳定的多峰变化趋势，温度是造成变化趋势不同的主要原因。

稻季施肥阶段的最大氨排放通量为11.83 kgN/(hm^2 · d)，显著高于麦季的2.63 kgN/(hm^2 · d)；稻季的氨排放损失率为24.34%，为麦季的3.26倍。产生差异的原因可能有以下几点：① 稻季和麦季的田间管理方式、施肥方式和氮肥种类等人为因素是影响氨排放的主要因素。稻季所施氮肥主要以尿素为主，尿素水解后会使田间水的pH值上升，增大了氨的排放，而麦季主要以复合肥为主，对土壤pH值影响较小。② 稻季和麦季的温度差异也会造成两者不同。③ 施肥期间风速和降水等气象条件、田间水或土壤特性的差异也对稻麦施肥期间的氨排放有着一定影响。

7.8.3　基于本地化系数的农业源氨排放清单

基于稻麦轮作氨排放本地化实测系数的结果，我们获取了上海市种植业氮肥施用氨排放清单及空间分布。上海市种植业氨排放水平分布较为均匀，排放量较大的几个区域分布在崇明区、青浦区、金山区、奉贤区、浦东新区，这主要与这些区县的农业种植业用地面积较大有关。

值得一提的是，奉贤区、浦东新区和金山区在畜禽养殖业和种植业两大主要氨排放来源中，氨排放总量及比例都位居全市各区县前列，表明它们是上海市农业源氨排放最主要的贡献区县。

图7-72为上海市2014年农业源氨排放空间分布图，可以看出农业氨排放量空间分布趋势主要呈现出郊区农村氨排放水平较高，越靠近市中心排放水平较低的特点，这与农业源活动水平及分布趋势基本保持一致，主要是由于畜禽养殖场、农业种植业用地两大氨排放源多数分布在郊区。结果表明，排放水平较高的区主要是浦东新区、崇明区、金山区、奉贤区，较多乡镇氨平均排放量在200 t/a以上。其中，排放水平最高的镇超过1 800 t/a。从上文的分析中得知，这与几个区畜禽养殖和种植业氨排放量较大有关。

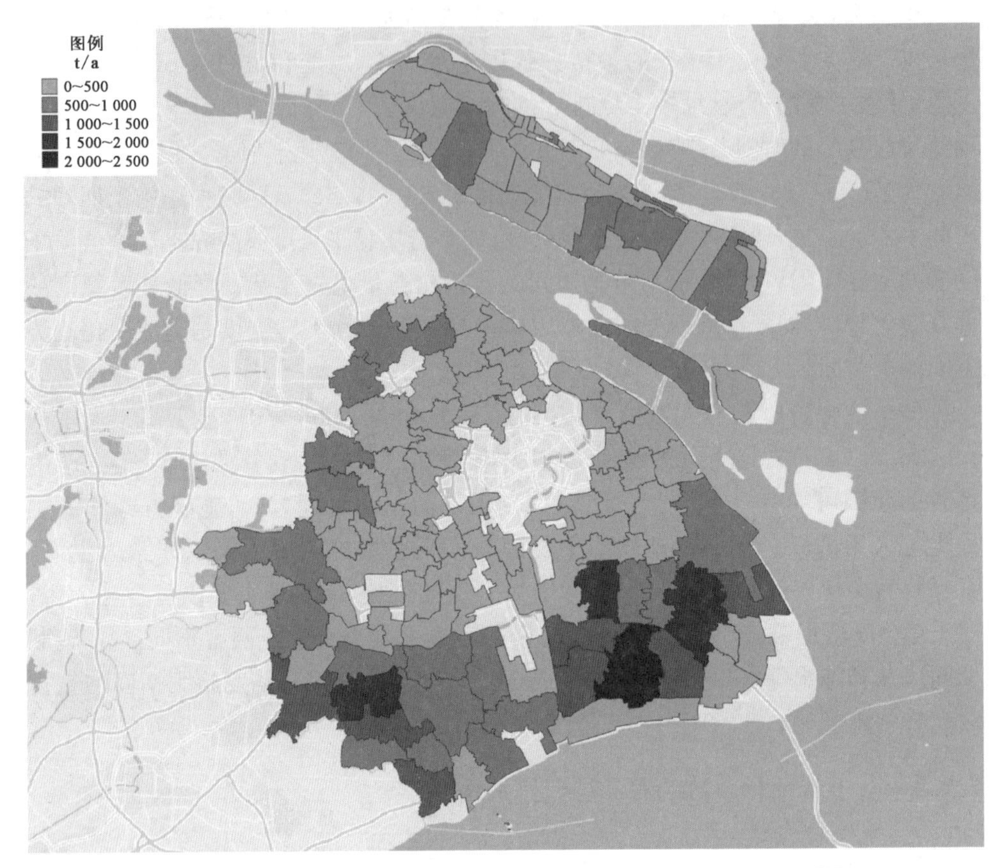

图 7-72　上海市 2014 年农业源 NH_3 排放量空间分布图(彩图见附录)

参考文献

[1] 崔建升，屈加豹，伯鑫，等.基于在线监测的 2015 年中国火电排放清单[J].中国环境科学，2018，38(6)：2062-2074.

[2] 车汶蔚.珠江三角洲高时空分辨率机动车污染排放清单开发及控制对策研究[D].广州：华南理工大学，2010.

[3] 刘登国，刘娟，黄伟民，等.基于交通信息的道路机动车排放 NO_x 模拟研究[J].环境监测管理与技术，2016，28(3)：15-19.

[4] 郑君瑜，车汶蔚，王兆礼.基于交通流量和路网的区域机动车污染物排放量空间分配方法[J].环境科学学报，2009，29(4)：815-821.

[5] Saide P, Zah R, Osses M, et al. Spatial disaggregation of traffic emission inventories in large cities using simplified top-down methods [J]. Atmospheric Environment, 2009, 43(32): 4914-4923.

[6] Tuia D, Ossés De Eicker M, Zah R, et al. Evaluation of a simplified top-down model for the spatial assessment of hot traffic emissions in mid-sized sities[J]. Atmospheric Environment, 2007,41(17): 3658-3671.

[7] Zheng J Y, Che W W, Wang X M, et al. Road-netework-based spatial allocation of on-road mobile source emissions in the Pearl River delta region, China, and comparisons with population-based approach[J]. Journal of the Air & Waste Management Association, 2009, 59(12): 1405-1416.

[8] 黄成,刘娟,陈长虹,等.基于实时交通信息的道路机动车动态排放清单模拟研究[J].环境科学,2012,33(11): 3725-3732.

[9] 伏晴艳,沈寅,张健.上海港船舶大气污染源排放清单研究[J].安全与环境学报, 2012, 12(5): 57-64.

[10] Yang D Q, Kwan S H, Lu T, et al. An emission inventory of marine vessels in Shanghai in 2003[J].Environmental Science & Technology,2007,41(15): 5183-5190.

[11] 彭康,杨杨,郑君瑜,等.珠江三角洲地区铺装道路扬尘排放系数与排放清单研究[J].环境科学学报,2013,33(10): 2657-2663.

[12] 彭康.珠江三角洲铺装道路扬尘源污染物排放及特征研究[D].广州: 华南理工大学, 2013.

[13] 张诗建.基于快速检测法的天津市道路扬尘排放清单研究[D].天津: 南开大学,2016.

[14] 黄玉虎,蔡煜,毛华云,等.呼和浩特市施工扬尘排放系数和粒径分布[J].内蒙古大学学报(自然版),2011,42(2): 230-235.

[15] 杨杨.珠三角地区建筑施工扬尘排放特征及防治措施研究[D].广州: 华南理工大学, 2014.

[16] 罗毅.重庆市典型建筑工地扬尘排放特征研究[D].重庆: 西南大学,2017.

[17] 王社扣,王体健,石睿,等.南京市不同类型扬尘源排放清单估计[J].中国科学院大学学报, 2014, 31(3): 351-359.

第8章　城市大气污染源VOCs和$PM_{2.5}$化学组分构成

VOCs和$PM_{2.5}$排放源成分谱是区域VOCs和$PM_{2.5}$污染来源识别、空气质量模型模拟以及VOCs和$PM_{2.5}$污染控制对策制定的重要基础数据，但是由于受到众多因素的影响，VOCs和$PM_{2.5}$排放源成分谱具有明显的地域差异性，而我国目前成分谱本地化研究相对缺乏，在研究中仍然大量采用美国SPECIATE数据库中的成分谱，这对控制措施与管理政策的制定和实施都有一定的影响[1]。因此弄清本地排放源VOCs和$PM_{2.5}$的化学组分构成，建立本地化的排放源成分谱势在必行。

8.1　城市大气污染源化学成分谱现状与进展

排放源成分谱(source profile)，也可称为“源指纹”，国内外目前尚没有标准定义，一般是指各类大气污染源排放的复杂污染物(如$PM_{2.5}$和VOCs)中各化学组分相对于这类污染物总排放量的比例，以质量分数的形式表示。由于不同排放源或同一排放源不同排放过程中污染物排放强度存在差别，源采集样品中$PM_{2.5}$和VOCs的浓度也有较大差异，将各组分进行归一化后获得每个$PM_{2.5}$和VOCs组分相对于质量浓度的百分比，使各样品在化学组成上具有可比性，通过统计平均手段获得某类源成分特征谱，以识别不同排放源的特征组分。

源成分谱的构建受多种因素的影响，包括采样方法、采样时间、样品数量、分析方法和化学组分数量等。这给源成分谱的结果带来很大的不确定性，因此，需要对一系列的源成分谱进行综合评估，以方便相关的用户和研究人员选取最合适的源成分谱，提供其在大气污染研究中应用的准确性。

作为表征污染源排放组成的重要工具，源成分谱需具备以下几个方面的特征。

(1) 源成分谱具备详细的化学组分信息。由于$PM_{2.5}$和VOCs的化学成分非常复杂，源成分谱应能充分反映污染源排放的污染物的组成特征，涵盖尽可能全面的组分。

（2）源成分谱能代表某一类源的排放特征。某一类大气排放源是指具有相似排放特征的多个排放环节和过程的归纳。源成分谱的建立是为了识别某一类排放源的化学成分特征，并能够与其他排放源相区别。因此建立源成分谱往往需要对同一类源中的多个排放环节进行样品采集，从而得到反映该类源污染物排放的综合特征。

（3）源成分谱应反映地区的差别和时间的变化特征。由于经济发展程度和工业布局的不同，国家之间、地区之间污染源排放特征差异极大，因此在建立和使用源成分谱时应充分考虑地域的差异。另外，随着城市的发展、技术的更新和工业结构的调整，某国家或地区的污染源排放也在不断变化当中，因而源成分谱在时间上的变化也是重要的特征。

8.1.1　挥发性有机物源成分谱研究

VOCs 是我国大气二次污染物 O_3 和 $PM_{2.5}$ 的重要前体物，控制 VOCs 的排放有利于降低 O_3 和 $PM_{2.5}$ 的浓度，减少重污染过程的发生。构建 VOCs 源谱对大气污染防治具有重要作用，主要体现在以下几个方面。

（1）可应用于排放特征因子监管。VOCs 组分众多，主要包括烷烃、烯烃、芳烃等烃类，醛酮类，卤代烃等。这些组分在排放源中的贡献率各不相同，在大气中参与光化学反应的程度也各不相同。VOCs 源成分谱表征了各排放源的 VOCs 化学组成和各组分排放的相对贡献，因此可作为示踪物进行污染来源识别，应用于污染源排放特征因子的监管。

（2）VOCs 源成分谱是受体模型的基础输入数据。受体模型是利用数学的方法定性、定量识别大气污染源对大气的相对贡献，尤其是化学质量平衡法（CMB）模型是较早且应用较为广泛的受体模型源解析技术之一，源成分谱是 CMB 模型的基础输入数据之一。因此，建立本地化 VOCs 大气污染源成分谱，能够提高 CMB 模型的解析结果准确性，为大气污染管控方向的确定提供决策支持。

（3）VOCs 源成分谱是空气质量模型的基本输入条件。为了模拟大气化学过程，需要将源成分谱基于模型需要的化学机理（如 CB05、SAPRC07）物种谱耦合高时空分辨率源排放清单和气象数据，进行空气质量模型模拟。

（4）可提供基于活性的控制思路。不同 VOCs 组分对 O_3 和 $PM_{2.5}$ 的贡献各不相同，为精准地提出 VOCs 管控建议，需要从基于总量的 VOCs 管控向基于活性的 VOCs 控制思路转变。为提出精准的 VOCs 活性管控思路，需要把精细化 VOCs 源谱作为基础数据，构建 VOCs 组分清单，以识别精细化活性组分排放源。

由于 VOCs 源成分谱研究的重要作用，美国对 VOCs 源成分谱的测试和研究工作开始于 20 世纪 70 年代，加州由于洛杉矶光化学烟雾的影响，加州空气资源委员会(CARB)最早建立了包含多个源的 VOCs 成分谱数据库。EPA 将不同研究的源谱进行归纳总结为 SPECIATE 数据库,目前已发布至 SPECIATE 4.5 版本,形成了目前最为全面的 VOCs 成分谱数据库。除美国外,欧洲也将当地测量的源谱结果进行归类总结,建立了欧洲的 VOCs 源谱数据库。

随着我国大气污染研究工作的深入,我国相关机构对机动车尾气排放、油气挥发、工艺过程源、溶剂使用源、生物质燃烧源等均开展了较多的源谱测试。

1) 机动车尾气

机动车排放主要受油品、车型、行驶工况、内燃机效率等因素影响。Wang 等[2]总结了我国各地区不同车型、不同燃料类型、不同点火方式和不同行驶里程的机动车尾气排放 VOCs 源谱特征。莫梓伟等[3]总结了我国的 VOCs 组分特征,并且与国外研究进行了对比分析。

从不同车型排放的 VOCs 组分来看,轻型车主要排放组分为烷烃、烯烃,其中乙烯为最主要排放组分;柴油火车的特征排放组分为挥发性含氧有机物(oxygenated volatile organic compounds, OVOCs);大客车主要排放组分除丙烷、丁烷等低碳烷烃组分外,C_{10} 以上的烷烃占比较多;摩托车则主要排放 $C_2 \sim C_5$ 的烷、烯烃组分。

从燃料类型来看,汽油车、柴油车和液化石油气(LPG)车的最主要贡献组分均为烷烃,占比高达 58.9%;柴油车中芳烃组分占比较高,而 LPG 车中的烯烃组分有较大贡献。

对比分析汽油车的电子燃油喷射(EFI)和化油器两种点火方式对 VOCs 排放的影响:化油器由于更低的空燃比导致排放更多的 VOCs,由于不完全燃烧比例更高,排放的 VOCs 组分更多,主要的 VOCs 组分为 $C_5 \sim C_7$ 的烷烃组分;EFI 排放更多的芳烃和烯烃组分;两种点火方式最主要的排放组分均为支链烷烃组分。

不同汽油车的行驶里程由于受车龄、燃油效率和三元催化剂老化程度的影响,一般呈现里程数越多,烷烃排放更多、芳烃排放更少的特点。

对于各个地区的研究结果,由于测试车型、油品、排放标准、行驶工况和源样品采集与分析方法的差异,机动车尾气的 VOCs 化学组成特征显示出较大的差异。与国外研究对比发现,我国汽油车源谱活性较高的组分中烯烃占比较高,反映了我国基于活性的控制思路中需加强汽油车烯烃组分的改进升级。

2) 工艺过程源和溶剂使用源

工艺过程源和溶剂使用源均具有排放强度大且排放环节复杂的特征。近年来,随着 VOCs 研究的深入,与该部分排放源的测试和分析相关的研究成果逐年增多。

Wei 等[4]在京津冀地区石化企业的催化裂化、储罐和废水处理装置附近采样,得出 VOCs 组分主要包括 $C_3 \sim C_6$ 的烷烃、乙烯和苯等组分。Mo 等[5]分析了长三角区域大型石化企业的炼油工艺、基础化学工艺和氯化工工艺的VOCs排放特征，指出不同工艺过程的VOCs排放组分差异较大，炼油环节主要以烷烃排放为主，基础化学工艺以烯烃和芳烃为特征组分，卤代烃是氯化工工艺的特征组分。高爽等[6]通过对石化行业的VOCs排放组成开展研究，发现有机硫化物是石化的主要恶臭来源，而OVOCs等物质检测较少，为目前石化行业源谱研究的缺失部分。除石化行业外，关于基础化学原料制造、炼焦和制药行业的VOCs源谱也有少量研究。炼焦行业排放的VOCs主要为芳烃和烯烃组分。

溶剂使用源的VOCs源谱研究主要针对以印刷、涂装、胶黏等为主要工艺的印刷行业、家具制造行业、汽车制造行业、金属表面处理行业、制鞋行业等典型溶剂使用行业。Yuan等[7]在北京的汽车喷涂企业的上、下风向布点采样，根据上、下风向的组分差异结果表征了汽车制造行业的VOCs源谱；Zheng等[8]识别了珠三角的印刷、制鞋、木质家具制造和金属表面处理等溶剂使用行业的有组织排口和车间无组织的VOCs组分排放特征；王红丽等[9]通过对表面涂层、汽车制造、建筑涂料等行业源谱进行收集整理，得到溶剂使用源排放的特征组分包括甲苯、二甲苯、乙苯、乙酸丁酯、丙酮、2-丁酮、环己酮等物质，与溶剂的主要成分相似，但不同行业之间存在较大差异。Zhong等[10]对珠三角地区的汽车制造、家具制造、船舶制造、织物涂层等涂装行业的VOCs源谱进行研究，总结得到由于行业标准的加严，苯、甲苯和二甲苯等严控物质在涂装行业的源谱比例逐步下降，OVOCs和三甲苯等组分的比例逐步升高，这与基于活性的VOCs控制对策相悖。

3）其他源

VOCs其他排放源包括油气挥发源、生物质燃烧源、煤炭燃烧源等，部分研究对该部分排放源的VOCs源谱开展了初步探讨。Liu[11]和Zhang等[12]对汽油挥发的研究表明，我国汽油挥发的主要特征组分是烯烃和芳烃，与国外存在明显差异，但随着油品品质升级，烯烃比例逐步降低。

Zhang[13]和Wang等[14]对生物质燃烧和居民燃煤燃烧排放的VOCs组分特征的研究表明，醛酮类OVOCs和卤代烃在燃烧源中充当重要角色。

我国目前的源谱研究采样和测量方法多样，VOCs组分各异，VOCs采样和分析过程中质量保证和质量控制方式不统一，因此造成建立的源谱难以比较。区家敏等[15]通过研究工作对我国的源谱研究工作提出了建议：① 应从采样、测试组分、数据处理和不确定性分析角度进行规范化，在规范化测试的基础上，构建一个适用于我国大气污染研究和控制的规范化数据库；② 加强OVOCs等组分测量，有助于更准确地识别VOCs排放特征；③ 动态更新重点源VOCs源谱，在大气污染管理的进程中，政策和标准处于不断升级改进的过程中，如机动车的油品改进、溶剂使用的涂料VOCs含量减少，都会使得VOCs排放组分发生较大改变，因此随着管控措施的执行，应对相关的 VOCs 源谱进行更新，以反映污染源特征的变化趋势。

8.1.2 细颗粒物源成分谱研究

从 1988 年开始，EPA 汇总了多年的源成分谱数据，总结源排放的化学组分，建立了 SPECIATE 数据库。经过 30 多年的发展，现在已演变到 SPECIATE 5.0 版本，共计 5 728 个源谱，涵盖颗粒物、挥发性有机物和其他气体等物种。研究中将颗粒物排放源分为固定源、移动源、生物质燃烧源等类别，各源类的划分与我国较为类似。其中，固定源包括了电厂及工业工艺的燃料燃烧、建筑工地建造拆毁过程、金属及木材产品的生产、废物处置、道路飘尘等。移动源主要指机动车及非道路移动机械等的尾气排放。不少研究者运用 SPECIATE 数据库进行源解析研究。Vega 等[16]借用该数据库对墨西哥城 $PM_{2.5}$ 进行来源解析，发现没有安装催化转换器的机动车和重型柴油车是主要的污染来源，前者在白天的贡献率约为 50%，夜间可达 38%，而其中土壤源、机动车源和冶炼厂源使用的是其本国源谱。

除 EPA 公开提供的统一源成分谱以外，还有很多研究者独立开展了源谱研究。美国沙漠研究所进行过较多源谱研究工作，如在加州对肉类炭烤、烧烤排放源开展源成分谱研究[17]，在拉斯韦加斯开展路上机动车源谱的测定[18]，在得克萨斯西南部进行了铺路扬尘源、土壤源、未铺路扬尘源、机动车源、植物燃烧、燃煤电厂源、燃煤飞灰源、水泥炉窑源、餐饮源等源成分谱的研究[19]。England 等[20]开发了一套稀释通道系统以便采集固定源排放的污染物进行源成分谱研究。Schauer 等[21]对美国肉类烹饪、铺路扬尘、汽油车、柴油车、香烟、生物质燃烧、天然气燃烧、煤燃烧、植物碎屑、二次冶炼过程等 32 种源类的源谱进行了研究。Fine 等[22]对美国东北部不同类型的木材燃烧进行了源谱测定。

在我国，有关 $PM_{2.5}$ 的研究主要从 2000 年之后开始。至今，中国关于 $PM_{2.5}$ 的文章中关于源谱研究的内容仍相对较少。因此，我国在源解析、源谱等方面的研究有待进一步开展。到目前为止，我国还没有类似 SPEACIATE 的统一源成分谱数据库，主要依赖于不同研究者独立开展的源谱研究。程培青等[23]对济南市大气颗粒物多环芳烃成分谱进行研究，获取了土壤风沙尘、扬尘、煤烟尘、机动车尾气尘等排放源的成分谱。北京大学张元勋[24]对中国燃煤源和机动车排放源源谱进行了测定。华蕾等[25]对北京市土壤尘、道路扬尘等主要无组织源和固定源进行采样，通过分析其化学组分，确定了各类 PM_{10} 排放源的标识元素和化学组分特征，建立了相应的源谱数据库。金永民[26]建立了抚顺市大气颗粒物主要排放源的成分谱，研究表明，抚顺市土壤风沙尘、钢铁尘、建筑水泥尘、煤烟尘的特征元素分别为 K、

Fe、Ca 及 Ti。温新欣等[27]测定了济南市的土壤、扬尘、煤烟尘、拆迁尘、建筑尘、钢铁尘、道路尘、汽车尾气尘等排放源的源成分谱。房春生等[28]采用 X 射线荧光光谱分析技术对福建龙岩市的大气颗粒物主要排放源(道路尘、扬尘、建筑尘、土壤风沙尘、燃煤锅炉尘)的无机化学组分进行分析,建立了当地的城市大气颗粒物排放源成分谱数据库,并发现燃煤锅炉尘中元素 As 的富集因子大于 60。陆炳等[29]进行了燃煤锅炉排放颗粒物成分谱特征的研究,发现 TC(总碳)、OC(有机碳)、Si、Al、Ca、Na、Mg、Fe、SO_4^{2-} 等是排放源 TSP 和 PM_{10} 中的主要组分。

国内外的研究在源样品采集方法、取样数量、分析手段、分析物种等方面不尽相同。与国外相比,国内的源谱仍具有较高的不完全性,源谱的建立缺乏统一的方法和成分谱指标项,不同源谱之间难以比对。例如,国外对建筑尘的研究一般直接检测水泥或采集水泥窑的飞灰,较少采集工地的建筑尘[30]。目前,国内外还没有统一的源样品取样规范,即使是对排放源的分类和使用的标识元素也不尽相同,因而,源成分谱的研究结果难以直接比较,不利于工作的交流与借鉴。

郭婧等[31]指出我国源谱工作尚存在的不足:① 采样技术不够成熟,研究方法不统一;② 现有源谱中的化学物种多是仪器可测物质,而非示踪物种;③ 源谱中物质的种类及其粒径分布与环境受体的测定结果不一致;④ 尚无统一标准对污染源进行分类;⑤ 分析测试手段不统一,结果无法比对。目前我国还没有类似美国 SPECIATE 的统一源成分谱库,因此国内源解析的研究有时需借鉴别的地区或者国外的部分源谱[32]。由于各类源的采样方法和取样技术等仍存在差异,迫切需要在国家层面上建立一套针对不同源类的标准化方法,建立起国内的 $PM_{2.5}$ 源成分谱库,为源解析工作提供有力的科学支撑。

8.2　VOCs 化学成分谱构建方法

VOCs 化学成分谱是分析不同源排放特征的重要基础数据,能反映污染源的 VOCs 组成和排放特征,是进行源解析的重要参数。我国针对 VOCs 成分谱分析的工作起步较晚,仅对环境空气的大气颗粒物、恶臭,以及机动车尾气、溶剂挥发、工业过程等 VOCs 成分开展工作,且存在样品量少、成分简单等问题,对部分排放源,尤其是石化企业等重点行业的研究仍存在不足,因此尚未形成完整的、规范化的 VOCs 源成分谱数据库[33]。本节从 VOCs 源采样方法、组分分析方法、源谱构建方法等方面对 VOCs 源成分谱的建立开展讨论。

8.2.1　VOCs 源采样方法

VOCs 样品采集装置主要包括吸附管、不锈钢采样罐和采样袋等,吸附管采样法由于收集的 VOCs 组分有限，目前应用较少；采样袋由于受外界温度、光照及采样袋自身材料对 VOCs 的吸附作用影响，一般使用于采集高浓度排口的样品，样品采集完成后，尽快转移到不锈钢采样罐中，以保证样品在储存和运输过程中发生较少损失。

不同 VOCs 排放源由于排放条件、排放环节等不同导致 VOCs 排放的化学组成存在明显差异，因此针对不同的 VOCs 排放源进行源谱采样与分析时需要采用不同的监测方法。

1) 机动车尾气

机动车尾气的测试方法主要包括台架实验、隧道实验和道路实验。3 种方法的优缺点如表 8－1 所示。

表 8－1　机动车尾气测试方法及优缺点

序号	测试方法	优　点	缺　点
1	台架实验	得到不同车型、不同行驶条件的排放特征	无法反映实际情况；测试车辆有限
2	隧道实验	反映机动车排放实际情况	无法识别不同车型及工况
3	道路实验	反映实际情况	受外界影响较大

台架实验是在底盘测功机上采用不同测试工况模拟机动车在公路上的行驶状态。目前我国汽油车主要使用的工况参照《点燃式发动机汽车排气污染物排放限值及测量方法》(GB 18285—2005)，包括双怠速工况法、简易瞬态工况法和稳态工况法；简易瞬态工况测试时间为 195 s，包括怠速、加速、等速和减速 4 种工况，最高时速为 50 km/h。柴油车主要使用的工况参照《车用压燃式发动机和压燃式发动机汽车排气烟度排放限值及测量方法》(GB 3847—2005)，主要包括自由加速法和加载减速法，加载减速法可分别达到 100%、90%、80%的最大功率，处于高负荷运行状态，最大车速可达 70 km/h。

隧道实验是指在隧道内部进行采样，测定隧道内车型、车流量、行驶条件的机动车尾气和油品挥发特征的综合源谱，但无法表征不同车型的特征。

道路实验是指在路边开展实验，该方法受其他源、扩散条件及光化学反应等影响较大。

2) 溶剂使用源和工艺过程源

对于工艺过程源和工业溶剂使用源，采样方法一般为生产车间内无组织采样和有组织排放口采样；对于家用溶剂使用源，顶空实验则是常用的监测方法，表征详细产品的 VOCs 排放特征。主要监测方法及其优缺点如表 8－2 所示。

表 8－2　溶剂使用源和工艺过程源测试方法及优缺点

序号	测试方法	优　点	缺　点
1	车间无组织	反映污染源排放情况	无法表征不同治理技术的排放特征
2	排放口有组织	反映真实的排放情况	浓度较高，采样和分析困难；高空作业
3	顶空实验	实验室操作，较为简单	无法反映真实情况

3）油品挥发源

油品挥发源的主要测试方法包括油品组分测量、顶空实验、汽车密室实验和加油站测试等。油品组分测量指的是直接对汽油、LPG 等组分进行分析；汽车密室实验则是在密封室内模拟温度等变化，监测室内 VOCs 化学组成，测试汽车在不同情况下的挥发情况。主要监测方法及其优缺点如表 8－3 所示。

表 8－3　油品挥发源测试方法及优缺点

序号	测试方法	优　点	缺　点
1	油品组分测试	操作简单	无法表征实际情况
2	顶空实验	实验室操作简单	无法表征实际情况
3	汽车密室实验	能够模拟实际挥发情况	成本较高
4	加油站测试	能够反映挥发特征	无法反映不同油品的特征

4）燃烧源

针对煤炭和生物质燃烧排放，测试方法包括现场采样和实验室模拟，现场采样是指直接在锅炉烟气排放口、野外秸秆燃烧的下风向等开展采样工作；实验室模拟则是选取特定的燃料进行模拟燃烧试验，在实验室进行采样分析。两种方法的优缺点如表 8－4 所示。

表 8－4　燃烧源测试方法及优缺点

序号	测试方法	优　点	缺　点
1	现场采样	能够表征实际情况	仅能反映综合排放情况
2	实验室模拟	实验室操作简单	无法表征实际情况

8.2.2　组分分析方法

8.2.2.1　源样品组分分析方法

由于污染源谱的建立对 VOCs 组分分析的要求较高，因此分析污染源中的 VOCs 组分时，一般先稀释至环境空气的浓度水平，参考相关环境空气中 VOCs 组分分析方法开展分析检测工作，从而实现准确定性、定量。

针对烷烃、烯烃、芳烃、卤代烃等烃类组分的分析，一般采用 GC－MS 的分析方法，为能够定性更多组分、定量更加准确，可搭载 FID、ECD（电子捕获检测器）等检测器。

针对甲醛、乙醛等醛、酮类组分的分析，一般参考 TO－11 的方法，采用 DNPH 采样- HPLC/MS 分析。

EPA 针对环境空气中有毒有害 VOCs 的分析检测出具了 TO1～TO17 的方法，针对污染源测试给出了包括 Method 18 在内的采样分析方法。近年来，随着 VOCs 日益被关注，国内也颁布了一系列 VOCs 多组分分析测试方法，如《环境空气 挥发性有机物的测定罐采样/气相色谱-质谱法》（HJ 759—2015）、《环境空气挥发性卤代烃的测定 活性炭吸附-二硫化碳解吸/气相色谱法》（HJ 645—2013）、《环境空气 醛、酮类化合物的测定 高效液相色谱法》（HJ 683—2014）等。目前被国内广泛接受并用于污染源 VOCs 样品分析的相关标准方法如表 8－5 所示。

表 8－5　VOCs 组分分析方法与标准汇总

序号	标准名称	采样方法	分析方法
1	TO－11	吸附管	醛、酮类化合物
2	TO－14	不锈钢采样罐	GC
3	TO－15	不锈钢采样罐	GC－MS
4	Method 18	气袋	GC
5	《环境空气 挥发性有机物的测定罐采样/气相色谱-质谱法》（HJ 759—2015）	不锈钢采样罐	GC－MS
6	《环境空气 醛、酮类化合物的测定 高效液相色谱法》（HJ 683—2014）	2,4－二硝基苯肼（DNPH）采样管	HPLC

8.2.2.2　VOCs 分析质控质保体系

为保证监测数据准确，尽量消除因采样人员、分析实验室变化带来的误差，质量保证与质量控制至关重要。VOCs 离线分析的质保质控是一项系统性工程，牵涉苏玛罐管理、采集与储存、样品分析、仪器维护、校准等环节。目前，手工采样过程、各类 VOCs 的实验室分析过程有各类国家标准可供参考执行，初步保障了手工采样分析数据的可比性。为进一步适应、解决监测工作中发现的新情况、新问题，进一步减少从采样到分析全过程的误差，提高不同批次、不同分析实验室间的分析结果的一致性，针对分析全过程的关键环节，除现场空白、实验室空白、不锈钢采样罐清洗空白等常规质控要求外，发现了离线分析质保质控的新问题，探索了新方法，具体如下。

1）对标准曲线的要求

为进一步保证标准曲线范围内，特别是低浓度样品分析结果的准确性，通过研究将回测误差作为考察标准曲线合适与否的依据。要求大多数 VOCs 物种标准曲线上各点的回测误差在 20%以内，较理想地，偏差可在 10%以内。

将标准曲线上浓度为 c_i 的点所对应的响应值代入标准曲线拟合方程，得到拟合浓度值 $\hat{c}_i$。按公式(8-1)计算各点的回测偏差，即残差 u_i 与该点理论浓度 c_i 的比值 r_i。

$$r_i = \frac{u_i}{c_i} = \left(1 - \frac{\hat{c}_i}{c_i}\right) \times 100\% \tag{8-1}$$

式中，r_i 为标准曲线第 i 点的残差与该点理论浓度比值（$i=1, 2, 3, \cdots$），%；u_i 为标准曲线第 i 点的残差（$i=1, 2, 3, \cdots$），ppbv①；$\hat{c}_i$ 为标准曲线第 i 点的拟合浓度（$i=1, 2, 3, \cdots$），ppbv；c_i 为标准曲线第 i 点的理论浓度（$i=1, 2, 3, \cdots$），ppbv。

2）分析过程质控

分析过程的质控可分为外部质控和内部质控。外部质控包括实验室检查及实验室间交叉检查。交叉检查为不同实验室对同一标准盲样、空气空白样、空气加标样进行分析，考察不同实验室间测定结果的一致性；实验室检查即对实验室环境及相关附属设施的检查。

内部质控即为针对分析过程，使多次分析过程保持一致性的质控过程，内部质控首先考察样品分析顺序是否合理。在对样品进行分析前，应先分析空白然后进行标准曲线绘制，随后再进空白样品，排除仪器及管道内残留后，测定质控样（参考样品可为低浓度标准气体）。随后进行实际样品的连续分析。在一批次样品分析完毕后，再次测定质控样，直至所有样品分析完成。

整个分析流程中，内标响应值应当落在同一数量级，若无明显波动，则表明仪器运行状态稳定。空白样分析结果应合理，且不高于实际分析样品中的浓度。对于测定偏差超出较大的样品或物种，需要考虑追溯采样时间、地点及运输、分析过程，分析差异来源或者重新测定。对样品进行平行测定，考察重复分析的结果是否相互吻合。

3）样品分析要求

样品分析阶段的质控质保要求有如下几点。

（1）样品到达实验室，对每个苏玛罐进行测压，并记录每个苏玛罐的压力，然后用高纯氮加压至 2 倍，加压后静置平衡 24 h 后再分析。

（2）无组织样品初次测定进样 800 mL，如测量结果超出标准曲线范围，根据初测浓度稀释后重新测定。

---

① ppbv 表示体积比为十亿分之一，行业惯用。

(3) 污染源样品必须进 50 mL 原样进行初测，并通过初测浓度来确定合适的稀释倍数。

(4) 数据处理时，初次测定超过标准曲线的因子使用稀释分析的数据，其他未超标准曲线的数据使用初次测定数据。

4) 仪器维护和调整

仪器维护和调整的质控质保要求有如下几点。

(1) 质谱调谐，定时进行仪器的调谐，确保质谱参数符合要求，达到必要的分辨率、定性能力和灵敏度。

(2) 建立仪器维护点检档案，详细记录仪器日常运行状态和维护、修理情况。

5) 初始校准

在每批样品分析前分别绘制 TO－15 和 PAMS 两种标准曲线。每条标准曲线应至少有 5 点，每一个化合物响应因子的相对标准偏差 $RSD \leqslant 20\%$。标准曲线各点回测浓度偏差应小于 20%。GC－MS 调谐后，必须重新绘制标准曲线。

6) 连续校准

连续分析 10 个样品必须做一次连续校准。取标准曲线中间点进样分析，用于确认标准曲线的有效性，每个化合物的响应因子与初始校准的百分偏差要不大于 20%。部分因子偏差超过 20%，若本批样品中未检出该因子，则不须重新分析该批样品，否则须重新分析该批样品。

7) 内标响应和保留时间

相关的质控质保要求如下。

(1) 方法空白和样品中每个内标特征离子的峰面积要在同批连续校准中内标特征离子的峰面积的±50%之内。

(2) 方法空白和样品中内标灵敏度与在连续校准中内标灵敏度的相差应在±20%以内(逐渐下降或升高除外)；方法空白和样品中每个内标的保留时间与在连续校准中相应内标保留时间偏差在±0.50 min 以内。

8) 替代物回收率

每个样品均应加入替代物进行回收率测定，替代物的回收率应在 70%～130%。如果替代物回收率超过允许标准，样品须重新分析。

8.2.3 源谱构建方法

源成分谱采样分析完成之后，数据应进行验证，具体包括测量组分是否全面以及含有统一的组分，测量的数据能否表征源特性，数据的可靠性和代表性如何；然后通过同化、归一化等方法来合成不同类型和来源的谱，最终形成该类源的代表性源谱库。

对于源成分谱的最终合成，目前主要针对无组织和有组织源形成两种源谱的合并和计算方法。

1）平均源谱

各工艺单元的无组织排放直接通过平均浓度来进行计算：

$$X_i = \frac{\sum_{j=1}^{n} x_{ij}}{n} \tag{8-2}$$

式中，i 表示VOCs组分；j 表示生产单元；X_i 表示平均源谱中组分 i 的百分比；n 表示生产单元的数目。

2）基于中位数的源谱

选取中位数能够衡量源成分谱的集中趋势，避免了由于直接取算术平均值所受到最小值和最大值的影响，以反映源成分谱的整体变化趋势。

3）基于排放强度的合成源谱

将各生产单元的VOCs排放组成视为单一源谱，结合各单元的VOCs排放强度（即排放系数和活动数据的乘积），构建基于各生产单元VOCs排放强度的综合源谱，计算式如下：

$$X_i = \frac{\sum_{j=1}^{n} x_{ij} \times EF_j \times AD_j}{\sum_{j=1}^{n} EF_j \times AD_j} \tag{8-3}$$

式中，i 表示VOCs组分；j 表示生产单元；X_i 表示平均源谱中组分 i 的百分比；X_{ij} 表示生产单位 j 单一源谱中组分 i 的百分比；EF_j 表示生产单元 j 的排放系数；AD_j 表示生产单元 j 的活动水平。

8.2.4　典型石化行业VOCs化学成分谱示例

本节以上海市石化行业精细化VOCs源谱构建为例，阐述基于排放强度的合成石化行业源谱特征。

8.2.4.1　样品采集与分析

在调研获取典型石化行业VOCs污染源信息的基础上，使用苏玛罐采集VOCs样品，用GC-MS进行样品分析。具体分析106种VOCs组分，包括29种烷烃、12种烯炔烃、18种芳烃、35种卤代烃、11种OVOCs和二硫化碳。

其中，石化行业VOCs源谱采样点位包括炼油工艺过程、废水处理工艺、储存与装卸过程、烯烃工艺、芳烃工艺在内的5个典型工艺过程，得到有效VOCs样品39个（见表8-6）。

表 8-6　石化行业典型工艺过程 VOCs 源数据来源及样品分布

工艺过程	具体装置/工艺	样品数量
炼油工艺	常减压工艺	2
	加氢工艺	4
	催化裂化	1
	延迟焦化	1
	硫黄回收	1
烯烃工艺	—	2
芳烃工艺	—	4
废水处理工艺	含油废水	1
	化工废水	4
	废水生化处理	10
储存与装卸	—	9
总　计		39

8.2.4.2　典型石化工艺过程 VOCs 源谱特征

1) 炼油工艺 VOCs 排放组成与组分特征

图 8-1 所示为常减压工艺、加氢工艺、催化裂化、延迟焦化和硫黄回收 5 个典型炼油工艺环节的 VOCs 组成情况。由图可知，不同石油炼制工艺的 VOCs 排放组分存在较大差异，这也是目前石化工艺难以准确表征其排放特征的原因之一。烷烃组分在常减压工艺和延迟焦化工艺排放的 VOCs 中占比最多，占比均在 60%以上，由于这两种工艺均为物理性工艺，所以排放主要以油品的相关烷烃组分为主。加氢工艺和催化裂化均为成品油生产工艺，由于生产的油品不同，其排放组分

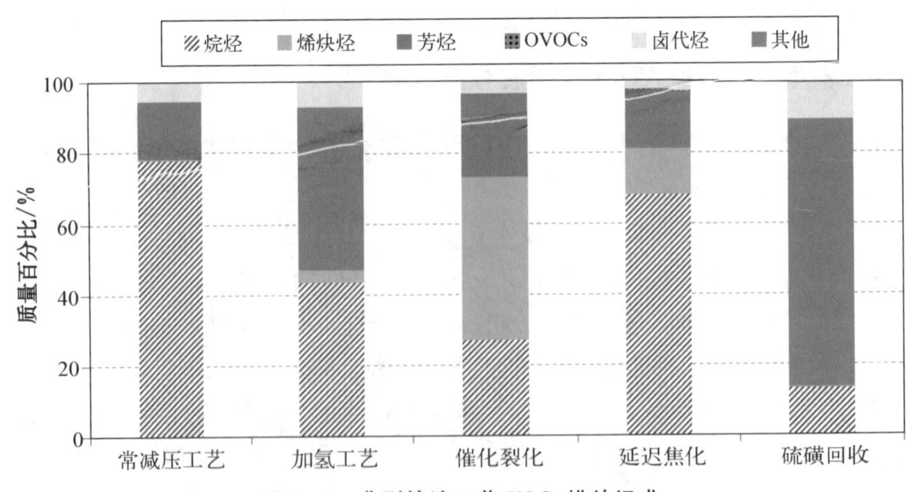

图 8-1　典型炼油工艺 VOCs 排放组成

存在较大差异，加氢工艺以烷烃和芳烃组分为主，催化裂化工艺以烯炔烃组分为主，占比为46.2%。硫黄回收是原油脱硫后的含硫物质生产单质硫的工艺过程，其VOCs排放主要以芳烃为主，芳烃占比达75.9%，其次，其卤代烃占比(10.6%)明显高于其他炼油工艺。

(1) 常减压工艺　图8-2所示是常减压工艺排放的VOCs中占比前11位的组分，总计占比达96.0%。从具体组分来看，正丁烷(31.5%)和丙烷(26.7%)两种组分占比合计达58.2%，为最主要组分；其他 C_6 及以下烷烃以乙烷、异丁烷、3-甲基戊烷为最主要烷烃组分；甲苯、乙苯和苯为主要芳烃组分；1,2-二氯乙烷(3.4%)为主要卤代烃组分，表明常减压过程除烷烃外，也会有少量卤代烃排放，这可能与原油性质有关。

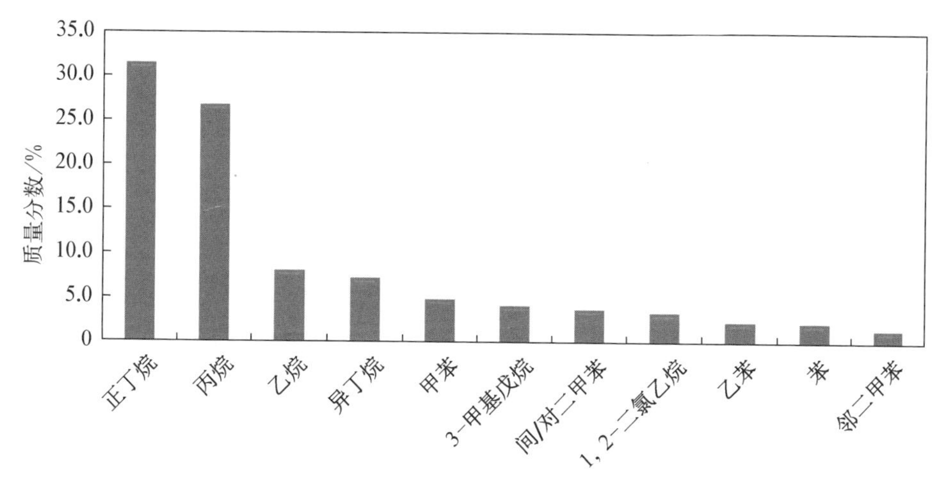

图8-2　常减压工艺VOCs主要组分(96.0%)

(2) 加氢工艺　图8-3所示是加氢工艺VOCs排放占比前14位的组分，总计占比达93.9%，其中包括甲苯(16.5%)、苯(8.2%)和间/对二甲苯(7.7%)等芳烃类组分，以及丙烷(12.1%)、正丁烷(11.4%)、异丁烷(10.9%)等烷烃组分。值得注意的是，C_9 以上的芳烃组分如1,2,4-三甲苯和间乙基甲苯也有一定的占比，表明加氢工艺存在一定的大分子物质排放，这也是与催化裂化工艺的主要排放差异。

(3) 催化裂化工艺　图8-4所示是催化裂化工艺排放的VOCs中占比在前13位的组分，总计占比达94.5%。从具体组分来看，丙烯占比高达44.9%，为最主要组分，这是由于催化裂化工艺为大分子的重油物质裂解为轻油的过程，伴随着大量的小分子物质排放；丙烯为重要的化工原料，可以再生产出众多化工产品，因此催化裂化工艺过程存在大量的改进空间。其他组分与常减压工艺排放较为接近，表明炼油过程的总体排放以 C_3～C_4 的烷烃组分为主。

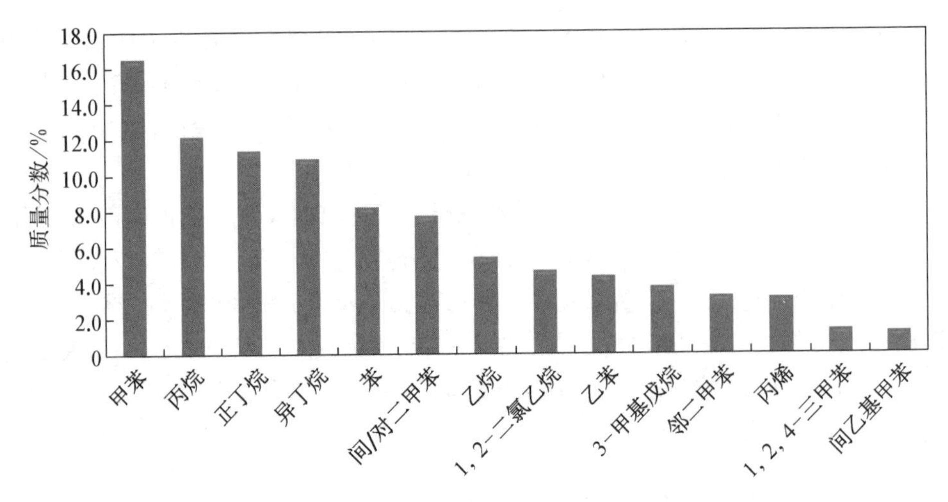

图 8-3　加氢工艺 VOCs 主要组分(93.9%)

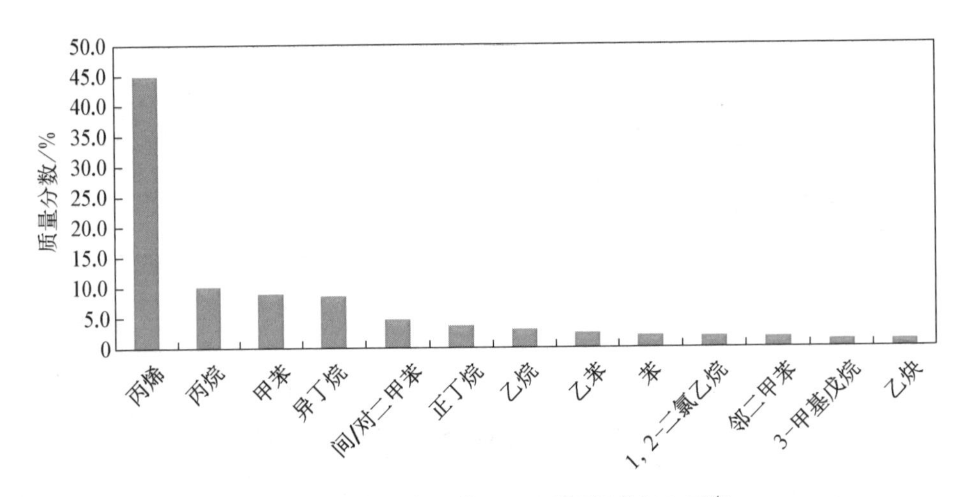

图 8-4　催化裂化工艺 VOCs 主要组分(94.5%)

(4) 延迟焦化工艺　图 8-5 所示是延迟焦化工艺 VOCs 排放占比前 10 位的组分，总计占比达 93.8%，其中包括丙烷(25.6%)、乙烷(18.9%)和正丁烷(15.0%)等烷烃组分，以及丙烯(12.1%)、间/对二甲苯(4.8%)等烯烃和芳烃组分，炼焦工艺是将石化炼制的渣油等高分子重油通过高温炼制为焦炭，所以整体而言 VOCs 排放以小分子的 C_2～C_3 组分为主。

(5) 硫黄回收工艺　图 8-6 所示是硫黄回收工艺 VOCs 排放占比前 11 位的组分，总计占比达 92.6%。硫黄回收工艺是炼油过程中脱出的含硫气体在高温条件下生产单质硫的工艺过程。从图中看出，其排放的甲苯占比高达 46.7%，为绝对优势组分，此外，氯甲烷占比达 1.0%，与其他炼油工艺相比存在明显差异，表征硫黄回收的特征组分。

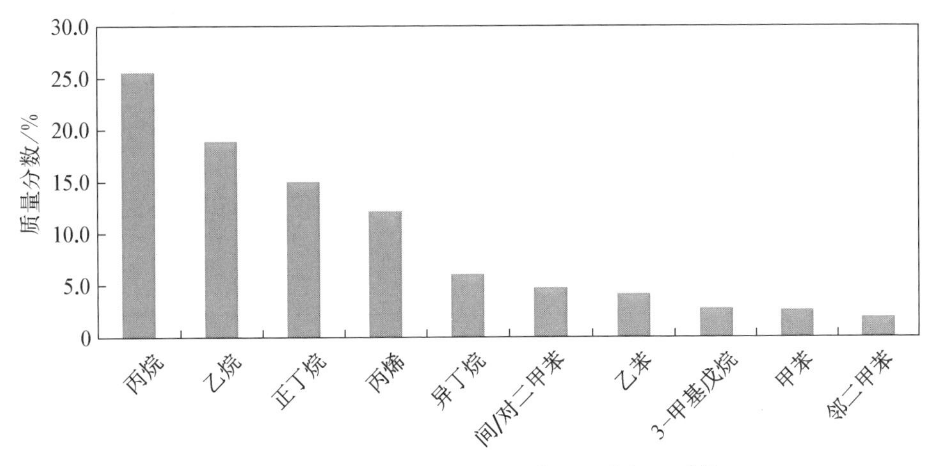

图 8-5　延迟焦化工艺 VOCs 主要组分(93.8%)

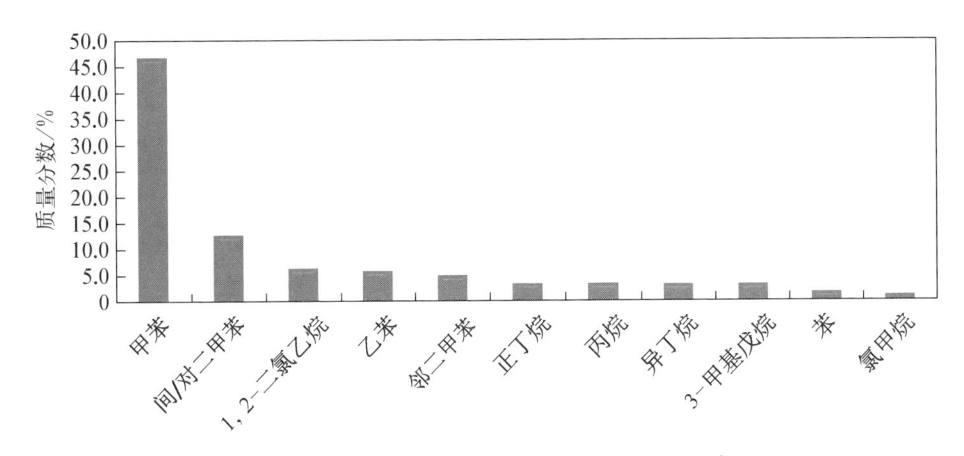

图 8-6　硫黄回收工艺 VOCs 主要组分(92.6%)

2) 烯烃生产工艺 VOCs 排放组成与组分特征

图 8-7 所示为石化关键基础化工原料烯烃生产工艺环节排放的 VOCs 的组成情况。由图可知,最主要的排放组分为烯炔烃,占比高达 37.5%,这与烯烃工艺生产的主要产品乙烯、丙烯和 1,3-丁二烯较为一致。此外,烯烃生产过程工艺链较长,工艺过程中使用大量催化剂助剂等,因此有 12.9%的 OVOCs 和 12.7%的卤代烃排放。

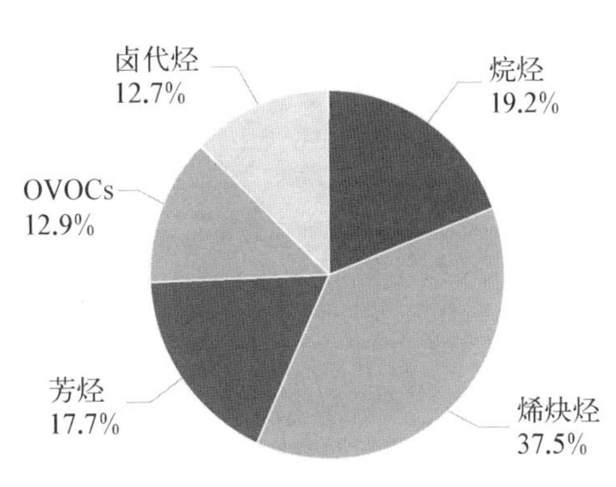

图 8-7　烯烃工艺生产过程中的 VOCs 排放组成

图 8-8 所示是烯烃生产工艺 VOCs

排放占比前17位的组分，总计仅占82.7%。丙烯(23.1%)和乙烯(10.8%)是烯烃生产最主要的产品，也是最主要的排放组分；除以上两种烯烃外，乙酸乙酯、丙酮是最主要的OVOCs；2-甲基庚烷和正壬烷这两种高碳组分也有一定的占比；二甲苯、苯和乙苯是最主要的芳烃组分；二氯甲烷、1,2-二氯乙烷和氯甲烷作为卤代烃也有一定的占比。烯烃生产工艺过程排放组分复杂的原因是烯烃生产工艺过程较长，过程中冷热交替，使用的催化剂多，所以排放组分较炼油工艺复杂。

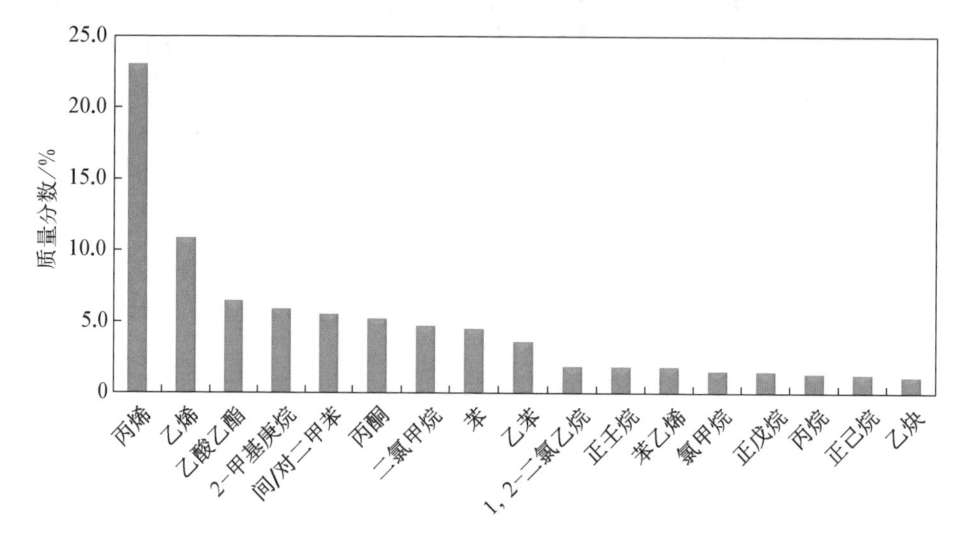

图8-8　烯烃工艺生产过程中VOCs主要组分(82.7%)

3) 芳烃生产工艺VOCs排放组成与组分特征

图8-9所示是生产苯、甲苯和间/对二甲苯的芳烃生产工艺的VOCs组成情况。由图可知，芳烃作为主要产品，其排放占比高达51.1%，烷烃占比为40.6%，其他组分占比较少，表明芳烃生产工艺过程中主要以油品中的组分排放为主，OVOCs和卤代烃排放较少。

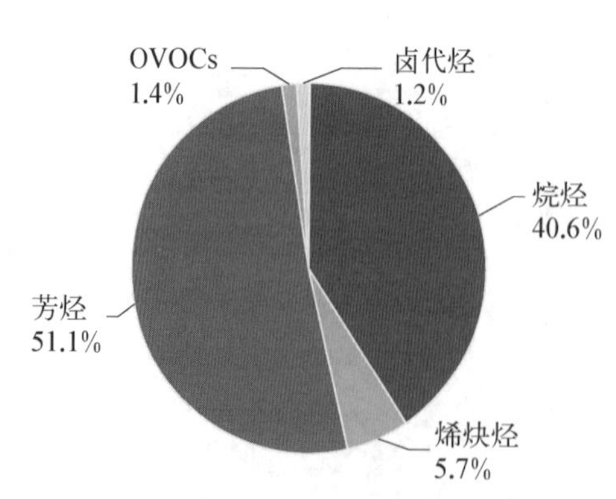

图8-9　芳烃工艺生产过程中的VOCs排放组成

图8-10所示是烯烃生产工艺VOCs排放占比前21位的组分，总计仅占86.6%。甲苯(16.6%)和苯(14.4%)作为芳烃生产最主要的产品，也是最主要的排放组分，除以上两种芳烃外，苯乙烯和正癸烷排放分别占8.4%和6.2%；2-甲基戊烷、2-甲基庚烷等C_6及以上的支链烷烃占有一定的比例，这几种组分均为芳烃生产的特征组分，与炼油等

工艺存在明显差异，这也表明了油品在生产化工产品的过程中，会产生较多的VOCs组分。

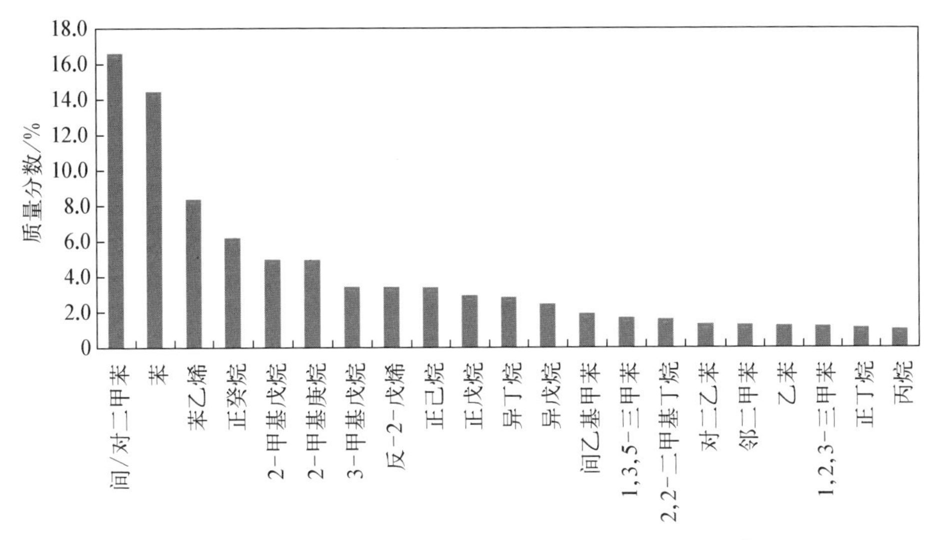

图8-10　芳烃工艺生产过程中VOCs主要组分(86.6%)

4）储存和装卸过程VOCs组成与组分特征

由于石化行业产品众多，在石化的罐区或多个储罐呼吸阀连接在一起连通VOCs处理设施，因此，储存和装卸过程的VOCs排放特征较为复杂。如图8-11所示，烷烃、芳烃和OVOCs为主要VOCs组成，分别占比38.7%、28.5%和18.4%，烷烃为油品主要排放组分，芳烃以苯、对二甲苯为主要排放组分，OVOCs以甲基叔丁基醚（MTBE）等产品为主要排放组分，因此基本表征了石化的产品类型。

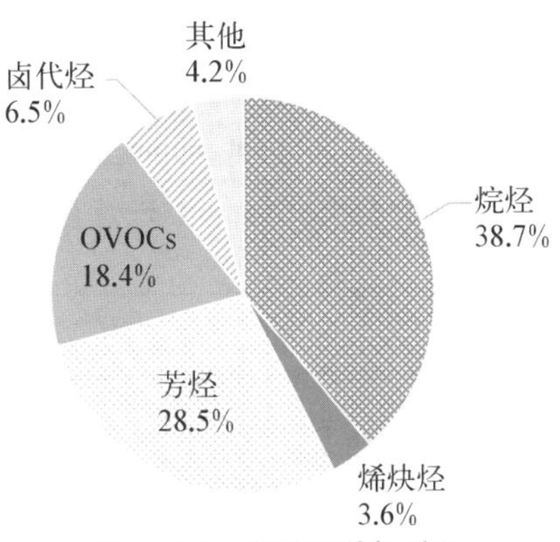

图8-11　存储和装卸过程VOCs排放组成

图8-12所示是储存和装卸过程VOCs排放占比前18位的主要组分，排放占比合计为82.7%。主要组分包括芳烃生产过程的典型产品间/对二甲苯（11.8%）和苯（11.0%）；正戊烷、异戊烷等油品为主要VOCs组分；值得注意的是，异戊二烯在储存和装卸过程的排放占比为1.08%，而在石化的炼油及化工生产过程中，异戊二烯为主要产品之一，因此在石化园区，异戊二烯不仅表征天然源排放，作为石化工艺的产品之一，也能表征部分石化排放。

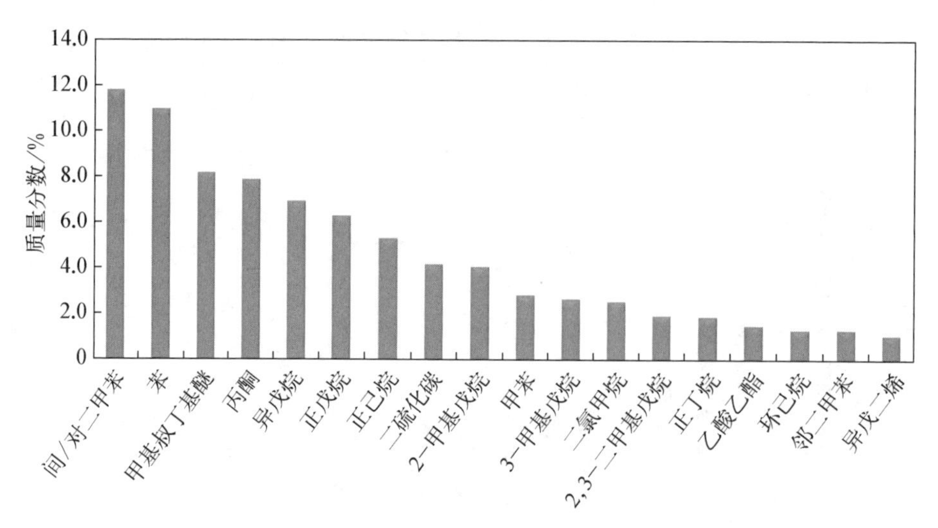

图 8-12　储存和装卸过程 VOCs 排放主要组分(82.7%)

5）废水处理工艺 VOCs 排放组成与组分特征

本研究将原油炼制过程产生的废碱液的湿式氧化和含油废水的气浮工艺过程作为含油废水处理工艺；将生产涤纶、腈纶和塑料等工艺过程产生的废水作为化工废水处理；上述废水和生活污水汇总后进行生化处理和深度处理，称为废水生化处理过程。对 3 个废水处理过程分别进行采样分析，得到不同废水处理过程的 VOCs 排放组成。

图 8-13 表征了上述 3 个废水处理过程的 VOCs 排放组分特征，从图中看出，3 个工艺过程的 VOCs 排放组分存在明显差异，含油废水处理含有大量卤代烃排放，这可能与湿式氧化工艺带有一定的酸中和等卤化物排放有关；化工废水主要排

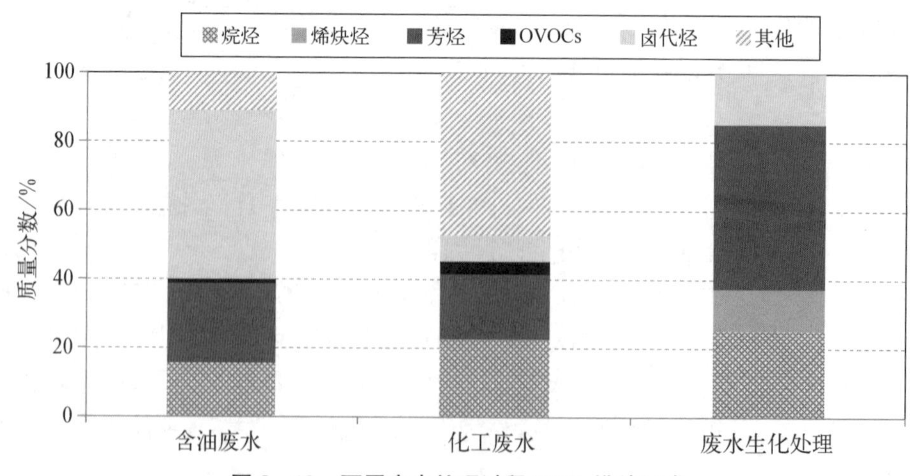

图 8-13　不同废水处理过程 VOCs 排放组成

放组分为二硫化碳，这可能由于化工工艺使用的大量原料在生物法废水处理时，会排放大量的含硫物质，这可能也是化工废水存在恶臭的主要原因；废水生化处理过程由于有前期的预处理工艺，其排放组分主要以芳烃为主。可以看出，废水处理过程由于含有微生物过程，其 VOCs 排放较为复杂。

(1) 含油废水处理　图 8-14 所示是含油废水处理过程 VOCs 排放占比前 16 位的组分，占比总和达 86.7%。这些组分中，卤代烃有四氯化碳(31.2%)、1,2-二氯乙烷(3.7%)、氯仿(2.8%)等，二硫化碳占比高达 11.0%，甲苯、间/对二甲苯、乙苯是最主要芳烃组分，正己烷、正丁烷等油品组分也有一定占比。

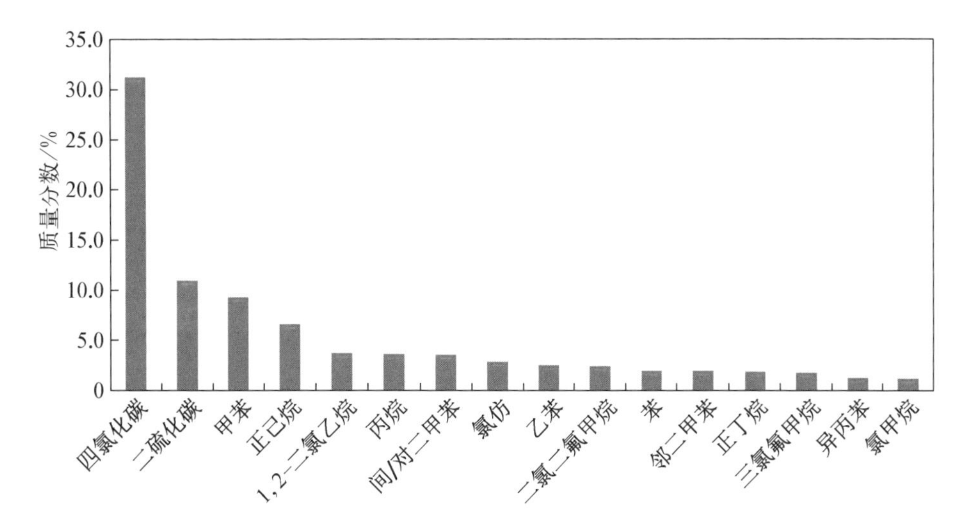

图 8-14　含油废水处理过程 VOCs 主要排放组分(86.7%)

(2) 化工废水处理　图 8-15 所示是化工废水处理过程 VOCs 排放占比前 13 位的组分，占比总和达 91.5%。这些组分中，二硫化碳占比达 47.1%，是绝对优势组分，其他组分占比均小于 10%；间/对二甲苯、甲苯和苯是主要芳烃组分；正己烷、3-甲基戊烷和正丁烷是主要烷烃组分；1,2-二氯乙烷、四氯化碳等卤代烃也有一定的占比；乙酸乙烯酯和乙酸乙酯是主要 OVOCs 组分。

(3) 废水生化处理　图 8-16 所示是废水生化处理过程 VOCs 排放占比前 19 位的组分，占比总和达 91.9%。这些组分中，苯(17.6%)、间/对二甲苯(8.3%)和甲苯(8.1%)是主要芳烃组分；$C_3 \sim C_5$ 的烷、烯烃组分占比较高；其他如二氯二氟甲烷、1,2-二氯乙烷、四氯化碳等是主要卤代烃组分。废水生化处理由于废水的性质差异较大，检出的 VOCs 组分也存在明显差异。

6) *石化行业源谱对比分析*

将炼油工艺的排放源谱与 SPECIATE 和 Mo 等[5]在长三角的结果进行对比

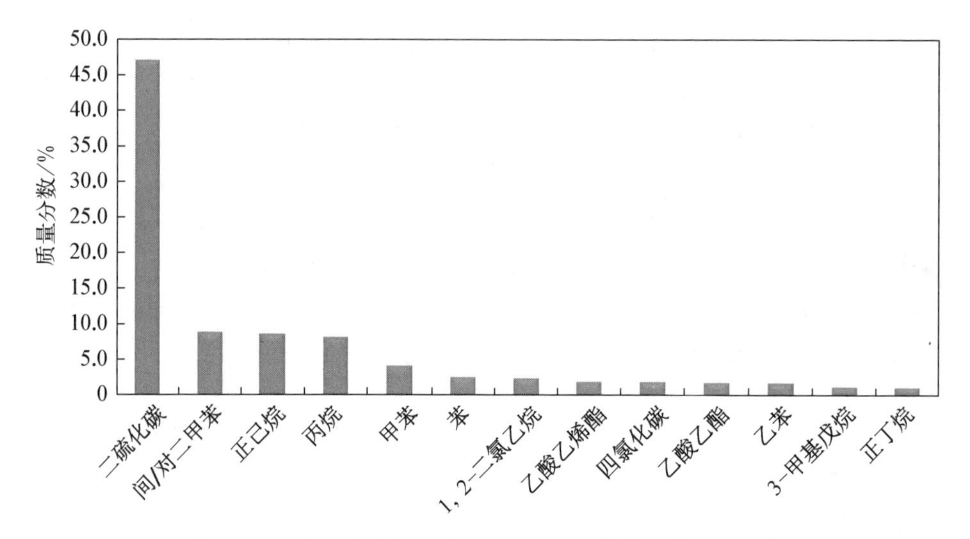

图 8-15　化工废水处理过程 VOCs 主要排放组分(91.5%)

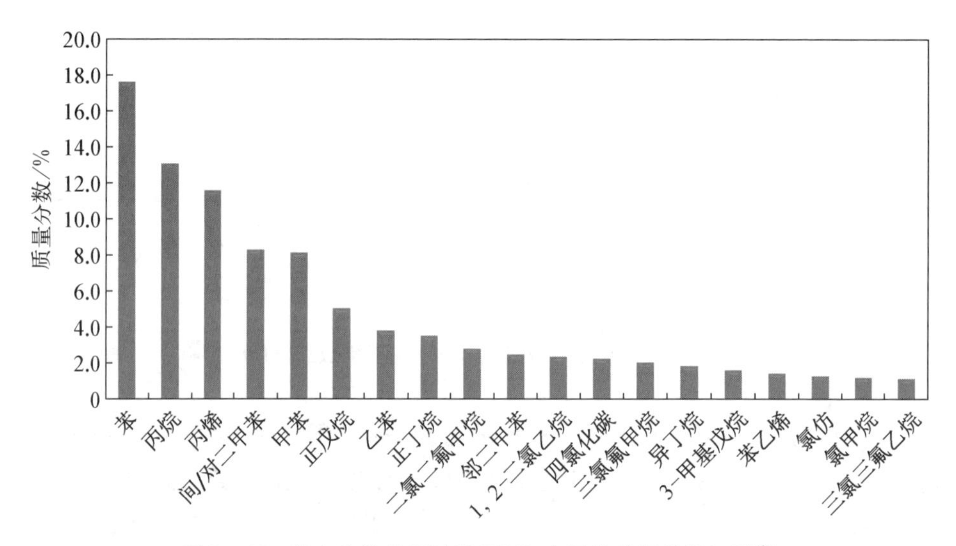

图 8-16　废水生化处理过程 VOCs 主要排放组分(91.9%)

分析(见图 8-17),可以看出上海的研究结果与 Mo 等的研究结果具有一定的可比性,主要组分均为 C_2～C_4 的烷烃组分,丁烷、丙烷和乙烷均为主要组分,此外,乙烯和丙烯也有较大占比;但 SPECIATE 的源谱显示,C_3 组分占有较大比例,但乙烷占比较小,且支链烷烃、1,2-二氯乙烷等卤代烃检出较少。这是由于原油品质及工艺的差异导致的 VOCs 排放组分差异,因此,有必要建立我国自己的源谱数据库。

7) 基于排放强度的石化行业精细化源谱构建

在石化行业精细化各源项排放清单的基础上,使用基于排放强度的方法构建石化行业 VOCs 源谱,具体如表 8-7 所示。

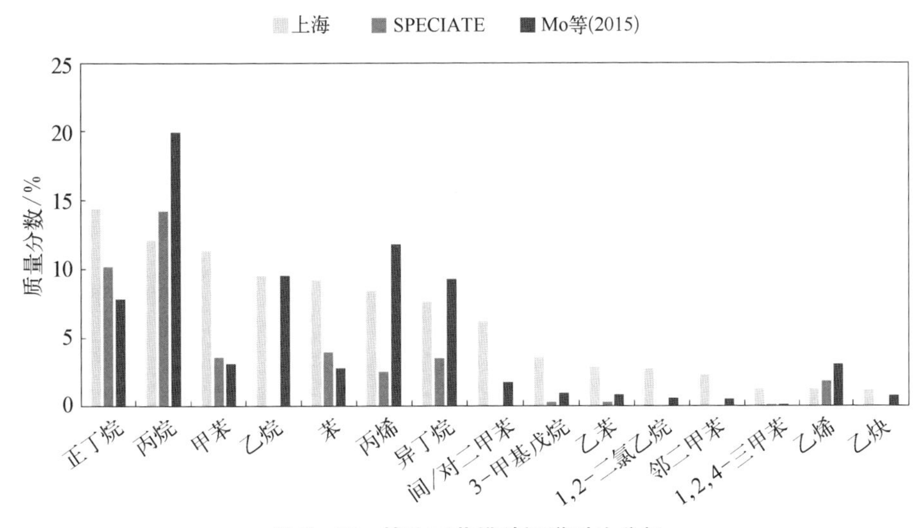

图 8－17　炼油工艺排放源谱对比分析

表 8－7　石化行业精细化 VOCs 源谱构建　　单位：%(质量分数)

序号	物种名称	炼油工艺		烯烃工艺	芳烃工艺		废水处理工艺		储存与装卸	
		基于排放强度加权值	标准差 ($n=9$)	基于排放强度加权值	基于排放强度加权值	标准差 ($n=4$)	基于排放强度加权值	标准差 ($n=15$)	基于排放强度加权值	标准差 ($n=9$)
1	乙烷	7.08	6.38	0.28	0.72	0.28	0.00	0.00	0.40	0.64
2	丙烷	15.58	11.56	1.41	1.05	0.12	8.29	8.51	0.68	1.18
3	异丁烷	7.22	5.87	0.41	2.84	3.92	0.75	1.29	0.62	0.67
4	正丁烷	12.98	11.72	1.16	1.13	0.92	2.17	1.91	1.88	1.56
5	异戊烷	0.00	0.00	0.65	2.46	1.17	0.19	0.40	6.93	7.72
6	正戊烷	0.00	0.00	1.56	2.95	1.51	2.21	4.05	6.30	5.53
7	2,2-二甲基丁烷	0.00	0.00	0.00	1.60	1.06	0.00	0.00	0.80	1.23
8	环戊烷	0.00	0.00	0.12	0.67	0.64	0.00	0.00	0.80	1.19
9	2,3-二甲基丁烷	0.00	0.00	0.00	0.85	0.92	0.00	0.00	0.77	1.05
10	2-甲基戊烷	0.00	0.00	0.28	5.00	2.59	0.00	0.00	4.07	4.12
11	3-甲基戊烷	3.06	1.73	0.83	3.44	1.45	1.19	1.01	2.67	2.49
12	正己烷	0.00	0.00	1.35	3.41	1.02	5.06	5.87	5.31	3.83
13	甲基环戊烷	0.00	0.00	0.00	0.11	0.11	0.52	0.68	0.69	1.03
14	2,4-二甲基戊烷	0.00	0.00	0.22	0.06	0.10	0.00	0.03	0.13	0.18
15	环己烷	0.00	0.00	0.00	0.00	0.00	0.00	0.00	1.32	1.61

（续表）

序号	物种名称	炼油工艺		烯烃工艺	芳烃工艺		废水处理工艺		储存与装卸	
		基于排放强度加权值	标准差 ($n=9$)	基于排放强度加权值	基于排放强度加权值	标准差 ($n=4$)	基于排放强度加权值	标准差 ($n=15$)	基于排放强度加权值	标准差 ($n=9$)
16	2-甲基己烷	0.00	0.00	0.10	0.30	0.33	0.02	0.04	0.02	0.06
17	2,3-二甲基戊烷	0.00	0.00	0.04	0.17	0.24	0.00	0.00	1.93	2.04
18	3-甲基己烷	0.00	0.00	0.39	0.63	0.68	0.00	0.01	0.58	0.72
19	2,2,4-三甲基戊烷	0.00	0.00	0.00	0.00	0.00	0.01	0.05	0.03	0.07
20	正庚烷	0.00	0.00	0.75	0.80	1.20	0.00	0.00	0.89	1.20
21	甲基环己烷	0.00	0.00	0.22	0.29	0.46	0.00	0.01	0.67	0.79
22	2,3,4-三甲基戊烷	0.00	0.00	0.00	0.00	0.00	0.00	0.00	0.01	0.02
23	2-甲基庚烷	0.05	0.09	5.91	4.99	5.50	0.06	0.05	0.25	0.28
24	3-甲基庚烷	0.05	0.09	0.10	0.19	0.30	0.06	0.05	0.05	0.08
25	正辛烷	0.00	0.00	0.36	0.58	0.97	0.00	0.00	0.25	0.36
26	正壬烷	0.00	0.00	1.90	0.17	0.17	0.00	0.01	0.40	0.61
27	正癸烷	0.00	0.00	0.59	6.19	6.48	0.00	0.00	0.17	0.25
28	正十一烷	0.00	0.00	0.00	0.00	0.00	0.37	0.41	0.00	0.00
29	正十二烷	0.00	0.00	0.58	0.05	0.08	0.16	0.22	0.09	0.18
30	乙烯	0.00	0.00	10.84	0.00	0.00	0.00	0.00	0.00	0.00
31	丙烯	12.14	14.69	23.05	0.22	0.14	3.91	11.53	0.79	1.32
32	1-丁烯	0.00	0.00	0.62	0.68	1.14	0.16	0.40	0.60	1.32
33	反-2-丁烯	0.00	0.00	0.09	0.59	1.02	0.00	0.01	0.15	0.30
34	顺-2-丁烯	0.08	0.55	0.07	0.37	0.64	0.00	0.00	0.08	0.14
35	1-戊烯	0.00	0.00	0.12	0.06	0.05	0.00	0.00	0.07	0.08
36	反-2-戊烯	0.04	0.14	0.71	3.42	3.41	0.05	0.08	0.07	0.09
37	异戊二烯	0.00	0.00	0.06	0.08	0.07	0.02	0.05	1.08	2.30
38	顺-2-戊烯	0.00	0.00	0.04	0.05	0.04	0.00	0.00	0.03	0.05
39	1,3-丁二烯	0.00	0.00	0.71	0.00	0.00	0.02	0.04	0.49	1.43
40	1-己烯	0.00	0.00	0.02	0.12	0.01	0.00	0.00	0.07	0.12
41	乙炔	0.42	0.47	1.18	0.11	0.08	0.00	0.00	0.20	0.17
42	萘	0.00	0.00	0.74	0.21	0.13	0.17	0.12	0.00	0.00
43	苯	2.95	8.62	4.53	14.44	7.15	7.37	10.97	10.97	11.81
44	甲苯	15.94	16.63	0.17	0.25	0.43	7.20	3.83	2.83	2.30
45	乙苯	3.83	1.88	3.65	1.25	0.83	2.69	2.28	1.06	1.23

（续表）

序号	物种名称	炼油工艺		烯烃工艺	芳烃工艺		废水处理工艺		储存与装卸	
		基于排放强度加权值	标准差($n=9$)	基于排放强度加权值	基于排放强度加权值	标准差($n=4$)	基于排放强度加权值	标准差($n=15$)	基于排放强度加权值	标准差($n=9$)
46	间/对二甲苯	6.75	3.50	5.53	16.60	5.79	6.90	6.10	11.81	14.34
47	苯乙烯	0.56	0.42	1.87	8.38	2.92	0.87	1.08	0.16	0.31
48	邻二甲苯	2.66	1.60	0.36	1.27	2.17	1.74	1.19	1.31	2.37
49	异丙苯	0.11	0.10	0.01	0.27	0.25	0.53	0.34	0.00	0.00
50	丙基苯	0.21	0.22	0.04	0.44	0.31	0.05	0.07	0.00	0.00
51	间乙基甲苯	0.61	0.72	0.44	1.92	1.41	0.34	1.13	0.01	0.02
52	对乙基甲苯	0.25	0.32	0.05	0.86	0.55	0.34	1.20	0.03	0.06
53	1,3,5-三甲苯	0.30	0.29	0.04	1.69	1.62	0.39	1.38	0.02	0.03
54	邻乙基甲苯	0.25	0.25	0.05	0.75	0.50	0.34	1.62	0.01	0.03
55	1,2,4-三甲苯	0.78	0.73	0.16	0.07	0.11	0.53	0.82	0.09	0.24
56	1,2,3-三甲苯	0.23	0.18	0.02	1.22	1.15	0.40	1.60	0.21	0.32
57	间二乙苯	0.00	0.00	0.00	0.12	0.16	0.08	0.60	0.01	0.02
58	对二乙苯	0.00	0.00	0.00	1.32	0.84	0.02	0.04	0.00	0.00
59	萘	0.00	0.00	0.74	0.21	0.13	0.17	0.12	0.00	0.00
60	丙酮	0.00	0.00	5.22	0.69	0.43	0.00	0.00	7.88	8.67
61	异丙醇	0.00	0.00	0.43	0.03	0.05	0.22	0.18	0.03	0.07
62	甲基叔丁基醚	0.00	0.00	0.00	0.41	0.71	0.00	0.00	8.17	24.27
63	乙酸乙烯酯	0.00	0.00	0.00	0.18	0.22	0.73	1.37	0.02	0.04
64	2-丁酮	0.00	0.00	0.00	0.00	0.00	0.11	0.09	0.81	1.23
65	乙酸乙酯	0.00	0.00	6.49	0.10	0.09	0.59	1.20	1.49	1.67
66	四氢呋喃	0.00	0.00	0.79	0.00	0.00	0.00	0.00	0.00	0.00
67	1,4-二氧杂环己烷	0.00	0.00	0.00	0.00	0.00	0.00	0.00	0.00	0.00
68	甲基丙烯酸甲酯	0.01	0.01	0.00	0.00	0.00	0.00	0.00	0.00	0.00
69	甲基异丁基酮	0.00	0.00	0.00	0.00	0.00	0.00	0.00	0.00	0.00
70	2-己酮	0.00	0.00	0.00	0.00	0.00	0.00	0.00	0.00	0.00
71	二氯二氟甲烷	0.51	0.32	0.68	0.13	0.10	2.03	1.36	0.42	0.43
72	氯甲烷	0.60	0.55	1.58	0.28	0.22	0.89	0.79	0.47	0.49
73	二氯四氟乙烷	0.00	0.00	0.00	0.00	0.00	0.12	0.16	0.00	0.00

（续表）

序号	物种名称	炼油工艺		烯烃工艺	芳烃工艺		废水处理工艺		储存与装卸	
		基于排放强度加权值	标准差 ($n=9$)	基于排放强度加权值	基于排放强度加权值	标准差 ($n=4$)	基于排放强度加权值	标准差 ($n=15$)	基于排放强度加权值	标准差 ($n=9$)
74	氯乙烯	0.06	0.43	0.00	0.00	0.00	0.02	0.07	0.00	0.00
75	溴甲烷	0.07	0.42	0.00	0.00	0.00	0.03	0.02	0.00	0.00
76	氯乙烷	0.17	0.19	0.00	0.00	0.00	0.35	1.27	0.00	0.00
77	三氯氟甲烷	0.58	0.28	0.78	0.15	0.10	1.52	0.99	0.73	0.70
78	1,1-二氯乙烯	0.00	0.00	0.00	0.00	0.00	0.06	0.05	0.00	0.00
79	三氯三氟乙烷	0.00	0.00	0.00	0.00	0.00	0.79	0.56	0.00	0.00
80	二氯甲烷	0.00	0.00	4.73	0.22	0.17	0.00	0.00	2.54	2.79
81	反-1,2-二氯乙烯	0.00	0.00	0.00	0.00	0.00	0.00	0.00	0.00	0.00
82	1,1-二氯乙烷	0.00	0.02	0.00	0.00	0.00	0.08	0.06	0.00	0.00
83	顺-1,2-二氯乙烯	0.00	0.00	0.00	0.00	0.00	0.06	0.05	0.00	0.00
84	氯仿	0.00	0.00	1.18	0.02	0.03	1.53	0.79	0.25	0.29
85	1,1,1-三氯乙烷	0.01	0.01	0.00	0.00	0.00	0.08	0.07	0.00	0.00
86	1,2-二氯乙烷	3.43	3.34	1.92	0.12	0.09	2.82	1.44	1.02	1.24
87	四氯化碳	0.00	0.00	0.65	0.18	0.13	11.79	7.91	0.68	0.74
88	三氯乙烯	0.03	0.05	0.00	0.00	0.00	0.08	0.07	0.00	0.00
89	1,2-二氯丙烷	0.00	0.00	0.43	0.07	0.07	0.12	0.09	0.23	0.31
90	溴二氯甲烷	0.00	0.00	0.00	0.00	0.00	0.11	0.07	0.00	0.00
91	顺-1,3-二氯丙烯	0.00	0.02	0.00	0.00	0.00	0.06	0.05	0.00	0.00
92	反-1,3-二氯丙烯	0.00	0.00	0.00	0.00	0.00	0.06	0.05	0.00	0.00
93	1,1,2-三氯乙烷	0.00	0.00	0.00	0.00	0.00	0.13	0.10	0.00	0.00
94	二溴氯甲烷	0.00	0.00	0.00	0.00	0.00	0.10	0.07	0.00	0.00
95	四氯乙烯	0.03	0.17	0.67	0.00	0.00	0.14	0.11	0.06	0.19
96	1,2-二溴乙烷	0.00	0.00	0.00	0.00	0.00	0.06	0.05	0.00	0.00

（续表）

序号	物种名称	炼油工艺		烯烃工艺	芳烃工艺		废水处理工艺		储存与装卸	
		基于排放强度加权值	标准差 ($n=9$)	基于排放强度加权值	基于排放强度加权值	标准差 ($n=4$)	基于排放强度加权值	标准差 ($n=15$)	基于排放强度加权值	标准差 ($n=9$)
97	氯苯	0.21	0.27	0.00	0.00	0.00	0.22	0.28	0.00	0.00
98	溴仿	0.00	0.00	0.00	0.00	0.00	0.06	0.05	0.00	0.00
99	1,1,2,2-四氯乙烷	0.02	0.03	0.03	0.00	0.00	0.09	0.07	0.00	0.00
100	1,3-二氯苯	0.00	0.00	0.00	0.00	0.00	0.03	0.02	0.00	0.00
101	氯化苄	0.00	0.00	0.00	0.03	0.05	0.03	0.02	0.00	0.00
102	1,4-二氯苯	0.02	0.03	0.00	0.00	0.00	0.22	0.17	0.00	0.00
103	1,2-二氯苯	0.01	0.01	0.00	0.00	0.00	0.05	0.05	0.00	0.00
104	1,2,4-三氯苯	0.01	0.04	0.00	0.00	0.00	0.06	0.05	0.00	0.00
105	六氯-1,3-丁二烯	0.09	0.09	0.00	0.00	0.00	0.03	0.04	0.16	0.32
106	二硫化碳	0.00	0.00	0.00	0.00	0.00	19.35	25.75	4.17	10.19

8.3 细颗粒物化学成分谱构建方法

$PM_{2.5}$来源十分复杂，对其来源和环境贡献的准确识别是制订科学合理的污染防治措施和有效控制颗粒物污染的重要前提。根据《大气颗粒物来源解析技术指南(试行)》，源解析方法主要包括模型法、受体模型法，源成分谱是重要的基础数据之一。源成分谱的合理性和准确性直接关系到源解析结果的可靠性，污染源类型及个数、选择参数及化学成分等均会对源解析结果产生较大的影响。因此，建立准确反映本地污染源特征的源成分谱，有助于提高空气质量模型模拟及受体模型结果的可靠性，降低源解析的不确定性，进而为区域空气质量评估和策略研究提供更准确的支撑[34]。

8.3.1 源测试方法

与环境空气中颗粒物测试相比，污染源颗粒物及其前体物测试更为复杂，这主要是由于如下原因：① 污染源烟气条件更为恶劣，高温、高湿、高腐蚀性的烟气以及烟道内污染物分布的不均匀性为待测物质的准确测定带来了困难；② 污染源现场条件更为恶劣，采样平台往往面积有限、距地面有一定高度且不易到达，这给采样设备的易携带性和可靠性提出了更高的要求。

1) 固定源

国外固定源颗粒物测试方法主要分为国际标准化组织(ISO)和 EPA 两类体系。这两类体系早期的标准均只针对固定源颗粒物的质量浓度,而近年来则强调关注固定源颗粒物一次排放的分级粒径质量浓度(PM_{10}、$PM_{2.5}$)以及早期标准难以捕集到的可凝结颗粒物(condensable particulate matter, CPM)。国内的固定源颗粒物测量体系主要涉及四个标准及一个规范:《固定污染源排气中颗粒物测定与气态污染物采样方法》(GB/T 16157—1996)、《固定源废气监测技术规范》(HJ/T 397—2007)、《固定污染源排气中沥青烟的测定》(HJ/T 45—1999)、《固定污染源排气中石棉尘的测定》(HJ/T 41—1999)及《锅炉烟尘测试方法》(GB 5468—91)。

模拟烟气进入大气过程的固定源稀释采样方法被认为天然适合于源解析中的固定源源谱采样,但我国还没有稀释采样测试方法的相关标准。稀释采样方法的原理为使用洁净空气对烟气进行比例稀释,模拟其进入环境大气中的过程,让稀释后的烟气经过一定的停留时间以后再捕集其中的颗粒物(见图 8-18)。稀释采样方法的停留腔通常位于烟道之外,为使用多通道滤膜采集特定粒径颗粒物(如 $PM_{2.5}$)提供了便利,相应的操作也与环境空气滤膜采样类似,采集好的滤膜可与环境空气滤膜采用相同的方法进行称重及化学组分分析。

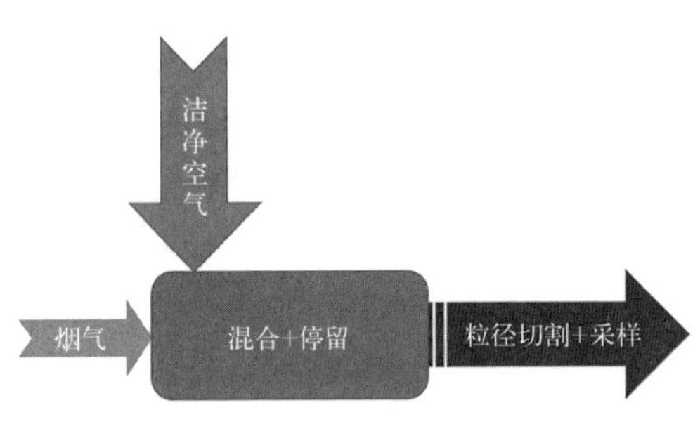

图 8-18　稀释采样原理示意图

具体的稀释采样方法及步骤可参考《环境空气颗粒物源解析监测技术方法指南(试行)》及《环境空气颗粒物来源解析监测实例》。

2) 机动车

机动车测试方法主要包括现场实验法(隧道法)、实验室实验法以及车载排放测试系统等,实验室实验法包括全流式稀释通道采样法、分流式稀释通道采样法、台架测试法等。

现场实验法(隧道法)一般是在较长的公路隧道、大型停车场等尾气排放较为集中的地方布设颗粒物采样点,通过监测过往隧道的机动车排入隧道内的污染物浓度分布和隧道内风速等环境和气象要素,再通过计算,得出在一定机动车组成和流量下污染物的排放系数。采用大气颗粒物采样器,使用与环境空气颗粒物相同的方式进行滤膜采样,同时利用摄像机、激光枪、三杯风向风速仪和温湿度计监测隧道机动车种类和数量、机动车车速分布、风速风向和温度湿度的变化。具体采样步骤可参照《环境空气颗粒物($PM_{2.5}$)手工监测方法(重量法)技术规范》(HJ 656—2013)和《环境空气颗粒物(PM_{10}和 $PM_{2.5}$)采样器技术要求及检测方法》(HJ 93—2013)。

实验室实验法是针对单辆机动车进行的采样方法，比较精确的测量方法为稀释采样法，已在国内得到广泛应用，包括全流稀释(full-flow dilution, FFD)方法和分流稀释(partial-flow dilution, PFD)方法。前者将全部排气引入稀释通道，测量精度高，但体积较大，价格昂贵；后者仅将部分排气引入稀释通道，体积小。美国的轻、重型车用柴油机排放法规以及欧洲轻型车排放法规中，规定要用全流式稀释通道测量柴油机微粒排放；欧洲重型车用柴油机排放法规及我国 2000 年后的新排放法规中，对于以上两种系统都允许使用，但从稀释系统便携性考虑，分流稀释法可能更为实用。

台架测试法是根据汽车在道路上行驶的特点，在实验室采用国家标准的工况测试规程，用常见车种、车型的在用车，在发动机台架上或底盘测功机上模拟汽车在道路上实际行驶的状况(加速、减速、匀速、怠速)，进行排放测试。尾气检测和样品采集方法可根据车型和发动机类型参照不同国家标准进行，如《点燃式发动机汽车排气污染物排放限值及测量方法(双怠速法及简易工况法)》(GB 18285—2005)、《车用压燃式、气体燃料点燃式发动机与汽车排气污染物排放限值及测量方法(中国Ⅲ、Ⅳ、Ⅴ阶段)》(GB 17691—2005)等。

3) 开放源

开放源是指露天环境中无组织无规则排放的污染源，如建筑工地扬尘、堆场扬尘、土壤风沙尘、道路扬尘等。由于开放源的排放面大、强度低、受周边环境干扰强，实地采样往往难以获得具有代表性的样品，故可以实地直接采集构成源的物质，利用再悬浮采样器，进行 $PM_{2.5}$ 和 PM_{10} 源样品的采集。具体采样方法可参照《环境空气颗粒物源解析监测技术方法指南(试行)》。

4) 餐饮源

由于我国的饮食特点及烹饪方式，餐饮源是城市空气细颗粒物的重要贡献源之一。对于敞开式餐饮源，可使用无组织采样法，即环境空气细颗粒物采样方法，在污染源下风向予以采集，布点方法可参考《室内空气质量标准》(GB/T 18883—2002)。对于较大型有组织餐饮源，由于该类源均配置有良好的油烟气净化系统，颗粒物浓度多在 1 mg/m^3 以下，同时，厨房内集气罩在抽风时其实也起到了稀释油烟气的效果，烟气含湿量也不高，对于此类有组织排放餐饮源，可使用直接抽取法，即抽取餐饮源排气后不进行稀释，仅提供一定的停留时间，经 $PM_{2.5}$ 切割器分离后进行采样，将采集好的滤膜带回实验室进行称重及化学成分分析。采样仪器的准备、采样过程等与固定源相同，采样气体在停留室内的停留时间应在 10 s 以上，以给颗粒物提供足够的老化时间。

5) 生物质燃烧源

生物质燃烧源包括木材、小麦、水稻、玉米和其他农作物的秸秆开放性燃烧而产生的粉尘，主要可分为木材尘、小麦尘、水稻尘、玉米尘等。开放环境下，可参照《大气污染物无组织排放监测技术导则》(HJ/T 55—2000)进行采样布点，参照环境空气颗粒物采样方法进行采样。

8.3.2 颗粒物样品分析方法

1) 质量浓度分析

根据不同类型污染源选择不同测试方法，获取颗粒物滤膜样品，一般采用重量法，得到滤膜的质量浓度。分别称量采样前后的滤膜质量，两者之差即为滤膜上所捕获的颗粒物的质量，再根据采样流量和时间，确定采样体积，从而计算出颗粒物的质量浓度。具体称量和计算方法参照《环境空气颗粒物($PM_{2.5}$)手工监测方法(重量法)技术规范》(HJ 656—2013)。

2) 化学组分分析

水溶性离子分析方法参照标准《环境空气 颗粒物中水溶性阳离子(Li^+、Na^+、NH_4^+、K^+、Ca^{2+}、Mg^{2+})的测定 离子色谱法》(HJ 800—2016)和《环境空气 颗粒物中水溶性阴离子(F^-、Cl^-、Br^-、NO_2^-、NO_3^-、PO_4^{3-}、SO_3^{2-}、SO_4^{2-})的测定 离子色谱法》(HJ 799—2016)；元素分析方法参照标准《空气和废气 颗粒物中金属元素的测定 电感耦合等离子体发射光谱法》(HJ 777—2015)；碳组分(OC 和 EC)可选用 TOR 方法或 TOT 方法[35]。多环芳烃等有机标识物分析可采用 GC - MS 等分析方法[36-38]。

8.3.3 典型污染源 $PM_{2.5}$ 化学成分谱示例

本节以典型燃煤固定源细颗粒物化学成分谱的构建为例。

使用固定源稀释通道系统对燃煤固定源进行采样，使用仪器如图 8 - 19 所示。烟气经过两级稀释后进入停留室，停留时间为 10 s，稀释比约为 20，该停留时间和

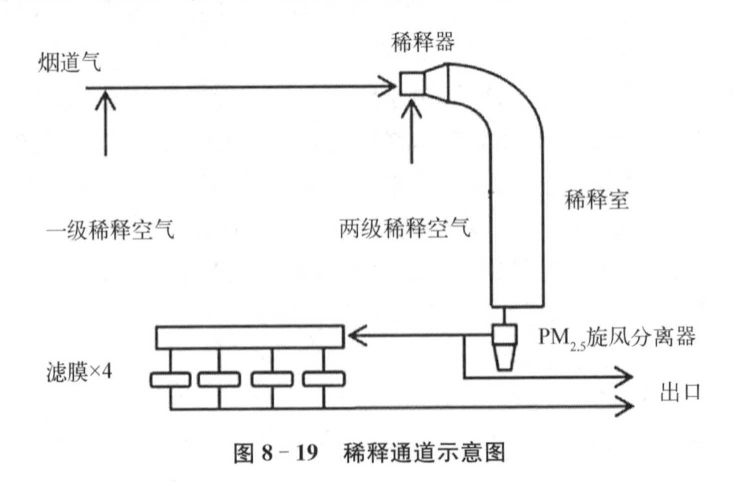

图 8 - 19 稀释通道示意图

稀释比可保证烟气稀释后达到平衡。稀释烟气经过 $PM_{2.5}$ 旋风分离器后分为 4 个通道，两个通道为聚四氟乙烯滤膜，两个通道为石英滤膜，以提供后续 $PM_{2.5}$ 质量及化学组成分析。

此研究共对 3 台排放设施进行采样。2 台为燃煤电厂，1 台为燃煤锅炉，在本市固定源中具有一定的代表性，具体采样信息如表 8－8 所示。每台排放设施采集 4 组样品，其中 1 组为 60 min 的空白样，根据烟囱内颗粒物浓度，其余 3 组样品采样时间为 180～300 min。采样同期按照《固定污染源排气中颗粒物测定与气态污染物采样方法》(GB/T 16157—1996)进行烟气内颗粒态污染物采样。同时，采集 3 台锅炉使用煤样进行分析，结果如表 8－9 所示。采样期间保证锅炉负荷稳定，煤种稳定。

表 8－8　采样点位信息

排　口	分　类	装机容量/MW	除尘设施	负荷/%
烟气排口 A	工业锅炉(CFB)	24.5	CFB FGD-FF	97
烟气排口 B	电厂锅炉(PCB)	300	ESP-wet FGD	100
烟气排口 C	电厂锅炉(PCB)	1 000	SCR-ESP-wet FGD	100

说明：CFB 为循环流化床锅炉，PCB 为煤粉炉，CFB FGD 为循环流化床炉内脱硫，FF 为布袋除尘器，ESP 为电除尘器，wet FGD 为湿法脱硫，SCR 为选择性催化还原。

表 8－9　煤样分析结果

参　　数	烟气排口 A	烟气排口 B	烟气排口 C
湿度(M)/%	12.3	19.2	10.4
挥发性物质(V)/%	36.4	29.2	30.23
固定碳(FC)/%	51.82	39.78	47.01
灰(A)/%	9.44	10.76	12.76
总热值(Q_{gr})/(MJ/g)	22.86	21.38	24.48
净热值(Q_{net})/(MJ/g)	21.02	20.21	23.48
硫(S)/%	0.62	0.56	0.79
碳(C)/%	65.62	52.13	59.98
氢(H)/%	4.65	3.36	3.71
氮(N)/%	0.76	0.81	0.89
氧(O)/%	20.06	24.98	28.31

使用稀释通道法及国标方法测定 $PM_{2.5}$ 及 PM 的排放浓度，结果列于表 8－10 中。从中可知，装备有高效除尘装置的燃煤源排放设施其 $PM_{2.5}$ 排放浓度为 4.8～12.2 mg/m^3，与 PM 的比值为 0.7 左右，这意味着装备有高效除尘设施的燃煤源排放颗粒物中，70%左右为细颗粒物。

表 8－10　PM 排放浓度

	$PM_{2.5}$/(mg/m^3)	PM/(mg/m^3)	$PM_{2.5}$/PM	排放限值/(mg/m^3)
烟气排口 A	6.1±0.8	7.3±0.4	0.76±0.18	30
烟气排口 B	12.2±0.8	18.2±1.6	0.67±0.17	20
烟气排口 C	4.8±1.3	12.2±0.8	0.62±0.08	20

$PM_{2.5}$的源成分谱为$PM_{2.5}$内各组分(元素、碳及离子)的质量分数。$PM_{2.5}$总质量由聚四氟乙烯滤膜称重得出,结果列于表 8－11 中。$PM_{2.5}$的构成可分为 8 类(见图 8－20～图 8－22):① 地质元素(包括 Al_2O_3、SiO_2、CaO、Fe_2O_3和 TiO_2,基于 IMPROVE 协议);② 其他元素(除 Al、Si、Ca、Fe、Ti 和 S 外的其他元素);③ 硫酸根(SO_4^{2-});④ 钙离子(Ca^{2+});⑤ 其他离子(F^-、Cl^-、NO_2^-、NO_3^-、PO_4^{3-}、Na^+、NH_4^+、K^+、Mg^{2+});⑥ 有机组分(OC×1.2);⑦ EC;⑧ 其他物质。

表 8－11　$PM_{2.5}$源成分谱

单位:%

化学物质种类	烟气排口 A	烟气排口 B	烟气排口 C
F^-	0.000±0.000	1.730±1.507	0.176±0.305
Cl^-	0.331±0.030	0.596±0.544	2.785±4.169
NO_2^-	0.000±0.000	0.000±0.000	0.000±0.000
SO_4^{2-}	7.487±2.305	17.180±11.709	6.927±0.176
NO_3^-	0.168±0.037	0.170±0.086	0.372±0.479
PO_4^{3-}	0.000±0.000	0.000±0.000	0.000±0.000
Na^+	0.000±0.000	0.000±0.000	0.330±0.572
NH_4^+	0.000±0.000	0.000±0.000	3.104±1.294
K^+	0.000±0.000	0.000±0.000	1.513±1.560
Mg^{2+}	0.154±0.063	0.231±0.248	0.557±0.314
Ca^{2+}	6.983±1.415	8.219±4.832	7.186±1.727
OC1	0.389±0.339	0.169±0.201	0.152±0.215
OC2	2.660±0.597	1.204±0.638	1.319±0.718
OC3	5.858±0.907	2.776±0.942	2.613±1.041
OC4	4.035±0.822	2.142±0.066	2.284±0.072
EC1	2.600±0.910	1.563±0.145	1.878±0.287
EC2	1.435±0.910	0.801±0.046	0.812±0.072
EC3	0.030±0.052	0.010±0.002	0.000±0.000
OC	16.738±4.022	8.475±2.225	8.779±2.211
EC	0.030±0.052	0.030±0.036	0.025±0.021
OPC	3.945±1.787	2.454±0.057	2.639±0.144
TC	16.768±3.991	8.504±1.928	8.779±2.153

（续表）

化学物质种类	烟气排口 A	烟气排口 B	烟气排口 C
Al	6.146±0.378	5.814±5.851	3.787±1.377
As	0.009±0.001	0.029±0.016	0.114±0.015
Ba	0.037±0.001	0.497±0.385	0.195±0.176
Br	0.375±0.082	0.031±0.005	0.169±0.005
Ca	9.880±4.890	7.721±4.848	14.853±6.135
Cd	0.002±0.002	0.001±0.001	0.000±0.000
Ce	0.033±0.009	0.009±0.004	0.008±0.013
Co	0.000±0.000	0.000±0.000	0.001±0.000
Cr	0.039±0.005	0.033±0.031	0.266±0.266
Cu	0.005±0.007	0.028±0.025	0.069±0.036
Fe	4.839±0.214	7.621±5.539	3.323±0.754
Ge	0.001±0.001	0.006±0.004	0.012±0.005
K	0.111±0.223	1.020±0.735	0.210±0.210
Mg	0.289±0.029	0.805±0.367	0.665±0.358
Mn	0.033±0.015	0.290±0.222	0.153±0.063
Na	0.472±0.218	0.886±0.675	0.415±0.323
Ni	0.045±0.012	0.053±0.052	0.206±0.095
P	0.035±0.004	0.745±0.671	0.530±0.448
Pb	0.004±0.006	0.020±0.017	0.005±0.008
S	1.654±0.104	6.294±6.874	3.694±1.148
Sr	0.021±0.004	0.496±0.421	0.159±0.195
Ti	0.453±0.069	2.019±1.665	1.306±0.446
V	0.000±0.000	0.109±0.098	0.034±0.043
Zn	0.231±0.014	0.099±0.022	0.707±0.175

说明：OC 为有机碳；EC 为元素碳；TC 为总碳；OPC 为裂解碳；OC1、OC2、OC3、OC4 为无氧加热时段与各个温度台阶相对应的有机碳；EC1、EC2、EC3 为有氧加热步骤中与各个温度台阶相对应的元素碳；根据 IMPROVE 协议，OC=OC1+OC2+OC3+OC4+OPC，EC=EC1+EC2+EC3−OPC。

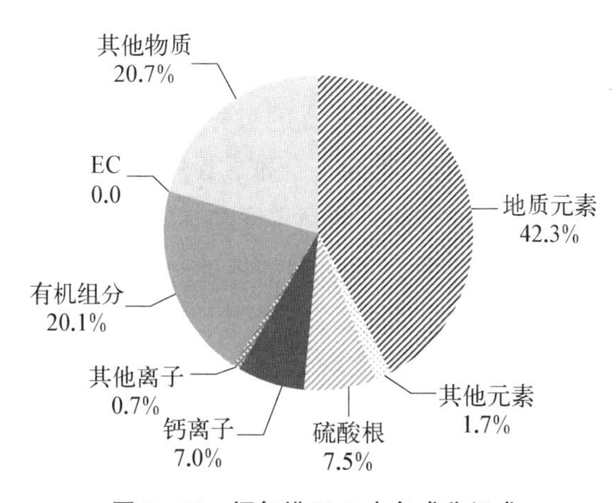

图 8-20　烟气排口 A 中各成分组成

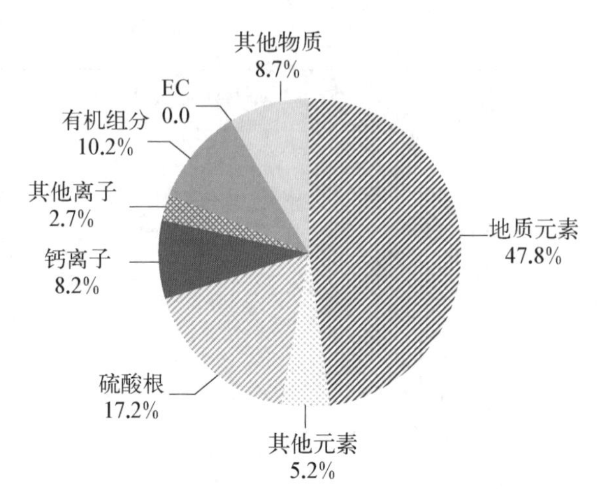

图 8-21　烟气排口 B 中各成分组成

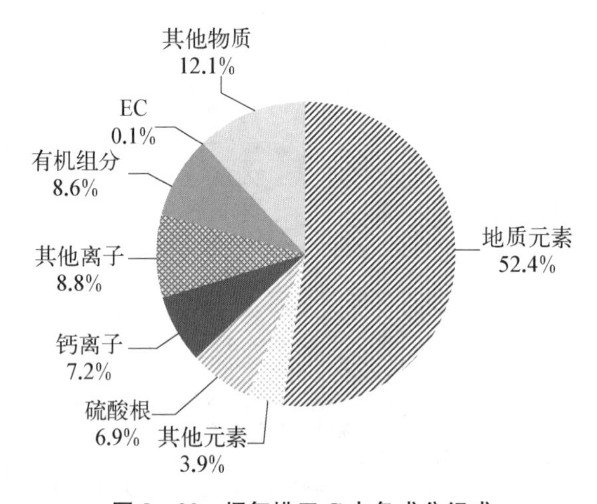

图 8-22　烟气排口 C 中各成分组成

根据上述数据，可建立本地 $PM_{2.5}$ 燃煤源源谱，SO_4^{2-}、Ca^{2+}、Al、Ca、Fe、S、OC 以及地质元素为本地燃煤源 $PM_{2.5}$ 中丰度较高的组分。水溶性离子中，硫酸根与钙离子丰度较高。钙离子丰度较高可能是因为 3 台排放设施均使用了钙基脱硫剂。此外，在装备了 SCR 的烟气排口 C 中检测到较高丰度的 NH_4^+，而排口 A 与排口 B 中均未检出，造成这一现象的原因应该为 SCR 装置的氨逃逸。铵盐是环境 $PM_{2.5}$ 的重要组成部分，同时 SCR 也将会在全国燃煤电厂大规模使用，因此这一现象应引起足够重视。

参 考 文 献

[1] 刘郁葱.大气排放源化学成分谱的对比分析及其对空气质量模拟的影响研究[D].广州：华

南理工大学，2016.
[2] Wang H L, Jing S A, Lou S R, et al. Volatile organic compounds (VOCs) source profiles of on-road vehicle emission in China[J]. Science of the Total Environment, 2017, 607 - 608: 253 - 261.
[3] 莫梓伟，邵敏，陆思华．中国挥发性有机物(VOCs)排放源成分谱研究进展[J]. 环境科学学报，2014，34(9)：2179 - 2189.
[4] Wei W, Cheng S, Li G, et al. Characteristics of volatile organic compounds (VOCs) emitted from a petroleum refinery in Beijing, China[J]. Atmospheric Environment, 2014, 89(2): 358 - 366.
[5] Mo Z, Shao M, Lu S, et al. Process-specific emission characteristics of volatile organic compounds (VOCs) from petrochemical facilities in the Yangtze River Delta, China[J]. Science of the Total Environment, 2015, 533(2): 422 - 431.
[6] 高爽，高松，高宗江，等．石化工业区挥发性有机化合物源谱构建与溯源研究进展[J]．化学世界，2016，57(12)：798 - 805.
[7] Yuan B, Shao M, Lu S, et al. Source profiles of volatile organic compounds associated with solvent use in Beijing, China[J]. Atmospheric Environment, 2010, 44(15): 1919 - 1926.
[8] Zheng J, Yu Y, Mo Z, et al. Industrial sector-based volatile organic compound (VOC) source profiles measured in manufacturing facilities in the Pearl River Delta, China[J]. Science of the Total Environment, 2013, 456 - 457(7): 127 - 136.
[9] 王红丽，杨肇勋，景盛翱．工艺过程源和溶剂使用源挥发性有机物排放成分谱研究进展[J]．环境科学，2017，38(6)：2617 - 2628.
[10] Zhong Z, Sha Q, Zheng J, et al. Sector-based VOCs emission factors and source profiles for the surface coating industry in the Pearl River Delta region of China[J]. Science of the Total Environment, 2017, 583: 19 - 28.
[11] Liu Y, Shao M, Fu L, et al. Source profiles of volatile organic compounds (VOCs) measured in China: Part I[J]. Atmospheric Environment, 2008, 42(25): 6247 - 6260.
[12] Zhang Y, Wang X, Zhou Z, et al. Species profiles and normalized reactivity of volatile organic compounds from gasoline evaporation in China[J]. Atmospheric Environment, 2013, 79(7): 110 - 118.
[13] Zhang Y S, Min S, Yun L, et al. Emission inventory of carbonaceous pollutants from biomass burning in the Pearl River Delta region, China[J]. Atmospheric Environment, 2013, 76(5): 189 - 199.
[14] Wang Q, Geng C, Lu S, et al. Emission factors of gaseous carbonaceous species from residential combustion of coal and crop residue briquettes[J]. Frontiers of Environmental Science & Engineering, 2013, 7(1): 66 - 76.
[15] 区家敏，冯小琼，刘郁葱，等．珠江三角洲机动车挥发性有机物排放化学成分谱研究[J]．环境科学学报，2014，34(4)：826 - 834.
[16] Vega E, Garcia I, Apam D, et al. Application of a chemical mass balance receptor model to respirable particulate matter in Mexico City[J]. Journal of the Air & Waste Management Association, 1997, 47(4): 524 - 529.

[17] McDonald J D, Zielinska B, Fujita E M, et al. Emissions from charbroiling and grilling of chicken and beef[J]. Journal of the Air & Waste Management Association, 2003, 53(2): 185 - 194.
[18] Mazzoleni C, Kuhns H D, Moosmuller H, et al. On-road vehicle particulate matter and gaseous emission distributions in Las Vegas, Nevada, compared with other areas[J]. Journal of the Air & Waste Management Association, 2004, 54(6): 711 - 726.
[19] Chow J C, Watson J G, Kuhns H, et al. Source profiles for industrial, mobile, and area sources in the Big Bend Regional Aerosol Visibility and Observational study [J]. Chemosphere, 2004, 54: 185 - 208.
[20] England G C, Watson J G, Chow J C, et al. Dilution-based emissions sampling from stationary sources: Part 1 — Compact sampler methodology and performance[J]. Journal of the Air & Waste Management Association, 2007, 57(1): 65 - 78.
[21] Schauer J J, Rogge W F, Hildemann L M, et al. Source apportionment of airborne particulate matter using organic compounds as tracers[J]. Atmospheric Environment, 1996, 30(22): 3837 - 3855.
[22] Fine P M, Cass G R, Simoneit B R T. Chemical characterization of fine particle emissions from the fireplace combustion of woods grown in the southern United States [J]. Environmental Science & Technology, 2002, 36(7): 1442 - 1451.
[23] 程培青,闫怀忠,冯银厂,等.济南市大气颗粒物主要排放源多环芳烃成分谱研究[J]. 中国环境监测,2004, 20(5): 7 - 10.
[24] 张元勋.燃烧源排放颗粒有机物的化学组成及对大气颗粒有机物的贡献[D]. 北京: 北京大学,2006.
[25] 华蕾,郭婧,徐子优,等.北京市主要 PM_{10} 排放源成分谱分析[J].中国环境监测, 2006, 22(6): 64 - 70.
[26] 金永民.抚顺市大气颗粒物主要排放源的成分谱研究[J].中国环境监测,2007, 23(2): 58 - 61.
[27] 温新欣,崔兆杰,张桂芹.济南市 $PM_{2.5}$ 的来源解析[J].济南大学学报,2009,23(3): 292 - 295.
[28] 房春生,陈分定,陈克华,等.龙岩市大气颗粒物来源统计分析[J].中国环境科学, 2011, 31(2): 214 - 219.
[29] 陆炳,孔少飞,韩斌,等.燃煤锅炉排放颗粒物成分谱特征研究[J].煤炭学报,2011, 36(11): 1928 - 1933.
[30] Samara C, Kouimtzis T, Tsitouridou R, et al. Chemical mass balance source apportionment of PM_{10} in an industrialized urban area of Northern Greece[J]. Atmospheric Environment, 2003, 37: 41 - 54.
[31] 郭婧,华蕾,荆红卫.大气颗粒物的源成分谱研究现状综述[J].环境监控与预警,2011,3(6): 28 - 32.
[32] 郑玫,张延君,闫才青,等.上海 $PM_{2.5}$ 工业源谱的建立[J].中国环境科学,2013,3(8): 1354 - 1359.
[33] 冯云霞,贾润中,肖安山,等.石化企业挥发性有机物成分谱构建及溯源解析[J].石油炼制与

化工，2020，51(1)：92 - 96.

[34] 夏泽群，范小莉，黄志炯，等.国内外 $PM_{2.5}$ 源谱对比及其对空气质量模拟效果的影响[J].环境科学研究，2017，30(3)：359 - 367.

[35] Chow J C, Watson J G, Crow D, et al. Comparison of IMPROVE and NIOSH carbon measurements[J]. Aerosol Science and Technology, 2001, 34(1): 23 - 34.

[36] Feng J L, Chan C K, Fang M, et al. Characteristics of organic matter in $PM_{2.5}$ in Shanghai [J]. Chemosphere, 2006, 64(8): 1393 - 1400.

[37] Zheng M, Cass G R, Schauer J J, et al. Source apportionment of $PM_{2.5}$ in the southeastern United States using solvent-extractable organic compounds as tracers[J]. Environmental Science and Technology, 2002, 36(11): 2361 - 2371.

[38] Gu Z, Feng J, Han W, et al. Characteristics of organic matter in $PM_{2.5}$ from an e-waste dismantling area in Taizhou, China[J]. Chemosphere, 2010, 80(7): 800 - 806.

第 9 章　城市大气污染源排放清单质量控制与质量保证

建立城市高分辨率大气源排放清单可以用于大气污染特征分析、大气污染来源解析和大气污染控制方案的制定。在清单编制的过程中，由于涉及不同来源的数据采集和处理、排放系数建立和选取确定、监测数据的测量误差、运行维护、活动水平数据的遗漏或重复、结果计算和汇总分析等多个过程，相关参与人员众多、涉及范围广，多种因素的影响将给最终的清单结果引入不确定性。作为清单的固有属性之一，进行源清单不确定性分析，可以为清单的使用者提供关于源排放清单真值可能性范围的参考，从而在一定程度上评估其合理性。然而在清单的编制过程中，可能存在估算模型缺陷、排放源遗漏等结构缺陷，这类缺陷并不能通过清单不确定性分析来识别。因此，源排放清单研究还要求采用其他合适的、相对客观且独立的校验和质量控制与质量保证（QC/QA）技术手段，在清单编制过程中或完成之后，从排放量、各类排放源的相对贡献以及排放的时间和空间分布等多个角度进行源排放清单校验，从而评价清单可能存在的缺陷，指导清单改进。

为尽可能地降低清单不确定性，提高清单质量，促进清单编制业务的开展与应用，必须建立一套规范、系统的 QC/QA 体系，通过贯穿于整个清单编制过程的质控手段，减少清单现存的不确定性或误差，逐步完善有关业务成果。

本章主要介绍清单的不确定性来源和分析方法以及清单校验方法，重点介绍不同排放源的质量控制和质量保证程序及方法，规范清单编制操作流程，切实保障清单质量。

9.1　排放清单不确定性研究现状及意义

大气源排放清单是进行大气污染防治研究和空气质量模型模拟的基础数据，所以清单的不确定性对后续研究工作的开展存在一定的不利影响。关键数据缺失、数据代表性差、数据差异性大、数据来源不规范、经验基础知识缺乏、专家判断不一致等多种原因都会导致不确定性，若不能准确评估这种不确定性，可能导致无法有效改善清单的质量，并影响到基于清单开展的各项研究，如清单不确定性对模型模拟的不确定性的影响比例高达 25%～45%[1]。此外，通过定性分析清单编制过程中存在的各种不确定性来源，半定量或定量分析不确定性大小和可能范围，不仅可以为使用者提供清单可能的误差信息，还能为后续研究中提高清单质量指明方向。因此，源排放清单编制与不确定性分析是彼此交互的过程，科学、准确地定量评估清单的不确定性，识别关键不确定性来源在源排放清单编制过程中十分重要且必要。

在清单的不确定性分析方面，国外相关研究开展较早，EPA 开发了一种半定量分析方法，即 DARS(data attribute rating system)，它把排放系数和活动水平数据用质量分数结合在一起，从而得到一个排放清单总质量分数。源排放清单定量不确定性分析由于需要大量的数据资源和分析手段，操作难度大，因此早期主要是基于“专家判断”获得的，或者针对特定污染物进行传统的统计分析(通常假设经验数据服从正态分布)得到，然而专家判断带有主观性，传统的统计方法也只限于局部应用[2]。

随着数据分析技术的发展，以及借鉴其他研究领域的研究成果，自展模拟、相关系数法等技术被引入不确定性分析的研究，并且成为量化排放清单不确定性和识别不确定来源的重要方法。其中 Zheng 等[2]在该方法的定量不确定性研究上做了大量系统的工作，如在考虑温度参数影响的基础上，对 MOBILE 5b 的排放系数估算不确定性分析技术进行修正；对燃煤电厂 NO_x 的排放进行了定量不确定性分析。但是，由于源排放清单的不确定性来源较多，如何解决不同层次排放清单中不确定性的传递问题是正确分析排放清单不确定性的关键。误差传播方法、蒙特卡罗模拟、拉丁超立方抽样法等是常用的模型不确定性传递研究的方法，其中蒙特卡罗模拟方法因其适用性较强被广泛推荐使用，如 Frey[3]提出了“两维蒙特卡罗方法”并用于排放清单的不确定性定量分析，随着计算机性能的提高，蒙特卡罗模拟得到了很好的应用。

关于我国大气源排放清单不确定性分析的相关研究还较少，近年来才逐渐引起一些学者的关注。目前应用最为广泛的是定性分析，通过对排放清单编制过程中使用的数据来源及获取途径的可靠性、准确性、代表性和适用性等方面进行分析，识别造成不确定性的可能原因，从而实现对排放清单不确定性大小的定性评估。

9.2　排放清单不确定性来源

在大气污染源排放清单的建立过程中，不确定性客观存在，清单不确定性分析有助于提高源排放清单质量，也是指导源排放清单改进和提高的手段之一，识别清单不确定性的来源及特征是开展不确定性分析工作的首要任务。

在大气源排放清单编制过程中，主要不确定性来源如关键数据缺失、数据的代表性、可变性、数据来源不规范等在《区域高分辨率大气排放清单建立的技术方法与应用》一书中有详细的阐述，本书不再赘述，此处主要补充说明 CEMS 数据使用以及排放源项筛选可能对城市大气污染源排放清单精细化核算过程造成的不确定性。

1）监测数据的缺失与补遗

采用烟气 CEMS 系统或其他在线监测系统估算电厂、工业炉窑等点源污染物排放量时，在线监测设备故障期间、维修期间、失控时段、参比方法替代时段以及有计划（质量保证/质量控制）的维护保养、校准、校验等时间段均为缺失数据时间段。固定污染源启、停运（大修、中修、小修等）等时间段均为在线监测无效数据时间段。

缺失和无效数据一般使用一段时间的均值或最大值进行替代处理，过程中会产生一定的不确定性，但在保证数据有效率的前提下，相对于监测数据的系统误差，以及运维过程中引起的随机误差而言，这部分产生的不确定性相对较小。

2）污染源项筛选及定义的不完整性

城市大气污染源排放清单的主要估算方法为“自下而上”的方法，工艺过程源和工业溶剂使用源由于企业信息调研不全面，企业内部排放源项不明或数据缺失，如石化企业进行排放量核算时企业放空工艺的数据缺失等造成的污染源信息的不完整性，由此引发清单结果的不确定性。

9.3 排放清单不确定性分析方法

源排放清单的不确定性分析方法主要包括定性分析、半定量分析和定量分析。这些方法目前均已被广泛应用，用于识别导致清单不确定性的关键来源，从而指导源排放清单改进与提高。

9.3.1 定性分析

定性不确定性分析即通过对源排放清单编制过程中影响估算结果的可能因素进行识别，并且定性评价源排放清单估算的不确定性大小。此项工作要求对每个排放系数或活动水平数据的不确定性进行分析。源排放清单的定性不确定性分析工作可按照以下流程来展开：① 分析数据收集过程中活动水平数据的准确性以及获取途径的可靠性；② 分析排放系数的来源及能否代表估算对象的排放特征和水平；③ 分析源排放清单估算模型的适用性和代表性，确定相关参数数据及其来源；④ 分析与其他相关源排放清单的可比性。

根据清单建立过程，识别每个排放源的不确定性可能来源，包括所使用的关键参数、活动水平数据、排放系数以及估算方法等，逐一评估，对照以下分级描述，设定“高”“中”“低”3个级别用于定性分析各个排放源的不确定性(见表9－1)。

表9－1　清单不确定性分析来源分级描述

不确定性来源	低	中	高
活动水平数据	环统、污普或者其他部门公开统计数据、专项调查	抽样调查	其他替代数据或者折算数据
排放系数	本地实测数据或物料衡算因子	国内相近水平城市的实测系数或参考国内文献公开的排放系数	参考国外文献的排放系数
其他参数	实测或本地化参数(如成分比例、废气治理设施去除率、设施安装比例)	技术指南或公开文献推荐的参数	其他替代参数或者折算参数
清单估算方法	符合城市实际排放情况的估算方法(如实测法、物料衡算法)	技术指南或公开文献推荐的估算方法(排放系数法、模型法)	其他方法

9.3.2　半定量分析

排放清单计算过程中的排放系数和活动水平主要有以下几个方面的来源：① 来源于污染源的本地实地调研；② 来源于当地环境管理部门的污染排放及处理利用情况登记表(即环境统计数据表)；③ 来源于城市或者行业的统计年鉴、统计公报的数据；④ 仅有国家范围的数据，但清单估算要求需要根据相关技术指标进行分配从而获得更加细化的数据；⑤ 部分数据可能来源于其他相关的统计年鉴或公报，需要利用相关的系数对其进行转化才能成为源清单编制所需要的数据。

不管是上述哪一种数据来源，由于各统计部门和平台提供的活动数据或多或少与实际情况存在一定误差，如环境统计数据表可能存在企业不全的问题；统计年鉴、统计公报数据在统计过程中可能存在缺漏等；相关数据的分配指标、转化系数的合理性和代表性也有待考究，即使是现场实地调研也可能存在人为误差，这些使得相关数据必然存在一定的不确定性。

针对活动水平数据的不确定性评估，郑君瑜[1]等介绍了专家判断法，建立了活动水平数据的质量评估系统，其中不确定性范围的分级确定如表9－2所示，主要是假设活动水平数据的概率密度函数均服从均匀分布(该分布假设变量在一定范围内是均匀变化的)。参考此评价分级和编制方案的整理，对逐个排放源、逐个活动水平数据进行分析评级，以判断其不确定性范围。

表 9-2　基于专家判断的活动水平不确定性分级

级别	清单编制方法	活动水平数据来源	来源可靠性	不确定性范围
A	合理	来源于权威统计，能 95%以上代表该类源	信息足以进行校验	N. A.
B	合理	来源于权威统计，能 90%以上代表该类源	信息足以进行校验	<5%
C	较合理	来源于权威统计，能 95%以上代表该类源	信息足以进行校验	5%～10%
D	较合理	来源于权威统计，能 90%以上代表该类源	信息足以进行校验	10%～15%
E	较合理	来源于一般统计，能 80%以上代表该类源	缺乏足够的信息进行校验	15%～30%
F	较合理	来源于一般统计，数据经推测得到，能 80%以上代表该类源	缺乏足够的信息进行校验	30%～40%
G	新方法或未经验证	来源于一般统计，数据经推测得到，能 50%以上代表该类源	缺乏足够的信息进行校验	40%～60%
H	未受普遍接受	来源于一般统计，数据经推测得到，能 50%以上代表该类源	仅有较少的数值信息	60%～100%

9.3.3　定量分析

由于大气污染源排放清单的不确定性来源复杂多样，定性或半定量的不确定性分析方法存在不可忽视的缺陷，无法满足清单的业务化应用需求。而清单的定量不确定性分析工作能够弥补相关缺陷，从而指导源排放清单的后续改进。在《区域高分辨率大气源排放清单建立的技术方法与应用》一书中，详细介绍了利用概率分析方法的定量不确定性分析概念框架以及具体操作方法，目前也已经在我国多个城市清单编制工作中予以应用。

除此之外，进行不确定性定量分析的实用方法之一是将测量数据的误差传递与专家判断相结合，通过专家判断来确定相关误差范围并以此构建概率密度函数。将不同排放源的排放系数及其活动量水平的不确定性从优到差分为 10 个等级，1 级为最优，10 级为最差，对应的标准偏差如表 9-3 所示。

表 9-3　不确定性标准偏差级别对照表

不确定性级别	1	2	3	4	5	6	7	8	9	10
标准偏差	0.05	0.1	0.15	0.2	0.3	0.5	1	1.5	2	5

依据实测排放系数或收集数据的标准偏差，采用专家经验判断获得不同排放源的排放系数及其活动量水平的不确定性级别，从而得到不同等级的标准偏差。

得到不同数据的标准偏差后，需要进行误差传递，以合并不相关变量的不确定性，合并的方法主要包括加法规则和乘法规则。

（1）加法规则　当不确定量通过加法合并时，总和的标准偏差为相加量的标准偏差的平方和的平方根，其中标准偏差都以绝对值表示（该规则严格适用于互不相关的变量）。对于总和的不确定性，可以采用以下公式计算：

$$U_{\text{total}} = \frac{\sqrt{(U_1 \times X_1)^2 + (U_2 \times X_2)^2 + \cdots + (U_n \times X_n)^2}}{X_1 + X_2 + \cdots + X_n} \tag{9-1}$$

式中，U_{total}表示所有量的总和的不确定性，用95%置信区间的一半除以总量即平均值表示；X_n为不确定量；U_n为不确定性。

（2）乘法规则　当不确定量通过乘法合并时，应用同一规则，但标准偏差都必须表示为平均值的分数。对于乘积的不确定性，可以采用以下公式计算：

$$U_{\text{total}} = \sqrt{U_1^2 + U_2^2 + \cdots + U_n^2} \tag{9-2}$$

式中，U_{total}表示乘积的不确定性（95%置信区间的一半除以总量即平均值）；U_n为不确定性。

排放清单主要是排放系数和活动水平数据乘积之和，因此通过重复使用加法规则和乘法规则，可以估算获得排放清单的最终不确定性。

对于一个数据的不确定性的科学评估方法如下：在样本库抽取随机样本，通过数值模拟获得包含了分布形式、平均值及标准方差3类信息的概率密度分布函数，其不确定性以相对标准差概念表达。然而，城市排放清单建立过程所需要的活动水平信息多源于各类统计年鉴数据，大多情况下仅存在一个有效数值；而排放系数信息多源于环保部发布的各类指南或各种文献的结果，有效数值样本数也非常有限。在样本信息有限的情况下，我们假设排放清单的输入信息均呈正态分布或对数正态分布形式（或者根据数据情况确定为其他分布），定义从文献直接获取的数值为平均值，相对标准差的确定通过参考TRACE-P清单的经验数值来确定。在评判排放系数的不确定性时，还需考虑排放源的行业差异。表9-4和表9-5总结了通过不同途径获取的活动水平和排放系数数据的不确定性评估方法，其不确定度数值参考了TRACE-P清单的经验数值。

表9-4　活动水平数据不确定性等级分类

级别	获取方式	评判依据	不确定度/%
Ⅰ	直接源于统计数据		±30
	分配系数分配统计数据	分配系数可靠度高	

(续表)

级别	获取方式	评判依据	不确定度/%
Ⅱ	依据其他统计信息,利用转化系数估算而得	① 依据的统计信息相关度高 ② 转化系数可靠度高 ③ 估算结果得到了验证	±80
	分配系数分配统计数据	分配系数可靠度低	
Ⅲ	依据其他统计信息,利用转化系数估算而得	① 依据的统计信息相关度高 ② 转化系数可靠度高 ③ 估算结果未得到验证	±100
Ⅳ	依据其他统计信息,利用转化系数估算而得	① 依据的统计信息相关度高 ② 转化系数可靠度低 ③ 估算结果未得到验证	±150
Ⅴ	依据其他统计信息,利用转化系数估算而得	① 依据的统计信息相关度低 ② 转化系数可靠度低	±300

表 9-5　排放系数信息不确定性等级分类

级别	获取方式	评判依据	不确定度/%
Ⅰ	现场测试	① 行业差异不大 ② 测试对象可以代表我国该类源平均水平 ③ 测试次数大于 10 次	±50
Ⅱ	现场测试	① 行业差异不大 ② 测试对象可以代表我国该类源平均水平 ③ 测试次数为 3～10 次	±80
	公式计算	① 行业差异不大 ② 经验公式得到广泛认可 ③ 公式内参数准确性和代表性高	
Ⅲ	现场测试	① 行业差异大 ② 测试对象可以代表我国该类源平均水平 ③ 测试次数大于 3 次	±150
	公式计算	① 行业差异大 ② 经验公式得到广泛认可 ③ 公式内参数准确性和代表性高	
Ⅳ	法规限值	法规实施效果好	±300
	现场测试	① 行业差异大 ② 测试对象不能代表我国该类源平均水平	
	公式计算	① 行业差异大 ② 经验公式得到广泛认可 ③ 公式内参数取自国外参考文献	
Ⅴ	法规限值	法规实施效果好	±500
	未知情况	无排放系数,参考相近活动部门的排放系数	

9.4　排放清单校验

排放清单校验是指使用多种技术手段对此前经过一系列工作后编制的清单结果进行多角度校验，从而检查是否还存在不合理的地方，保证清单总体质量。基于受体模型的排放源贡献率验证方法、基于卫星遥感观测的源排放清单验证方法以及反演模型清单验证方法在区域清单的校验工作中有较好的应用，下面简要介绍几种适用于城市大气污染源排放清单校验的方法。

1）清单结果横向比较

出于治理管控与科学研究的需求，不同的组织单位和学术机构会对各区域和城市进行源排放清单的研究，因此，可收集其他机构开发的同一地区或相似地区的源排放清单结果进行横向比较。

首先，对比不同清单结果之间所涵盖的源分类是否一致，不同清单版本之间的排放源范围差异会不会对哪种污染物产生明显影响。其次，对比不同清单版本之间的基准年、计算方法、数据来源和覆盖范围等，将以上因素对最终结果可能产生的影响考虑到横向对比分析中。最后，在考虑以上差异影响的基础上，横向对比不同清单版本之间的排放量和源贡献特征，如果同一个排放源存在较大差异，比如相差一个到几个数量级，则需要考虑对计算过程再次进行详细的核算，以排除人为误差。

2）清单结果趋势检查

对于已经形成清单工作基础，已编制了本地区多个基准年清单版本的地区而言，可通过将现状年的清单结果与历史的清单结果进行对比，分析历年排放清单的变化趋势，检查其趋势是否存在显著变化或者与预期结果之间存在重大偏差，对比清单结果变化趋势与计算清单所用的活动水平数据和排放系数变化趋势是否一致。若存在与预期结果或实际情况不符合的显著变化或者重大偏差，应针对差异做出合理解释，检查所选的活动水平数据和排放系数是否合理，计算过程是否正确，必要时重新进行计算。

需要特别说明的是，对排放清单结果趋势进行检查的重要前提是历年排放清单的建立已经经过质量控制和验证程序的审核，具有一定的可比性。

3）单位活动水平/时间排放量对比

除了对清单总量进行对比分析校验，还可以从单位活动水平/时间的排放量来协助判断结果的合理性，即计算各污染物排放总量与活动水平的商，或者将年度清单总量平均分解至月、日或小时，得到排放源在单位活动水平/时间下的污染物排放量，比如单辆机动车每日的排放量、单位施工面积内每日的扬尘颗粒物排放量等。

基于上述单位排放量，结合排放源实际的排放特征，判断清单总量结果是否合理。

对于单位排放量的对比，可分为两个方面：一类是不同城市或不同清单版本之间的单位排放量，如单位煤炭消耗量的排放量、单位产品的排放量对比等，可以判读是否符合城市之间的发展水平、管理水平、技术水平之间的差异；另一类是在同一清单版本中，不同点源之间的单位排放量对比，如水泥行业中各个企业的单位水泥产量对应的排放量，分析是否存在差异非常大的企业点源，如有必要，可对存疑企业逐家核实。

4）基于监测数据的排放清单校验

污染物一次排放量作为影响目标区域空气质量的关键因素之一，虽然不是直接的线性关系，但可以通过不同污染物之间的排放量比例和监测浓度比例做一定的对比分析，验证污染物之间的总量关系是否合理。

比如，SO_2/NO_x的关系需要依据当地的SO_2和NO_x转化消耗率判断，如当地的SO_2消耗比NO_x快，则环境监测值的比值比排放量的比值大，反之亦然；$PM_{2.5}/SO_2$则是由于排放出来的SO_2被消耗转化为硫酸盐，而$PM_{2.5}$则由于二次生成的原因，环境监测值一般来说比排放量的比值大。其他污染物之间的关系也可通过类似的原理进行判断。

近年来，随着VOCs监测逐步增多，基于观测VOCs组分浓度或比值计算目标污染物排放量的研究逐步增多，主要方法是计算VOCs相对于某一参比化合物（一般选择大气中较为惰性的CO作为参比物质）的排放比（emission ratio，ER，ppbv/ppmv），即VOCs和参比化合物从不同排放源进入大气中后充分混合但是未经历光化学消耗的比值。可以基于排放比和清单中参比化合物的排放量来计算VOCs的排放量[4-8]：

$$E_{VOCi}=ER_{VOCi}\times E_{CO}\times NW_{VOCi}/NW_{CO} \quad (9-3)$$

式中，ER_{VOCi}为VOCs组分相对于CO的排放比，E_{VOCi}和E_{CO}分别是VOCs组分和CO的年排放量，g；NW_{VOCi}和NM_{CO}分别是VOCs组分和CO的相对分子质量。外场测量到的VOCs重组分与参比化合物的浓度比值是排放、光化学过程和稀释扩散等物理过程综合作用的结果。

因此如何根据观测到的浓度比值计算目标VOCs的排放比是该方法的关键，环境大气中的VOCs会通过光化学反应被去除或生成，因此VOCs与参比化合物的浓度比值会随着光化学反应的进行而发生变化。计算VOCs排放比的关键是要规避或者校正光化学反应对VOCs比值的影响。现有的VOCs排放比计算方法有三种：直接线性拟合法、基于光化学龄（OH自由基的暴露量）的方法和正定矩阵因子分解模型（PMF）解析-线性拟合法。具体操作本书不做具体解释。

9.5　排放清单编制质量控制与质量保证程序和措施

本节详细分析了清单编制过程中，各个排放源在数据来源、数据比对、参数分析与筛选、检查与统一、过程文档管理等方面需要遵守的质控质保和验证规则。在此基础上，为规范城市大气污染源排放清单编制工作，保证清单质量和后续可用性，本节给出了满足城市大气污染源排放清单质量控制与质量保证(QC/QA)的程序和措施。

9.5.1　一般QC/QA程序

质量控制(QC)程序包括对数据来源筛选、收集和处理过程，相关计算过程，清单完整性以及结果文档编制与备份等方面进行的一般性质量检查，目的在于评价清单估算所用数据以及最终的估算结果是否符合数据质量目标，应贯穿于清单编制的整个过程。

质量保证(QA)程序一般采用倒推法，即按照清单技术方法，在本地编制与质控方案完成初步计算工作后，聘请评审专家进行一系列的结果校验，从排放量的合理性判断，有针对性地逆向检查清单计算各环节的质量是否符合要求。

9.5.1.1　编制参数筛选

清单编制参数包括活动水平数据、排放系数以及其他计算参数(如含硫率、污染物去除效率等)，由于所需的编制参数往往种类繁多，很难从单一来源获取全部所需数据，因此，在实际编制过程中，这些参数往往来自多个不同来源，数据质量参差不齐。在此过程中，有4个影响清单质量的主要因素，包括数据来源、时效性、一致性和代表性，相对应的质量控制程序如下。

1) 数据来源

清单编制参数的来源多样，包括现场调研、部门统计、统计年鉴/公报、文献参考等。

首先，一般情况下，当进行了可靠详细的现场调研时，优先采用调研结果，但必须保证其同样经过了充分的质控和校验程序。其次，应尽量采用较为权威公开的数据来源，譬如政府、环境保护部门公开的统计数据，或国内外权威研究机构、专家学者们发布的详细研究报告等。此外，在对比不同来源数据时，除了考虑其来源权威性外，还需要分析数据获取方法的科学性和代表性，比如现场调研的样本量和范围、采样和分析方法、数据统计方法等，必要时应结合常规的污染源特征进行判断。最后，记录详细来源，包括作者、机构单位、数据有效时段、发表途径、资料名称等，如有相关网页链接和红头文件等，同步下载保存，便于日后复查。

2）数据时效性

大气污染源排放清单的编制往往以具体某一年份为目标，称为基准年，所有对应使用的数据代表年份应该尽可能地往此年份靠拢，并尽量更新。基于清单基准年和数据可获取性，审视所选用的活动水平数据和排放系数等编制参数是否是基准年内最新的，如不是，则应继续寻找其他途径进行更新，同时记录好各项数据的获取年份，便于日后复查。

此外，很多情况下基准年的当年数据无法获取或尚未公布，可使用相近年份的数据替代，但是，替代年份数据需要考虑目标区域在不同年份之间是否存在突变情况。例如，由于国家大面积的“煤改气”工程推广实施，供暖地区在2016年和2017年之间的煤炭消耗量、天然气消耗量变化较大，前者大幅降低，后者大幅上升，此类情况下数据的替代性较差，建议采用其他方法进行推算补充。

同时，当利用小时间尺度（月、日、小时）的数据推算全年总量数据时，还需要注意考虑公休日、维修时段、突发气象灾害等重要因素的影响。

3）数据一致性

基于不同的清单计算方法，需要应用不同的编制参数。审视清单开发所需数据是否有一致的来源和数据属性（如数据格式、数据测试和获取年份），如果所用数据来自多个来源，需要注意不同来源之间的数据是否具有可比性，在使用之前应先将数据统一转为一致的格式再进行计算。

对于具体的某个排放源来说，需要注意计算中所使用的排放系数和活动水平数据的类型和单位是否一致；其他计算参数类型、数值和单位是否一致。避免出现使用了错误类型的活动数据，或者由于单位转换问题而导致结果错误。

对于清单计算的整体数据而言，需要注意不同排放源编制参数之间的一致性，结合各排放源实际情况和本地管理特征做出综合筛选。避免由于不同来源数据的质量差异，导致最终各个排放源之间的结果误差。

4）数据代表性

数据的代表性是指所选取的活动水平数据和排放系数、其他编制参数等是否能够最大限度地用于表征目标区域内的污染源排放特征。为保证数据代表性，应尽量选用本地化的活动水平数据和排放系数实测数据，在本地数据匮乏或难以获取的情况下，需审视所选用的替代数据是否有足够的代表性和可替代性。

对于本地化实测与调研数据，需要考虑数据获取的实施方案是否科学有效、实施人员是否具备足够的专业性、调查测试对象是否代表各级技术水平或管理水平、实施过程质控程序是否完善、数据结果是否经过对比校验（如实地调研数据和环统数据对比）等，从各方面验证本地数据的代表性和质量。

对于替代数据，除了对于数据本身质量的确认，还需要确定其可替代性，即同时存在不同的替代数据时，对比筛选最接近、假设参数最少、推算过程最科学的替代数据，以尽量减少由假设推算过程导致的数据误差。

9.5.1.2　数据录入与处理

排放清单编制工作涉及大量数据和不同的数据记录媒介，包括各类纸质材料和电子材料，因此，有繁重的数据录入与处理工作。在暂时没有信息化系统工具的协助下，目前来说，清单数据录入和处理主要是通过电子表格人工进行，容易因为人为疏忽而使该过程发生错误，且不易察觉，因此该环节需要采取相应的质量控制程序。

1）数据录入检查

一般来说，数据录入人员需要将各类资料和数据按照既定的格式，统一录入记录/计算表格中，同时标记好对应的数据来源。

因此，首先需要制定规范的录入和来源记录表格，供录入人员使用，避免遗漏重要信息的登记。其次，在完成初次数据录入后，为避免人为错误，需要安排至少1名专人进行核查。若时间允许，检查全部录入内容；若时间不允许，检查比例不少于50%。

需要特别注意的是，在录入同一来源（如统计年鉴）不同年份的数据时，应注意比较不同年份数据的变化趋势总体是否平缓，如有突升或骤降的数据，应查明数据出现波动的原因（如某一年份的统计口径发生了变化），并及时做好记录，便于日后复查。

2）数据处理检查

为满足清单计算需求，所录入的原始数据一部分能直接应用，但有一部分数据需要经过转换、补充和校验等处理过程才能继续使用。

对于点源数据，因为后续将进行空间分配处理，所以首先需要校验其经纬度坐标，通过比对上报的详细地址和地理坐标，利用地理信息定位系统和软件等进行核查，如Google Earth、ArcGIS等。

对于数据单位换算、数值有效位数的保留、数据格式整理（如数据分类和汇总处理）等直接处理过程和计算公式的输入等，通过重复检查来避免转换错误，保证准确性。

对于因缺乏关键数据而进行必要的假设和换算时，需要列明假设条件和转换公式的来源与依据等，便于日后复查，保证合理性。

最后，由于客观原因，部分点源数据不能覆盖所有相关源，或者存在上报有误的情况，对于一些关键数据，包括全社会的主要化石燃料（煤炭、天然气、焦炭等）消耗量、主要工业产品产量、各类畜禽养殖量、机动车保有总量等，将所有点源的加和总量与统计年鉴/公报、统计部门、总量管理部门等宏观统计数据进行对比，一方面可以检验点源数据是否全面，若不全面，可进行面源补充；另一方面可以协助查找存疑数据，进行再一次核实，保证一致性。

9.5.1.3 清单编制过程

清单编制工作是在以上已完成的各类数据准备工作的基础上进行的，包括初步计算和结果汇总两个主要过程。

1）初步计算过程检查

计算过程主要是按照既定的清单编制方案和计算模板，结合满足条件的数据，包括活动水平、排放系数、其他编制参数等，进行组合计算。

在逐个对污染源子类进行排放量计算时，应安排不参与该污染源计算过程的人员核查输入的计算公式和相关参数是否准确无误、活动水平和排放系数是否匹配得当、数据单位是否换算一致等，同时在计算的电子表格中保留公式和数据链接，便于日后复查。

如果对于同一个污染源类别有多种不同的估算方法，在客观条件和数据基础都允许的情况下，可以尝试用不同的计算方法分别得到同一个污染源的排放量结果，并进行比较，分析不同方法得到结果的差异，并判断是否在可接受的范围之内，以此来检验所选计算方法的可靠性和适用性，同时确保不存在数据输入错误或者公式错误等情况。

2）结果汇总检查

各个子源在进行结果计算后，需要将清单结果根据不同需求进行汇总和分配等，在此过程中，涉及大量的复制、粘贴、移动、求和、比例分配等操作，极容易出现人为误差。

因此，在进行多个不同污染源子类的结果拷贝和求和汇总时，应反复检查求和的项目类别是否有重复或遗漏，不同结果的数值格式和单位是否一致，最终求和得到的结果是否涵盖所有分类别清单的计算结果，避免数据移动和求和过程的人为操作失误。同时，在求和的电子表格中保留汇总公式和子项数据链接，便于日后复查。

9.5.1.4 排放量特征关系检查

针对涉及不同种类污染物和污染源的清单结果而言，首先需要检查各个污染源的污染物种类是否缺失或多余、大小关系是否合理等。比如，煤炭燃烧的排放涉及所有的 9 种常规污染物；扬尘源只涉及颗粒物、BC 和 OC；溶剂使用源只排放 VOCs；PM_{10} 排放量应比 $PM_{2.5}$ 大等。以上检查能保证排放量的基本关系，避免可能出现的汇总错误、复制粘贴错误、公式链接错误等低级错误。

在确认基本关系后，需要进一步检查特征关系。比如，对于电厂和工业燃烧而言，考虑到目前针对电厂和大型工业企业的脱硫措施实施较早，技术成熟，SO_2 末端排放呈现下降趋势；相对来说，NO_x 的末端去除效率仍处于较低水平，所以一般情况下，NO_x的总量比SO_2要高，比例在2∶1～4∶1较为合理，具体视其燃料结构而言。若SO_2和NO_x的总排放量比例过高或过低，则应检查两种污染物总排放量的计算过程有没有错误，若没有错误，则再分析是哪些排放源子类的SO_2或NO_x排放量计算存在过高或过低的情况，并分析产生这种现象的原因。对于扬尘源而言，由于其排放主要以粗颗粒物为主，因此$PM_{2.5}/PM_{10}$的比例较低，一般不超过30%。其他污染源和污染物同样存在特定的、可校验的特征关系。

但是，需要注意的是，以上为一般的定性关系，通过此方法定位存疑数据后，需要结合当地的实际情况进行判断，若能合理解释差异的存在，则视为合理。

9.5.1.5 记录存档与检查

为了便于对清单进行校核和复查，同时方便进行内部汇总交流，要求相关人员对编制清单方案和整个过程中的关键操作步骤必须做好记录，包括负责人、步骤内容、修改日期、修改结果链接、注意事项备注说明等方面，形成编制方案和说明文档。

做好记录存档后，应检查针对清单计算过程所做的文档记录(如数据来源、数据处理等)是否详细、完整，核对记录的文档内容与实际的清单计算过程是否一致，确保已有的存档文件能够支持结果的重现。

完成一个版本的清单开发和汇总整理后，应以统一的命名格式进行版本命名，并将清单结果和清单编制过程记录文档、原始材料等进行拷贝备份，保证备份数据的完整性和备份文件的安全性。

9.5.1.6 专家评审

在清单编制过程中，邀请相关领域内的专家同行对选取数据的准确性和可靠性做出判断，对清单编制过程中的估算和假设环节进行评审，从而全面评估清单结果的合理性和可靠性。在进行专家评审之前，可邀请专家了解清单编制的全过程，确保专家对数据来源和获取、数据处理和清单估算方法等有全面的了解和充分的认识，帮助其对清单编制过程和清单结果做出科学合理的评估。评审期间，清单编制人员应客观诚实地回答评审专家关于清单编制过程的疑问，不得有隐瞒或欺骗的行为。评审结束后，应及时、详细地记录好专家的评审意见，以便用于指导排放清单的后续改进从而保证清单估算的质量。

9.5.2 特定排放源QC/QA程序

本书以典型点源如化石燃料固定燃烧源、典型线源如移动源和典型面源如开放扬尘源的QC/QA程序为例，介绍具体排放源的QC/QA程序。

9.5.2.1 化石燃料固定燃烧源

1) 编制参数筛选

化石燃料固定燃烧源清单编制过程涉及参数较多，活动数据、排放系数和其他参数等来源多样。活动数据主要包括在线监测数据、现场调研数据、环境统计数据、统计年鉴/公报、公开的行业报告等;排放系数的来源主要包括实地测试、文献调查、其他公开报告等;其他参数主要指含硫率、煤炭灰分、挥发分、去除效率等,主要来自实地调查。下面对化石燃料固定燃烧源数据来源进行详细介绍。

(1) 活动数据来源:

a. 实地调查数据　对于化石燃料固定燃烧源,优先采用经过校验的实地调查数据。实地调查数据一般包括电厂在线监测数据、重点企业在线监测数据、企业调查数据、民用能源消耗量等。在线监测数据一般包括 SO_2、NO_x 和烟尘等常规污染物,数据一般来自环境监测站等权威部门。企业调查数据一般包括企业基本信息、锅炉信息、生产信息、排放口信息、污染物处理信息等,燃料主要包括煤炭、天然气、焦炭、燃料油、液化石油气、液化天然气、高炉煤气、醇基燃料、生物质成型燃料等,数据一般来自企业自身填报,企业需要保证数据准确性,对上报资料加盖公章并留存联系方式,以便清单编制人员复核。民用能源主要包括散煤、天然气、液化石油气、液化天然气、汽油、柴油、煤油等,可通过入户调查获取。

b. 环境统计数据　环境统计数据一般来源于环境监测站等权威部门,数据种类较多,收集数据时应获取尽可能多的数据类型。一般工业企业的统计数据包括工业企业污染物排放及处理利用情况、火电企业污染排放及处理利用情况、工业企业污染防治投资情况。此外,针对特殊行业还包括水泥企业污染物排放及处理利用情况、钢铁冶炼企业污染物排放及处理利用情况、制浆及造纸企业污染物排放及处理利用情况等。

c. 统计年鉴/公报及相关公开资料　省/市统计年鉴/公报一般来自统计局公开发布的文件资料,若未公开发布,可通过部门调查方式获取。统计年鉴/公报的数据一般为面源数据,在化石燃料固定燃烧源中可参考的数据有能源消费量、工业行业产值、工业企业数量等指标。此外,民用能源消耗数据还可从《中国能源统计年鉴》中获取。相关公开资料主要指行业协会年鉴/报告、网页新闻报道、相关文献研究等。在进行数据收集时,需详细记录数据来源,将相关文件存档,并填入清单数据要素表,以便日后复查。

(2) 排放系数来源:

a. 实地测试　优先采用经过校验的本地排放系数。通过实地测试得到的排放系数需要根据现场采样的样本量和范围、采样和分析方法、数据统计方法等评估所测排放系数是否具有可靠性和适应性。可对排放系数进行定量不确定性分析,确定排放系数的不确定性范围。

b. 文献调查　在通过文献调查得到的排放系数中,优先采用本地研究的排放系数,其次采用权威机构的排放系数,例如环保部发布的清单编制系列指南。此外，还可参考国内外较为认可的机构推荐的排放系数库，例如EPA发布的AP-42排放系数库，欧盟EMEP/EEA排放清单指南手册等。

(3) 其他参数来源 化石燃料固定燃烧源中参数较多，包括煤炭含硫率，煤炭灰分、挥发分，污染物治理设备、治理效率、运行时间等，数据来源一般为实地调查数据，若实际调查未能获取，可通过网页资料查询、行业分析报告等获取。在进行数据收集时，需详细记录数据来源，将相关文件存档，以便日后复查。

2) 数据时效性

首先确定目标清单的基准年，收集的数据应为基准年全年数据。通过分析化石燃料固定燃烧源活动数据的可能来源，其数据时效性问题主要有以下几个方面。

(1) 电厂在线监测数据、重点企业在线监测数据一般情况可获取目标年数据，若不能获取基准年数据，需要考虑近几年的数据是否具有可替代性。例如，清单基准年为2016年，已获取2017年电厂在线监测数据，若两年间电厂生产结构、燃料使用类型、尾气处理设备等未发生变化，则可进行数据替代；若2017年电厂进行了燃料类型改变、"超低排放"治理工艺变更等措施，则不可进行数据替代。

(2) 企业调查数据一般要求企业填报基准年数据，但是部分企业在填报时未按照要求填报，若该企业所填数据年份与基准年间未发现重大变化，可采用填报数据替代；若燃料类型发生变化或产品产量突增或陡降，则不可进行数据替代。

(3) 统计年鉴数据一般较为滞后，例如《中国能源统计年鉴2016》，出版时间为2017年3月，若基准年前后未发生重大变化，如大面积推广民用"煤改气""煤改电"等工程，对于生活能源消耗量则可采用近几年的数据替代，并做好标记，后续进行数据更新。

(4) 在排放系数的选取上尽量选择与基准年相近的排放系数。

(5) 其他计算参数需根据本地实际进行选取。例如煤炭含硫率，应根据基准年期间本地相关政策及实地调查情况进行选择。对于污染物控制措施效率，应根据实际调查的污染物处理设备运行情况及该技术设备现阶段可达到的处理效率综合选取。

3) 数据一致性

化石燃料固定燃烧源的活动数据类型较为丰富，在清单编制时需要注意以下问题。

(1) 化石燃料固定燃烧源中煤炭、焦炭、燃料油、液化石油气、液化天然气、醇基燃料、生物质成型燃料等排放系数的单位一般为g/kg燃料，故在清单编制中需要注意活动数据的单位万吨、吨与千克之间的转换；天然气的排放系数单位一般为g/m^3，活动数据需要注意万立方米与立方米之间的转换。

(2) 注意计算参数的单位。含硫率一般以百分比表示，例如煤炭含硫率为

0.6%，企业填报时可能写为0.006，故在计算时应注意进行转换。

(3) 检查排放系数所对应的活动水平数据类型是否与所使用的一致，排除使用不匹配类型数据的错误。

4) 数据代表性

化石燃料固定燃烧源中对于烟气排放口的实地测试研究相对较多，在判断是否采用本地化实测数据时，需要从各方面验证本地数据的代表性和质量。

(1) 分析判断测试实施方案是否科学有效、是否依据相关标准手册进行方案实施，实施人员是否具备足够的专业性、实施单位是否在该行业有较深入的研究等。

(2) 调查测试对象是否代表各级技术水平或管理水平，例如测试对象为小企业燃煤锅炉烟气排放，该排放系数对大型重点企业并不适用，需要区别对待。

(3) 在选择文献调查排放系数时，需要考虑地区特征，比如对于南方城市，优先选择城市规模、地理位置较为接近的同类型南方城市的排放系数。

对于替代数据，除了对于数据本身质量的确认，还需要确定其可替代性。

(1) 对于工业企业燃料消耗量缺失的情况，可以选择相同行业的企业进行对比推算，根据产品产量比例、工业产值比例、年用电量等参数，进行燃料消耗量的推算。

(2) 对于民用生活燃料消耗量，若不能直接获取研究区域的消耗量，可以通过“自上而下”的方式推算。例如获取上海市徐汇区民用燃料消耗情况，可以通过《中国能源统计年鉴》中上海市民用燃料消耗量，根据徐汇区人口占上海市人口的比例，推算出徐汇区民用燃料消耗量。

(3) 在线缺失数据补遗：当缺失数据小于24 h，按该参数缺失前1 h的有效小时均值和恢复后1 h的有效小时均值的算术平均值进行补遗；当缺失数据大于24 h，需要技术评估其生产情况，若稳定运行则按该参数缺失前1 h的有效小时均值和恢复后1 h的有效小时均值的算术平均值进行补遗；若不稳定运行则按数据缺失前72 h的有效小时排放量最大值进行补遗。

5) 排放量特征关系检查

针对涉及不同种类污染物的固定燃烧源清单结果，需要检查各个污染物种类是否缺失或多余、大小关系是否合理等。

(1) 污染物种类　化石燃料固定燃烧源污染物排放种类涉及9种常规污染物，包括SO_2、NO_x、CO、PM_{10}、$PM_{2.5}$、BC、OC、VOCs和NH_3，检查是否缺失或遗漏。

(2) 各污染物之间比例关系　包括如下几方面：① 对于电厂和工业燃烧而言，相关比例情况可参考9.5.1.4节中的内容。② 一般对于电厂而言，在现阶段技术设备条件下，VOCs的排放量小于NO_x排放量。③ 民用燃烧若使用煤炭，由于其品质较差，含硫率较高，而且燃烧温度不高，因此民用燃煤的SO_2排放量一般比NO_x高，而且CO的排放量也较高。④ PM_{10}的排放量一定大于$PM_{2.5}$的排放量。从定义上来说，$PM_{2.5}$是环境空气中空气动力学当量直径小于等于 2.5 μm 的颗粒物，PM_{10}是粒径小于等于 10 μm 的颗粒物，所以 PM_{10}是包含 $PM_{2.5}$的。但是在计算过程中，由于燃烧过程 PM_{10}与 $PM_{2.5}$的去除效率差异，当排放系数差异较小时，可能会出现 $PM_{2.5}$大于 PM_{10}的现象。此时须返回检查估算公式是否有误，建议将估算公式改为 PM_{10}排放量等于 $PM_{2.5\sim10}$（粒径介于 2.5～10 μm 的颗粒物）加上 PM_{10}的排放量，保证 PM_{10}排放量大于 $PM_{2.5}$排放量。

9.5.2.2　扬尘源

1）编制参数筛选

扬尘源包括道路扬尘、施工扬尘、土壤扬尘和堆场扬尘，清单编制过程涉及参数较多，活动数据、排放系数和其他参数等来源多样，活动数据来源主要包括实地调查数据、部门调查数据、统计年鉴/公报等；排放系数的来源主要包括实地测试、文献调查、其他公开报告等；其他参数主要指不起尘天数、尘负荷、车流量、扬尘治理措施等，主要来自实际调查。下面对扬尘源数据来源进行详细介绍。

（1）活动数据来源：

a. 实地调查数据　对于扬尘源，优先采用经过校验的实地调查数据。实地调查数据一般指施工工地实地调查和堆场实地调查，施工工地调查信息包括施工项目名称、施工面积、施工地址、经纬度信息、建筑面积、施工起止时间、不同施工阶段时间、施工机械、扬尘治理措施等。堆场调查信息包括堆场数量、堆料类型、堆料含水率、装卸次数、装卸量、抑尘措施等。

b. 部门调查数据　扬尘源活动数据主要来自住建局、国土局、交通局等部门调查，数据类型包括研究区域不同等级道路长度、房屋施工面积、道路施工面积、不同类型土壤面积、堆场数量及类型等。在资料收集时，应尽可能获取详细的数据，例如道路长度信息，应尽可能获取各县市区不同等级道路长度。

c. 统计年鉴/公报及相关公开资料　与扬尘源相关的统计年鉴资料一般包括道路长度、房屋总施工面积、土壤面积等，在实地调查或部门调查未获取相关信息时，可参考统计年鉴信息进行计算。其他相关公开资料已在 9.5.2.1 节中解释。

（2）排放系数来源：

a. 实地测试　优先采用经过校验的本地排放系数。目前国内外针对扬尘源的测试相对较多，尤其是对于积尘负荷的测试。由于地域差异，积尘负荷差异较大。故建议尽量采用本地化的排放系数进行道路扬尘的计算。

b. 文献调查　相关内容请参考 9.5.2.1 节。

（3）其他参数来源　扬尘源中参数较多，包括不起尘天数、积尘负荷、车流量、扬尘治理措施等，数据来源一般为实地调查数据，若实际调查未能获取，可通过网页资料查询等方式获取。在进行数据收集时，需详细记录数据来源，将相关文件存档，以便日后复查。

扬尘源活动水平数据来源相对于工业源较为集中，建议尽量采用基准年数据，若实在不能获取，并且基准年前后未发生重大变化，可暂时采用近年数据替代，并做好标记，以便后续进行数据更新。

2）数据录入与处理

（1）数据录入检查　扬尘源也分为点源和面源，面源数据相对较少，此处不展开说明。点源数据主要指施工扬尘和堆场扬尘，在数据录入时需要注意以下几点：

a. 项目名称　项目名称录入时不仅应检查建设工地名称，还要核对施工单位名称，以便进行重复性筛选工作和其他信息的匹配等。

b. 经纬度信息　在填报经纬度时，可能会将表格中经度和纬度位置写错，所以数据录入人员需要注意经纬度顺序，尽量避免人为错误。

c. 数值格式　在录入信息时，数值与文本需要分别对应不同的单元格，避免将数值与文本同时存储，影响后续计算。例如堆料装卸量“5 000 吨”，需将“5 000”与“吨”分别置于不同单元格中。

d. 施工时间　在填报施工时间时，需要对填报数值进行标准化处理，整理成统一格式。例如，有的施工项目时间写为“月-日”，有的写为“年-月-日”，需要将这些数据进行统一格式处理，以便后续计算。

（2）数据处理检查　在数据录入后，一部分能直接应用，但有一部分数据需要经过转换、补充和校验等处理过程后才能继续使用，主要包括以下几方面：

a. 项目去重　项目名称经过录入后，首先进行去重复筛选，查看是否重复录入。

b. 经纬度校验　利用地理信息定位系统和软件等进行核查，如 Google Earth、ArcGIS 等，至少保证所有点源在研究区域范围内。

c. 建筑面积与占地面积　建筑面积指住宅建筑外墙外围线测定的各层平面面积之和，一般大于占地面积。在清单计算前，需要判断活动数据的合理性，因为在实地调查过程中，填报人对该指标的解释可能有偏差，若数据存疑，需及时反馈，并进行核对校验。

d. 活动数据单位　一般在数据录入时，会设计固定的表格格式，对于常规数据类型会设置固定单位，例如建筑面积的单位为 m^2，在进行录入时需要注意将原始表格所填数据与录入表格的数据进行单位转换。建议保留原始数据，新增一列进行数据标准化转换。

e. 不同来源活动数据量核查　对活动数据进行统一化、规范化检查后，需要比较不同来源活动数据量的差异。扬尘源尤其需要重视，不同来源的活动数据差异可能较大。例如房屋建筑施工面积，从相关部门获取的建筑面积可能与统计年鉴中的数值有差异，需要对比两者的统计指标是否一致，是否存在统计口径的差别，并解释差别原因。

3）清单编制过程

在完成初步清单编制后，应派不参与该源计算过程的人员对整个清单编制流程进行核查，减少人为误差。扬尘源清单初步计算过程检查要点同上，不再赘述。

扬尘源活动数据同类型指标参数较多，在选择估算采用数据时需注意与公式匹配。例如，进行施工扬尘估算时，活动数据需要区分建筑面积和占地面积。堆场扬尘活动数据需要区分堆料面积和装卸量，与相对应的估算公式和排放系数匹配。

4）排放量特征关系检查

针对涉及不同种类污染物的扬尘源清单结果而言，需要检查各个污染物种类是否缺失或多余、大小关系是否合理等。

（1）污染物种类　扬尘源污染物排放种类主要涉及颗粒物，包括 PM_{10}、$PM_{2.5}$、BC、OC，检查是否缺失或遗漏。

（2）各污染物之间比例关系　有以下两点需要注意：① 扬尘源 $PM_{2.5}$ 与 PM_{10} 的排放比例一般低于 1∶3 较为合理。② PM_{10} 的排放量一定大于 $PM_{2.5}$ 的排放量。

9.5.2.3　移动源

1）编制参数筛选

移动源包括道路移动源和非道路移动源，活动数据来源主要包括部门调查数据、统计年鉴/公报等。排放系数的来源主要包括实地测试、文献调查、其他公开报告等。下面对移动源数据来源进行详细介绍。

（1）活动数据来源：

a. 部门调查数据　移动源活动数据主要来自交通、公安、农业等部门，道路移动源数据类型包括机动车分国标保有量、汽柴油标准、行驶里程、交通路网和交通流量数据等。非道路移动源数据类型包括农业机械分类型分功率段保有量和油耗量、工程机械分类型保有量和油耗量、飞机起降架次、铁路内燃机车油耗、船舶活动数据、其他小型通用机械等。

b. 统计年鉴/公报及相关公开资料　省/市统计年鉴/公报一般来自统计局公开发布的文件资料，若未公开发布，可通过部门调查方式获取。统计年鉴资料一般包括机动车保有量、农业机械保有量、客货运吞吐量等，在部门调查未获取相关信息时，可参考统计年鉴信息进行计算。其他相关公开资料主要指网页新闻报道、相关文献研究等。在进行数据收集时，需详细记录数据来源，将相关文件存档，并填入清单数据要素表，以便日后复查。

（2）排放系数来源：

a. 实地测试　优先采用经过校验的本地排放系数。目前国内外针对移动源的测试相对较少，且测试难度大，技术较为复杂。对于未经过校验的测试结果，需要进行多方面对比分析，否则不建议采用。

b. 文献调查　相关内容请参考 9.5.2.1 节。

(3) 其他参数来源　移动源中参数较多，包括各机型负载因子、汽柴油含硫率、铁路内燃机车公里油耗等，数据来源一般为实地调查数据，若实际调查未能获取，可通过网页资料查询等方式获取。在进行数据收集时，需详细记录数据来源，将相关文件存档，以便日后复查。

移动源活动水平数据涉及部门广，收集难度大，并且对数据时效性、一致性和代表性要求较高。对于机动车而言，由于国家标准的变化，机动车保有量结构变化大，应尽量采用基准年活动数据。若实在不能获取，在采用替代数据时，应根据实际变化在替代数据的基础上采用变化系数。对于非道路移动源来说，由于我国目前对于非道路移动源统计较为薄弱，许多参数未进行系统的统计，可能会采用替代数据进行计算。例如，工程机械保有量及油耗量通常较难获取，清单估算时可能会采用房屋施工面积作为指标，利用建筑行业油耗量进行“自上而下”的估算。在计算过程中，需要注意替代数据所指含义，保证其有可替代性。

2) 数据录入与处理

(1) 数据录入检查　移动源一般为面源或线源，数据录入难度相对较低，但是由于数据来源较多，替代数据的采用可能较多，在录入数据时一定要注意保存数据来源，并对所选参数做备注说明，以便后续数据更新。

(2) 数据处理检查　在数据录入后，一部分能直接应用，但有一部分数据需要经过转换、补充和校验等处理过程才能继续使用。对移动源来说，除上述常规性检查外，还包括以下几点：

a. 分国标类型保有量比例　对于分国标类型的保有量数据，各地区实际情况不同，但也可以从全国总体情况大致判断各标准的占比情况。例如 2016 年某地区开始实行机动车国五标准，在所获取的调查数据中，2016 年国五机动车保有量占比为 50%，不太符合常理，此时需要检查数据是否录入错误或有其他来源错误。

b. 不同来源活动数据量核查　在活动数据进行统一化、规范化检查后，需要比较不同来源活动数据量的差异。移动源数据来源较多，不同来源的活动数据差异可能较大。例如机动车保有量，从部门获取的机动车保有量可能与统计年鉴中的数据有差异，需要对比两者的统计指标是否一致，是否存在统计口径的差别，分析差别原因，确定最终采用的估算数据。

3) 清单编制过程

在完成初步清单编制后，应安排没有参与该源计算过程的人员对整个清单编制流程进行核查，减少人为误差。移动源在清单初步计算过程中需要注意如下几点。

(1) 源分类确定　在进行清单估算前，需要确定污染源种类。例如机动车车型，是否有摩托车、低速货车等，除汽油车、柴油车外，是否有其他动力类型汽车。非道路移动源是否包括农业机械、工程机械、船舶、飞机、铁路机车、港口机械等。

（2）不同污染物计算公式差异　移动源中，一般 SO_2 采用物料衡算法估算，其他污染物采用排放系数法，需要注意计算公式的差异。

（3）不同估算方法计算结果差异　机动车的常用估算方法有排放系数法和模型法，可采用不同的计算方法估算，对比结果差异，分析说明差异原因及最终采用的清单结果。非道路移动机械估算方法通常有基于燃油的排放系数法和基于功率的排放系数法，可以通过两种估算方法对比结果差异，选择最终采用的清单结果。相对于工程机械，农业机械的统计相对较早，数据相对较易获取，在获取不同功率段机械信息的条件下，农业机械可优先采用功率法进行估算，工程机械可采用燃油法进行估算。

4）排放量特征关系检查

针对涉及不同种类污染物的移动源清单结果，需要检查各个污染物种类是否缺失或多余、大小关系是否合理等。

（1）污染物种类　道路移动源污染物排放种类涉及所有的 9 种常规污染物，包括 SO_2、NO_x、CO、PM_{10}、$PM_{2.5}$、BC、OC、VOCs 和 NH_3，检查是否缺失或遗漏；非道路移动源污染物主要为除 NH_3 外的 8 种。

（2）各污染物之间比例关系　机动车污染物排放中 CO 和 NO_x 的排放量较大，小型客车为 CO 的主要排放源，重中型货车为 NO_x 的主要排放源；非道路移动源污染物主要以 SO_2 和 NO_x 为主。

9.5.3　城市清单编制过程中 QC/QA 流程示例

不同源排放清单估算过程中的 QC/QA 流程如表 9－6 所示。

表 9－6　不同源排放清单估算过程 QC/QA 流程表

序号	检 查 要 点	检查结果	编制人员	核查人员	核查日期
1	化石燃料固定燃烧源				
1）	编制参数筛选				
（1）	已获取电厂、重点企业监测数据				
（2）	活动数据来源为基准年实际调查数据				
（3）	活动数据来源为基准年环境统计数据				
（4）	活动数据来源为基准年统计年鉴/公报或相关公开数据				

（续表）

序号	检 查 要 点	检查结果	编制人员	核查人员	核查日期
(5)	替代数据合理				
(6)	排放系数为实地测试数据				
(7)	测试方案科学有效				
(8)	测试对象代表各级技术水平或管理水平				
(9)	排放系数来自文献调查				
(10)	文献排放系数为相似地区排放系数				
(11)	其他参数为基准年实际调查数据				
(12)	排放系数与活动数据单位一致				
2)	数据录入与处理				
(1)	企业名称已进行标准化				
(2)	经纬度信息无录入错误				
(3)	数值格式正确，数字与文本分开录入				
(4)	保留原始表格数据，暂不进行单位换算处理				
(5)	历年数据趋势合理				
(6)	企业进行去重复筛选				
(7)	行业类型标准化，名称以国民经济代码为准				
(8)	县市区名称标准化				
(9)	经纬度通过校验				
(10)	活动数据单位标准化				
(11)	公式输入单位一致				
(12)	不同来源活动数据量核查				
3)	清单编制过程				
(1)	检查不同污染物计算公式差异				
(2)	检查不同燃料类型公式差异				
(3)	检查去除效率的数据格式				
(4)	注意公式中绝对引用与相对引用				
(5)	保证数据链接规范				
(6)	同表汇总中不同汇总方式结果一致				

（续表）

序号	检查要点	检查结果	编制人员	核查人员	核查日期
(7)	分表汇总中保证分表结果与汇总表一致				
(8)	逻辑性检查，避免面源与点源重复计算				
4)	排放量特征关系检查				
(1)	污染物种类无缺失				
(2)	电厂和工业燃烧 NO_x 与 SO_2 排放量的比例为 2∶1～4∶1				
(3)	电厂 VOCs 排放量小于 NO_x 排放量				
(4)	民用燃烧 SO_2 排放量大于 NO_x 排放量				
(5)	PM_{10} 的排放量一定大于 $PM_{2.5}$ 的排放量				
2	工艺过程源				
1)	编制参数筛选				
(1)	活动数据来源为基准年实际调查数据				
(2)	活动数据来源为基准年环境统计数据				
(3)	活动数据来源为基准年统计年鉴/公报或相关公开数据				
(4)	替代数据合理				
(5)	排放系数为实地测试数据				
(6)	测试方案科学有效				
(7)	测试对象代表各级技术水平或管理水平				
(8)	排放系数来自文献调查				
(9)	文献排放系数为相似地区排放系数				
(10)	其他参数为基准年实际调查数据				
(11)	排放系数与活动数据单位一致				
(12)	排放系数与活动数据类型一致				
2)	数据录入与处理				
(1)	企业名称已进行标准化				
(2)	经纬度信息无录入错误				
(3)	数值格式正确，数字与文本分开录入				
(4)	保留原始表格数据，暂不进行单位换算处理				

（续表）

序号	检 查 要 点	检查结果	编制人员	核查人员	核查日期
(5)	历年数据趋势合理				
(6)	企业进行去重复筛选				
(7)	行业类型标准化，名称以国民经济代码为准				
(8)	县市区名称标准化				
(9)	经纬度通过校验				
(10)	活动数据单位标准化				
(11)	产品名称标准化				
(12)	公式输入单位一致				
(13)	不同来源活动数据量核查				
3)	清单编制过程				
(1)	检查不同污染物计算公式差异				
(2)	检查去除效率的数据格式				
(3)	注意公式中绝对引用与相对引用				
(4)	保证数据链接规范				
(5)	同表汇总中不同汇总方式结果一致				
(6)	分表汇总中保证分表结果与汇总表一致				
(7)	逻辑性检查，避免面源与点源重复计算				
4)	排放量特征关系检查				
(1)	污染物种类无余缺				
(2)	PM_{10}的排放量一定大于$PM_{2.5}$的排放量				
3	溶剂使用源				
1)	编制参数筛选				
(1)	活动数据来源为基准年实际调查数据				
(2)	活动数据来源为基准年环境统计数据				
(3)	活动数据来源为基准年统计年鉴/公报或相关公开数据				
(4)	替代数据合理				
(5)	排放系数为实地测试数据				

（续表）

序号	检 查 要 点	检查结果	编制人员	核查人员	核查日期
(6)	测试方案科学有效				
(7)	测试对象代表各级技术水平或管理水平				
(8)	排放系数来自文献调查				
(9)	文献排放系数为相似地区排放系数				
(10)	其他参数为基准年实际调查数据				
(11)	排放系数与活动数据单位一致				
(12)	排放系数与活动数据类型一致				
2)	数据录入与处理				
(1)	企业名称已进行标准化				
(2)	经纬度信息无录入错误				
(3)	数值格式正确，数字与文本分开录入				
(4)	保留原始表格数据，暂不进行单位换算处理				
(5)	历年数据趋势合理				
(6)	企业进行去重复筛选				
(7)	行业类型标准化，名称以国民经济代码为准				
(8)	县市区名称标准化				
(9)	经纬度通过校验				
(10)	活动数据单位标准化				
(11)	产品名称标准化				
(12)	原辅料名称标准化				
(13)	公式输入单位一致				
(14)	不同来源活动数据量核查				
3)	清单编制过程				
(1)	检查去除效率的数据格式				
(2)	注意公式中绝对引用与相对引用				
(3)	保证数据链接规范				
(4)	同表汇总中不同汇总方式结果一致				
(5)	分表汇总中保证分表结果与汇总表一致				

（续表）

序号	检查要点	检查结果	编制人员	核查人员	核查日期
(6)	逻辑性检查,避免面源与点源重复计算				
4)	排放量特征关系检查				
(1)	污染物种类无余缺				
4	扬尘源				
1)	编制参数筛选				
(1)	活动数据来源为基准年实际调查数据				
(2)	活动数据来源为基准年部门调查数据				
(3)	活动数据来源为基准年统计年鉴/公报或相关公开数据				
(4)	替代数据合理				
(5)	排放系数为实地测试数据				
(6)	测试方案科学有效				
(7)	测试对象代表各级技术水平或管理水平				
(8)	排放系数来自文献调查				
(9)	文献排放系数为相似地区排放系数				
(10)	其他参数为基准年实际调查数据				
(11)	排放系数与活动数据单位一致				
(12)	排放系数与活动数据类型一致				
2)	数据录入与处理				
(1)	项目名称已进行标准化				
(2)	经纬度信息无录入错误				
(3)	数值格式正确,数字与文本分开录入				
(4)	保留原始表格数据,暂不进行单位换算处理				
(5)	历年数据趋势合理				
(6)	施工项目进行去重复筛选				
(7)	县市区名称标准化				
(8)	经纬度通过校验				
(9)	活动数据单位标准化				

（续表）

序号	检 查 要 点	检查结果	编制人员	核查人员	核查日期
(10)	公式输入单位一致				
(11)	不同来源活动数据量核查				
3)	清单编制过程				
(1)	检查不同污染物计算公式差异				
(2)	检查去除效率的数据格式				
(3)	注意公式中绝对引用与相对引用				
(4)	保证数据链接规范				
(5)	同表汇总中不同汇总方式结果一致				
(6)	分表汇总中保证分表结果与汇总表一致				
(7)	逻辑性检查，避免面源与点源重复计算				
4)	排放量特征关系检查				
(1)	污染物种类无余缺				
(2)	扬尘源 $PM_{2.5}$ 与 PM_{10} 的排放比例一般低于1∶3较为合理				
(3)	PM_{10} 的排放量一定大于 $PM_{2.5}$ 的排放量				
5	移动源				
1)	编制参数筛选				
(1)	活动数据来源为基准年部门调查数据				
(2)	活动数据来源为基准年统计年鉴/公报或相关公开数据				
(3)	替代数据合理				
(4)	排放系数为实地测试数据				
(5)	测试方案科学有效				
(6)	测试对象代表各级技术水平或管理水平				
(7)	排放系数来自文献调查				
(8)	文献排放系数为相似地区排放系数				
(9)	其他参数为基准年实际调查数据				
(10)	排放系数与活动数据单位一致				
(11)	排放系数与活动数据类型一致				

（续表）

序号	检查要点	检查结果	编制人员	核查人员	核查日期
2）	数据录入与处理				
（1）	数值格式正确，数字与文本分开录入				
（2）	保留原始表格数据，暂不进行单位换算处理				
（3）	历年数据趋势合理				
（4）	活动数据单位标准化				
（5）	公式输入单位一致				
（6）	机动车分国标保有量比例合理				
（7）	不同来源活动数据量核查				
3）	清单编制过程				
（1）	源分类完整，无缺失或遗漏				
（2）	检查不同污染物计算公式差异				
（3）	检查去除效率的数据格式				
（4）	注意公式中绝对引用与相对引用				
（5）	保证数据链接规范				
（6）	同表汇总中不同汇总方式结果一致				
（7）	分表汇总中保证分表结果与汇总表一致				
4）	排放量特征关系检查				
（1）	污染物种类无余缺				
（2）	机动车污染物排放中 CO 和 NO_x 的排放量较大，小型客车为 CO 的主要排放源，重中型货车为 NO_x 的主要排放源				
（3）	非道路移动源污染物主要以 SO_2 和 NO_x 为主				
（4）	PM_{10} 的排放量一定大于 $PM_{2.5}$ 的排放量				
6	农业源				
1）	编制参数筛选				
（1）	活动数据来源为基准年实际调查数据				
（2）	活动数据来源为基准年部门调查数据				
（3）	活动数据来源为基准年统计年鉴/公报或相关公开数据				

（续表）

序号	检 查 要 点	检查结果	编制人员	核查人员	核查日期
(4)	替代数据合理				
(5)	排放系数为实地测试数据				
(6)	测试方案科学有效				
(7)	测试对象代表各级技术水平或管理水平				
(8)	排放系数来自文献调查				
(9)	文献排放系数为相似地区排放系数				
(10)	其他参数为基准年实际调查数据				
(11)	排放系数与活动数据单位一致				
(12)	排放系数与活动数据类型一致				
2)	数据录入与处理				
(1)	畜牧养殖场名称已进行标准化				
(2)	经纬度信息无录入错误				
(3)	数值格式正确，数字与文本分开录入				
(4)	保留原始表格数据，暂不进行单位换算处理				
(5)	历年数据趋势合理				
(6)	点源信息进行去重复筛选				
(7)	县市区名称标准化				
(8)	经纬度通过校验				
(9)	活动数据单位标准化				
(10)	公式输入单位一致				
(11)	不同来源活动数据量核查				
3)	清单编制过程				
(1)	检查不同污染物计算公式差异				
(2)	检查去除效率的数据格式				
(3)	注意公式中绝对引用与相对引用				
(4)	保证数据链接规范				
(5)	同表汇总中不同汇总方式结果一致				
(6)	分表汇总中保证分表结果与汇总表一致				

（续表）

序号	检 查 要 点	检查结果	编制人员	核查人员	核查日期
(7)	逻辑性检查，避免面源与点源重复计算				
4)	排放量特征关系检查				
(1)	源分类完整，无缺失或遗漏				
(2)	污染物种类无余缺				
7	生物质燃烧源				
1)	编制参数筛选				
(1)	活动数据来源为基准年实际调查数据				
(2)	活动数据来源为基准年部门调查数据				
(3)	活动数据来源为基准年统计年鉴/公报或相关公开数据				
(4)	替代数据合理				
(5)	排放系数为实地测试数据				
(6)	测试方案科学有效				
(7)	测试对象代表各级技术水平或管理水平				
(8)	排放系数来自文献调查				
(9)	文献排放系数为相似地区排放系数				
(10)	其他参数为基准年实际调查数据				
(11)	排放系数与活动数据单位一致				
(12)	排放系数与活动数据类型一致				
2)	数据录入与处理				
(1)	数值格式正确，数字与文本分开录入				
(2)	保留原始表格数据，暂不进行单位换算处理				
(3)	历年数据趋势合理				
(4)	县市区名称标准化				
(5)	活动数据单位标准化				
(6)	公式输入单位一致				
(7)	不同来源活动数据量核查				
3)	清单编制过程				
(1)	检查不同污染物计算公式差异				

（续表）

序号	检 查 要 点	检查结果	编制人员	核查人员	核查日期
(2)	注意公式中绝对引用与相对引用				
(3)	保证数据链接规范				
(4)	同表汇总中不同汇总方式结果一致				
(5)	分表汇总中保证分表结果与汇总表一致				
4)	排放量特征关系检查				
(1)	源分类完整，无缺失或遗漏				
(2)	污染物种类无余缺				
(3)	生物质燃烧污染物排放主要以 CO 和颗粒物为主				
(4)	生物质燃烧的 OC 排放量一般大于 BC 排放量				
8	储存运输源				
1)	编制参数筛选				
(1)	活动数据来源为基准年实际调查数据				
(2)	活动数据来源为基准年部门调查数据				
(3)	活动数据来源为基准年统计年鉴/公报或相关公开数据				
(4)	替代数据合理				
(5)	排放系数为实地测试数据				
(6)	测试方案科学有效				
(7)	测试对象代表各级技术水平或管理水平				
(8)	排放系数来自文献调查				
(9)	文献排放系数为相似地区排放系数				
(10)	其他参数为基准年实际调查数据				
(11)	排放系数与活动数据单位一致				
(12)	排放系数与活动数据类型一致				
2)	数据录入与处理				
(1)	加油站/储库名称已进行标准化				
(2)	经纬度信息无录入错误				
(3)	数值格式正确，数字与文本分开录入				

（续表）

序号	检 查 要 点	检查结果	编制人员	核查人员	核查日期
(4)	保留原始表格数据，暂不进行单位换算处理				
(5)	历年数据趋势合理				
(6)	点源信息进行去重复筛选				
(7)	县市区名称标准化				
(8)	经纬度通过校验				
(9)	活动数据单位标准化				
(10)	公式输入单位一致				
(11)	不同来源活动数据量核查				
3)	清单编制过程				
(1)	检查不同污染物计算公式差异				
(2)	检查去除效率的数据格式				
(3)	注意公式中绝对引用与相对引用				
(4)	保证数据链接规范				
(5)	同表汇总中不同汇总方式结果一致				
(6)	分表汇总中保证分表结果与汇总表一致				
(7)	逻辑性检查，避免面源与点源重复计算				
4)	排放量特征关系检查				
(1)	源分类完整，无缺失或遗漏				
(2)	污染物种类无余缺				
9	废弃物处理源				
1)	编制参数筛选				
(1)	活动数据来源为基准年实际调查数据				
(2)	活动数据来源为基准年部门调查数据				
(3)	活动数据来源为基准年统计年鉴/公报或相关公开数据				
(4)	替代数据合理				
(5)	排放系数为实地测试数据				
(6)	测试方案科学有效				

（续表）

序号	检查要点	检查结果	编制人员	核查人员	核查日期
(7)	测试对象代表各级技术水平或管理水平				
(8)	排放系数来自文献调查				
(9)	文献排放系数为相似地区排放系数				
(10)	其他参数为基准年实际调查数据				
(11)	排放系数与活动数据单位一致				
(12)	排放系数与活动数据类型一致				
2)	数据录入与处理				
(1)	点源数据名称已进行标准化				
(2)	经纬度信息无录入错误				
(3)	数值格式正确，数字与文本分开录入				
(4)	保留原始表格数据，暂不进行单位换算处理				
(5)	历年数据趋势合理				
(6)	点源信息进行去重复筛选				
(7)	县市区名称标准化				
(8)	经纬度通过校验				
(9)	活动数据单位标准化				
(10)	公式输入单位一致				
(11)	不同来源活动数据量核查				
3)	清单编制过程				
(1)	检查不同污染物计算公式差异				
(2)	检查去除效率的数据格式				
(3)	注意公式中绝对引用与相对引用				
(4)	保证数据链接规范				
(5)	同表汇总中不同汇总方式结果一致				
(6)	分表汇总中保证分表结果与汇总表一致				
(7)	逻辑性检查，避免面源与点源重复计算				
4)	排放量特征关系检查				
(1)	源分类完整，无缺失或遗漏				

（续表）

序号	检 查 要 点	检查结果	编制人员	核查人员	核查日期
(2)	污染物种类无余缺				
10	其他排放源				
1)	编制参数筛选				
(1)	活动数据来源为基准年实际调查数据				
(2)	活动数据来源为基准年部门调查数据				
(3)	活动数据来源为基准年统计年鉴/公报或相关公开数据				
(4)	替代数据合理				
(5)	排放系数为实地测试数据				
(6)	测试方案科学有效				
(7)	测试对象代表各级技术水平或管理水平				
(8)	排放系数来自文献调查				
(9)	文献排放系数为相似地区排放系数				
(10)	其他参数为基准年实际调查数据				
(11)	排放系数与活动数据单位一致				
(12)	排放系数与活动数据类型一致				
2)	数据录入与处理				
(1)	点源数据名称已进行标准化				
(2)	经纬度信息无录入错误				
(3)	数值格式正确，数字与文本分开录入				
(4)	保留原始表格数据，暂不进行单位换算处理				
(5)	历年数据趋势合理				
(6)	点源信息进行去重复筛选				
(7)	县市区名称标准化				
(8)	经纬度通过校验				
(9)	活动数据单位标准化				
(10)	公式输入单位一致				
(11)	不同来源活动数据量核查				

(续表)

序号	检查要点	检查结果	编制人员	核查人员	核查日期
3)	清单编制过程				
(1)	检查不同污染物计算公式差异				
(2)	检查去除效率的数据格式				
(3)	注意公式中绝对引用与相对引用				
(4)	保证数据链接规范				
(5)	同表汇总中不同汇总方式结果一致				
(6)	分表汇总中保证分表结果与汇总表一致				
(7)	逻辑性检查,避免面源与点源重复计算				
4)	排放量特征关系检查				
(1)	源分类完整,无缺失或遗漏				
(2)	污染物种类无余缺				
(3)	餐饮油烟的OC排放量一般大于BC排放量,且在OC排放总量中占比较大				

参考文献

[1] 郑君瑜,王水胜,黄志炯,等.区域高分辨率大气排放清单建立的技术方法与应用[M].北京:科学出版社,2014.

[2] Zheng J Y, Zhang L J, Che W W, et al. A highly resolved temporal and spatial air pollutant emission inventory for the Pearl River Delta region, China and its uncertainty assessment [J]. Atmospheric Environment, 2009, 43(32): 5112-5122.

[3] Frey H C. Quantitative analysis of uncertainty and variability in environmental policy making[R]. Washington D.C.: Policy Programs American Association for the Advancement of Science, 1992.

[4] Wang M, Shao M, Chen W, et al. A temporally and spatially resolved validation of emission inventories by measurements of ambient volatile organic compounds in Beijing, China[J]. Atmospheric Chemistry and Physics, 2014, 14(12): 5871-5891.

[5] Shao M, Huang D, Gu D, et al. Estimate of anthropogenic halocarbon emission based on measured ratio relative to CO in the Pearl River Delta region, China[J]. Atmospheric Chemistry and Physics, 2011, 11(10): 5011-5025.

[6] Tang X, Wang Z, Zhu J, et al. Sensitivity of ozone to precursor emissions in urban Beijing with a Monte Carlo scheme[J]. Atmospheric Environment, 2010, 44(31): 3833-3842.

[7] 王红丽.上海市大气挥发性有机物化学消耗与臭氧生成的关系[J].环境科学,2015,36(9):3159-3167.
[8] 高宗江,高松,崔虎雄,等.上海市某化工区夏季典型光化学过程 VOCs 特征及活性研究[J].环境科学学报,2017,37(4):1251-1259.

第 10 章　上海市大气污染源排放清单建立及应用

2015 年，根据国家源排放清单编制试点工作的相关部署，上海市环境保护局组织上海市环境监测中心和上海市环境科学研究院，在各相关委办局的配合下，基于多年研究基础，按照环保部的统一技术规范要求，完成了 2014 年上海市各项污染物的源排放清单数据的收集整理及统计工作，并编制了上海市 2014 年源排放清单编制技术报告。

本章以 2014 年为基准年，介绍上海市源排放清单的建立和应用。上海市源排放清单的建立采用“自下而上”的方法，在本书第 3 章至第 6 章所介绍的方法的基础上，结合开展的一系列排放定量本地化工作成果，不断提高清单结果的精度和准确性。2014 年上海市源排放清单较为完整地覆盖了上海市大气污染物排放来源，改进了机动车、船舶、扬尘和农业源等的定量方法，特别是将机动车定量方法细化到每个路段、船舶排放定量应用 AIS 数据等，进一步提高了清单的准确性和时空分辨率。建立的源排放清单在上海市大气细颗粒物来源解析、清洁空气行动计划和大气污染防治规划的制定与实施等方面均发挥了重要的技术支撑作用。

10.1　点源

上海涉及大气污染物排放的点源主要包括工业、电力及供热锅炉等化石燃料固定燃烧源，钢铁及石化等行业的工艺过程源，印刷、印染等行业的溶剂使用点源及固废处理等废弃物处理源等。由于上海的水泥和平板玻璃生产企业均已于 2010 年前后关停，因此，上海市 2014 年源排放清单中不涉及这两大污染行业的排放量。

10.1.1　化石燃料固定燃烧源

1）电力、供热和工业

上海市的电力及热力生产等企业均已安装在线监测设施，因此可按照在线监测数据统计其排放量；同时选取典型企业开展实测，获取本地化排放系数。对于其他未安装在线监测设施的小锅炉，采用物料衡算法和排放系数法进行计算。

电力和供热锅炉全部纳入点源，除茶水炉等按照面源处理外，其他锅炉均已纳入清洁能源替代范畴，其余污染企业调查均按点源处理。电力和供热锅炉活动水平的更新基于燃料类型、消耗量、燃烧技术、末端控制技术与污染物去除效率等，调研与数据来源列于表10-1中。与火电厂活动水平数据更新相同，工业锅炉活动水平的更新基于燃料类型、消耗量、燃烧技术、末端控制技术与污染物去除效率等，相关调研与数据来源列于表10-2中。

表10-1 电厂活动水平数据及来源

排放源	活动水平数据	数据来源	数据说明
电力、供热	(1) 燃料类型 (2) 各类型燃料消耗量 (3) 燃烧技术类型 (4) 控制措施类型 (5) 控制措施效率	(1) 污染源普查资料 (2) 已有排放清单 (3) 实地调研 (4) 环统数据	(1) 全市电力和供热锅炉资料 (2) 全市重点源排放监控资料

表10-2 工业锅炉活动水平数据及来源

排放源	活动水平数据	数据来源	数据说明
工业锅炉	(1) 燃料类型 (2) 各类型燃料消耗量 (3) 燃烧技术类型 (4) 污染控制技术 (5) 污染控制效率	(1) 污染源普查资料 (2) 已有排放清单 (3) 发放表格 (4) 环统数据 (5) 清洁能源替代平台	(1) 2012—2014年淘汰企业 (2) 2012—2014年新增企业调查 (3) 重点锅炉调查

以2012年点源清单为基础进行2014年度更新，完成更新内容如下：2012—2014年清洁能源替代锅炉炉窑(计880台锅炉炉窑)；2014年电力、供热和工业等110家重点企业；更新企业的排放量占化石燃料燃烧源总排放量的80%以上。

2014年电力、供热和工业点源共计约3 600台锅炉，各项污染物的排放量如表10-3所示。

表10-3 电力、供热和工业大气污染物排放量 单位：t/a

源分类	TSP	PM_{10}	$PM_{2.5}$	SO_2	NO_x	CO	VOCs	NH_3	BC	OC
发电、供热	5 153	4 735	3 410	23 940	47 157	18 352	1 343	0	103	165
工业锅炉	9 270	5 961	2 421	30 661	14 530	10 456	498	0	363	170
合计	14 423	10 696	5 831	54 601	61 687	28 808	1 841	0	466	335

2) 民用燃料

从统计部门获取民用能源消耗平衡量，根据单位能耗各污染物的排放系数计算污染物排放量，SO_2 排放量采用物料平衡法结合净化效率推算。民用燃料燃烧排放系数参考环保部发布的《民用煤大气污染物排放清单编制技术指南（试行）》。

从上海市统计局获得居民日常生活所消耗的燃料煤、燃料油和燃气等，2014 年，上海市民用燃煤和天然气消耗量分别为 33.57 万吨和 11.73 亿立方米。经核算，2014 年上海市民用燃料的各项污染物排放量如表 10－4 所示。

表 10－4　2014 年民用燃料大气污染物排放量　　单位：t/a

民用燃料	污染物排放量							
	PM_{10}	$PM_{2.5}$	SO_2	NO_x	CO	VOCs	BC	OC
煤　炭	2 960	2 300	3 420	310	48 340	1 230	20	1 000
天然气	40	40	—	1 710	150	150	—	—
合　计	3 000	2 340	3 420	2 020	48 490	1 380	20	1 000

10.1.2　工艺过程源

1）钢铁行业

钢铁行业排放源包括焦化、烧结（球团）、炼铁、炼钢及其他生产工序排污设备，优先采用在线监测数据，如烧结工序等，同时对烧结、电炉等工序进行正常工况下的监测，建立钢铁行业源谱数据库。其他工艺过程排放源排放系数取自国家发布的相关清单编制指南、美国 AP－42 或欧盟排放清单报告。

2）石化行业

石化行业主要以 VOCs 排放为主，对于重点 VOCs 工业源，参照财政部、国家发展改革委、环保部印发的《挥发性有机物排污收费试点办法》中规定的核算办法计算污染物排放量。

自 2010 年以来，上海市启动并开展了 VOCs 重点企业专项治理工作，在各相关企业提交的减排方案和其他相关定量核算报告中，均按统一的技术要求对有组织和各类无组织排放环节，包括管道有组织排放、设备泄漏、储罐、物料周转、废水表面逸散、冷却水、开停工等环节，分别使用估算模型、排放系数等方法进行 VOCs 排放量估算。定量方法依据和结果相对全工艺排放系数法更为准确，对这些数据和信息进行甄别整理后可直接用于 VOCs 排放清单统计。同时，从这些减排方案以及历年的 VOCs 排放定量研究成果中整理和提炼出了上海市部分典型行业的产污系数和排放系数，这些本地化的排放系数相对更贴近上海市相关行业的实际排放水平，可用于非重点排放源的排放量估算，能进一步提高清单统计的精度和准确性。

3）其他工艺过程排放源

其他工艺过程排放源多采用排放系数法，排放系数取自国家发布的相关指南、美国 AP－42 或欧盟排放清单报告，VOCs 产生量与产品产量有关。

对于工艺过程，以 2012 年点源清单为基础，采用发放调查表格的方式，着重更新排放量大和不确定性大、2012 年后淘汰的工艺和 2012—2014 年新增的工艺过程。排放环节覆盖管道与设备泄漏、储罐呼吸排放、溶剂使用与挥发、开停工排放、有机废水逸散等，数据来源列于表 10－5 中。

表 10－5　工艺过程活动水平数据及来源

排放源	活动水平数据	数据来源	数据说明
工艺过程	(1) 行业类型 (2) 企业名称 (3) 原辅材料 (4) 生产工艺 (5) 产品名称 (6) 排放形式 (7) 污染控制技术 (8) 污染控制效率	(1) 污染源普查资料 (2) 已有排放清单 (3) 发放表格 (4) 入户调查 (5) 一厂一方案	(1) 2012—2014 年淘汰企业 (2) 2012—2014 年新增企业调查 (3) 220 家重点企业发表调查

对宝钢股份有限公司、宝钢不锈钢、宝钢特殊钢等钢铁企业调查其工艺排放；对宝钢化工、上海石化、高桥石化、华谊集团、上海化工区等重点行业和地区按照财政部、国家发展改革委、环境保护部下发的《挥发性有机物排污收费试点办法》中规定的核算方法进行培训和发表调查，重新测算其 VOCs 排放量。

2014 年上海市钢铁、石化等行业工艺过程源污染物排放量如表 10－6 所示。

表 10－6　工艺过程源大气污染物排放量　　单位：t/a

源分类	TSP	PM_{10}	$PM_{2.5}$	SO_2	NO_x	CO	VOCs	NH_3	BC	OC
钢铁	18 472	6 708	4 101	7 737	23 374	500 063	16 103	118	302	468
石化	4 385	3 806	1 775	8 741	21 168	7 061	136 553	1 229	—	—
其他	15 634	9 480	7 295	8 073	13 059	50 116	10 744	110	1 148	777
合计	38 491	19 994	13 171	24 551	57 601	557 240	163 400	1 457	1 450	1 245

10.1.3　溶剂使用源

溶剂使用源中点源包括印刷印染、表面涂层和其他溶剂使用源等。部分企业采用实测数据，其他企业均采用物料衡算法估算即认为溶剂中的 VOCs 全部挥发到大气中，采用溶剂中 VOCs 含量限值标准作为 VOCs 排放系数。排放系数采用《大气挥发性有机物源排放清单编制技术指南(试行)》或美国 AP－42 中推荐的系数。以 2012 年的源排放清单为基础，结合 2012—2014 年印刷印染、表面涂层等行业“一厂一方案”综合整治规划，汽车喷涂、船舶喷涂等按照点源统计溶剂使用量。

2014 年，溶剂使用点源中印刷印染、表面涂层和其他溶剂使用源分别排放 VOCs 0.6 万吨、3.8 万吨和 2.5 万吨。其中，铁路、船舶、航天航空和其他运输设备制造业，汽车制造业，橡胶和塑料制造业的 VOCs 排放量最大，分别占溶剂使用点源排放量的 21%、20%和 13%，如图 10-1 所示。

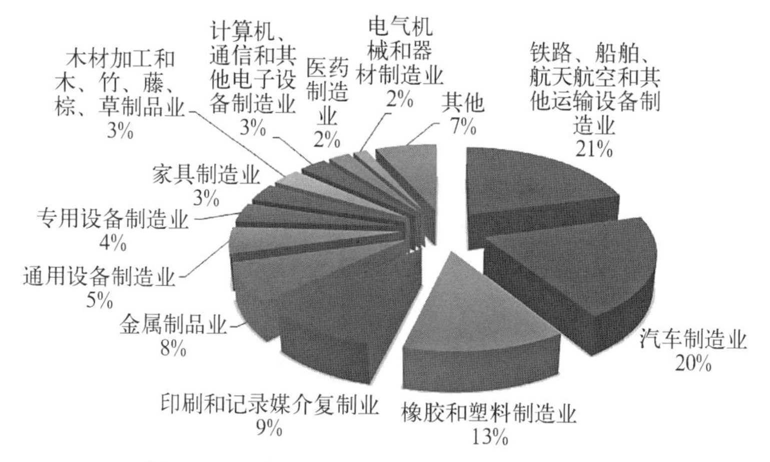

图 10-1　溶剂使用源各行业 VOCs 排放分担率

10.1.4　废弃物处理源

废弃物处理源主要包括废水处理、固废处理和废气处理等。废弃物处理源排放量的计算及采用的排放系数主要参考国家发布的相关指南。然而对于上海等南方城市，环保部发布的《大气氨源排放清单编制技术指南（试行）》中推荐的废水处理厂氨排放系数（0.003 克 NH_3/米^{3}污水）偏低，根据相关文献资料[1]，上海市城镇废水处理厂氨的排放系数应采用 3.2 克 NH_3/米^{3}污水。

废水处理量主要通过上海市水务局获取，固体废弃物填埋、焚烧和堆肥量均通过上海市固体废弃物管理中心获得，同时参考 2014 年上海市环统数据。废气处理活动量水平主要参考 2014 年上海市环统数据。

2014 年城镇废水处理量为 216 546.16 万吨，VOCs 年排放量为 2 382 t，NH_3 年排放量为 6 930 t。固废处理的 VOCs 年排放量为 2 859 t，NH_3 年排放量为 2 820 t，PM_{10} 年排放量为 26 t，$PM_{2.5}$ 年排放量为 22 t。废气处理共排放 NH_3 4 298 t。

10.2　移动源

上海市排放清单中涉及的移动源主要包括机动车、船舶、民航飞机、铁路内燃机车及非道路移动源等。

10.2.1 机动车

机动车排放量根据IVE模型计算，机动车VOCs蒸发排放量采用《道路机动车大气污染物排放清单编制技术指南（试行）》中推荐的方法。

10.2.1.1 机动车保有量

截至2014年底，上海市机动车保有量为293.1万辆（不含挂车、纯电车等特种车辆），其中载客汽车为227.1万辆，货车为24.0万辆，摩托车为41.8万辆，低速货车为0.2万辆，载客汽车、货车、摩托车分别约占总数的77.5%、8.2%、14.3%。

10.2.1.2 机动车排放系数测试

上海市环境监测中心开展了实际道路车载排放测试（以下简称PEMS）[2-3]，主要采用工况试验法，通过车载排放测试了解实际道路污染物的排放情况。

根据《轻型汽车污染物排放限值及测量方法（中国第五阶段）》（GB 18352.5—2013）标准，采用Ⅰ型实验，在轻型转毂上对轻型客车及出租车的排放系数进行检测，检测内容包括气态污染物（CO、THC、NO_x）和颗粒污染物（PM）质量。

重型转毂试验主要采用《重型商用车辆燃料消耗量测量方法》（GBT 27840—2011）的C-WTVC循环对重型货运车的排放系数进行检测，每个循环重复进行3次并取平均值以减小试验结果误差。检测内容包括气态污染物（CO、THC、CO_2、NO_x）和颗粒污染物（PM）。

依托与同济大学汽车学院、上海机动车检测中心合作开展的货车、公交车、出租车和轻型汽车等典型车辆的排放实测工作，汇总整理了33辆不同车型机动车的车载排放实测结果。

1）出租车整车Ⅰ型排放试验

对3辆22万千米行驶里程的汽油国Ⅳ出租车进行了Ⅰ型排放试验，CO、THC、NO_x的排放均值分别为0.438 g/km、0.1 g/km、0.282 g/km。国Ⅳ柴油出租车排放清单技术手册中CO、THC、NO_x、PM的排放系数推荐值分别为0.68 g/km、0.075 g/km、0.032 g/km、0.003 g/km，其中CO、THC、NO_x的排放系数实测值分别是手册推荐值的0.64倍、1.33倍、8.81倍。

对2辆55万千米行驶里程的汽油国Ⅳ出租车进行了Ⅰ型排放试验，CO、THC、NO_x的排放均值分别为1.07 g/km、0.318 g/km、0.367 g/km。国Ⅳ柴油出租车排放清单技术手册中CO、THC、NO_x、PM的排放系数推荐值分别为0.68 g/km、0.075 g/km、0.032 g/km、0.003 g/km，其中CO、THC、NO_x的排放系数实测值分别是手册推荐值的1.57倍、4.24倍、11.50倍。

对7辆2.5万千米行驶里程的汽油新国Ⅴ出租车进行了Ⅰ型排放试验，CO、

THC、NO_x、PM 的排放系数排放均值分别为 0.275 g/km、0.039 g/km、0.043 g/km、0.001 6 g/km。国Ⅴ柴油出租车排放清单技术手册中 CO、THC、NO_x、PM 的排放系数推荐值分别为 0.46 g/km、0.056 g/km、0.017 g/km、0.003 g/km，其中 CO、THC、NO_x 的排放系数实测值分别是手册推荐值的 0.60 倍、0.70 倍、2.53 倍、0.53 倍。

以上实验说明，上海的汽油出租车超出 10 万千米保证期后排放情况急剧恶化，尤其是 NO_x 的排放状况。新车 CO、THC、PM 的排放系数实测值与推荐值相差不大，且优于推荐值，验证了上海实测与推荐值的一致性，由于测试数据样本较少，因此 2014 年清单更新仍采用排放清单技术手册的推荐值。

2）公交车实际道路车载排放测试

在设计好的同一地面线路上，国Ⅲ、装 DOC＋CDPF 的国Ⅲ、国Ⅳ和国Ⅴ等 6 辆公交车用 PEMS 系统采集试验所需排放数据，运行时间段基本相同。

国Ⅲ、装 DOC＋CDPF 的国Ⅲ公交车的 NO_x 排放系数分别为 9.87 g/km、5.23 g/km，国Ⅲ柴油公交车排放清单技术手册中 NO_x 的推荐值为 9.89 g/km，NO_x 实测值与手册推荐值基本一致，验证了国Ⅲ柴油公交车排放清单技术手册推荐值适用于上海国Ⅲ柴油公交车实际排放量的计算，鉴于上海尚有约 5 000 辆国Ⅲ公交车加装了 DOC＋CDPF，该类型车辆的排放系数采用了上海实测值。

国Ⅳ、国Ⅴ柴油公交车的 NO_x 排放系数分别为 14.15 g/km、13.06 g/km；LNG 国Ⅳ公交车、国Ⅳ混合动力公交车的 NO_x 排放系数分别为 24.51 g/km、5.08 g/km；国Ⅳ、国Ⅴ柴油公交车、LNG 国Ⅳ公交车排放清单技术手册中的 NO_x 排放系数推荐值为 9.89 g/km、8.64 g/km、6.524 g/km。国Ⅳ、国Ⅴ公交车、LNG 国Ⅳ公交车的 NO_x 排放系数实测值分别是手册推荐值的 1.44 倍、1.51 倍、3.76 倍，这说明公交车技术手册推荐值不适用于上海国Ⅳ、国Ⅴ、LNG 国Ⅳ公交车实际排放量的计算。但是鉴于国Ⅳ、国Ⅴ公交车、LNG 国Ⅳ公交车测试数据样本较少，清单更新仍采用排放清单技术手册的推荐值。待积累到一定样本数据后建议采用上海实测值。

3）公交车重型转毂排放测试

国Ⅲ、国Ⅳ和国Ⅴ3 辆公交车用重型转毂和 PEMS 系统采集试验所需排放数据，运行时间段相同。国Ⅲ、国Ⅳ和国Ⅴ3 辆柴油公交车的 NO_x 排放系数分别为 14.83 g/km、14.17 g/km、14.57 g/km，均高于手册推荐值，说明公交车技术手册推荐值不适用于上海国Ⅲ、国Ⅳ、国Ⅴ公交车实际排放量的计算，但是鉴于公交车重型转毂测试数据样本较少，本次更新仍采用排放清单技术手册的推荐值。

4）重型货车道路排放测试结果

3 辆柴油国Ⅲ货车和 3 辆 DOC＋CDPF 柴油国Ⅲ货车共 6 辆货车用道路 PEMS 系统采集试验。柴油国Ⅲ货车的 NO_x、PM 综合排放系数分别为 13 g/km、0.16 g/km，DOC＋CDPF 柴油国Ⅲ货车的 NO_x、PM 综合排放系数分别为 13 g/km、

0.003 g/km，柴油国Ⅲ货车排放清单技术手册中 NO_x、PM 的排放系数推荐值分别为 7.934 g/km、0.243 g/km，两类重型货车 NO_x 排放系数实测值是手册推荐值的 1.64 倍，PM 排放系数实测值分别是手册推荐值的 0.66%、1.2%；鉴于重型货车道路排放测试数据样本较少，本次更新仍采用排放清单技术手册的推荐值。

以 2014 年机动车保有量统计和上海市城市综合交通规划研究所提供的机动车周转量为基础，利用本地化 IVE 排放模型，计算获得 2014 年全市机动车各项污染物的排放量，如表 10－7 所示。其中，NO_x、$PM_{2.5}$、VOCs、BC 的排放空间分布如图 10－2 所示。

表 10－7　机动车大气污染物排放量　　单位：t/a

污染物	TSP	PM_{10}	$PM_{2.5}$	NO_x	CO	VOCs	BC	OC
排放量	7 772	7 098	7 098	86 340	229 000	48 167	3 963	1 165

10.2.2　船舶

2014 年上海船舶排放清单使用基于船舶进出港签证数的方法作为清单计算方法，同时使用 AIS 数据作为船舶排放空间分布的依据。

利用船舶发动机在运行过程中的做功情况对船舶排放量进行计算，使用动力法时首先要计算船舶发动机（包括主机、辅机和锅炉）在运行时做的功，再乘以排放系数以及相应的发动机负载校正因子和油品校正因子，得到发动机运行时的污染物排放量。

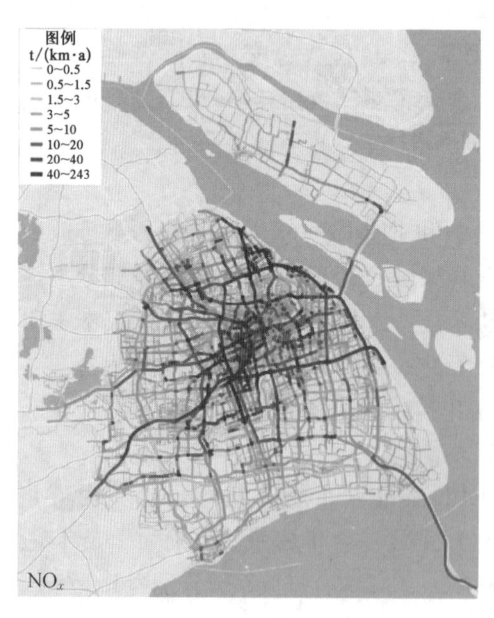

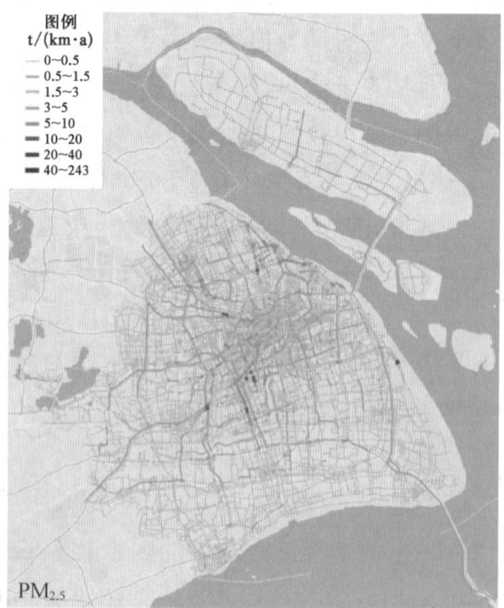

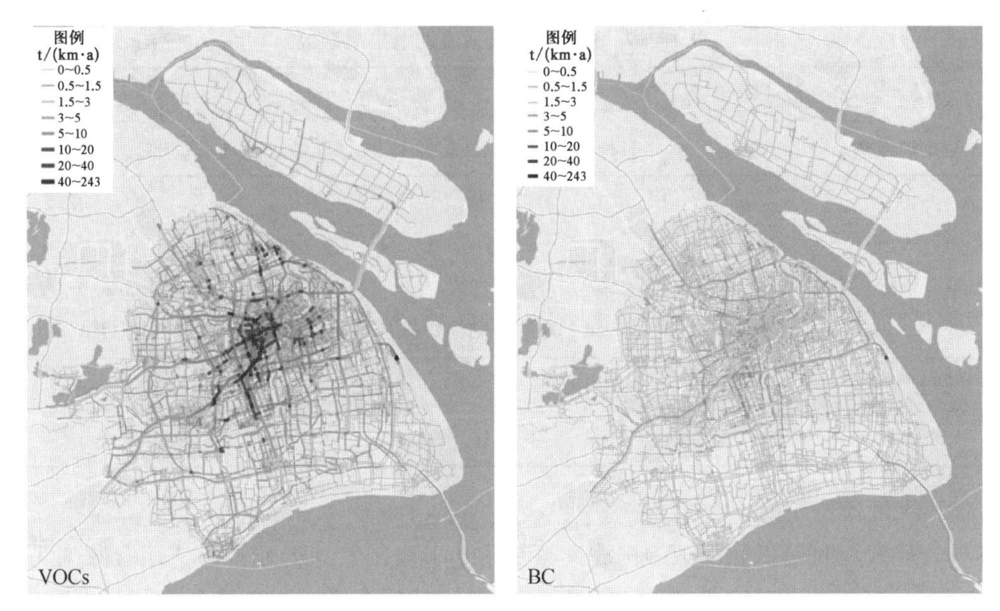

图 10－2　2014 年上海市机动车 NO_x、$PM_{2.5}$、VOCs、BC 排放空间分布(彩图见附录)

船舶排放系数是基于发动机的基本参数以及排放要求而设定的，通过文献调研与国内外多位专家的经验判定而最终确定。作为 IMO MARPOL73/78 附则Ⅵ的缔约国，中国境内远洋船选 CARB 的排放系数是可行的；在国内尚未研究出台可用的动力法排放系数前，本清单暂使用美国的排放系数。计算过程中主要使用了主机排放系数、辅机排放系数、锅炉排放系数以及用以校正排放量的燃油校正系数。另外，由于该排放系数中无 BC 和 OC 的排放系数，因此采用比燃油排放系数中 BC 和 OC 占 PM_{10}的比例乘以 PM_{10}的排放系数作为 BC 和 OC 的排放系数，据计算，BC 占 PM_{10}的 54.6%，OC 占 PM_{10}的 17.3%[4-7]。

1）主机排放系数

主机的排放系数需要根据外港船舶不同的发动机类型对不同污染物进行测算(见表 10－8)。

表 10－8　外港船舶主机排放系数　　单位：g/(kW・h)

主机类型	PM_{10}	$PM_{2.5}$	NO_x	SO_x	CO	HC	CO_2
低速柴油机	1.5	1.2	17.0	10.5	1.4	0.6	620
中速柴油机	1.5	1.2	13.0	11.5	1.1	0.5	683

2）辅机排放系数

船舶辅机的排放系数如表 10－9 所示。

表 10-9　外港船舶辅助发动机排放系数　　单位：g/(kW·h)

污染物名称	PM_{10}	$PM_{2.5}$	DPM	NO_x	SO_x	CO	HC	CO_2	N_2O	CH_4
排放系数	1.5	1.2	1.5	13.0	12.3	1.1	0.4	683	0.031	0.005

3）锅炉排放系数

蒸汽锅炉的排放系数如表 10-10 所示。

表 10-10　外港船舶锅炉排放系数　　单位：g/(kW·h)

锅炉种类	PM_{10}	$PM_{2.5}$	PM	NO_x	SO_x	CO	CH	CO_2	N_2O	CH_4
蒸汽锅炉	0.8	0.6	0	2.1	16.5	0.2	0.1	970	0.08	0.002

4）燃油校正因子

所有主机、辅机和锅炉的排放系数都是基于船舶发动机或锅炉使用含硫率为3.5%的燃料油设定的，如果船舶发动机或锅炉使用含硫率较低的清洁燃油，排放量则相应降低。内河船舶统一使用0.1%含硫率的校正因子，总吨位≥50 000 的海船不使用校正因子，10 000≤总吨位<50 000 的海船使用 1.5%含硫率的校正因子，1 000≤总吨位<10 000 的海船使用 0.5%含硫率的校正因子，总吨位≤1 000及所有拖船使用 0.1%含硫率的校正因子。燃油校正因子如表 10-11 所示。

表 10-11　燃油校正因子

燃油种类	含硫率/%	PM	NO_x	SO_x	CO	HC	CO_2	N_2O	CH_4
重油	1.50	0.82	1	0.56	1	1	1	1	1
柴油/轻质柴油	0.50	0.25	0.94	0.18	1	1	1	0.94	1
柴油/轻质柴油	0.10	0.17	0.94	0.04	1	1	1	0.94	1

5）国际航行船舶、沿海船舶航行工况

(1) 巡航工况工作时间　船舶停靠不同码头会选择不同的航线，其航行时间会有所不同；根据每艘船舶停靠每个海事分局所经过的航线长度，将船舶的巡航工况持续时间归纳如表 10-12 所示。

表 10-12　各海事局靠港海船航线长度和航行时间

海船停靠港所在海事局	航线长度/n mile	航行时间/h
宝山海事局	60.3	4.02
崇明海事局	43	2.87
黄浦海事局	63.6/25	5.45/3.125

（续表）

海船停靠港所在海事局	航线长度/n mile	航行时间/h
金山海事局	84/60	5.6/4
杨浦海事局	58.6/35	4.2/4.375
浦东海事局	43	2.87
闵行海事局	68.6/15	6.7/1.875
吴淞海事局	53.6/57.3	3.57/3.82
洋山港海事局	26.4	1.76

说明：表中“/”前后的数据表示不同总吨位船舶选择不同航线进入上海，其航线长度和航行时间会有所不同。

对于途经黄浦江并停靠于闵行海事局、黄浦海事局、杨浦海事局的总吨位小于 3 000 的船舶，将其航线起点设定为黄浦江内河水域与外港水域的交界处，即闵行电厂与新渠槽港的连线处。以停靠黄浦海事局的船舶为例，总吨位为 3 000 及以上的船舶航线起点在长江口，航线长度则为长江口深水航道＋外高桥航道＋黄浦江航道至黄浦海事局管辖范围的长度，共计 63.6 n mile，船舶需航行 5.45 h；而总吨位为 3 000 以下的船舶航线起点为黄浦江内河外港管理范围交界处，航线长度为 25 n mile，黄浦江限速 8 kn，可得船舶航行时间为 3.125 h。

另外，由于船舶从长江口到达吴淞海事处范围有长江口深水航道和南槽航道两个航道可以选择，在航道长度上略有差异，因为没有有效的航道流量信息，考虑到船舶航行起点选择的关系以及根据 AIS 轨迹图的船舶航迹进行的流量预估，将此段航道航运情况设定为有 60%的船舶选择较宽且距离较短的长江口深水航道，40%的船舶选择稍远的南槽航道，船舶运行时间则取两段航道航行时间的加权平均，结果为 3.67 h。

（2）进出港工况工作时间　通过文献调研以及调查数据表明，进出上海港船舶的平均进出港工况时间为 1 h。

（3）装卸货及停靠时间　如表 10 - 13 所示，根据接受调查的 60 艘船舶以及 107 个码头停靠海船的平均停靠时间，统计得出上海港进出港远洋船除集装箱船装卸货需 10 h，滚装船装卸货需 4 h，非运输船以及顶推拖轮无装卸货工况外，其余船舶装卸货平均时间均为 8 h；滚装船停靠时间为 5 h，其余各类船舶停靠时间均为 1 h。顶推拖轮、非运输船由于其用途较为特殊，停靠期间一般无废气排放。

表 10 - 13　各类海船装卸货及靠港时间　　单位：h

船 舶 类 别	装卸货时间	停靠时间
集装箱船	10	1
其他货船	8	1

(续表)

船舶类别	装卸货时间	停靠时间
散货船	8	1
油船	8	1
滚装船	4	5
散装化学品船	8	1
非运输船	0	0
顶推拖轮	0	0
液化气船	8	1

6）外港水域内河船舶工况

本清单将外港水域航行的内河船起点设定为长江下游宝山航标，终点为各海事局，根据途经航道的不同，将停靠各海事局内河非客船的航行距离和航行时间统计如表 10－14 所示。

表 10－14　各海事局靠港内河非客船航线长度和航行时间

船舶停靠港所在海事局	航线长度/n mile	航行时间/h
宝山海事局	6	0.75
崇明海事局	23.3	2.912 5
黄浦海事局	37.7	4.712 5
杨浦海事局	17.7	2.212 5
浦东海事局	23.3	2.912 5
闵行海事局	49	6.125
吴淞海事局	12.7	1.288
洋山港海事局	107	8.3

通过走访调研，确定内河轮渡单次航行时间为 15 min，往返崇明的车客渡的工作时间为 1.5 h。

7）内河水域内河船舶工况

由于内河航道复杂，主机工作时间主要通过工况调查获得。经调查，上海港内河水域航行的内河非客船平均航行时间为 12 h，客船平均航行时间为 0.25 h。

船舶签证数据通过上海海事局和上海市交通委获取。2014 年，上海港货物吞吐量为 7.55 亿吨，同比减少 2.7%；集装箱吞吐量为 3 528.5 万标准箱，同比增长 5.0%。上海港进出港船舶共 220.6 万艘次，其中，国际航行船舶为 4.1 万艘次，沿海船舶为 15.6 万艘次，外港水域内河船舶为 133.4 万艘次，内河水域内河船舶为 67.5 万艘次(见表 10－15)。其中洋山港共有进出港船舶 2.5 万艘次,其中,国际航行船舶有 0.9 万艘次,沿海船舶有 1.6 万艘次,内河船舶有 162 艘次(见表 10－16)。

表 10－15　2014 年各类船舶进出上海港艘次及总吨位统计

船舶类别	进出港艘次	船舶总吨位合计
国际航行船舶	40 881	1 634 544 909
沿海船舶	155 917	439 258 855
内河水域内河船舶	674 956	210 327 962
外港水域内河船舶	1 333 852	664 250 004

表 10－16　2014 年各类船舶进出洋山港艘次及总吨位统计

船舶类别	进出港艘次	船舶总吨位合计
国际航行船舶	8 832	747 723 527
沿海船舶	15 985	63 529 864
内河水域内河船舶	0	0
外港水域内河船舶	126	378 882

2014 年,上海市环境监测中心开展了内河船用油品和排放行驶工况调查,9 艘内河船舶的燃料油含硫率为 164～880 mg/kg,是车用柴油含硫率的 78～420 倍;3 艘船舶排放行驶工况调查显示,在进港工况下,CO、THC、NO_x 和 PM 的比燃油排放系数高于其他工况;巡航工况下,CO、THC 的排放系数相对较低;离港工况下,NO_x 和 PM 的排放系数相对较低。

根据基于船舶功率的动力法计算公式,2014 年上海港(包括洋山港)船舶各类污染物排放量如表 10－17 所示。

表 10－17　2014 年上海港船舶排放量　　单位:t/a

行政区划名称	船舶类别	SO_2 排放量	NO_x 排放量	VOCs 排放量	CO 排放量	PM_{10} 排放量	$PM_{2.5}$ 排放量	BC 排放量	OC 排放量
上海市(包括洋山港)	国际航行船舶	16 719	24 816	865	2 008	2 251	1 794	1 229	390
	沿海船舶	3 301	13 256	492	1 114	449	368	245	78
	内河水域内河船舶	317	8 409	344	757	176	140	96	30
	外港水域内河船舶	190	5 059	207	455	106	84	58	18
	总计	20 527	51 540	1 908	4 334	2 982	2 386	1 628	516

10.2.3 民航飞机

民航飞机的排放定量采用《非道路移动源大气污染物排放清单编制技术指南(试行)》中推荐的方法。2014 年上海虹桥、浦东两大机场民航飞机起降架次从民用航空管理部门发布的《2015 年民航机场生产统计公报》中获取。根据民航飞机大气污染物排放量计算公式及排放系数，经计算获得上海市 2014 年民用飞机排放的各类主要污染物总量(见表 10-18)。

表 10-18 2014 年上海市民航飞机起降污染物排放量 单位：t/a

机场	起降架次	LTO	PM_{10}	$PM_{2.5}$	HC	NO_x	CO	BC	OC
浦东	402 105	201 052.5	109	107	539	3 275	1 838	33	47
虹桥	253 325	126 662.5	68	67	339	2 063	1 158	21	29
总量	655 430	327 715	177	174	878	5 338	2 996	54	76

10.2.4 铁路内燃机车

铁路内燃机车的排放定量采用《非道路移动源大气污染物排放清单编制技术指南(试行)》中推荐的方法。铁路内燃机车柴油消耗量从上海铁路局获取，2014 年铁路内燃机车柴油消耗量为 5 173 t。根据铁路内燃机车大气污染物排放量计算公式及排放系数，经计算获得 2014 年铁路内燃机车排放的 PM_{10}、$PM_{2.5}$、HC、NO_x、CO、BC、OC 和 SO_2分别约为 12 t、11 t、18 t、318 t、47 t、5 t、7 t 和 4 t。

10.2.5 非道路移动机械

非道路移动机械的排放量采用 5.5.1 节所列方法进行计算，各类型机械的使用小时数、使用天数及其小时油耗等数据均来自抽样调查结果。非道路移动机械排放系数主要取自美国非道路移动源排放计算模式，并根据我国已有的主要类型机械排放系数实测结果校正。总体而言，目前国内针对非道路移动机械的排放实测结果仍相对较少，对于其他无实测排放系数的机械，仍采用模型默认的排放系数进行计算，建议在后续的工作中补充开展实测以完善非道路移动机械的排放系数库[8-12]。

为获取各类型机械的保有量，分别对各类机械开展了实地调查工作。其中，建筑及市政工程机械共获得 88 家工地(含拆房、基础开挖及市政道路等)、373 台机械的调查结果，并根据调查结果获得了典型工地使用的单位机械台次，最终根据施工工地数量计算得到全市的建筑及市政工程机械使用台次，如图 10-3 所示。采用类似方法对 29 家酒店、楼宇和医院进行调查，获得 35 台备用发电机的调查结果，据此计算得到单位酒店、楼宇和医院的备用发电机台数。港作机械、企业场(厂)内机械、农用机械和机场地勤设备保有量分别来自相关部门掌握的统计数据。

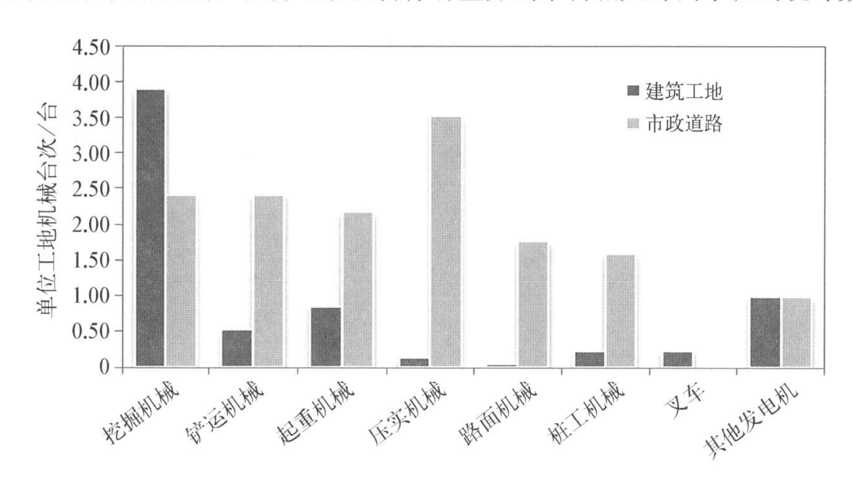

图 10－3　调查所得的单位工地各类型机械台次

根据调查结果，上海全市各类型非道路移动机械共有约 12.73 万台，其中，建筑及市政工程机械约有 3.71 万台(非实际保有量)，港作机械、企业场(厂)内机械、农用机械、机场地勤设备和备用发电机分别约有 0.6 万台、3.86 万台、3.56 万台、0.56 万台和 0.44 万台(见图 10－4)。

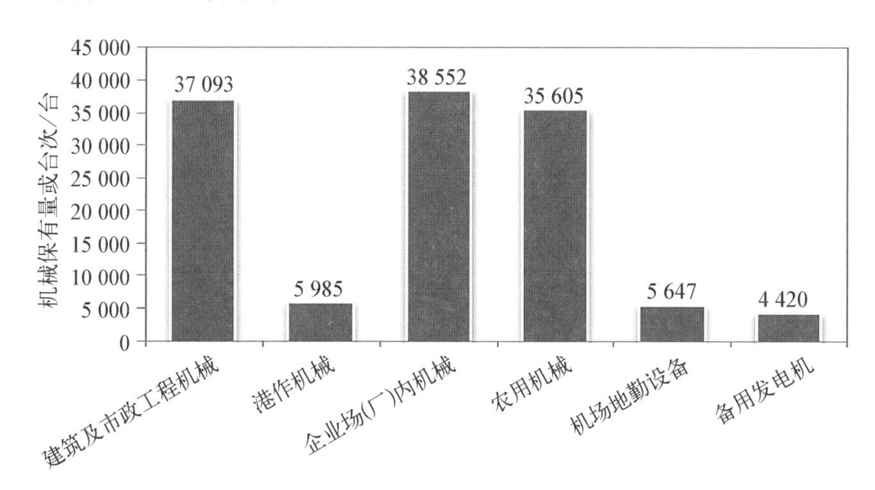

图 10－4　各类型机械的保有量或使用台次

根据调查，除备用发电机的日使用小时数约为 0.17 h 外，各类型机械的日使用小时数均为 8～10 h，年使用天数如图 10－5 所示。

图 10－6 所示为主要类型机械的功率及其对应的小时油耗的分布特征。据此，可根据各类型机械的功率对其小时油耗进行计算。

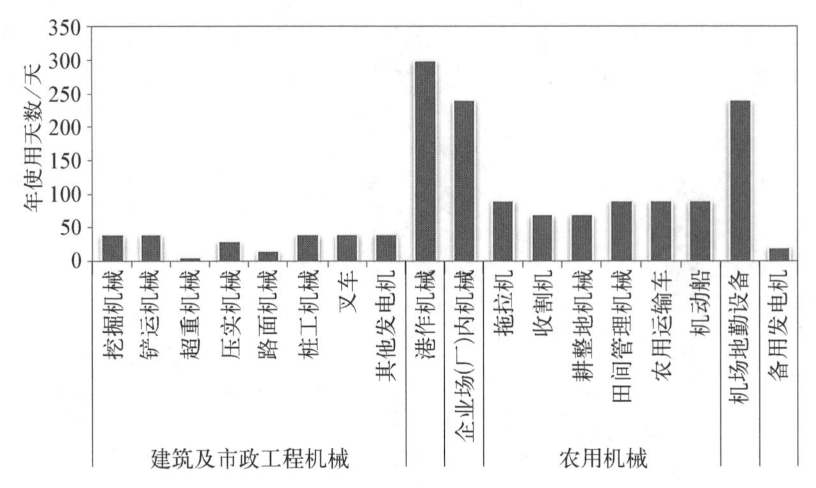

图 10-5　各类型机械的年使用天数

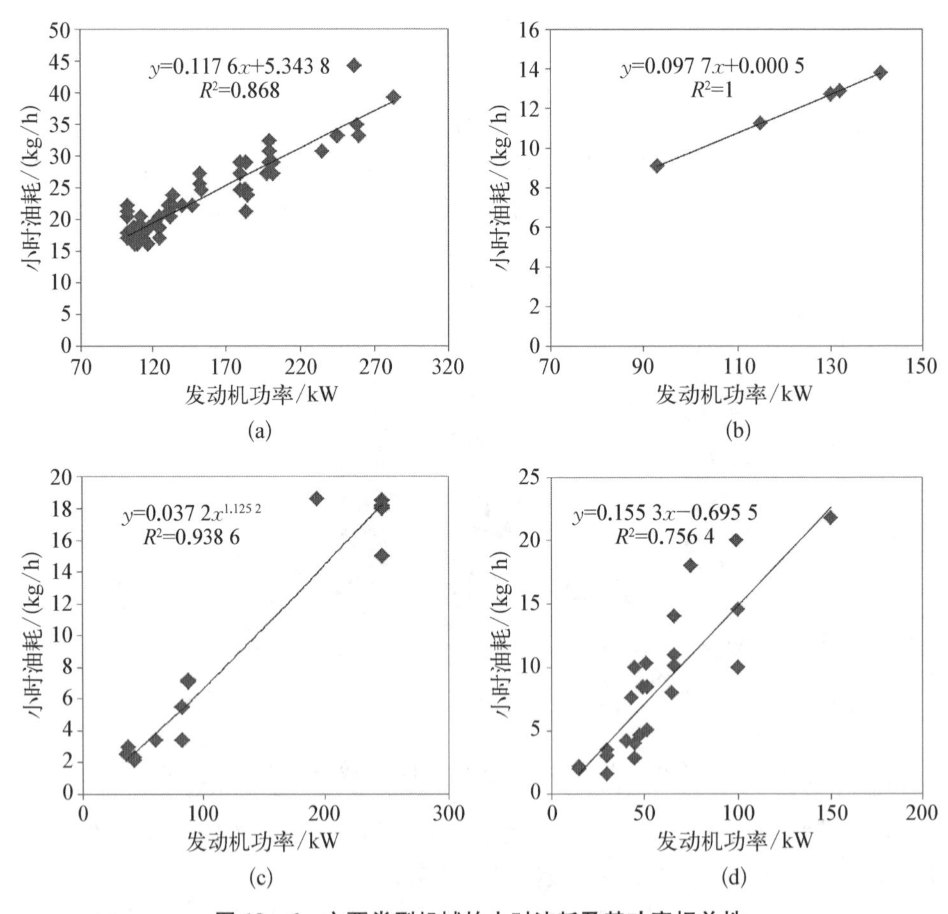

图 10-6　主要类型机械的小时油耗及其功率相关性

(a) 挖掘机;(b) 压路机;(c) 叉车;(d) 拖拉机及收割机

2014 年，上海市非道路移动机械各类污染物的排放量如表 10-19 所示。

表 10-19　2014 年非道路移动机械的主要污染物排放总量　单位：t/a

使用性质	SO_2	NO_x	CO	VOCs	PM_{10}	$PM_{2.5}$	BC	OC
建筑及市政工程机械	114	10 193	3 751	1 024	488	472	269	85
港作机械	82	7 085	3 461	691	295	285	156	51
企业场(厂)内机械	142	8 964	5 953	1 071	550	533	300	97
农用机械	47	3 949	7 454	1 207	276	267	149	50
机场地勤设备	37	3 258	1 593	339	147	142	78	26
备用发电机	2	212	39	17	6	6	4	1
合计	424	33 661	22 251	4 349	1 762	1 705	956	310

图 10-7 所示为各非道路机械大类的主要污染物排放分担率情况，由图可见，建筑及市政工程机械和企业场(厂)内机械是非道路移动机械排放的主要来源。从各非道路机械小类来看，叉车、挖掘机和其他工业机械是上海市非道路移动机械的主要排放来源(见图 10-8)。

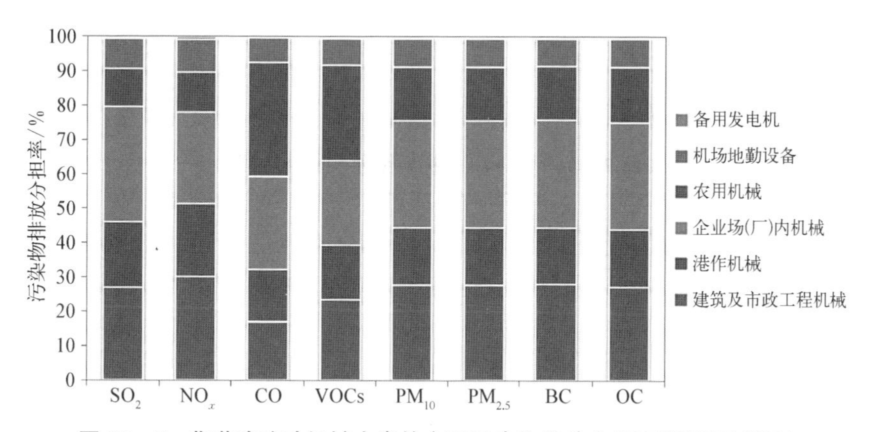

图 10-7　非道路移动机械大类的主要污染物排放分担率(彩图见附录)

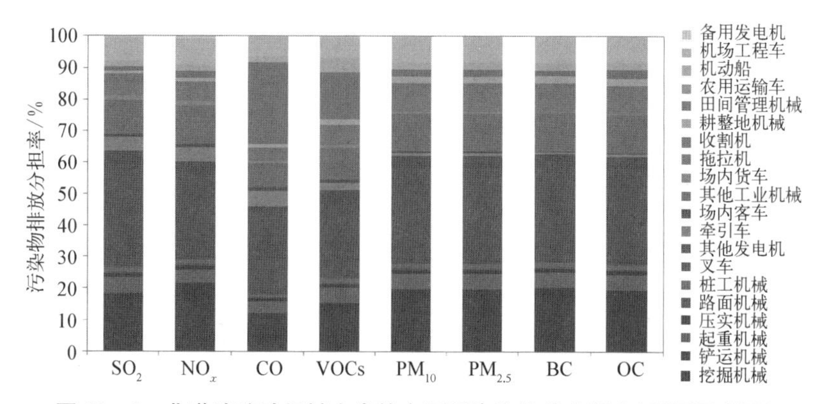

图 10-8　非道路移动机械小类的主要污染物排放分担率(彩图见附录)

10.3 面源

上海市排放大气污染物的面源主要包括农田种植和畜禽养殖等农业源、建筑工地和道路等开放扬尘源、生物质燃烧源、建筑涂料使用等溶剂使用源，以及餐饮、植被、油气储运和液散码头等其他排放源。

10.3.1 农业源

1）农田种植

为了体现上海市种植业氮肥施用的本地化特征，氮肥施用部分的氨排放采用NARSES模型计算结合微气象学水平通量法实测排放系数获得。

农田种植氮肥施用氨排放系数的确定来自两部分。一是通过NARSES模型参考张美双等[13]的修正方法，结合上海本地的环境气象指数得到，通过折纯氮量估算相应的氨排放量，公式如下：

$$EF = EF_{\max} \times RF_{\text{soilpH}} \times RF_{\text{temperature}} \times RF_{\text{rainfall}} \times RF_{\text{rate}} \times RF_{\text{landuse}} \quad (10-1)$$

修正后的排放系数如表10-20所示。

表10-20　各月份氮肥施用后的NH_3排放损失率　单位：%

类型	1月	2月	3月	4月	5月	6月	7月	8月	9月	10月	11月	12月	平均值
水田	6.6	9.1	9.9	15.0	17.6	16.5	23.0	19.7	18.9	14.8	12.3	8.8	14.4
旱田	9.4	13.0	14.2	21.5	25.2	23.5	32.8	28.2	27.0	21.1	17.6	12.6	20.5

综合模型计算与实测两部分数据进行排放系数比较和筛选，最终得到各个月份的排放系数，应用于氨排放量的计算。

农田种植氨排放主要来自化肥施用过程，上海的施肥类型以尿素为主。通过上海市农委、统计年鉴等数据来源获得上海市2014年各区化肥折纯量水平，如表10-21所示。

表10-21　上海市2014年各区氮肥使用折纯量　单位：t/a

各　区	化肥折纯量
宝山区	1 678
崇明区	19 829
奉贤区	9 017
嘉定区	5 834

（续表）

各　区	化肥折纯量
金山区	17 459
闵行区	976
浦东新区	11 396
青浦区	12 687
松江区	10 323

2）畜禽养殖

畜禽养殖排放的计算方法参照《大气氨源排放清单编制技术指南(试行)》中提供的相关方法及排放系数进行计算。从上海市统计年鉴、各区统计年鉴、农业污染源普查数据等数据来源详细程度出发，着重考虑重点畜禽养殖源氨排放状况，综合各类划分方法，将上海市主要畜禽养殖源分为母猪、生猪、奶牛、蛋鸡、肉鸡、肉牛6 类，各区具体数量如表 10－22 所示。

表 10－22　上海市 2014 年各区主要畜禽存栏、出栏数量　　单位：只/年

各　区	畜禽存/出栏量						
	母猪	生猪	奶牛	蛋鸡	肉鸡	肉牛	合计
宝山区	0	10 000	2 550	0	0	0	12 550
崇明区	9 196	346 647	27 042	90 000	0	0	472 885
奉贤区	17 709	459 886	18 653	1 001 000	501 000	194	1 998 442
嘉定区	2 970	65 612	1 211	96 000	0	0	165 793
金山区	2 742	224 430	4 008	250 000	2 840 000	0	3 321 180
闵行区	0	26 050	0	0	0	0	26 050
浦东新区	7 637	438 222	6 852	1 114 000	918 153	0	2 484 864
青浦区	0	39 000	2 452	0	0	0	41 452
松江区	950	149 600	930	130 000	0	0	281 480
合计	41 204	1 759 447	63 698	2 681 000	4 259 153	194	8 804 696

由表可见，奉贤区、崇明区、浦东新区的母猪、生猪、奶牛存栏量最高；崇明区和奉贤区的奶牛存栏量较高；奉贤区和浦东新区的蛋鸡存栏量较高；金山区的肉鸡出栏量远高于其他区；肉牛出栏量则主要来自奉贤区。

3）农村人口

上海市城镇废水处理率通常达到 80％以上，而农村的生活污水处理率相对较低，一般各区平均为 20％～40％，且不同区的水平差异较大，如闵行区的生活污水收集和集中处理率较高，达到 70％～90％，而青浦区为 0％～20％。从上海市统计

年鉴、各区统计年鉴、农业污染源普查数据等获得上海市 2014 年各个区城镇人口、农村人口、外来流动人口总和，结合相关统计年鉴、数据来源提供的各区乡镇农村生活污水处理率，计算得到未经处理生活污水的人口数量，如表 10－23 所示。相应的 NH_3 排放量由未经处理生活污水的人口数量结合人口排泄物 NH_3 释放因子获得。农村人口排放系数采用国家发布的《大气氨源排放清单编制技术指南(试行)》中推荐的数值[0.787 千克/(年·人)]。

表 10－23　2014 年各区未经处理生活污水的人口数量　　单位：人

各　区	城镇人口	农村人口	外来流动	总　计	未经处理生活污水的人口数量
松江区	289 033	176 107	802 478	1 267 619	316 287
青浦区	138 195	278 082	401 100	817 378	448 226
奉贤区	312 479	820 989	523 620	1 117 088	297 959
崇明区	316 137	602 650	181 694	1 100 482	521 897
浦东新区	1 642 147	494 722	1 883 895	4 020 764	731 353
金山区	286 646	270 630	203 157	760 432	279 321
嘉定区	279 163	142 653	639 795	1 061 611	202 546
宝山区	643 701	129 701	706 225	1 479 627	151 379
闵行区	629 615	161 930	989 060	1 780 605	340 905
全市合计	4 537 016	3 077 464	6 331 024	13 405 606	3 289 873

4) 土壤本底

通过上海市统计年鉴、各区统计年鉴、农业污染源普查数据，获得上海市各区不同土地类型面积、比例等相关活动数据，结合各土地类型的排放系数，计算相应的 NH_3 排放量。其中排放系数采用国家发布的《大气氨源排放清单编制技术指南(试行)》中推荐的数值[0.12 千克/(亩·年)]。

5) 各类农业源排放量

2014 年上海市农业源氨排放总量为 61 851 t，如表 10－24 所示。

表 10－24　2014 年上海市各类农业源氨排放量及占比

排 放 源	NH_3 排放量/(t/a)	占总排放量比例/%
养殖业	45 812	74.07
种植业	13 146	21.25
农村人口排泄物	2 589	4.19
土壤有机质	304	0.49
合计	61 851	100

从各排放源所占比例来看，畜禽养殖是上海市农业源氨排放的最大贡献源，占总排放量的 74.07%；种植业氮肥施用是农业源氨第二大排放源，达 21.25%；两者排放量之和占农业源氨排放总量的 95%以上，这与国内外研究结果基本相似。这主要是由于上海地区对畜禽的日常消费需求较高，活动水平数据大，而且畜禽源的氨排放系数相对较大；另外，由于我国氮肥施用主要是尿素和碳酸氢铵，较容易以氨的形式挥发。同时，也可以看到农村人口排泄物也是上海市不可忽视的氨源之一，占 4.19%，这主要是农村人口生活污水的集中处理比例较低所致。土壤有机质排放占总量的 0.49%，贡献相对较小。具体各排放源的分担率如图 10－9 所示。

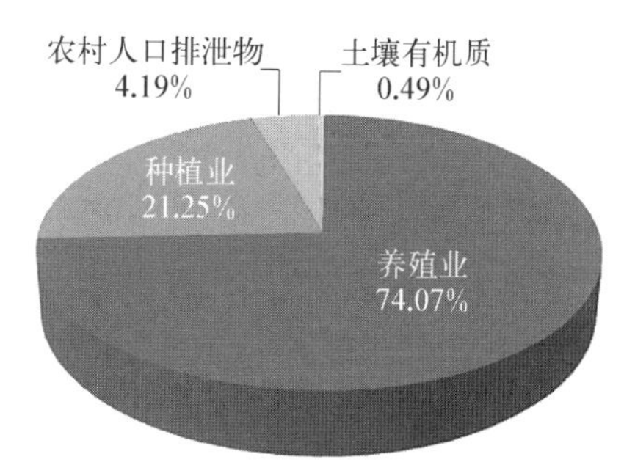

图 10－9　上海市农业源氨排放各类源分担率

10.3.2　扬尘源

1) 建筑工地扬尘

建筑工地扬尘的计算主要依据《扬尘源颗粒物排放清单编制技术指南(试行)》推荐的施工扬尘源排放量的计算方法。排放系数采用指南推荐的系数 2.69×10^{-4}。TSP、PM_{10} 和 $PM_{2.5}$ 排放量根据施工积尘的粒径分布情况估算获得，参考粒径系数 TSP 为 1，PM_{10} 为 0.49，$PM_{2.5}$ 为 0.1。

由于无法获得 2014 年确切的建筑工地个数和施工面积，2014 年施工面积按照 2014 年与 2010 年工地个数的变化情况推算。2010 年有 5 588 个工地，其中 1 677 个工地的占地面积约为 3 080 万平方米，5 588 个工地的占地地面积约为 110 166 万平方米；2014 年约有 8 000 个工地，占地面积折算约为 14 554 万平方米，施工面积约为占地面积的三分之二，则施工面积折算约为 9 703 万平方米。

施工时间 T 为 11 个月(除去正月初一至十五、清明、国庆、端午等节假日)。

TSP、PM_{10} 和 $PM_{2.5}$ 除尘效率(铺装混凝土、洒水强度为 0.6 mm/h)的指南推荐值分别为 96%、80%和 67%，根据上海市的实际情况，铺装混凝土基本做到，洒水强度达不到 0.6 mm/h，因此控制效率取指南的二分之一即分别为 48%、40%和 34%。

2014 年，上海市施工扬尘源颗粒物 TSP、PM_{10} 和 $PM_{2.5}$ 的年排放总量分别为 149 300 t、84 400 t 和 19 100 t(见表 10－25)。

2) 堆场扬尘

堆场扬尘采用《扬尘源颗粒物排放清单编制技术指南(试行)》推荐的方法定量，装卸输送扬尘和风蚀扬尘物料的粒度乘数均采用该指南推荐的系数，具体如表 10－26 和表 10－27 所示。

表 10-25　建筑工地颗粒物排放量

污染物	产生量/(t/a)	除尘效率/%	排放量/(t/a)
TSP	287 100	0.48	149 300
PM_{10}	140 700	0.40	84 400
$PM_{2.5}$	28 700	0.34	19 100

表 10-26　装卸过程中产生的颗粒物粒度乘数

粒　径	TSP	PM_{10}	$PM_{2.5}$
粒度乘数/(g/km)	0.74	0.35	0.053

表 10-27　风蚀过程中产生的颗粒物粒度乘数

粒　径	TSP	PM_{10}	$PM_{2.5}$
粒度乘数/(g/km)	1.0	0.5	0.2

通过现场调查和发放调查表的形式获取活动量和相关的计算参数。2014 年上海市干散货码头共计 597 家，本次调查共发放 597 张表格，收回 573 张，占全市散货港口码头总数(1 209 家，2010 年)的 47.4%。其中，外港有 69 家，超过 2010 年外港干散货码头统计数(65 家)；内港有 504 家，占内港散货码头总数(1 144 家)的 44.1%。调查得到的经营各货种的港口码头数量分布如图 10-10 所示。

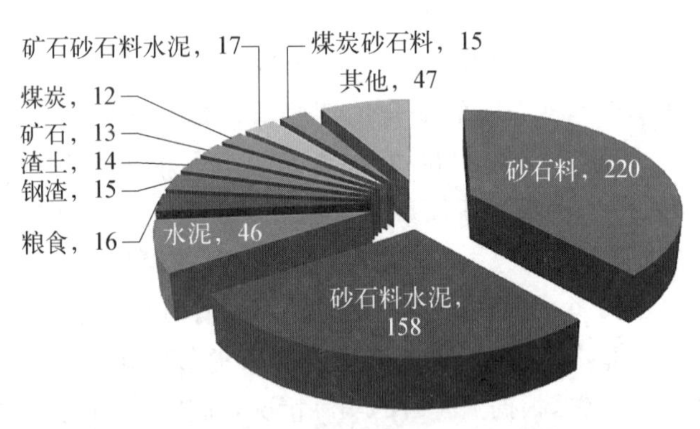

图 10-10　2014 年经营各货种的港口码头数量

(1) 装卸输送扬尘　每年料堆物料装卸总次数及物料装卸量根据每个码头堆场的调查表获得。地面平均风速取宝山气象站 2014 年的地面平均风速 2.6 m/s。物料含水率根据每个码头调查表获得(见表 10-28)，如没有，则取《扬尘源颗粒物排放清单编制技术指南(试行)》中表 11 的推荐值。污染控制技术对扬尘的去除效率根据《扬尘源颗粒物排放清单编制技术指南(试行)》并结合调查表提供的防尘措施确定，具体如表 10-29 所示。

表 10－28　各种行业堆场物料的含水率参考值(实际)

行　业	材　料	物料含水率/%
钢铁冶炼	球团矿	2.2
	块　矿	5.4
	煤　炭	4.8
	混合矿石	6.6
燃煤电厂	煤　炭	4.5

表 10－29　堆场操作扬尘控制措施的控制效率　　单位：%

控制措施	TSP	PM_{10}	$PM_{2.5}$
输送点位连续洒水操作	74	62	52

(2) 风蚀扬尘　料堆表面积根据调查表获得。料堆每年受扰动的次数根据不同物料的启动风速和上海市 2014 年逐小时的阵风来估算(见表 10－30)。污染控制技术对扬尘的去除效率 η 根据指南推荐并结合调查表提供的防尘措施确定(见表 10－31)。

表 10－30　不同物料受风扰动次数

物　料	每年受风扰动次数/(次/年)
煤　炭	152
矿　石	65
砂　石	65
煤　粉	1 881

表 10－31　堆场风蚀扬尘控制措施的控制效率　　单位：%

料堆性质	控制措施	TSP	PM_{10}	$PM_{2.5}$
矿料堆	定期洒水	52	48	40
	化学覆盖剂	88	86	71
煤　堆	定期洒水	61	59	49
	化学覆盖剂	86	85	71

2014 年上海市干散货码头堆场 TSP 排放量共计 31 614 t，其中装卸输送排放量为 29 628 t，风蚀排放量为 1 986 t；PM_{10} 排放量共计 25 327 t，其中装卸输送排放量为 24 272 t，风蚀排放量为 1 055 t；$PM_{2.5}$ 排放量共计 5 468 t，其中装卸输送排放

量为 4 943 t，风蚀排放量为 525 t(见表 10－32)。2014 年上海市码头堆场 PM_{10}、$PM_{2.5}$的排放空间分布如图 10－11 所示。

表 10－32　2014 年码头堆场扬尘排放总量

排放类型	排放系数			活动量		年排放量/(t/a)		
	TSP	PM_{10}	$PM_{2.5}$	项　目	数　量	TSP	PM_{10}	$PM_{2.5}$
装卸运输	0.119	0.098	0.020	货物装卸量/(t/a)	248 010 347	29 628	24 272	4 943
风蚀排放	0.422	0.224	0.112	货堆表面积/m^2	4 703 680	1 986	1 055	525
合　计						31 614	25 327	5 468

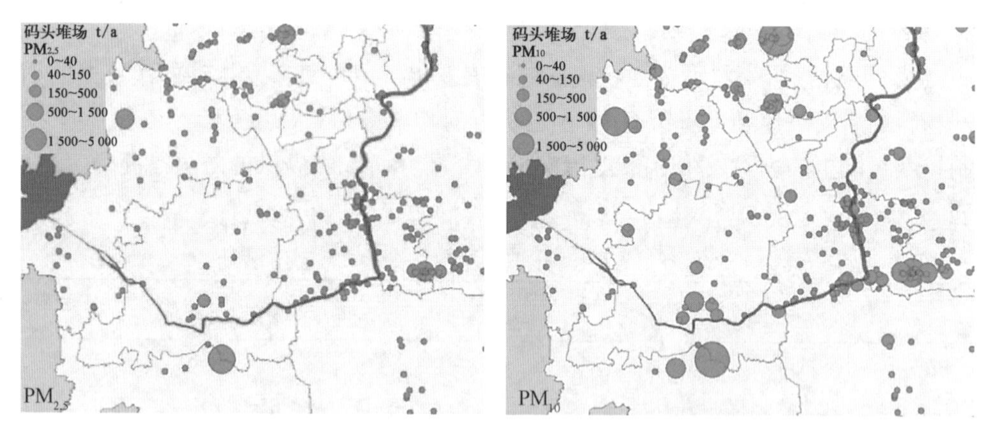

图 10－11　2014 年上海市码头堆场扬尘 $PM_{2.5}$、PM_{10} 排放空间分布

3) 道路扬尘

根据《扬尘源颗粒物排放清单编制技术指南(试行)》中的计算方法，道路扬尘量等于调查区域所有铺装道路与非铺装道路扬尘量的总和。由于上海市城市化建设程度高，几乎所有的道路都以水泥、混凝土、沥青或砾石等材料铺筑，即铺装道路，因此在计算道路扬尘排放量时，假设所有的道路均为铺装道路，不涉及非铺装道路的计算。

(1) 粒度乘数 k_i　《扬尘源颗粒物排放清单编制技术指南(试行)》中给出了铺装道路产生颗粒物的粒度乘数 k_i(即 PM_i 在土壤扬尘中的百分含量)推荐值表，表中给出的 TSP、PM_{10} 和 $PM_{2.5}$ 的粒度乘数之比约为 22∶4∶1。由于粒度乘数与道路扬尘排放系数及排放量直接成正比，即 $PM_{2.5}$ 占 PM_{10} 的比例约为 24%，PM_{10} 占 TSP 的比例约为 19%。在上海以细颗粒物为主要污染物的背景下，这样的比例是偏低的。因此，本次更新并未直接使用指南中给出的推荐值，而是根据实际采样后的再悬浮结果，对 k_i 进行修正。

根据现有的样品再悬浮分析结果，在道路扬尘源中，$PM_{2.5}$ 占 PM_{10} 的比例约为 24.3%，PM_{10} 占 TSP 的比例约为 56.0%，由此获得的上海市道路扬尘中 TSP、PM_{10} 和 $PM_{2.5}$ 的粒度乘数分别为 3.23 g/km、1.81 g/km 和 0.44 g/km。

(2) 道路积尘负荷 sL　为了获得道路积尘负荷 sL，根据《扬尘源颗粒物排放清单编制技术指南(试行)》和《防治城市扬尘污染技术规范》要求，结合上海城市道路现状，通过研究和分析，制定了“上海市城市道路积尘负荷采样方案”，将道路类型分为快速路、主干路、次干路和支路，在原有 2003 年的道路积尘负荷采样工作基础上，适当增加快速路和支路采样点，形成了包含 143 个采样点的采样方案。在上海市公安局交警总队和市路政局的配合下，共对 83 条道路(路段)进行了采样，共计 143 个采样点。选取的地面道路采样点如图 10－12 所示，其中，浅灰色圆形代表 2004—2005 年道路积尘负荷采样点位，深灰色正方形代表 2015 年新增的道路积尘负荷采样点位。通过实测，获得快速路的积尘负荷为 0.12 g/m^2，主干路的积尘负荷为 0.41 g/m^2，次干路的积尘负荷为 0.28 g/m^2，支路的积尘负荷为 0.41 g/m^2。

图 10－12　道路积尘负荷采样点位分布图

(3) 平均车重 W　由于无法直接获得平均车重这个数据，因此采用其他数据换算的方法。根据交通部门提供的道路信息，将道路上的行驶车辆划分为出租车、小客车、大客车、小货车、大货车、公交车、集装箱车 7 种类型，并提供了每类车型的车流量。假设出租车、小客车、大客车、小货车、大货车、公交车、集装箱车的平均车重分别为 1.2 t、1.2 t、8 t、5 t、8 t、8 t、10 t，由此获得快速路、主干路、次干路和支路的平均车重分别为 2.67 t、2.95 t、3.12 t 和 4.44 t。

(4) 去除效率 η 《扬尘源颗粒物排放清单编制技术指南（试行）》中给出了铺装道路扬尘源控制措施的控制效率表。根据环卫部门提供的道路保洁方案来看，快速路适用每天洒水 2 次的控制措施，主干路和次干路适用未安装真空装置的吸尘清扫（干道）的控制措施，支路适用未安装真空装置的吸尘清扫（支路）的控制措施，具体的控制效率如表 10－33 所示。

表 10－33　上海市铺装道路扬尘源的控制效率　单位：%

颗粒物类别	快速路	主干路	次干路	支　路
TSP	66	13	13	8
PM_{10}	55	11	11	7
$PM_{2.5}$	46	9	9	6

(5) 排放系数 E_{Pi}　根据以上相关参数，计算获得上海市铺装道路扬尘源的排放系数（见表 10－34）。

表 10－34　上海市铺装道路扬尘源的排放系数　单位：g/km

颗粒物类别	快速路	主干路	次干路	支　路
TSP	0.43	3.76	2.82	6.04
PM_{10}	0.32	2.16	1.61	3.42
$PM_{2.5}$	0.09	0.54	0.40	0.84

根据《2015 年上海市综合交通年度报告》，2014 年全市公路和城市道路长为 17 797 km。但是考虑到不同方向车流量不同，因此在统计道路长度时，考虑了双向车道。根据上海市城乡建设和交通发展研究院提供的路网信息，获得了不同道路类别的道路长度，快速路、主干路、次干路和支路的道路长度分别为 3 384.0 km、3 671.9 km、3 349.6 km 和 21 892.9 km。

根据上海市城乡建设和交通发展研究院提供的路网信息，获取不同道路类别的平均车流量，快速路、主干路、次干路和支路的平均车流量分别为 2 749 699 辆/年、5 438 900 辆/年、2 646 015 辆/年和 613 788 辆/年。

根据气象部门提供的统计数据，2014 年全年共有降水日 127 天，因此取不起尘天数为 127 天。

根据计算最终获得 2014 年上海市道路扬尘源 TSP 排放量为 7.5 万吨，PM_{10} 排放量为 4.4 万吨，$PM_{2.5}$ 排放量为 1.1 万吨。各道路类别的具体排放量如表 10－35 所示。

表10-35　上海市铺装道路扬尘源的排放量　单位：t/a

颗粒物类别	快速路	主干路	次干路	支　路	合　计
TSP	1 641	30 516	10 135	32 948	75 240
PM_{10}	1 247	17 925	5 953	19 124	44 249
$PM_{2.5}$	371	4 539	1 507	4 788	11 205

10.3.3　生物质燃烧源

生物质燃烧排放主要基于上海市主要农作物秸秆的产生量，结合农作物的综合利用情况，估算上海市秸秆焚烧量，采用排放系数法估算生物质燃烧的污染物排放量，排放系数主要取自《生物质燃烧源大气污染物排放清单编制技术指南(试行)》。

根据上海市农业委员会提供的数据，2014年上海市水稻的秸秆产生量为100.6万吨，其中，机械化还田比例为89%，其他综合利用量为6.5万吨；二麦和油菜的秸秆产生量为43.4万吨，机械化还田比例为87%，其他综合利用量为4.3万吨。假定除去秸秆综合利用外，其余的秸秆为开放燃烧，因此，水稻的秸秆焚烧量为4.6万吨，二麦、油菜的秸秆焚烧量为1.4万吨(见表10-36)。经核算，上海市2014年生物质燃烧的各类污染物排放量如表10-37所示。

表10-36　生物质产生和利用情况　单位：万吨

作物类型	秸秆产生量	综合利用情况		秸秆焚烧量
		机械化还田量	其他综合利用量	
水稻	100.6	89.5	6.5	4.6
二麦、油菜	43.4	37.7	4.3	1.4

表10-37　生物质燃烧估算结果　单位：t/a

污染物种类	SO_2	NO_x	CO	PM_{10}	$PM_{2.5}$	BC	OC	VOCs	NH_3
污染物排放量	54	27	5 435	437	406	57	82	514	10

10.3.4　溶剂使用源

1) 建筑涂料使用

建筑涂料使用VOCs排放量采用排放系数法计算，排放系数取自《大气挥发性有机物源排放清单编制技术指南(试行)》。上海市2014年房屋建筑总量、重装修的住房建筑总量和重装修的非住宅建筑总量参考上海市统计年鉴、各区统计年鉴以及建委相关统计数据。

根据上海市工程建设规范《外墙涂料工程应用技术规程》(DB/TJ 08—504—2000)，外墙涂料工程应按照“一底二面”要求施工，外墙薄层涂料施工工序如下：清扫墙面—填补缝隙—施涂底层涂料一度—施涂第一度面涂料—施涂第二度面涂料。弹性涂料施工则按照以下程序施工：清扫墙面—修补堵漏—用防水腻子批嵌裂缝—打磨平正—施涂底层涂料一度—施涂第一度面涂料—施涂第二度面涂料。

对于外墙施工的涂料用量，不同产品有不同的用量，通常为 0.10～0.15 kg/m^2。中(高)档外墙涂料用量为 0.25～0.4 kg/m^2(平光为 0.3～0.4 kg/m^2、哑光为 0.25～0.30 kg/m^2)，水性纯丙弹性外墙涂料用量为 0.10～0.15 kg/m^2，水性纯丙浮雕造型弹性外墙涂料用量为 0.30～0.40 kg/m^2；水性纯丙厚浆花纹造型弹性外墙涂料的底涂用量为 0.10～0.15 kg/m^2，面涂用量为 0.30～0.40 kg/m^2；外墙干粉涂料用量小于 0.3 kg/m^2。涂料使用前需要用水稀释，底涂通常要加 15%左右的水，面涂需要用 5%～10%的水，本次排放清单不分底涂和面涂，因此选择平均值 0.177～0.24 kg/m^2。考虑到上海具体施工的要求相对较高一些，因此本次清单选择 0.18 kg/m^{2}作为涂料用量系数。

根据《上海统计年鉴——2015》提供的上海市 2014 年房屋建筑总量、重装修的住房建筑总量和重装修的非住宅建筑总量，通过计算，2014 年上海市建筑涂料的 VOCs 排放量共计 25 413 t。

2) 市政道路及相关设施维护保养涂料使用

根据《上海市城市高架道路养护技术手册》，高架道路平均 5 年之内维护一次；《城镇道路养护技术规范》(CJJ 36—2006)对道路养护的要求是基于检测结果开展。与 VOCs 排放有关的主要的过程有新增高架道路粉刷、高架桥梁栏杆粉刷以及其他一些市政设施维护。

市政道路及相关设施维护保养使用涂料的 VOCs 排放定量采用排放系数法。根据企业调研划线漆和栏杆漆的溶剂组成比例，得出划线漆的 VOCs 含量为 34%，栏杆漆的 VOCs 含量为 15%。

根据上海统计年鉴资料，2012 年道路面积为 26 813 万平方米，因无法统计实际粉刷面积，因此延续历史排放清单中选取的参数，即假设 5%的道路完成粉刷。根据这个系数，则 2012 年道路粉刷面积为 1 340 万平方米。2012 年高架道路新增长度为 524 km，每千米涂刷面积为 2.67 万平方米，假设 2012 年道路总长度的 50%完成粉刷，则 2012 年高架粉刷面积为 699.54 万平方米。2011 年上海市桥梁为 10 座；2012 年上海市桥梁为 10 座，没有新修建的桥梁；2010 年新建 2 座桥梁，总长度为 300 km，2012 年完成粉刷面积的 50%，则粉刷面积为 400.5 万平方米。根据 1999 年至 2006 年 7 年的平改坡总量的平均值 350 万平方米，2012 年平改坡改造面积取 350 万平方米，除了道路桥梁外，其他的公共设施维护排放 VOCs 量取道路、桥梁等 VOCs 排放总量的 50%左右。具体道路划线，高架、桥梁、栏杆使用漆类以及道路外其他公共设施维护使用涂料的 VOCs 排放量如表 10－38 所示。综上，2012 年市政工程使用溶剂排放的 VOCs 总量为 5 462 t。2014 年该排放源的 VOCS 排放量沿用 2012 年数据，未做进一步更新。

表 10－38　2012 年上海市道路、高架以及桥梁使用涂料的 VOCs 排放量汇总表

类　别	房屋建筑施工面积/10^4 m^2	每平方米建筑使用涂料量/(kg/m^2)	使用涂料量/t	VOCs 排放系数/(t/t)	VOCs 排放量/t
道路	1 340	0.5	6 700	0.34	2 278
高架	699.54	0.4	2 798.16	0.15	420
桥梁	400.5	0.4	1 602	0.15	240
平改坡	350	0.325	1 137.5	0.461	524
除道路外	—	—	—	—	2 000
合计	—	—	—	—	5 462

3）沥青铺路

沥青铺路 VOCs 的排放定量采用排放系数法，排放系数取自《大气挥发性有机物源排放清单编制技术指南(试行)》，为 353 克 VOCs/千克沥青。

按照《公路沥青路面施工技术规范》(JTG F40—2004)的相关规定，沥青路面铺设要求添加三层沥青，第一层厚度为 8～10 cm；第二层厚度为 4～6 cm；第三层厚度为 2～4 cm。沥青密度为 1 150～1 250 kg/m^3。根据《2015 年上海市综合交通年度报告》，2014 年全市道路面积为 279.2 km^2，比上年同比增长 2.3%，即 2014 年新增道路面积为 627.7 万平方米。其中沥青道路面积比例按 30%算，则 2014 年新增沥青道路面积为 188.3 万平方米。按照 2014 年新增沥青道路面积的 80%铺设沥青，同时仅仅考虑压实厚度为 3 cm，则沥青铺设体积为 4.52 万立方米。沥青密度取 1 200 kg/m^3，则 2014 年新增道路沥青铺设量为 5.42 万吨。经计算，2014 年上海市沥青道路铺设段的 VOCs 排放量为 19 143 t。

4）医院

医院溶剂使用的 VOCs 排放量采用基于医院就诊人数的排放系数法，排放系数通过调研确定，取 20.62 千克 VOCs/千人次。

2014 年上海市医院门急诊人次的数据主要通过调研上海市三级医疗机构 51 家、二级医疗机构 140 家、社区卫生服务中心 323 家医疗机构的门急诊人次而获取。调研结果显示，上海市三级医疗机构的年均门急诊人次为 1 704.7 千人次/家，二级医疗机构的年均门急诊人次为 396.7 千人次/家，社区卫生服务中心的年均门急诊人次为 250.0 千人次/家，514 家医疗机构共计门急诊人次为 2.2 亿人次。根据以上数据估算上海市 2014 年医院溶剂使用的 VOCs 排放量为 4 603 t（见表 10－39）。

表 10－39 上海市各区医疗机构 VOCs 排放量

各 区	VOCs 排放量/t	医疗机构家数	门急诊人次/千人	平均每家医疗机构 VOCs 排放量/t
浦东新区	687	80	33 307.4	8.6
黄浦区	433	35	20 996.2	12.4
徐汇区	594	32	28 832.2	18.6
长宁区	156	20	7 557.7	7.8
静安区	198	15	9 618.3	13.2
普陀区	277	19	13 419.2	14.6
闸北区	233	20	11 304.6	11.7
虹口区	317	30	15 387.7	10.6
杨浦区	361	24	17 498.7	15.0
闵行区	340	36	16 480.9	9.4
宝山区	256	29	12 431.7	8.8
嘉定区	184	27	8 904.5	6.8
金山区	112	24	5 419.5	4.7
松江区	142	27	6 869.6	5.2
青浦区	106	23	5 160.9	4.6
奉贤区	106	31	5 128.6	3.4
崇明区	101	42	4 909.5	2.4
全 市	4 603	514	223 227.2	9.0

5）干洗

干洗企业 VOCs 排放量采用基于干洗剂使用量的排放系数法，排放系数取自《大气挥发性有机物源排放清单编制技术指南（试行）》，为 1 000 克 VOCs/千克干洗剂。

干洗业溶剂使用量主要通过对上海市黄浦区、静安区、徐汇区、长宁区、普陀区、闸北区、虹口区、杨浦区、青浦区 9 个区所有共计 800 家干洗企业的溶剂使用量进行调研获得。调研结果显示，有 90%以上企业的干洗剂年使用量为 150～1 000 kg，平均每家干洗企业的年均干洗剂使用量为 287.9 kg。此外，对于其他尚未调查的区，则通过人口进行外推获取干洗剂使用量。通过调查及外推的方式获取上海市 2014 年干洗剂年使用量为 672 t。

6）民用含溶剂产品使用

民用含溶剂产品使用的 VOCs 排放量采用基于人口数的排放系数法计算，其中，去污脱脂类溶剂的排放系数采用《大气挥发性有机物源排放清单编制技术指南

(试行)》中推荐的排放系数0.044千克/(人·年);家庭溶剂使用排放系数采用《大气挥发性有机物源排放清单编制技术指南(试行)》中推荐的排放系数0.1千克/(人·年)。常住人口资料主要通过《上海统计年鉴——2015》获得,2014年上海市常住人口共计2 425.68万人。经计算,2014年上海市民用含溶剂产品使用的VOCs排放量共计3 493 t,其中去污脱脂类溶剂的VOCs排放量为1 067 t,家庭溶剂使用的VOCs排放量为2 426 t。

7) 农药使用

农药使用的VOCs排放量采用排放系数法计算,排放系数取自《大气挥发性有机物源排放清单编制技术指南(试行)》。

据相关部门统计,2012年上海市化学农药生产总量为9 113.88 t,通过咨询上海市农药研究所关于不同农药类型比例,得出不同农药使用中杀虫剂、除草剂、杀菌剂不同种类所占比例约为4∶4∶2,故本次计算按照杀虫剂、除草剂、杀菌剂比例为4∶4∶2计算。杀虫剂、除草剂、杀菌剂农药排放系数分别按56 g/kg、338 g/kg、568 g/kg农药计算。经计算,上海市2012年农药使用排放的VOCs总量为4 341 t,其中杀虫剂、除草剂、杀菌剂排放的VOCs量分别约为2 074 t、1 232 t、1 035 t,所占比例分别为47.8%、28.4%、23.8%。2014年该排放源的VOCs排放量沿用2012年的数据,未做进一步更新。

8) 人造板使用

人造板使用的VOCs排放量采用排放系数法计算,排放系数主要参照《大气挥发性有机物源排放清单编制技术指南(试行)》中规定人造板类(能直接用于室内)产生的VOCs中甲醛含量为0.09 g/kg。根据《上海统计年鉴——2013》关于人造板的年销售量的数据,2012年人造板的总销售量中,实木地板为580.66万平方米,复合木地板为2 709.47万平方米。经计算,上海市2012年人造板的VOCs排放量约为35 t(见表10-40)。2014年该排放源的VOCs排放量沿用2012年的数据,未做进一步更新。

表10-40 2012年上海市人造板VOCs排放量

人造板类型	年使用量/ 10^4 m^2	厚度/ mm	密度/ (kg/m^3)	排放系数/ (g/kg)	年排放量/ t
实木地板	580.66	18	900	0.09	8.5
复合木地板	2 709.47	12	900	0.09	26.3

9) 停车场

停车场地坪漆和道路划线漆的VOCs排放量采用排放系数法计算。理论漆使用量为325～550 g/m^2,根据经验值,画线部分油漆和地坪漆的量均按500 g/m^2计算。根据生产厂家调研,地坪漆固含量为60%～70%,取65%计算,所以VOCs含量为35%;道路划线漆固含量按照66%计算,则VOCs含量按照34%计算。

根据《2015年上海市综合交通年度报告》,2014年全市共有在上海市交通委员会备案登记的经营性停车泊位459 800个,根据上海市停车场设计手册,每个车位大小按宽2.4 m、长5.3 m计算,画线部分宽度和长度按0.4 m和5.3 m计。停车场道路面积按停车位总面积的3倍计算。2014年新建车库停车位按总停车位的20%估算。经计算,2014年上海市新增停车场VOCs排放总量为852 t。

10.3.5 其他排放源

1) 餐饮油烟

餐饮企业的污染物排放量估算采用6.5.2节所列方法,排放系数包括挥发性有机物、颗粒物、有机碳和元素碳等,主要通过餐饮企业实际排放测试获得。活动水平数据主要来自上海市食品药品监督管理局的统计数据。统计数据显示,上海市餐饮企业总数为64 709家,其中小吃店约占31.69%,食堂约占20.37%,小型饭店约占14.35%,中型饭店约占12.82%,上海餐饮业以量大、面广、分散的中、小型饭店和小吃店为主(见图10－13)。

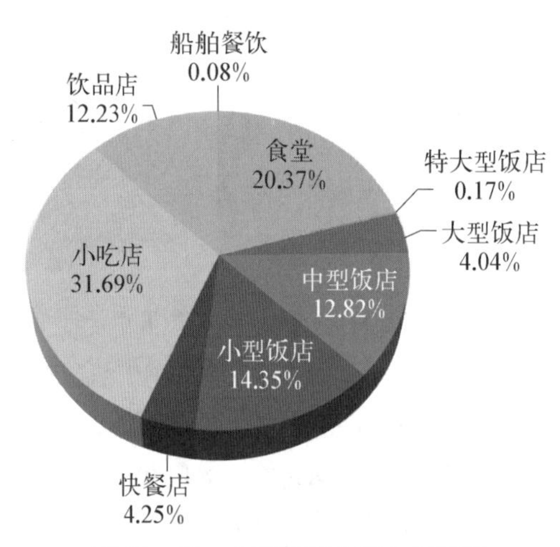

图10－13 上海餐饮业态分布情况

经计算,上海64 709家餐饮企业的VOCs排放总量为2 749 t,PM_{10}排放总量为1 183 t,$PM_{2.5}$排放总量为946 t,其中,OC为426 t,EC(elemental carbon,元素碳)为12 t。图10－14所示为上海市各类型餐饮企业的污染物排放分担情况,由图可知,大型饭店和中型饭店的污染物排放分担率最大,其次是食堂、小型饭店、小吃店。值得注意的是,EC的污染物排放分担情况与其他污染物存在较大差别,小型饭店对EC的排放贡献远远低于其他污染物,大型饭店对EC的排放贡献远远高于其他污染物,其分担率高于40%。

2) 植物排放

植被的排放定量采用6.5.3节所列方法。园林绿化植被数据来源于《2014年上海市国民经济和社会发展统计公报》,上海市农林植被数据主要来源于上海市农业委员会。上海地区植被VOCs排放量的估算以城市园林绿化和城市农林生产统计数据为依据,通过调研上海地区优势植物的栽种特点和物候特征,总结归纳了上

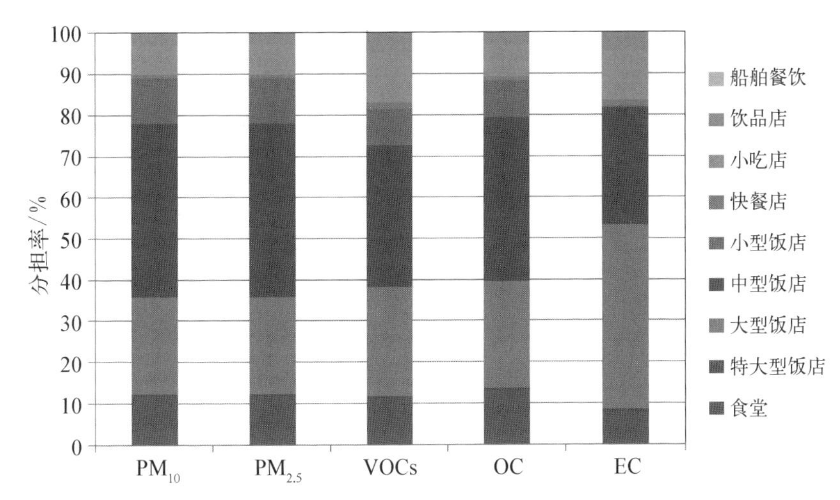

图 10－14　上海市各餐饮企业类型的污染物排放分担率(彩图见附录)

海地区园林绿化植被和农林植被的季节变化情况,并通过调研相关植物物种的排放观测数据,估算得到上海地区植被的 VOCs 年排放量。

上海地区 2014 年全年植被 VOCs 排放总量为 5 989 t,其中异戊二烯排放总量为 2 580 t,单萜排放为 3 409 t,植被 VOCs 排放空间分布如图 10－15 所示。

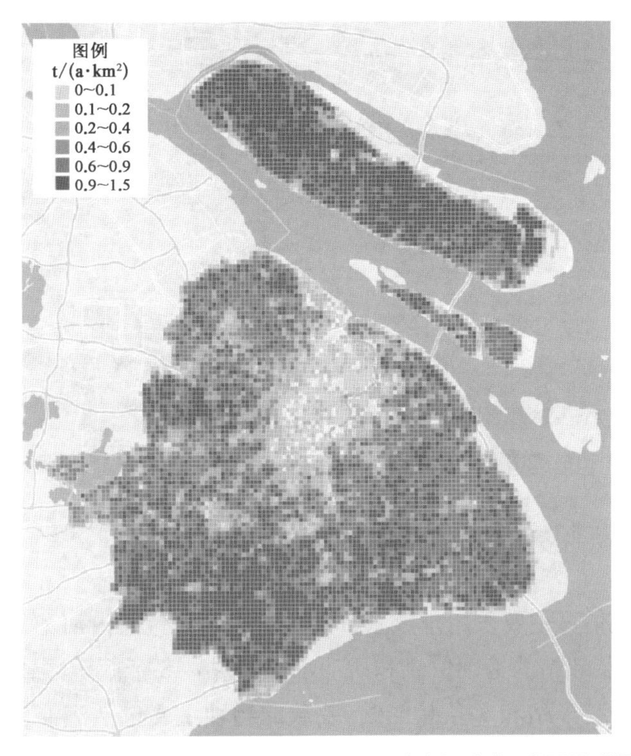

图 10－15　2014 年上海市植被 VOCs 排放空间分布(彩图见附录)

3）油气储运

油气储运 VOCs 的排放定量采用 6.5.4 节所列方法。储油库成品油炼油量、进口量、出口量等数据通过调研中石化、中石油、中海油等炼油企业统计部门获取。加油站收油及发油量等数据则通过调研加油站经营主体获取。

上海市 25 座储油库 2014 年汽油周转量为 431.6 万吨，储油库油品储存汽油排放系数取 0.123 克/千克油品，经计算，2014 年储油库 VOCs 排放量为 531 t。

上海市 840 座加油站 2014 年汽柴油年销量为 517.4 万吨，加油站油品储存汽油/柴油排放系数取 3.243 克/千克油品，VOCs 去除率 η 取 80%。经计算，2014 年上海市加油站 VOCs 排放量为 3 356 t，排放空间分布如图 10-16 所示。

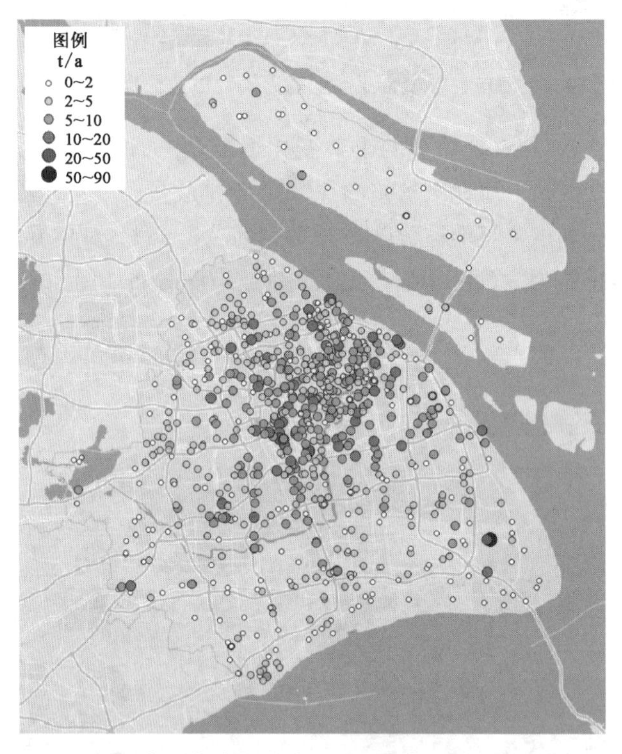

图 10-16　2014 年上海市加油站 VOCs 排放空间分布(彩图见附录)

综上，2014 年上海市油气储存运输排放的 VOCs 共计 3 887 t。

4）液散码头

VOCs 排放估算主要采用排放系数法。实地调查包括内河和外港的液散企业的储罐、管线和装卸站的基础信息和活动水平，包括 48 个固定罐、28 个浮顶罐、11 条装桶站、15 条装车站和 7 条装船站，装载的物种主要包括汽油、柴油、重油和各类化学品。根据固定罐、浮顶罐、管线泄漏、装卸转运等 VOCs 排放环节的实地调查,结合美国 AP－42 推荐的 VOCs 排放计算方法,最终确定各环节的 VOCs 排放系数(见表 10－41)。

表 10－41　上海市内河外港各环节的 VOCs 排放系数表

排放环节	物料	排放系数/(克/千克物料)
固定罐	柴油	3.0×10^{-3}
	重油	8.0×10^{-5}
	有机液体	1.9
浮顶罐	汽油	9.3×10^{-2}
	柴油	1.1×10^{-3}
	有机液体	1.2×10^{-2}
管线密封点泄漏	所有	4.5×10^{-4}
装卸过程	柴油	1.7×10^{-3}
	汽油	2.14
	重油	5.0×10^{-4}

上海市涉及油品和化学品储运过程的主要包括外港和内河两个类型的企业。其中,上海外港注册在案的液散企业共计 31 家;调研吞吐量的内河企业共计 1 280 家,其中,涉及油品和化学品的液散企业共计 21 家。本研究主要通过发放调查表的方式获取储存企业的活动水平数据,本次调研获得 31 家外港液散码头企业的吞吐量信息,以及所有 21 家油品或化学品的内河液散企业吞吐量信息。表 10－42 所示为调查获取的液散企业油品和化学品的吞吐量。2014 年内河的油品和化学品的吞吐量为 236.7 万吨,外港的油品和化学品的吞吐量为 2 055.5 万吨。由于各类储罐、管线和装卸过程的吞吐量主要以成品油的形式申报,需获得汽柴油的比例,然后分别进行计算。汽柴油的比例通过加油站的汽柴油销售量获得,得到成品油中汽油和柴油的比例分别为 61.5%和 38.5%,各类作业方式的汽柴油比例均以此为依据。

表 10－42　2014 年上海市内河及外港企业油品和化学品的吞吐量

物料名称	原油/(万吨/年)	成品油/(万吨/年)			化学品/(万吨/年)	企业数量/家
		汽油	柴油	合计		
内河	—	108.4	67.9	176.3	60.4	21
外港	269.6	968.1	606.1	1 574.2	211.7	31

活动水平数据企业物料的周转量主要基于调研获取的吞吐量信息,结合相关的系数,通过换算的方式获取,主要换算方式如下:

(1) 储罐周转量=企业物料输入量=吞吐量/2;

(2) 固定罐周转量=储罐周转量×75%;

(3) 浮顶罐周转量=储罐周转量×25%;

(4) 管线周转量=企业物料输入量=吞吐量/2;

(5) 装卸周转量=企业物料输入量×(1-管道输出比例)=(1-管道输出比例)×吞吐量/2(物料由管道输出部分不产生VOCs排放,故扣除)。

其中,通过典型企业调查获得全市的储存物料通过车船桶等方式输入企业储罐,固定罐占75%,浮顶罐占25%;油品/化学品的管道输出比例主要通过调查7家液散企业的装卸方式获取,调查结果显示以管道输送的方式转出企业的比例为23%。

通过上述换算方式,估算获取2014年上海市内河及外港企业各类作业过程的周转量,如表10-43所示。

表10-43 2014年上海市内河及外港企业各类作业过程的周转量 单位:t/a

作业方式	汽　油	柴　油	化学品	原　油
固定罐	8 340 086	5 221 029	2 045 231	2 021 807
浮顶罐	2 780 029	1 740 343	681 744	673 936
管　线	5 560 057	3 480 686	1 363 488	1 347 872
装　卸	4 281 244	2 680 128	1 049 885	1 037 861

采用以上方法,通过计算,2014年全市液散企业的VOCs排放量约为14 412.4 t,主要排放来自装卸过程,约占79.2%;其次为固定罐排放,占20.3%(见表10-44)。

表10-44 2014年上海液散企业各类油品和化学品排放分作业类型汇总表 单位:t/a

作业方式	汽　油	柴　油	化学品	原　油	合　计
固定罐	0.0	11.7	2 914.5	0.1	2 926.3
浮顶罐	64.6	0.5	2.0	0.0	67.1
管　线	2.5	1.6	0.6	0.6	5.3
装　卸	9 161.9	4.6	2 246.8	0.5	11 413.8
合　计	9 229.0	18.4	5 163.9	1.2	14 412.4

10.4 清单结果与分析

基于上述大气源排放清单估算方法,并根据获取到的上海市排放源活动水平数据,通过调研结合实测采用符合上海市发展现状及污染特征的排放系数,估算得到不同污染源各类污染物的年排放量。源清单覆盖范围包括上海市下辖所有区及船舶水域边界(现仅为海事局边界，可根据工作进展适当拓展边界)。主要污染物为 SO_2、NO_x、CO、VOCs、NH_3、TSP、PM_{10}、$PM_{2.5}$、BC、OC，共 10 种；污染源包括固定燃烧源、工艺过程源、道路移动源、非道路移动源、开放扬尘源、溶剂使用源、废弃物处理源、生物质燃烧源、油气储运源和其他排放源，共 10 类。

2014 年全市主要污染物排放总量如下：10.4 万吨 SO_2、29.8 万吨 NO_x、89.9 万吨 CO、38.7 万吨 VOCs、7.7 万吨 NH_3、32.9 万吨 TSP、20.1 万吨 PM_{10}、7.0 万吨 $PM_{2.5}$、0.9 万吨 BC、0.5 万吨 OC(见图 10－17 和表 10－45)。主要污染物排放分担率如图 10－18 和表 10－46 所示。

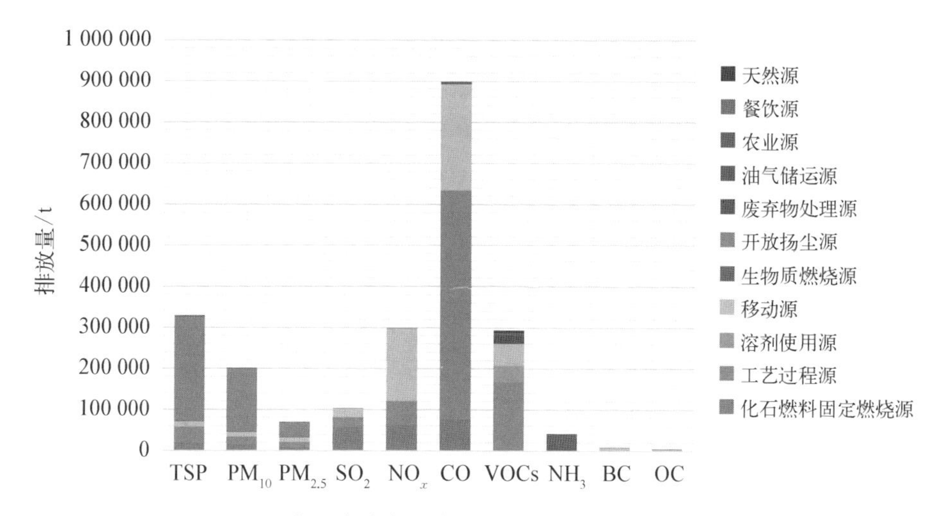

图 10－17　2014 年上海市各污染源主要污染物排放总量(彩图见附录)

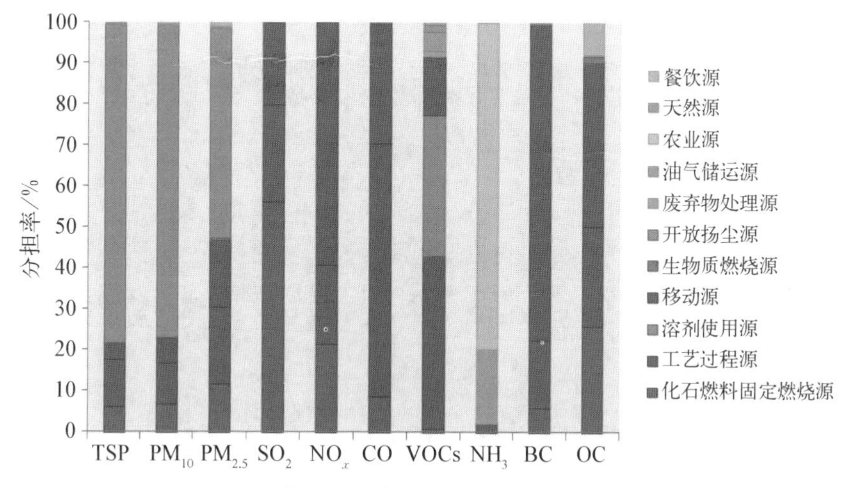

图 10－18　2014 年上海市各污染源主要污染物排放分担率(彩图见附录)

表 10-45　上海市 2014 年大气污染源排放清单汇总表

单位：t/a

排放源	源分类	源类属性	TSP	PM_{10}	$PM_{2.5}$	SO_2	NO_x	CO	VOCs	NH_3	BC	OC
化石燃料固定燃烧源	发电、供热	点源	5 153	4 735	3 410	23 940	47 157	18 352	1 343	0	103	165
	工业锅炉	点源	9 270	5 961	2 421	30 661	14 530	10 456	498	0	363	170
	民用燃烧	面源	5 400	3 000	2 340	3 420	2 020	48 490	1 380	—	20	1 000
工艺过程源	钢铁	点源	18 472	6 708	4 101	7 737	23 374	500 063	16 103	118	302	468
	石化	点源	4 385	3 806	1 775	8 741	21 168	7 061	136 553	1 229	—	—
	其他	点源	15 634	9 480	7 295	8 073	13 059	50 116	10 744	110	1 148	777
溶剂使用源	印刷印染	点源	—	—	—	—	—	—	6 195	—	—	—
	表面涂层	点源	—	—	—	—	—	—	37 535	—	—	—
	其他溶剂使用	点源	—	—	—	—	—	—	24 705	—	—	—
	农药使用	面源	—	—	—	—	—	—	4 342	—	—	—
	表面涂层	面源	—	—	—	—	—	—	25 413	—	—	—
	其他溶剂使用	面源	—	—	—	—	—	—	34 062	—	—	—
道路移动源	机动车	线源	7 772	7 098	7 098	—	86 340	229 000	48 167	—	3 963	1 165
非道路移动源	船舶	线源	2 981	2 981	2 387	20 527	51 539	4 335	1 909	—	1 627	516
	民航飞机	线源	177	177	174	—	5 338	2 995	878	—	54	76
	铁路内燃机	线源	12	12	11	4	318	47	18	—	5	7
	非道路移动机械	线源	1 800	1 800	1 700	400	33 600	22 300	4 400	—	1 000	300
生物质燃烧源	生物质开放燃烧	面源	437	437	406	54	27	5 435	514	10	57	83
开放扬尘源	建筑工地扬尘	面源	149 300	84 400	19 100	—	—	—	—	—	—	—
	堆场扬尘	面源	31 614	25 327	5 468	—	—	—	—	—	—	—
	道路扬尘	面源	75 239	44 248	11 205	—	—	—	—	—	—	—
废弃物处理源	废水处理	面源	—	—	—	—	—	—	2 382	6 929.5	—	
	固废处理	面源	26	26	22	—	—	—	2 859	2 820	—	
	烟气脱硝	面源	—	—	—	—	—	—	—	4 298	—	—

（续表）

排放源	源分类	源类属性	TSP	PM_{10}	$PM_{2.5}$	SO_2	NO_x	CO	VOCs	NH_3	BC	OC
油气储运源	储油库、加油站	面源	—	—	—	—	—	—	3 886	—	—	—
农业源	畜禽养殖	面源	—	—	—	—	—	—	—	9 865	—	—
	氮肥施用	面源	—	—	—	—	—	—	—	13 146	—	—
	土壤本底	面源	—	—	—	—	—	—	—	304	—	—
	农村人口排泄	面源	—	—	—	—	—	—	—	2 589	—	—
其他排放源	植被	面源	—	—	—	—	—	—	5 989	—	—	—
	餐饮	面源	1 183	1 183	946	—	—	—	2 749	—	12	425
	液散码头	面源	—	—	—	—	—	—	14 412	—	—	—
合计	—	—	328 855	201 379	69 859	103 557	298 470	898 650	387 037	41 418	8 654	5 152

表 10-46 上海市 2014 年大气污染源排放率汇总表

单位：%

排放源	源分类	源类属性	TSP	PM_{10}	$PM_{2.5}$	SO_2	NO_x	CO	VOCs	NH_3	BC	OC
化石燃料固定燃烧源	发电、供热	点源	2	2	5	23	16	2	0	—	1	3
	工业锅炉	点源	3	3	3	30	5	1	0	—	4	3
	民用燃烧	面源	2	1	3	3	1	5	0	—	0	19
工艺过程源	钢铁	点源	6	3	6	7	8	56	4	0	3	9
	石化	点源	1	2	3	8	7	1	35	3	—	—
	其他	点源	5	5	10	8	4	6	3	0	13	15
溶剂使用源	印刷印染	点源	—	—	—	—	—	—	2	—	—	—
	表面涂层	点源	—	—	—	—	—	—	10	—	—	—
	其他溶剂使用	点源	—	—	—	—	—	—	6	—	—	—
	农药使用	面源	—	—	—	—	—	—	1	—	—	—
	表面涂层	面源	—	—	—	—	—	—	7	—	—	—
	其他溶剂使用	面源	—	—	—	—	—	—	9	—	—	—

（续表）

排放源	源分类	源类属性	TSP	PM_{10}	$PM_{2.5}$	SO_2	NO_x	CO	VOCs	NH_3	BC	OC
道路移动源	机动车	线源	2	4	10	—	29	25	12	—	46	23
非道路移动源	船舶	线源	1	1	3	20	17	0	0	—	19	10
	民航飞机	线源	0	0	0	—	2	0	0	—	1	1
	铁路内燃机	线源	—	0	0	—	0	0	—	—	0	0
	非道路移动机械	线源	1	1	2	0	11	2	1	—	12	6
生物质燃烧源	生物质开放燃烧	面源	0	0	1	0	0	1	0	0	1	2
开放扬尘源	建筑工地扬尘	面源	45	42	27	—	—	—	—	—	—	—
	堆场扬尘	面源	10	13	8	—	—	—	—	—	—	—
	道路扬尘	面源	23	22	16	—	—	—	—	—	—	—
废弃物处理源	污水处理	面源	—	—	—	—	—	—	1	17	—	—
	固废处理	面源	0	0	0	—	—	—	1	7	—	—
	烟气脱硝	面源	—	—	—	—	—	—	—	10	—	—
油气储运源	储油库、加油站	面源	—	—	—	—	—	—	1	—	—	—
农业源	畜禽养殖	面源	—	—	—	—	—	—	—	24	—	—
	氮肥施用	面源	—	—	—	—	—	—	—	32	—	—
	土壤本底	面源	—	—	—	—	—	—	—	1	—	—
	农村人口排泄	面源	—	—	—	—	—	—	—	6	—	—
其他排放源	植被	面源	—	—	—	—	—	—	2	—	—	—
	餐饮	面源	0	1	1	—	—	—	1	—	0	8
	液散码头	面源	—	—	—	—	—	—	4	—	—	—
合计	—	—	100	100	100	100	100	100	100	100	100	100

10.5　不确定性分析与校验

1）不确定性的来源

不确定性估算是一份完整排放清单的基本要素之一。排放清单建立过程中，排放量的不确定性有很多来源，例如污染源筛选及定义的不完整性、监测数据的误差、排放系数和活动量统计的不确定性等。但是，对排放清单的不确定性影响最大的因素是排放系数及其相应活动水平的不确定性。

2）不确定性估算的方法

进行不确定性定量估算的实用方法之一是将测量数据的误差传递与专家判断相结合，通过专家判断来确定相关误差范围从而构建概率密度函数。将不同排放源的排放系数及其活动量水平的不确定性从优到差分为 10 个等级，1 级为最优，10 级为最差。每个等级对应的标准偏差如表 10－47 所示。

表 10－47　不确定性标准偏差级别对照表

不确定性级别	1	2	3	4	5	6	7	8	9	10
标准偏差	0.05	0.1	0.15	0.2	0.3	0.5	1	1.5	2	5

依据测试数据的标准偏差，采用专家经验判断获得不同排放源的排放系数及其活动量水平的不确定性级别，从而得到不同等级的标准偏差。

3）合并不确定性的方法

误差传递公式提供了两种规则，即加法和乘法合并不相关变量的不确定性。具体计算方式已在 9.2.3 节中说明。

4）上海排放清单的不确定性

根据上述公式，获得上海市 2014 年度点源、面源和移动源的不确定性（见表 10－48）。由表 10－48、表 10－49 和图 10－19 可知，2014 年度上海市大气污染源排放清单的总体不确定性为±25%～±53%；从排放源来看，移动源和点源（固定燃烧源和工艺过程源）的不确定性优于面源，移动源的不确定性范围为±28%～±46%，点源的不确定性范围为±23%～±47%，而面源的不确定性范围为±42%～±79%；从不同污染物看，SO_2、NO_x 的不确定性相对较小，各类源的不确定性范围为±14%～±66%；其次为 TSP、PM_{10}、$PM_{2.5}$、CO，不确定性范围为±14%～±72%；BC、OC 的不确定性相对较高，范围为±14%～±85%；而 VOCs 和 NH_3 的不确定性最高，范围分别为±14%～±118%和±35%～±107%。各类排放源排放系数及其活动量水平的标准偏差如表 10－50 所示。

表 10-48　2014 年上海市大气污染物排放量的不确定性分析结果

	排放源	TSP	PM_{10}	$PM_{2.5}$	SO_2	NO_x	CO	VOCs	NH_3	BC	OC
点源	固定燃烧源	0.23	0.22	0.20	0.18	0.17	0.22	0.20	—	0.31	0.25
	工艺过程源	0.37	0.38	0.40	0.33	0.31	0.37	0.37	0.37	0.52	0.48
	小计	0.33	0.32	0.34	0.23	0.24	0.36	0.37	0.37	0.47	0.43
面　源		0.55	0.54	0.54	0.42	0.42	0.52	0.79	0.53	0.78	0.67
移动源		0.33	0.33	0.33	0.28	0.31	0.30	0.30	—	0.46	0.46
总　体		0.51	0.49	0.45	0.25	0.28	0.35	0.46	0.53	0.46	0.51

表 10-49　2014 年上海市大气污染物二级排放源不确定性分析结果

排放源分类		污染物不确定性									
		TSP	PM_{10}	$PM_{2.5}$	SO_2	NO_x	CO	VOCs	NH_3	BC	OC
点源	发电、供热	0.14	0.14	0.14	0.14	0.14	0.14	0.14	—	0.14	0.14
	工业锅炉	0.28	0.28	0.28	0.22	0.28	0.35	0.35	—	0.35	0.35
	钢铁	0.28	0.28	0.28	0.28	0.28	0.35	0.35	0.35	0.35	0.35
	石化	0.28	0.28	0.28	0.28	0.28	0.35	0.35	0.35	—	—
	其他	0.49	0.49	0.49	0.44	0.44	0.49	0.49	0.49	0.56	0.56
	印刷印染	—	—	—	—	—	—	0.35	—	—	—
	表面涂层	—	—	—	—	—	—	0.35	—	—	—
	其他溶剂使用	—	—	—	—	—	—	0.42	—	—	—
面源	民用燃烧	0.42	0.42	0.42	0.42	0.42	0.49	0.49	—	0.66	0.66
	农药使用	—	—	—	—	—	—	0.49	—	—	—
	表面涂层	—	—	—	—	—	—	0.66	—	—	—
	其他溶剂使用	—	—	—	—	—	—	1.03	—	—	—
	生物质开放燃烧	0.66	0.66	0.66	0.66	0.66	0.72	0.72	0.72	0.85	0.85
	建筑工地扬尘	0.66	0.66	0.66	—	—	—	—	—	—	—
	堆场扬尘	0.35	0.35	0.35	—	—	—	—	—	—	—
	道路扬尘	0.42	0.42	0.42	—	—	—	—	—	—	—
	废水处理	—	—	—	—	—	—	0.72	0.72	—	—
	固废处理	0.72	0.72	0.72	—	—	—	0.72	0.72	—	—
	烟气脱硝	—	—	—	—	—	—	—	0.42	—	—
	储油库、加油站	—	—	—	—	—	—	0.28	—	—	—
	畜禽养殖	—	—	—	—	—	—	—	0.42	—	—
	氮肥施用	—	—	—	—	—	—	—	0.72	—	—
	土壤本底	—	—	—	—	—	—	—	1.07	—	—
	农村人口排泄	—	—	—	—	—	—	—	1.07	—	—
	液散码头	—	—	—	—	—	—	0.56	—	—	—
	植被	—	—	—	—	—	—	1.18	—	—	—
	餐饮	0.62	0.62	0.62	—	—	—	0.62	—	0.66	0.6

（续表）

排放源分类		污染物不确定性									
		TSP	PM_{10}	$PM_{2.5}$	SO_2	NO_x	CO	VOCs	NH_3	BC	OC
线源	机动车	0.28	0.28	0.28	—	0.28	0.28	0.28	—	0.44	0.44
	船舶	0.35	0.35	0.35	0.28	0.28	0.35	0.35	—	0.44	0.44
	民航飞机	0.35	0.35	0.35	—	0.28	0.35	0.35	—	0.44	0.44
	铁路内燃机	0.35	0.35	0.35	0.28	0.28	0.35	0.35	—	0.44	0.44
	非道路移动机械	0.49	0.49	0.49	0.44	0.44	0.49	0.49	—	0.56	0.56

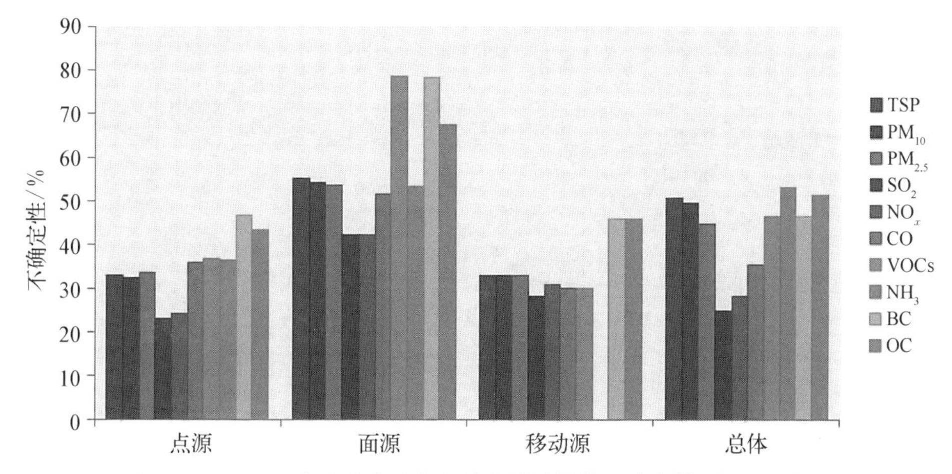

图 10－19　2014 年上海市大气污染物排放量的不确定性(彩图见附录)

表 10－50　排放源排放系数及其活动量水平的标准偏差

排放源分类		活动量水平标准偏差	排放系数标准偏差									
			TSP	PM_{10}	$PM_{2.5}$	SO_2	NO_x	CO	VOCs	NH_3	BC	OC
点源	发电、供热	0.05	0.05	0.05	0.05	0.05	0.05	0.05	0.05	0.05	0.05	0.05
	工业锅炉	0.1	0.1	0.1	0.1	0.05	0.1	0.15	0.15	0.15	0.15	0.15
	钢铁	0.1	0.1	0.1	0.1	0.1	0.1	0.15	0.15	0.15	0.15	0.15
	石化	0.1	0.1	0.1	0.1	0.1	0.1	0.15	0.15	0.15	0.15	0.15
	其他	0.2	0.15	0.15	0.15	0.1	0.1	0.15	0.15	0.15	0.2	0.2
	印刷印染	0.1	—	—	—	—	—	—	0.15	—	—	—
	表面涂层	0.1	—	—	—	—	—	—	0.15	—	—	—
	其他溶剂使用	0.15	—	—	—	—	—	—	0.15	—	—	—
面源	民用燃烧	0.15	0.15	0.15	0.15	0.15	0.15	0.2	0.2	0.2	0.3	0.3
	农药使用	0.2	—	—	—	—	—	—	0.15	—	—	—
	表面涂层	0.3	—	—	—	—	—	—	0.15	—	—	—

（续表）

排放源分类		活动量水平标准偏差	排放系数标准偏差									
			TSP	PM_{10}	$PM_{2.5}$	SO_2	NO_x	CO	VOCs	NH_3	BC	OC
面源	其他溶剂使用	0.5	—	—	—	—	—	—	0.15	—	—	—
	生物质开放燃烧	0.3	0.15	0.15	0.15	0.15	0.15	0.2	0.2	0.2	0.3	0.3
	建筑工地扬尘	0.3	0.15	0.15	0.15	—	—	—	—	—	—	—
	堆场扬尘	0.1	0.15	0.15	0.15	—	—	—	—	—	—	—
	道路扬尘	0.15	0.15	0.15	0.15	—	—	—	—	—	—	—
	废水处理	0.3	—	—	—	—	—	—	0.2	0.2	—	—
	固废处理	0.3	0.2	0.2	0.2	—	—	—	0.2	0.2	—	—
	烟气脱硝	0.15	—	—	—	—	—	—	—	0.15	—	—
	储油库、加油站	0.1	—	—	—	—	—	—	0.1	—	—	—
	畜禽养殖	0.15	—	—	—	—	—	—	—	0.15	—	—
	氮肥施用	0.3	—	—	—	—	—	—	—	0.2	—	—
	土壤本底	0.5	—	—	—	—	—	—	—	0.2	—	—
	农村人口排泄	0.5	—	—	—	—	—	—	—	0.2	—	—
	液散码头	0.2	—	—	—	—	—	—	0.2	—	—	—
	植被	0.5	—	—	—	—	—	—	0.3	—	—	—
	餐饮	0.3	0.1	0.1	0.1	—	—	—	0.1	—	0.15	0.15
线源	机动车	0.1	0.1	0.1	0.1	—	0.1	0.1	0.1	—	0.2	0.2
	船舶	0.1	0.15	0.15	0.15	0.1	0.1	0.15	0.15	—	0.2	0.2
	民航飞机	0.1	0.15	0.15	0.15	0.1	0.1	0.15	0.15	—	0.2	0.2
	铁路内燃机	0.1	0.15	0.15	0.15	0.1	0.1	0.15	0.15	—	0.2	0.2
	非道路移动机械	0.2	0.15	0.15	0.15	0.1	0.1	0.15	0.15	—	0.2	0.2

10.6 上海市源排放清单时空分布特征

1）排放清单时间特征识别方法与数据来源

上海市源排放清单主要污染物的时间特征较为明显，电厂排放采用在线监测数据的方式分析其时间变化规律；机动车主要根据其活动水平日变化规律测算污染物排放变化；加油站主要根据每月的统计数据分析其时间变化。

2）排放清单空间分配方法与数据来源

固定燃烧源、工艺过程源、溶剂使用源等详细点位数据基本落地，机动车、道路扬尘等采用精细化路网信息落地，船舶以 AIS 数据为基础，解译出空间排放；加油站、油库、堆场扬尘等全部发表调查，以点源落地；工地扬尘、农药、民用燃烧、植被、生物质燃烧源、餐饮等源类按照各区面积、人口分布以及利用遥感解译等方式进行网格化空间分配。

3）主要排放源的时间特征分析

（1）电厂　根据燃煤电厂在线监测数据，统计了上海市 2014 年电厂排放时间变化规律（见图 10－20）：电厂排放烟尘总量小于二氧化硫和氮氧化物的排放量，月度变化不明显；二氧化硫和氮氧化物在 8—9 月、12 月、1 月较高，与上海的夏季、冬季用电高峰有关；从小时变化规律可以看出，白天高负荷时烟尘、二氧化硫排放量升高，而氮氧化物排放量在凌晨比较高，这主要是因为凌晨用电负荷低，电厂脱硝设施不能投运。

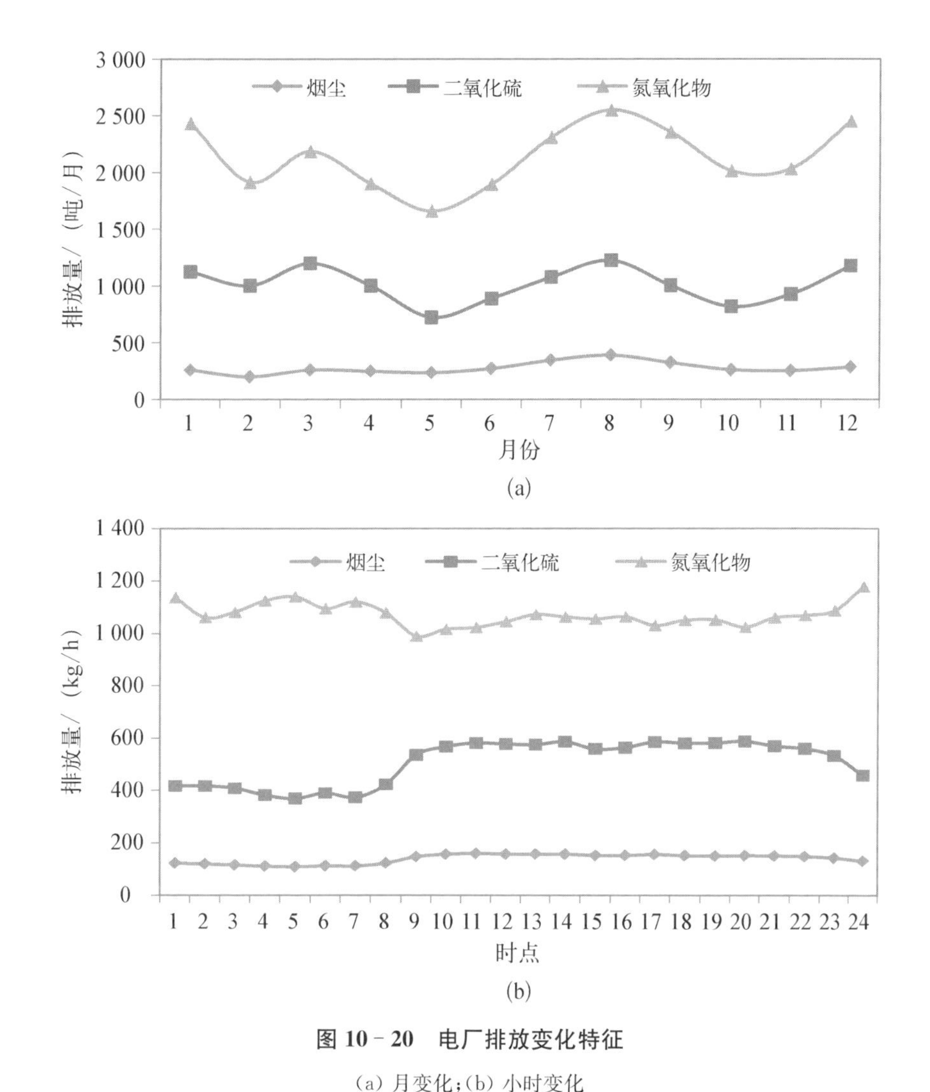

图 10－20　电厂排放变化特征

（a）月变化；（b）小时变化

(2) 机动车　机动车污染与车流量密切相关。机动车排放呈现明显的白天高、凌晨低的趋势(见图 10－21),在早晨 7 点、晚上 5 点前后出现的排放双高峰与上、下班的车流(见图 10－22)基本相吻合。

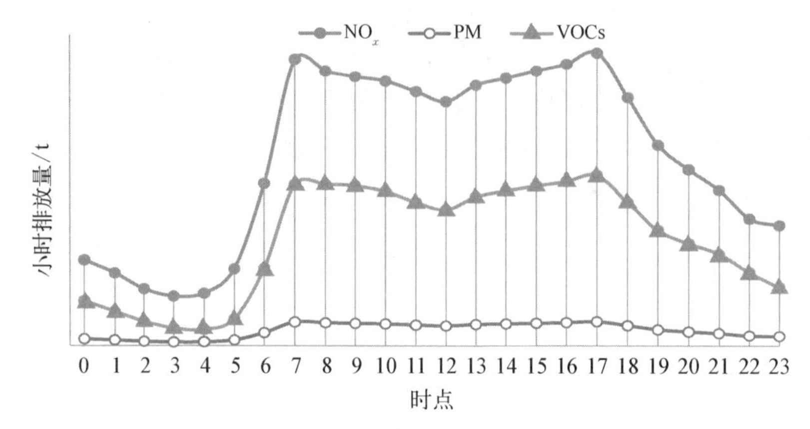

图 10－21　机动车排放小时变化特征

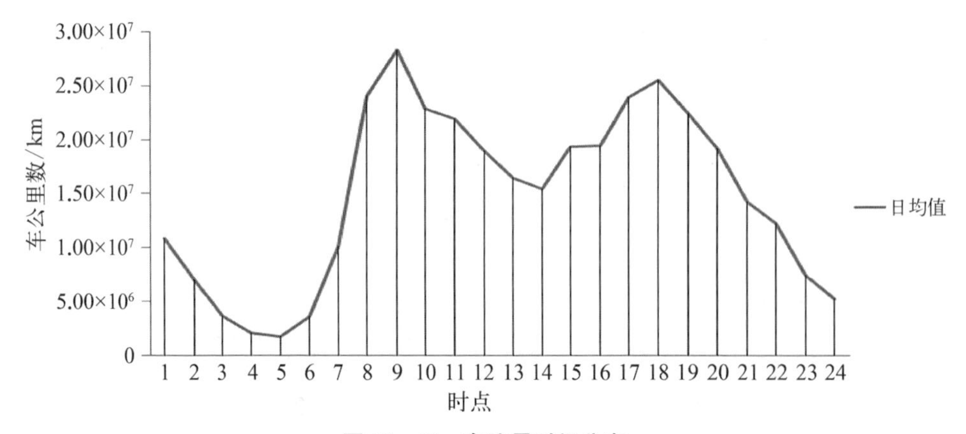

图 10－22　车流量时间分布

(3) 船舶　从季节来看,船舶在冬季的货运量相对较大,大气污染物的排放量明显高于其他三个季节(见图 10－23)。

4) 主要排放源的空间特征分析

(1) 各区主要污染物排放分担率　从各区来看,污染物排放主要集中在宝山区、浦东新区、奉贤区、金山区等区(见图 10－24～图 10－26)。SO_2 排放主要集中在浦东新区、宝山区、金山区,其排放量分别占总量的 33.3%、20.3%、13.5%;NO_x 排放主要集中在浦东新区、宝山区、金山区,其排放量分别占总量的 26.7%、25.4%、10.6%;VOCs 排放主要集中在浦东新区、金山区、宝山区,其排放量分别占总量的 23.9%、16.0%、11.2%;CO 排放主要集中在宝山区,其排放量达到总量

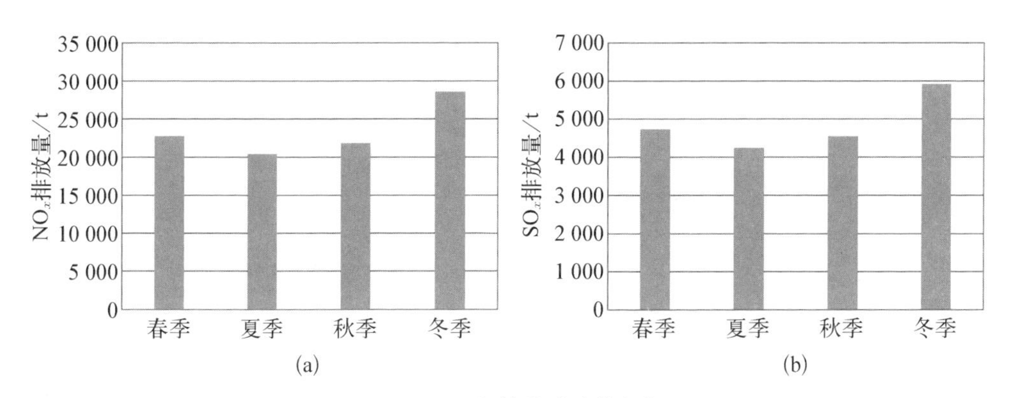

图 10－23　船舶排放季节变化

(a) NO_x；(b) SO_2

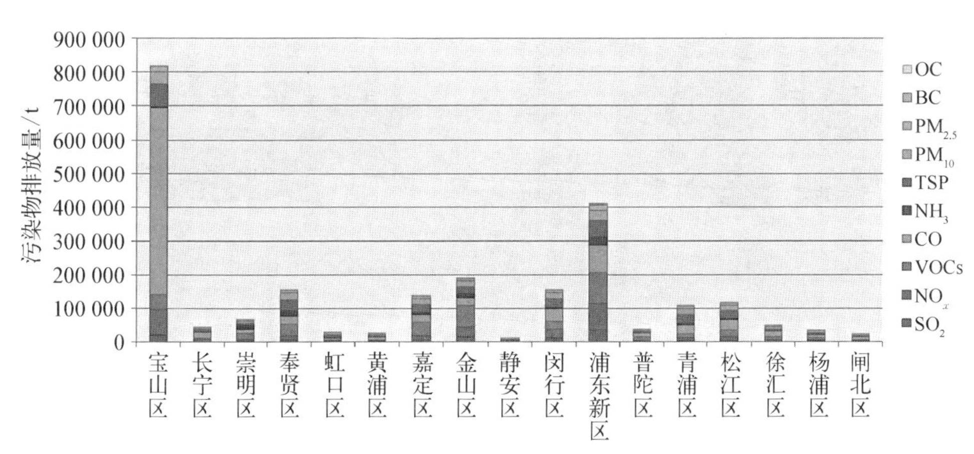

图 10－24　各区主要污染物排放情况(彩图见附录)

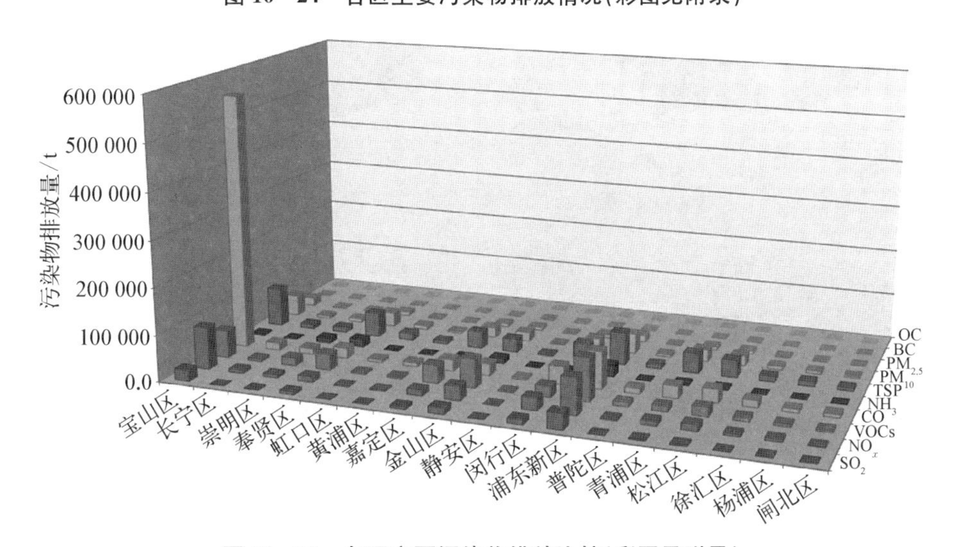

图 10－25　各区主要污染物排放比较(彩图见附录)

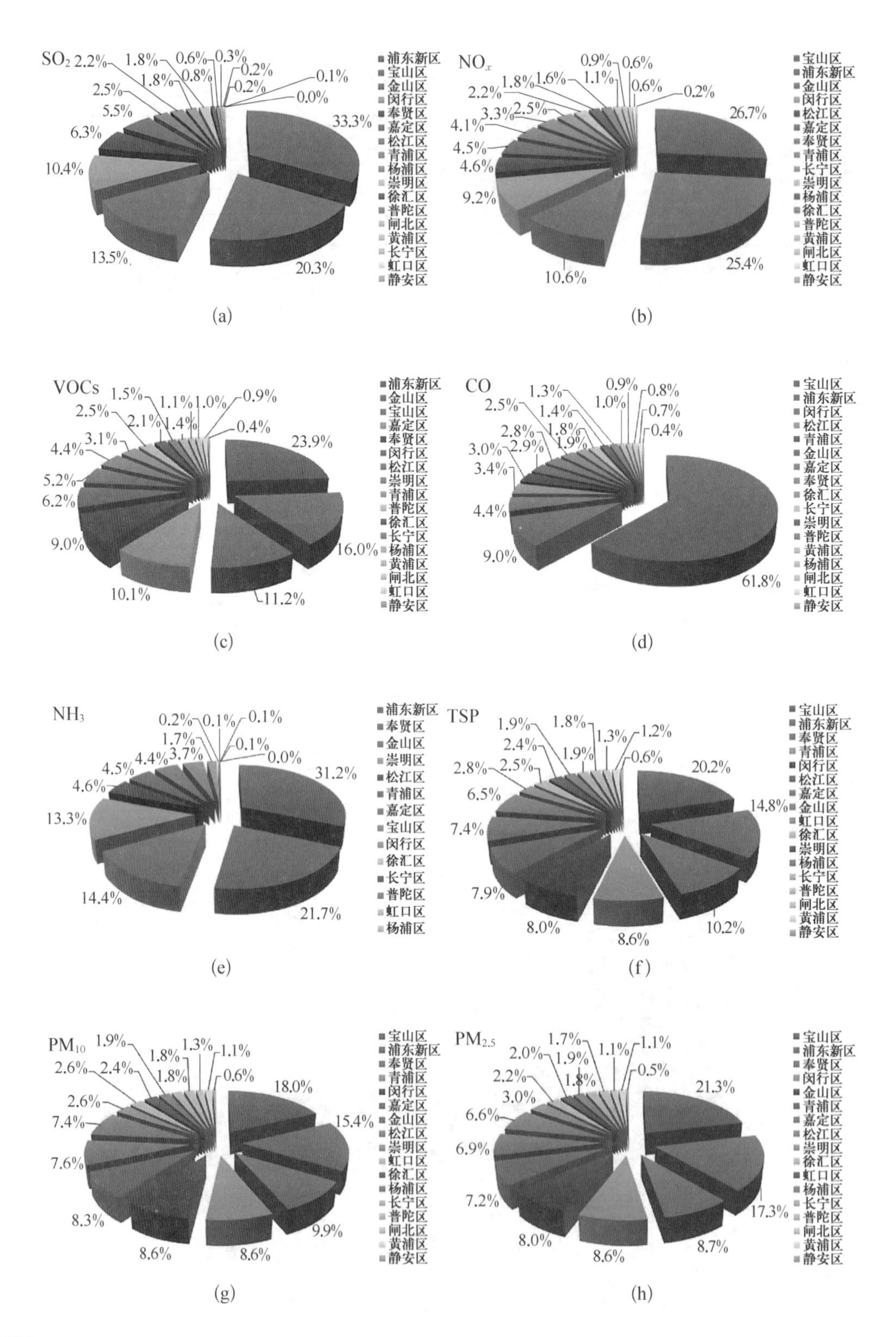
SO2
浦东新区
宝山区
金山区
闵行区
奉贤区
嘉定区
松江区
青浦区
杨浦区
崇明区
徐汇区
普陀区
闸北区
黄浦区
长宁区
虹口区
静安区
33.3%
20.3%
13.5%
10.4%
6.3%
5.5%
2.5%
2.2%
1.8%
1.8%
0.8%
0.6%
0.3%
0.2%
0.2%
0.1%
0.0%
(a)
NOx
宝山区
浦东新区
金山区
闵行区
松江区
嘉定区
奉贤区
青浦区
长宁区
崇明区
杨浦区
徐汇区
普陀区
黄浦区
闸北区
虹口区
静安区
26.7%
25.4%
10.6%
9.2%
4.6%
4.5%
4.1%
3.3%
2.5%
2.2%
1.8%
1.6%
1.1%
0.9%
0.6%
0.6%
0.2%
(b)
VOCs
浦东新区
金山区
宝山区
嘉定区
奉贤区
闵行区
松江区
崇明区
青浦区
普陀区
徐汇区
长宁区
杨浦区
黄浦区
闸北区
虹口区
静安区
23.9%
16.0%
11.2%
10.1%
9.0%
6.2%
5.2%
4.4%
3.1%
2.5%
2.1%
1.5%
1.4%
1.1%
1.0%
0.9%
0.4%
(c)
CO
宝山区
浦东新区
闵行区
松江区
青浦区
金山区
嘉定区
奉贤区
徐汇区
长宁区
崇明区
普陀区
黄浦区
杨浦区
闸北区
虹口区
静安区
61.8%
9.0%
4.4%
3.4%
3.0%
2.9%
2.8%
2.5%
1.9%
1.8%
1.4%
1.3%
1.0%
0.9%
0.8%
0.7%
0.4%
(d)
NH3
浦东新区
奉贤区
金山区
崇明区
松江区
青浦区
嘉定区
宝山区
闵行区
徐汇区
长宁区
普陀区
虹口区
杨浦区
31.2%
21.7%
14.4%
13.3%
4.6%
4.5%
4.4%
3.7%
1.7%
0.2%
0.1%
0.1%
0.1%
0.0%
(e)
TSP
宝山区
浦东新区
奉贤区
青浦区
闵行区
松江区
嘉定区
金山区
虹口区
徐汇区
崇明区
杨浦区
长宁区
普陀区
闸北区
黄浦区
静安区
20.2%
14.8%
10.2%
8.6%
8.0%
7.9%
7.4%
6.5%
2.8%
2.5%
2.4%
1.9%
1.9%
1.8%
1.3%
1.2%
0.6%
(f)
PM10
宝山区
浦东新区
奉贤区
青浦区
闵行区
嘉定区
金山区
松江区
崇明区
虹口区
徐汇区
杨浦区
长宁区
普陀区
闸北区
黄浦区
静安区
18.0%
15.4%
9.9%
8.6%
8.6%
8.3%
7.6%
7.4%
2.6%
2.6%
2.4%
1.9%
1.8%
1.8%
1.3%
1.1%
0.6%
(g)
PM2.5
宝山区
浦东新区
奉贤区
闵行区
金山区
青浦区
嘉定区
松江区
崇明区
徐汇区
虹口区
杨浦区
长宁区
普陀区
闸北区
黄浦区
静安区
21.3%
17.3%
8.7%
8.6%
8.0%
7.2%
6.9%
6.6%
3.0%
2.2%
2.0%
1.9%
1.8%
1.7%
1.1%
1.1%
0.5%
(h)

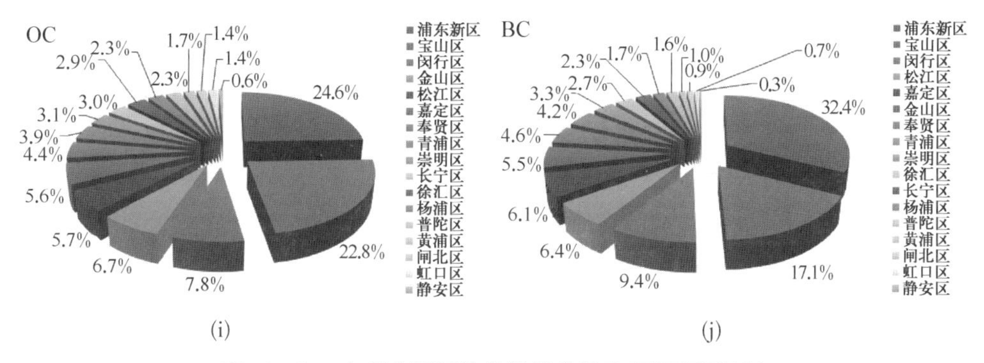

图 10-26　各区主要污染物排放分担率(彩图见附录)

(a) SO_2；(b) NO_x；(c) VOCs；(d) CO；(e) NH_3；(f) TSP；(g) PM_{10}；(h) $PM_{2.5}$；(i) OC；(j) BC

的 61.8%，主要为区内钢铁企业排放所致；NH_3 排放主要集中在浦东新区、奉贤区、金山区，其排放量分别占总量的 31.2%、21.7%、14.4%；TSP 排放主要集中在宝山区、浦东新区、奉贤区，其排放量分别占总量的 20.2%、14.8%、10.2%；PM_{10} 排放主要集中在宝山区、浦东新区、奉贤区，其排放量分别占总量的 18.0%、15.4%、9.9%；$PM_{2.5}$ 排放主要集中在宝山区、浦东新区、闵行区，其排放量分别占总量的 21.3%、17.3%、8.7%；BC 排放主要集中在浦东新区、宝山区、闵行区，其排放量分别占总量的 32.4%、17.1%、9.4%；OC 排放主要集中在浦东新区、宝山区，其排放量分别占总量的 24.6%、22.8%。

(2) 主要污染物空间分布特征　对 2014 年上海市所有污染源按排放的大气污染物种类进行整合，获得全市 TSP、PM_{10}、$PM_{2.5}$、SO_2、NO_x、CO、VOCs、NH_3、BC、OC 等主要大气污染物排放总量的空间分布(见图 10-27)。

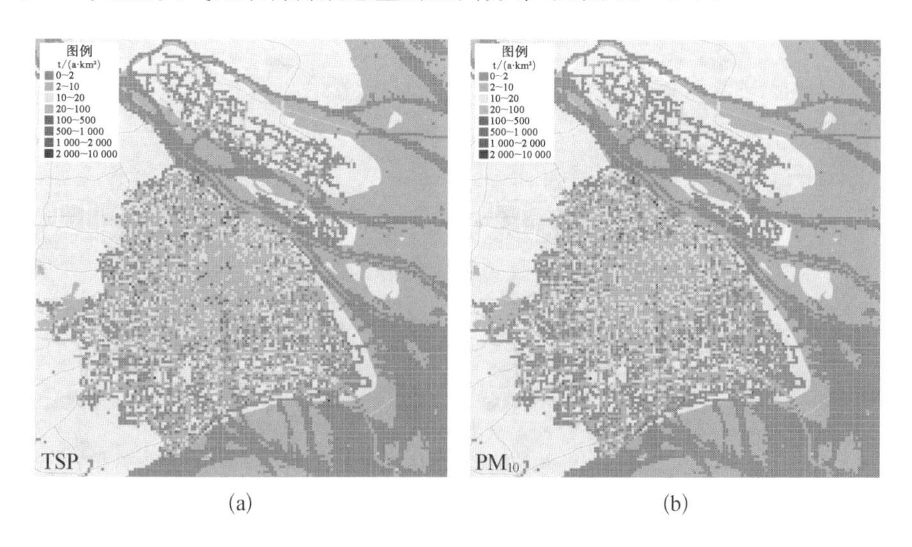

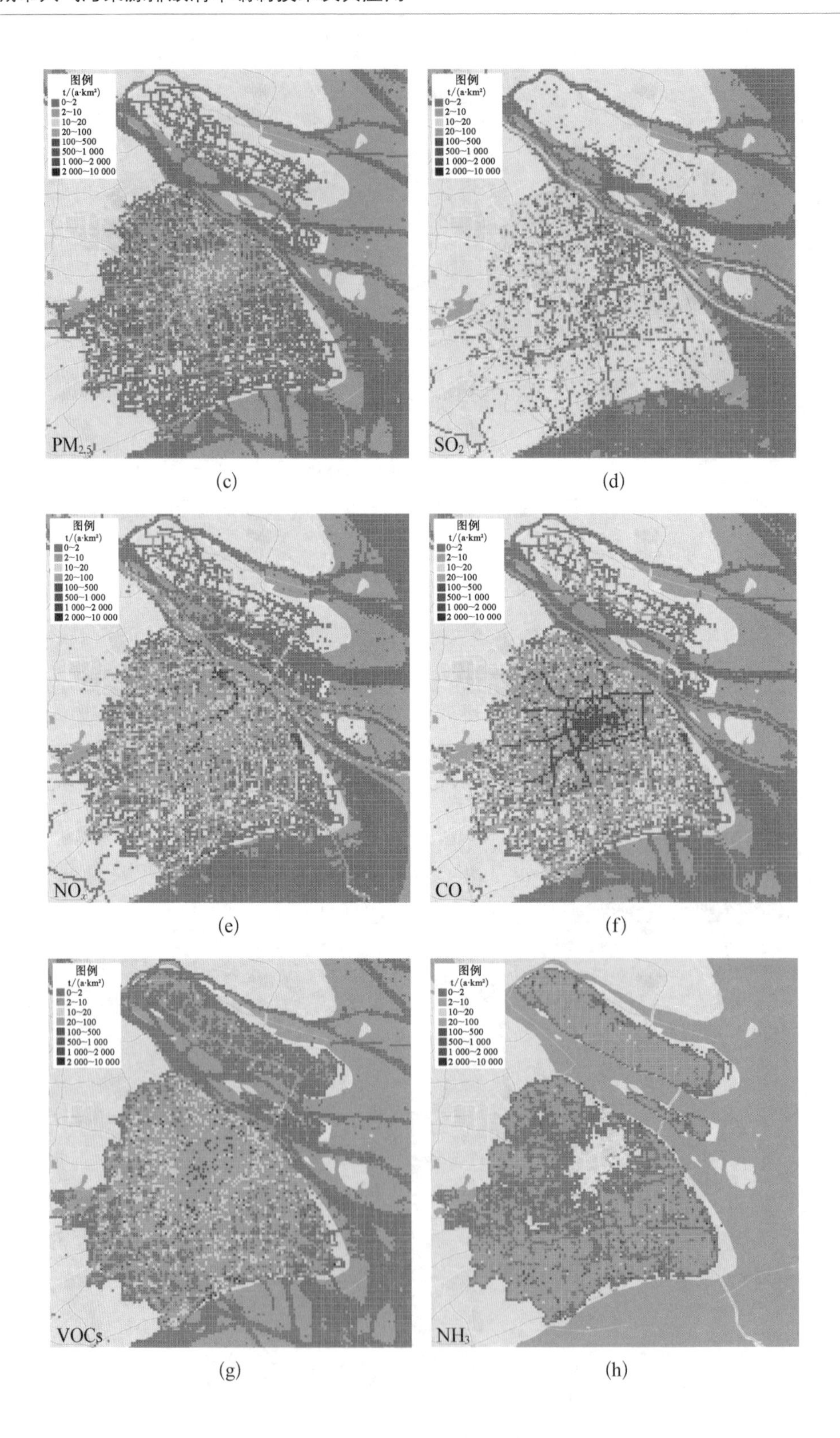
图例
t/(a·km²)
0~2
2~10
10~20
20~100
100~500
500~1 000
1 000~2 000
2 000~10 000
PM2.5
SO2
NOx
CO
VOCs
NH3

(c) (d)

(e) (f)

(g) (h)

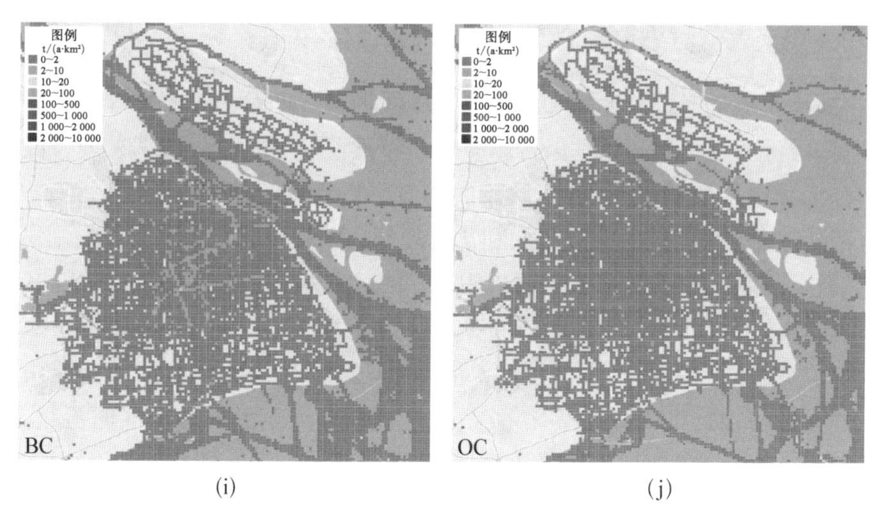

(i)　　　　　　　　　　(j)

图 10-27　2014 年上海市大气污染物排放空间分布(彩图见附录)

(a) TSP；(b) PM_{10}；(c) $PM_{2.5}$；(d) SO_2；(e) NO_x；(f) CO；(g) VOCs；(h) NH_3；(i) BC；(j) OC

10.7　上海市源排放清单的业务化应用

上海市源排放清单的建立及不断更新和细化在上海市 $PM_{2.5}$ 来源解析、清洁空气行动计划、空气重污染预警方案的制定和修改等环境管理工作中发挥了重要的作用，并先后支持了长三角区域船舶排放控制区政策的出台、重大活动空气质量预测预报和上海市环境空气质量的持续改善。

10.7.1　用于大气污染特征分析

排放清单作为空气质量模型的输入，可对上海进行时空连续变化的污染特征分析，弥补监测和观测在时空分辨率上的不足。可选用的模型有 Models-3/CMAQ、NAQPMS、CAMx、WRF-Chem 等。模型模拟区域范围内、计算区域外的排放清单可采用中国区域多尺度排放清单(MEIC)等。

10.7.2　用于大气污染来源解析

通过源排放清单，得到分区域、分排放源的排放量汇总统计，分析重点区域、重点排放源对上海污染物排放总量的分担率和对浓度的贡献率。通过排放结构的分析，可以识别出上海大气污染的主要来源，掌握重点行业现阶段的排放控制水平，从而“对症下药”，为大气污染防治明确方向。

10.7.3 用于大气污染控制方案的制定与预评估

排放清单是空气质量模拟和预测的基础数据库。可靠的排放量统计结果可以作为空气质量预测模型和应急条件下空气质量预警模型的输入数据。通过减排情景设计，借助空气质量模型，可对政策实施效果进行预评估，明确大气污染防治的方向，帮助制定合理有效的控制方案和达标规划。排放清单是大气污染控制决策的基础数据库。排放清单适时更新，可以用来评估城市大气污染防治措施的实施效果。

动态排放清单的建立和及时更新是重污染预警和重大活动保障期间每天对污染源进行调控的直接支持。通过获取重点企业每日在线监测数据及企业用电数据，反馈企业污染物排放每日变化情况；通过获取各类车型机动车实时流量、各类船舶 AIS 数据和分机型飞机起落架次，反馈重点移动源污染排放每日变化情况；通过获取加油站每日油品销售情况和扬尘在线监测数据，反馈面源污染排放每日变化情况。动态排放清单在 2018 年和 2019 年上海主办的中国国际进口博览会中发挥了重要作用。

10.8 上海市源排放清单年度变化

2003—2016 年，上海市 $PM_{2.5}$、SO_2、NO_x、VOCs 排放量总体呈下降趋势（见图 10-28）。其中，2003—2009 年，$PM_{2.5}$、VOCs 排放量总体呈上升趋势；2009—2016 年，$PM_{2.5}$、VOCs 排放量总体呈下降趋势。对于 SO_2、NO_x，其 2003—2006 年排放量逐年上升，2006—2016 年排放量总体呈下降趋势，但要注意的是，NO_x 在 2014 年后有上升趋势。

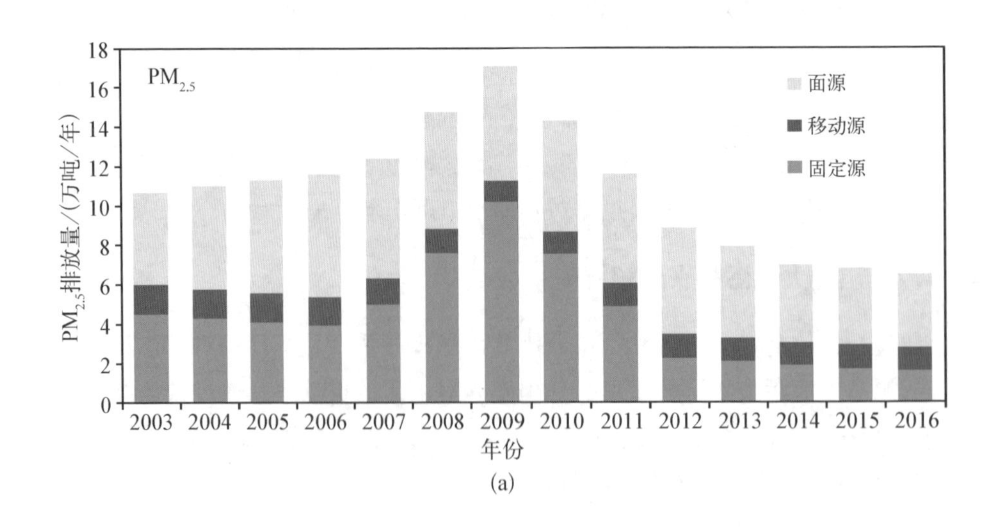

(a)

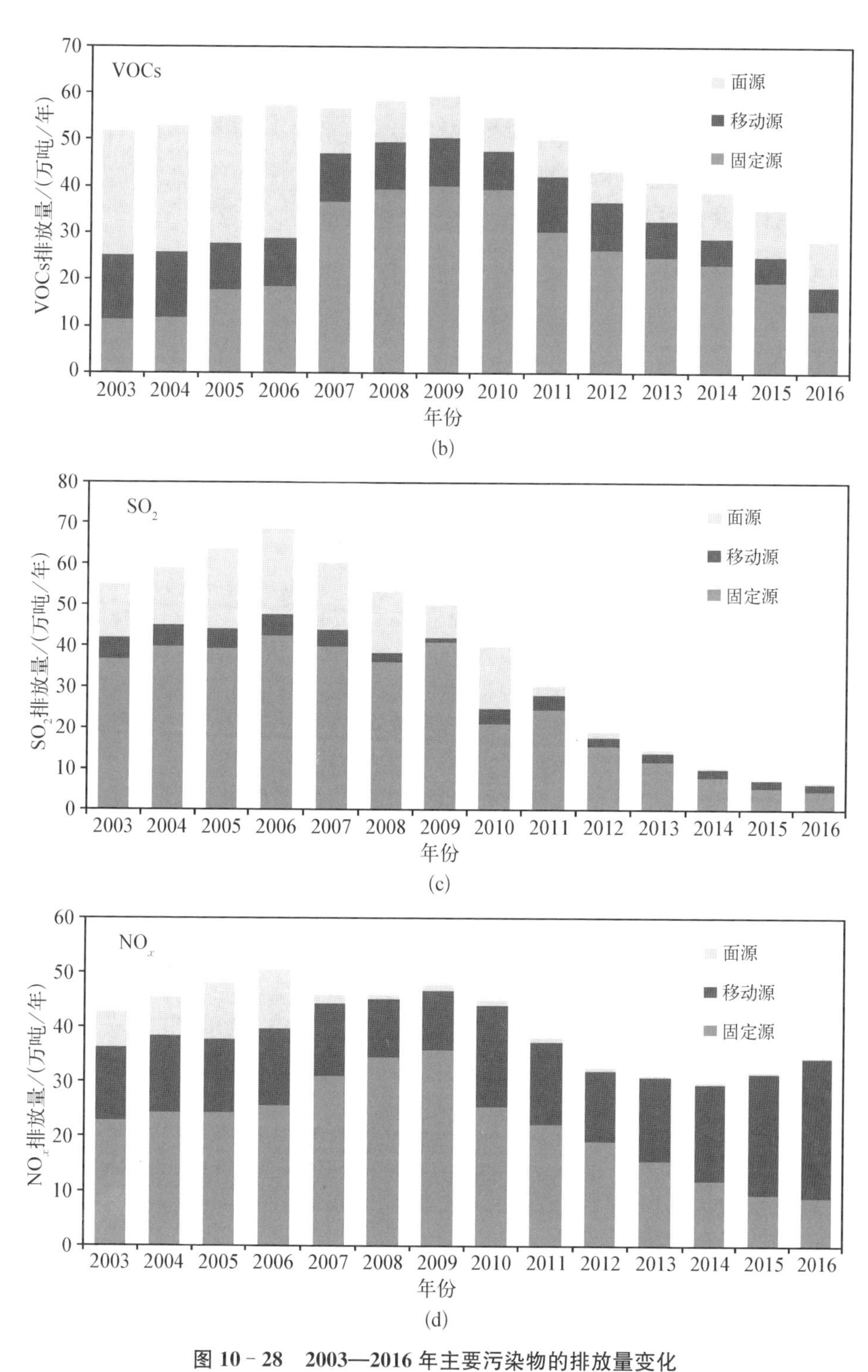

图 10－28　2003—2016 年主要污染物的排放量变化

(a) $PM_{2.5}$；(b) VOCs；(c) SO_2；(d) NO_x

从污染来源看，$PM_{2.5}$的面源和移动源排放量基本稳定，固定源排放量有一定降低；SO_2的固定源、移动源、面源排放量均有所降低，固定源 SO_2 排放的稳定管控是重中之重；NO_x 的面源排放量有所降低，固定源排放量先上升后下降，移动源排放量有所上升，因此，对移动源的排放控制将成为上海未来 NO_x 的控制重点；VOCs 的固定源排放量先增后减，面源和移动源排放量逐步减少至稳定。

参考文献

[1] 尹沙沙，郑君瑜，张礼俊，等.珠江三角洲人为氨源排放清单及特征[J].环境科学，2010，31(5)：1146－1151.

[2] 刘登国，刘娟，张健，等.道路机动车活动水平调查及其污染物排放测算应用——上海案例研究[J].环境监测管理与技术，2012，24(5)：64－68.

[3] 刘登国，刘娟，黄伟民，等.基于交通信息的道路机动车排放 NO_x 模拟研究[J].环境监测管理与技术，2016，28(3)：15－19.

[4] Zhang Q，Streets D G，Carmichael G R，et al. Asian emissions in 2006 for the NASA INTEX-B mission[J]. Atmospheric Chemistry and Physics，2009，9(14)：5131－5153.

[5] Yang D Q，Kwan S H，Lu T，et al. An emission inventory of marine vessels in Shanghai in 2003[J]. Environmental Science and Technology，2007，41(15)：5183－5190.

[6] 伏晴艳，沈寅，张健.上海港船舶大气污染源排放清单研究[J].安全与环境学报，2012，12(5)：57－64.

[7] Fu M L，Ding Y，Ge Y S，et al. Real-world emissions of inland ships on the Grand Canal，China[J]. Atmospheric Environment，2013，81：222－229.

[8] 林秀丽.NONROAD 非道路移动源排放量计算模式研究[J].环境科学与管理，2009，34(4)：42－45.

[9] 曲亮，何立强，胡京南，等.工程机械不同工况下 $PM_{2.5}$ 排放及其碳质组分特征[J].环境科学研究，2015，28(7)：1047－1052.

[10] 申现宝，王岐东，姚志良，等.农用运输车实际道路油耗特征研究[J].北京工商大学学报(自然科学版)，2010，28(2)：71－75.

[11] 谢轶嵩，郑新梅.南京市非道路移动源大气污染源排放清单及特征[J].污染防治技术，2016，29(4)：47－51.

[12] 张礼俊，郑君瑜，尹沙沙，等.珠江三角洲非道路移动源排放清单开发[J].环境科学，2010，31(4)：886－891.

[13] 张美双，栾胜基.NARSES 模型在我国种植业氮肥施用氨排放估算中的应用研究[J].安徽农业科学，2009，37(8)：3583－3586.

第11章　建议与展望

2013年以来，随着我国《大气污染防治行动计划》(即“大气十条”)和《打赢蓝天保卫战三年行动计划》的有效推进，以京津冀、长三角地区为代表的区域性空气重污染现象得到了有效缓解。2018年，上海市$PM_{2.5}$平均浓度为36 μg/m³，2019年已达到国家环境空气质量二级标准，2020年$PM_{2.5}$平均浓度取得32 μg/m³的好成绩。但是，上海的空气质量距离世界卫生组织规定的$PM_{2.5}$的健康指导值10 μg/m³还有很大的差距。现阶段，已有大气污染防治措施的红利已经基本用完，上海环境空气质量的持续改善正进入关键的瓶颈期，对大气污染防治的科技支撑提出了更高和更为紧迫的需求。大气污染源排放清单是空气质量预报预警的重要基础，也是制定大气污染控制策略的根本依据，建立完善、精准、动态的源排放清单已经成为空气质量管理科学决策的关键要素。

我国大气污染源排放清单起步较晚，清单的编制和建立主要源于科研模拟评估的需求。2015年前后，在全国$PM_{2.5}$来源解析试点工作的基础上，环保部启动了城市大气污染源排放清单的试点研究，在借鉴美国、欧洲排放清单编制方法和技术规范的基础上，出台了一系列排放清单编制技术指南，为我国大气污染源排放清单编制的全面开展和建立提供了重要的技术规范。但是，截至2019年底，我国还未能形成一套官方认可和持续推进更新的大气污染源排放清单。为此，排放清单的制度性推进工作和研究性基础工作在中国还需要有长足的投入和发展。无论是清单的时空分布的精细化程度，还是全球变暖温室气体减排对目标污染物的扩展需求，排放清单都将伴随着环境“大数据”和跨学科环境科技的快速进步而得到全面的提升。

1) 全面提升大气污染源排放清单的时空分布

发达国家的排放清单多以县为单位编制，空间分辨率高，而我国的排放清单除部分工业大型点源外，多以省为单位编制，在重点地区一般以地级市为单位编制，在更为细化的区县尺度上的排放清单工作还十分薄弱。因此，在未来的研究中我国可以尝试进一步细化排放清单空间分布，在城市清单编制日趋完善的基础上，逐步建立区县大气污染源排放清单，将“由上而下”的总量式清单逐步向“由下而上”

的可操作式清单转变。其中，包括分散的小型工业源定量方式从面源向点源转变；机动车和船舶等移动源年度排放清单应进一步细化至与道路和航道行驶工况相匹配的小时动态清单；建筑施工、道路和堆场扬尘以及农业氨等面源排放也将通过在线监测手段的丰富化和环境大数据的应用从单一的系数估算法向精细的过程测算总量转变。

固定源可采用重点企业累加法，对有在线监测的工业源依据在线监测数据核算实时排放量；其他重点工业源采用一厂一系数法，根据原料或产品数据更新污染物排放，实现工业企业全覆盖实时动态清单。移动源分为机动车、飞机、船舶等，机动车污染物实时排放量依据交通部门提供的实时流量监控数据，并基于排放模型计算；飞机污染物排放量依据飞机每日起降架次和相应的排放系数计算；船舶污染物排放量依据 AIS 数据进行实时核算。面源中生物质燃烧实时排放量根据卫星监测的起火面积和相关系数计算。随着科技的进步，各类源的实时排放计算方法将更为成熟，技术手段更为先进，实时排放量更为精确，将为环境管理服务提供更强有力的技术支撑。

2）推进面向气候变化、人类健康保护和空气质量协同改善的多目标污染源排放清单的编制

应对全球变暖和气候变化的温室气体减排履约，实现“双碳”目标，是中国政府的又一历史性责任。满足人民群众对美好生活的向往，增进人体健康是生态环境保护工作的根本目标，由此，建立温室气体、有毒有害污染物和消耗臭氧层物质等非常规污染物排放清单，研究制定各类非常规目标污染物的排放定量技术规范，是现有大气污染源排放清单体系未来的发展方向。

3）有序推进年度大气污染源排放清单的定期更新

随着《打赢蓝天保卫战三年行动计划》的推进和全国大气污染防治工作逐步优化，重点城市的环境空气质量得到持续改善，污染物排放量和排放结构正发生显著变化。特别是重大活动保障采取的应急调控措施，亟需建立更为动态的排放清单服务于科学调控的及时评估，以满足大气污染防治精细化管控的需求。排放清单作为环境管理、环境规划及控制对策研究的重要基础数据，其更新将成为大气环境管理的关键工作。

发达国家通常每 3～5 年进行一次大气污染源排放清单的更新，而我国正在大气污染防治进程快速推进的过程中，需要建立更为及时的清单更新机制。大气污染防治措施跟踪评估需要时间分辨率为年或者月的排放清单，而在应对重污染天气过程中，则需要动态跟踪现状条件下逐日或者逐小时的排放量变化情况，这对大气污染物排放的更新分辨率提出了更高的要求。

为此，建议排放清单的更新工作遵循“抓大放小”的原则。大、中型城市大气污

染源排放清单的更新耗费人、财、物较多，很难每年进行全面更新。但是对于每种污染物的本地排放大户以及发生重大变化的污染源则需要进行年度评估，其他污染源以统计数据的活动水平核算即可；同时，还需对有挑战性的行业定量方法进行“逐个击破”。建立本地化排放系数数据库所需时间较长，在每年的更新中可以针对重点行业更新其排放系数。最后，有必要建立“行政＋科研”的长期合作机制。排放清单是一项既涉及大量国民社会能源经济统计数据采集的行政性工作，同时又是一项需要精细化定量的科学研究工作。为此，城市级排放清单的长期维护更新一方面需要建立市级相关委办局联络机制和市、区、镇(街道)/园区三级联络机制，编制相应的动态更新技术规范，建立通畅的数据统计上报机制；另一方面，对于特定行业的无组织排放和移动源的排放清单定量方法，则需要更为精细化的定量科学研究的投入和长期支撑。

4) 建立国家官方认可的法定排放清单和数据共享机制

排放清单作为一项重要的环境管理支撑数据，应视同环境空气质量监测数据，成为国家法定的重要环境信息。在近年科研开发和应用的基础上，结合全国污染源普查、环境统计和年度排污许可证核发工作的推进，我国应尽快建立大气污染源排放清单编制、动态更新和数据共享机制。通过建立国家级法定排放清单，统一规范清单的编制和上报要求，并在许可的范围内应用和共享排放清单，支持区域、省级和城市级大气污染防治措施效果的科学评估，从而为我国大气环境的持续改进提供科学的定量决策依据。

越来越多的城市在大气污染源排放清单工作中的投入和应用，上海在高时空分辨率城市排放清单领域的实践和提升，为我国大气污染源排放清单技术体系的日益完善发挥了积极的推动作用。有理由相信，通过涵盖更为全面的污染物产生来源、更为细化的污染源分类标准以及更为准确和齐全的排放系数，依托大数据融合、数学模拟、卫星遥感检验和通量观测等新手段的运用，我国的大气污染源排放清单将与环境监测、模型模拟一起构成支撑我国大气环境质量持续改进的核心技术体系。

附录 彩图

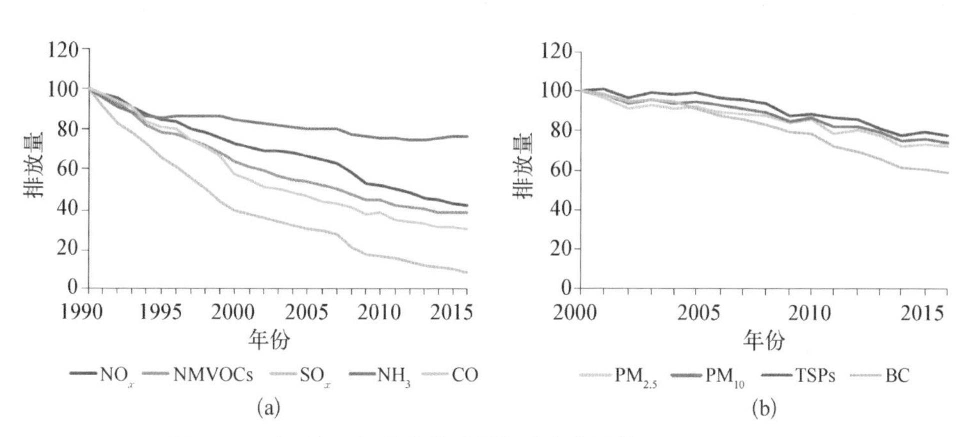

图 1-1 欧盟各项污染物排放量年度变化趋势(1990—2016 年)

(a) 气态污染物排放量(以 1990 年的数据为 100 计);(b) 颗粒物排放量(以 2000 年的数据为 100 计)

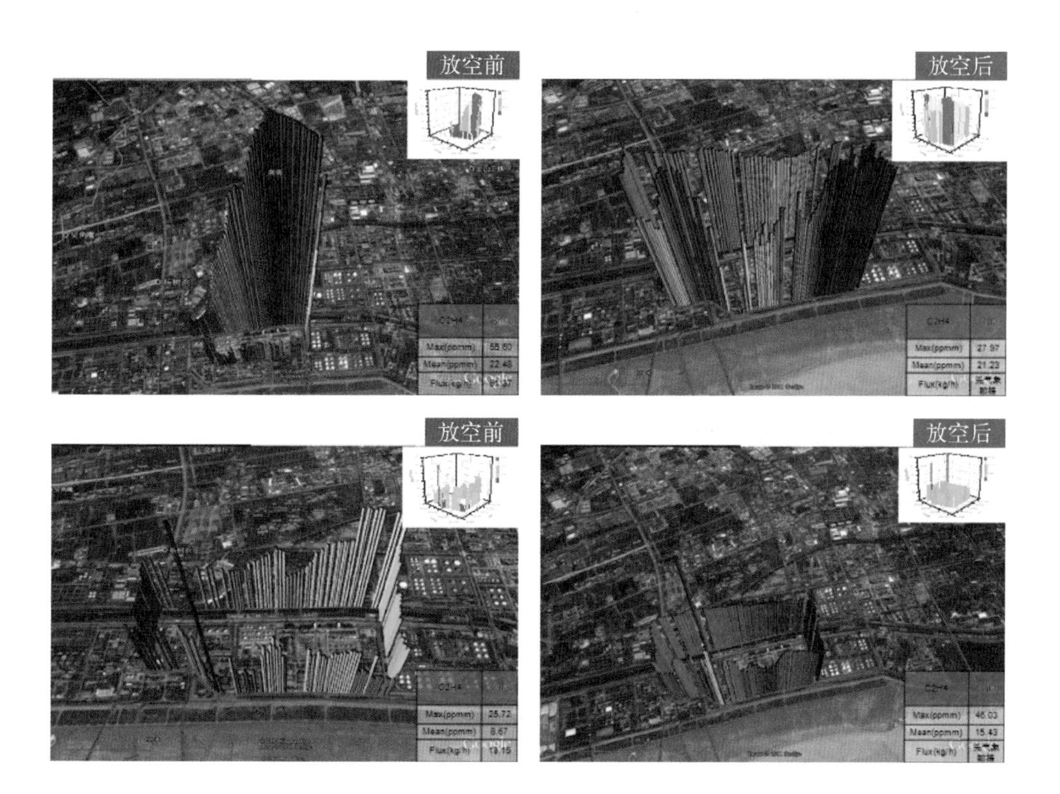

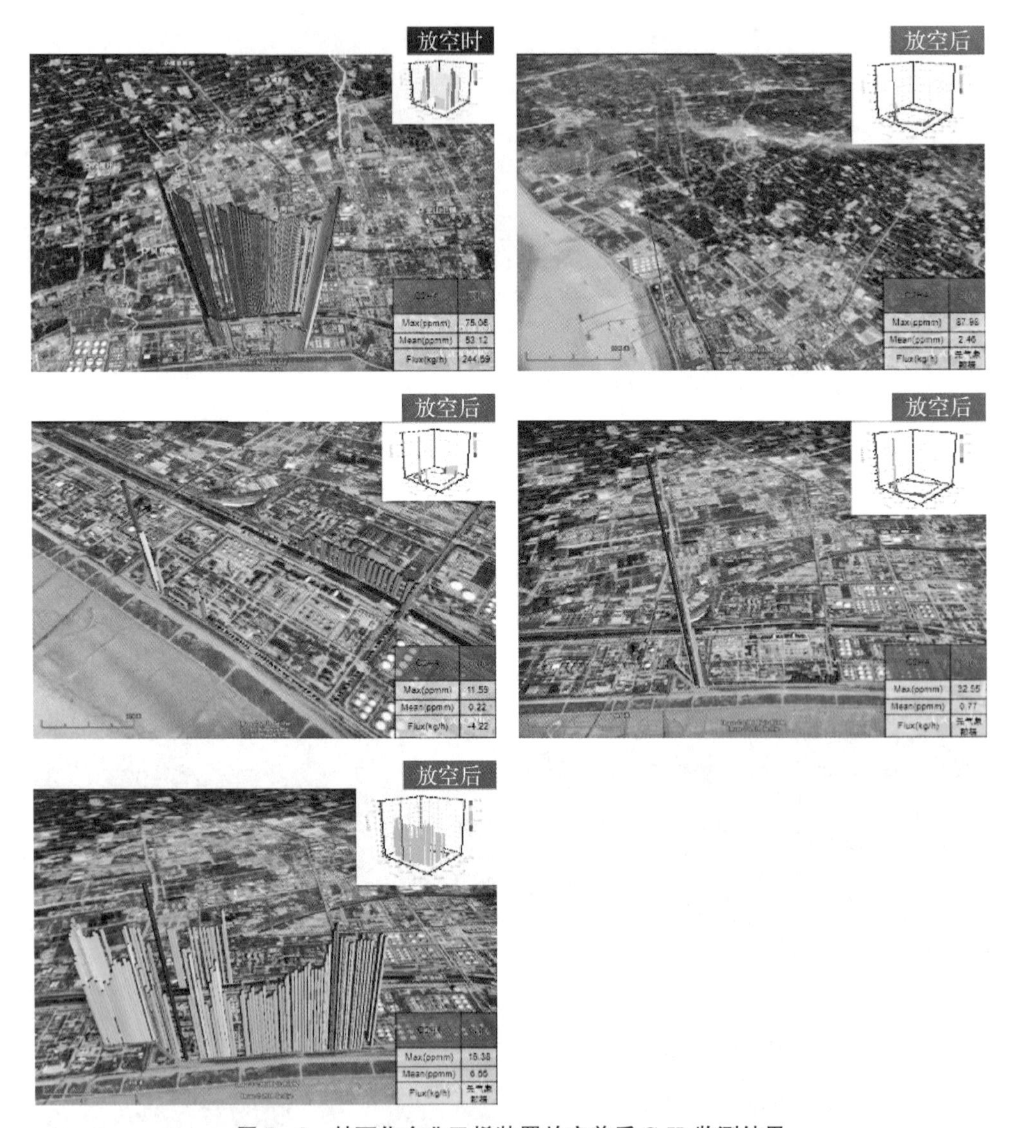

图 7-9　某石化企业乙烯装置放空前后 C_2H_4 监测结果

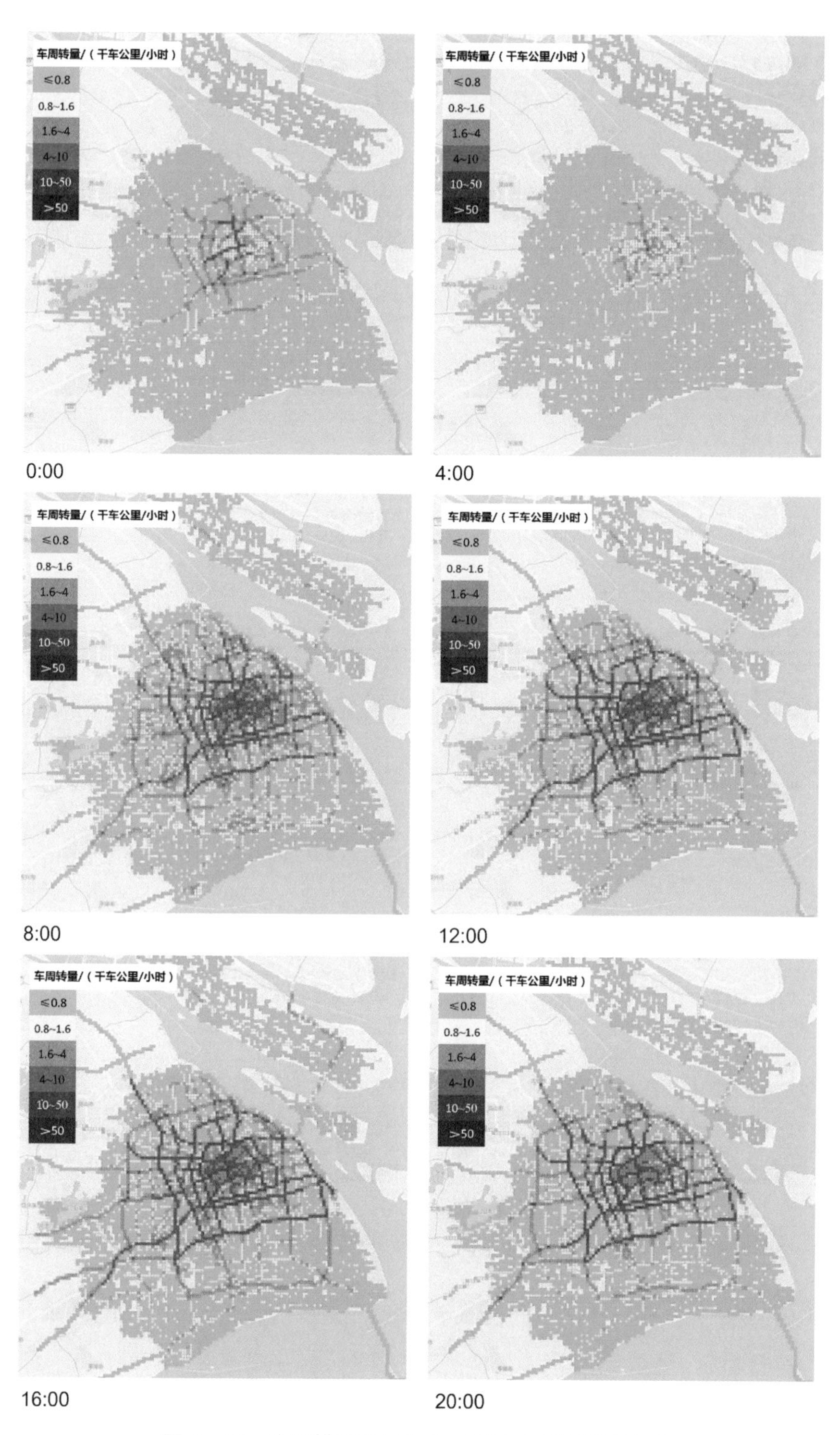

图 7-16 交通模型输出的小时道路交通流量变化图

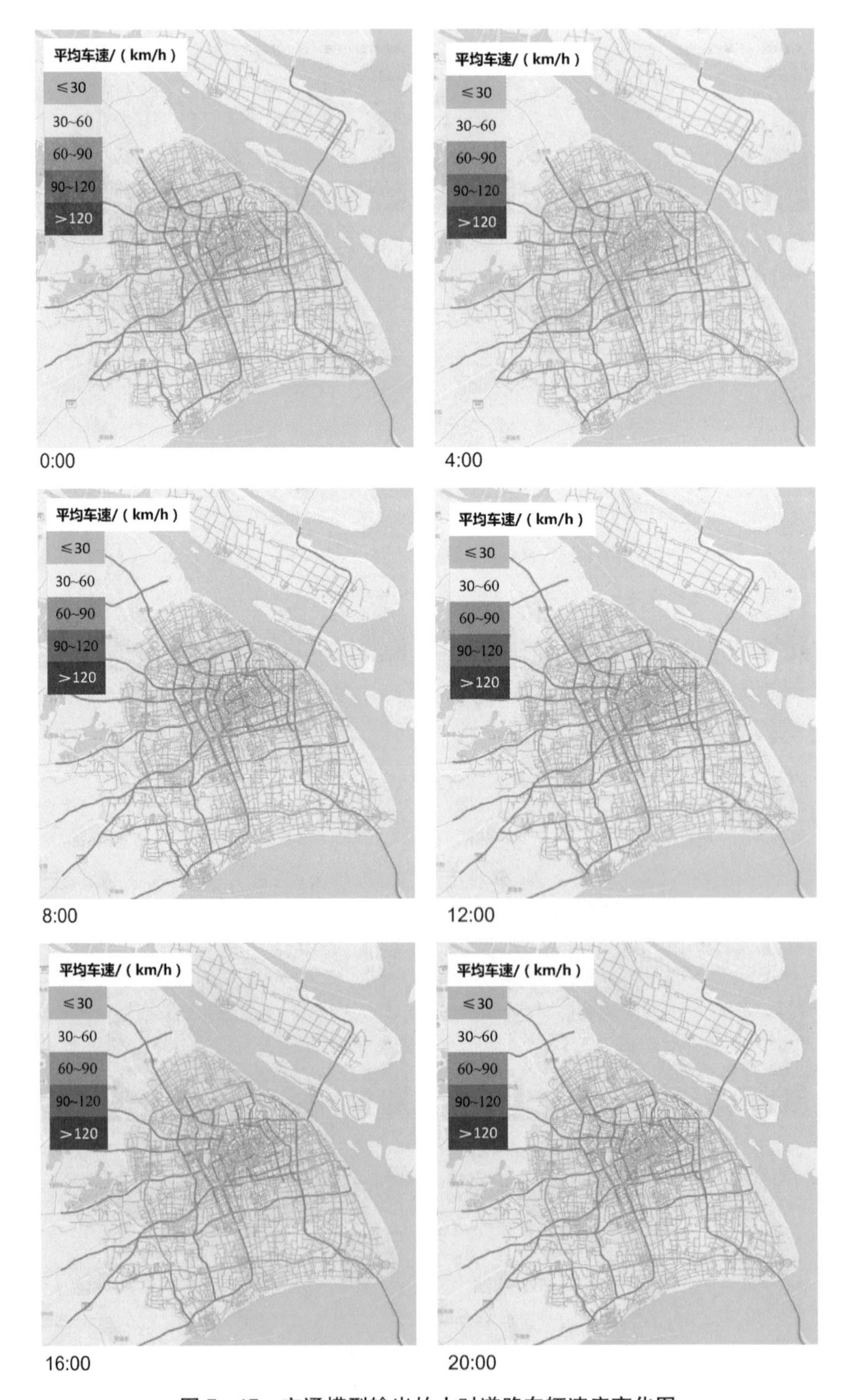

图 7-17　交通模型输出的小时道路车辆速度变化图

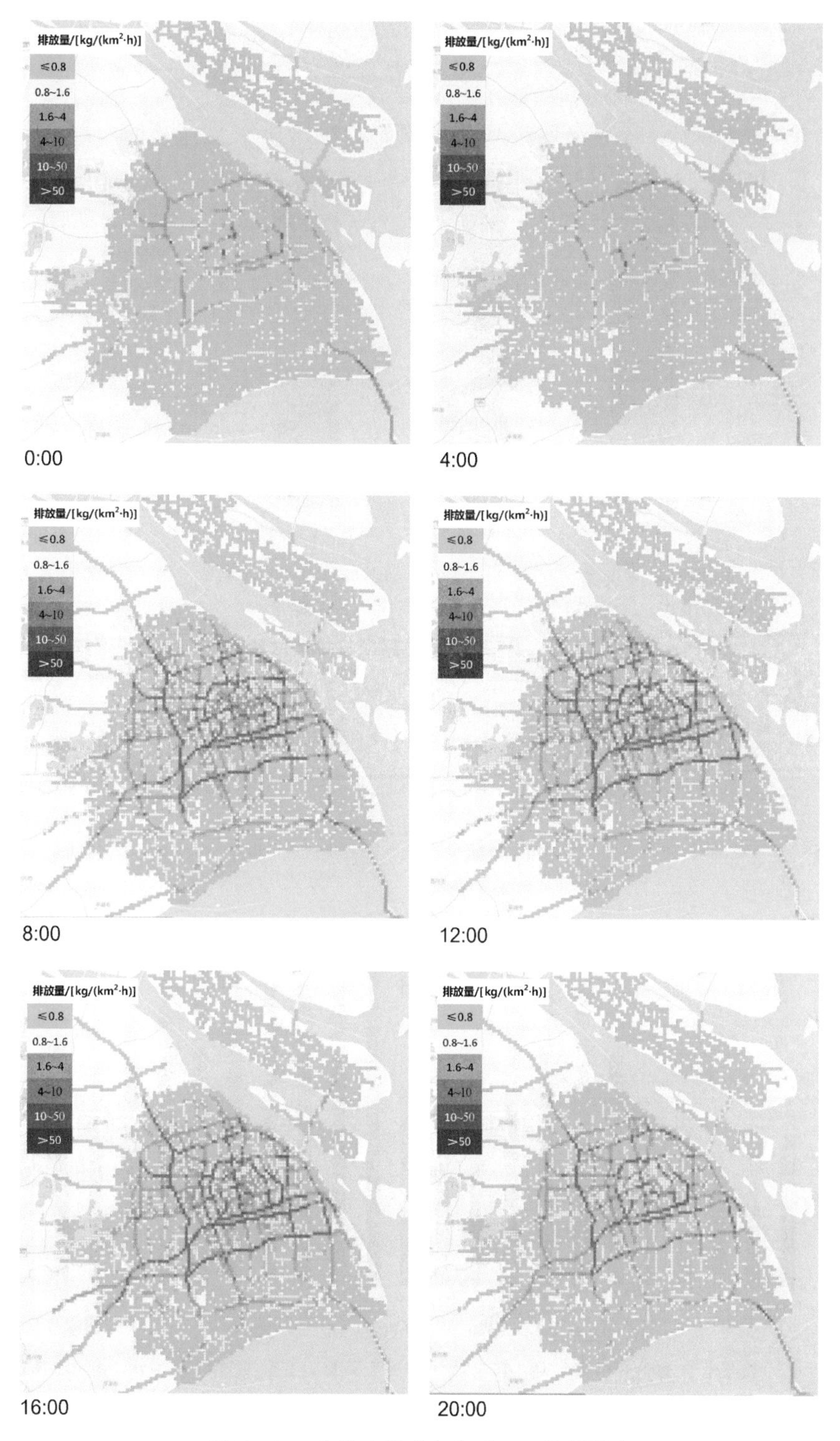

图 7－21　上海市机动车小时 NO_x 排放强度

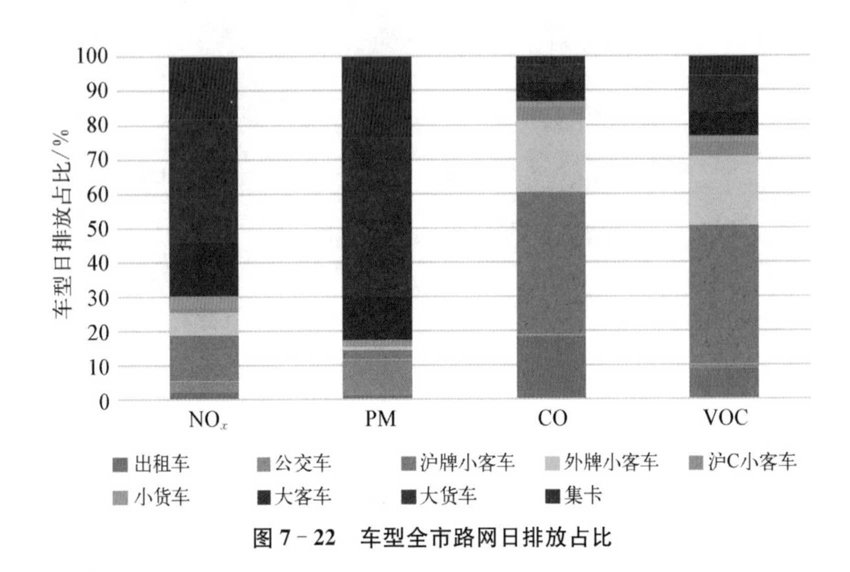

图 7-22 车型全市路网日排放占比

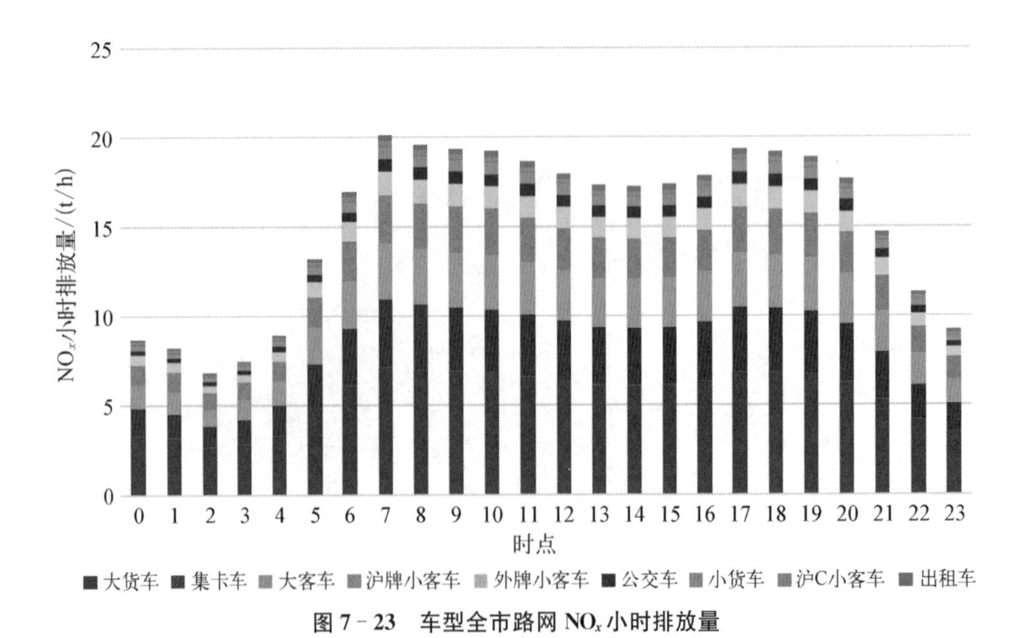

图 7-23 车型全市路网 NO_x 小时排放量

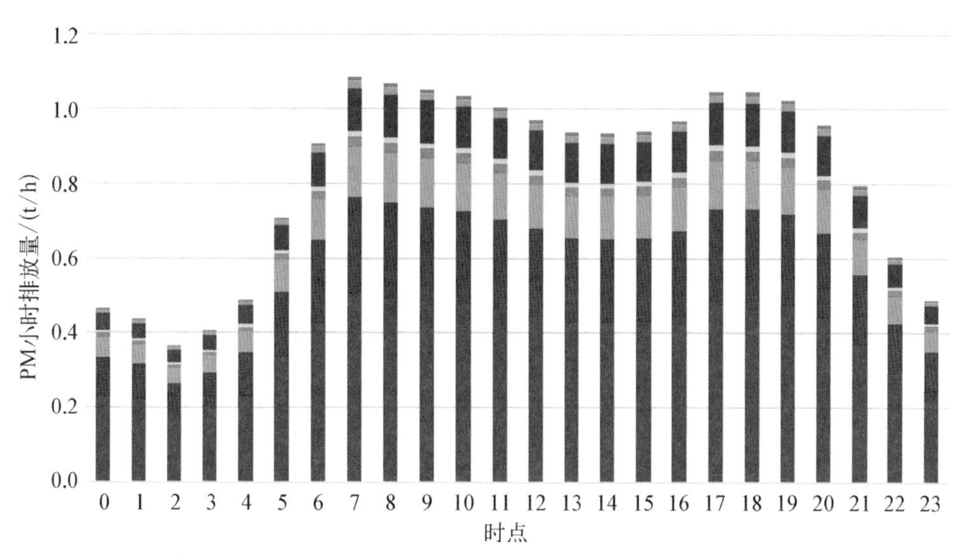

图 7-24 车型全市路网 PM 小时排放占比

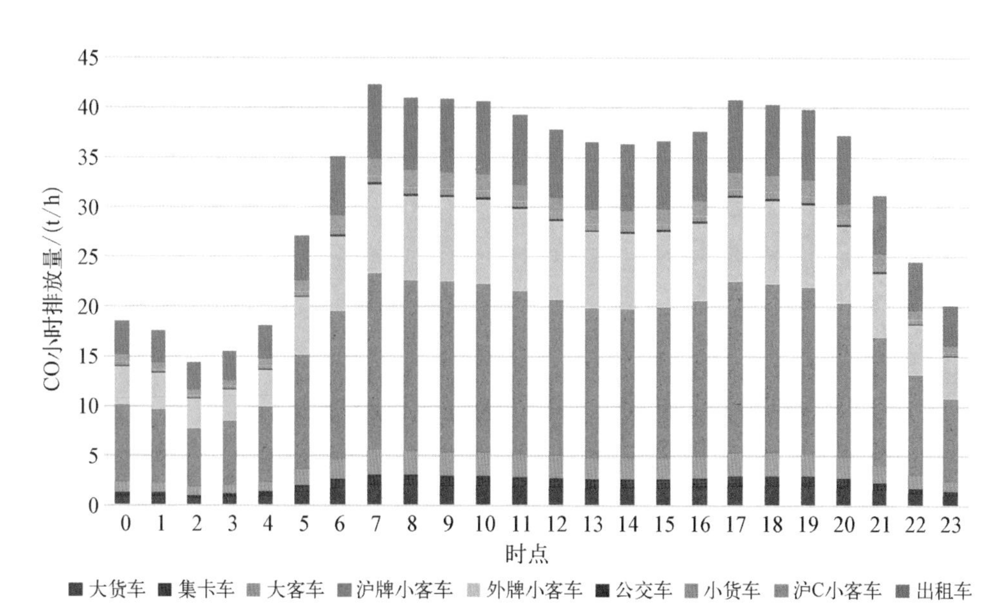

图 7-25 车型全市路网 CO 小时排放占比

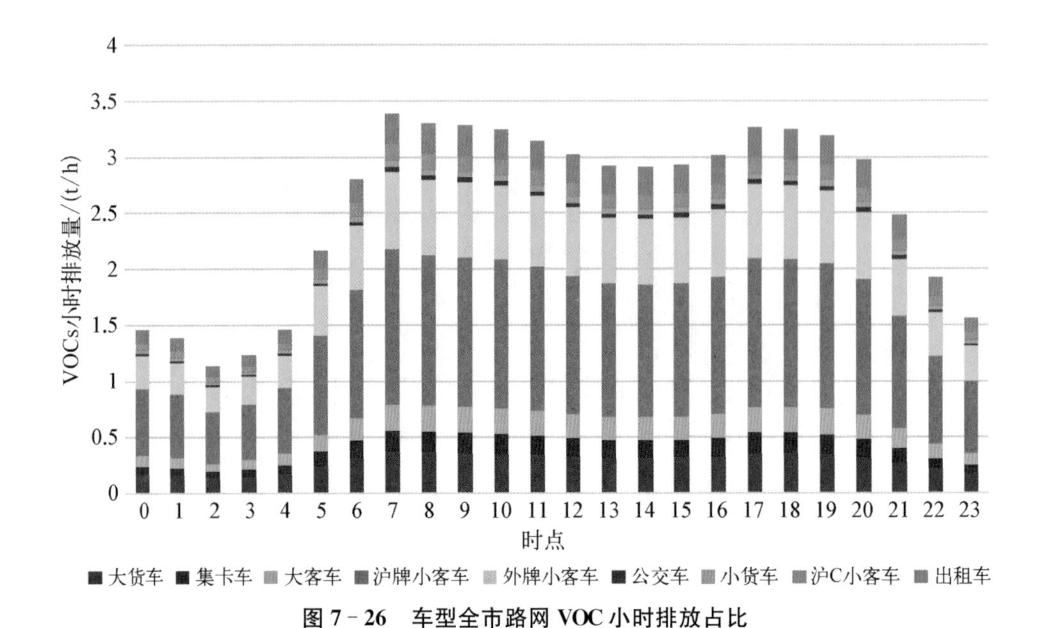

图 7-26　车型全市路网 VOC 小时排放占比

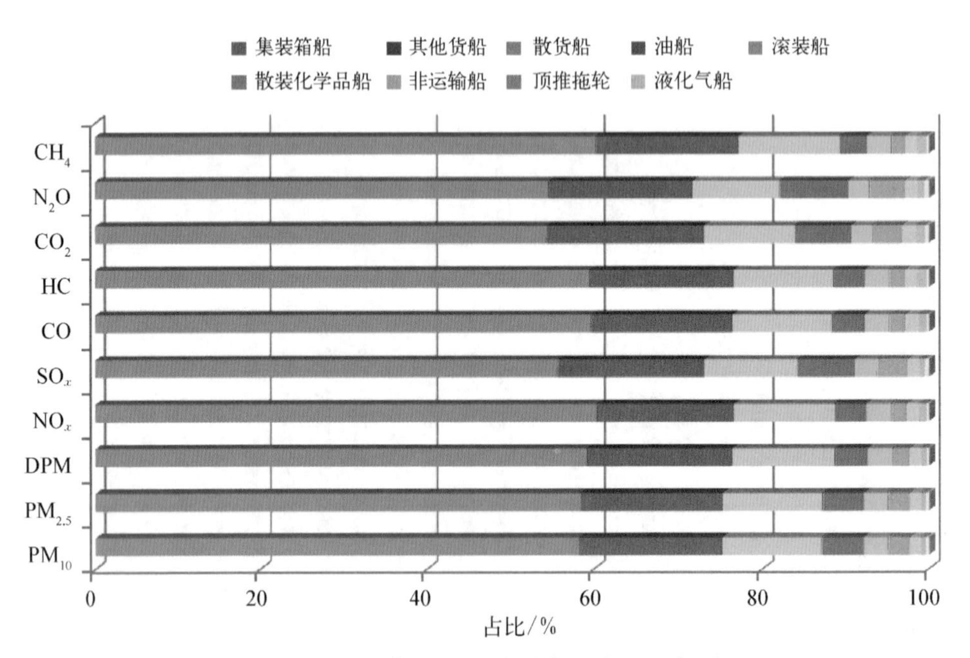

图 7-29　不同类型远洋船的大气污染物排放比例

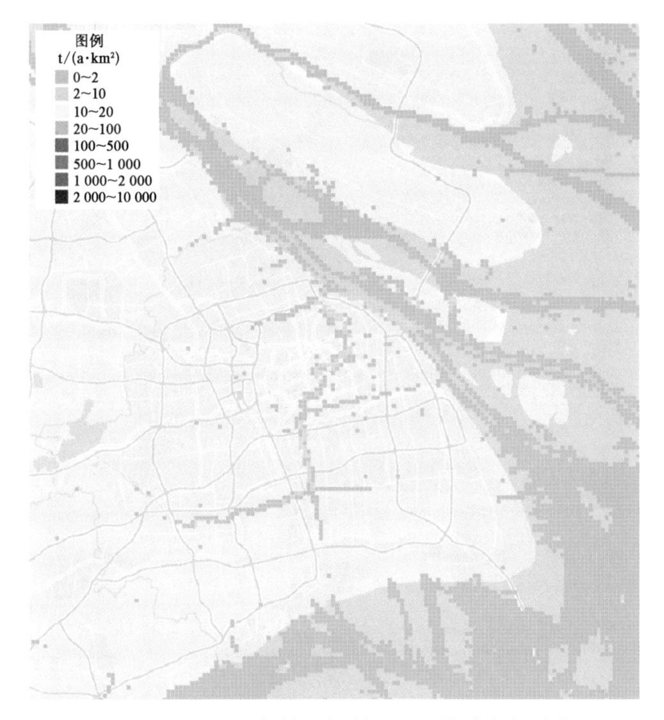

图 7－30　2010 年某月船舶 $PM_{2.5}$ 排放空间分布

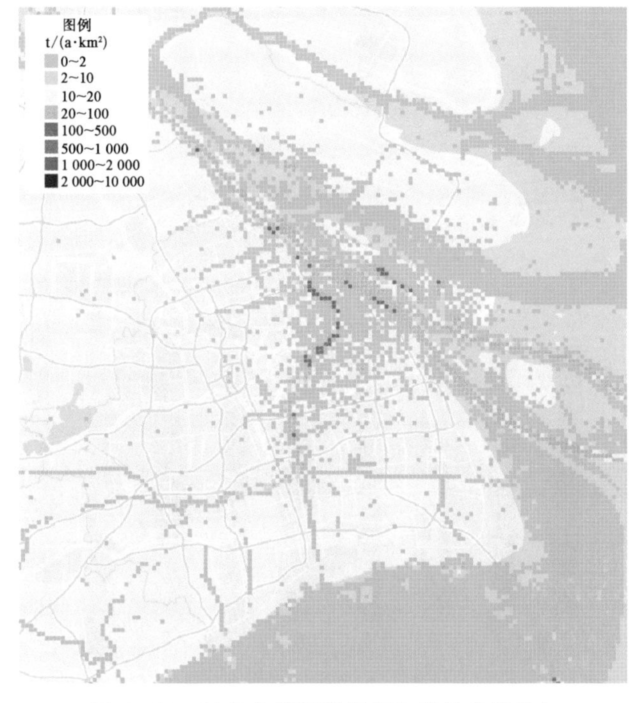

图 7－31　2010 年某月船舶 NO_x 排放空间分布

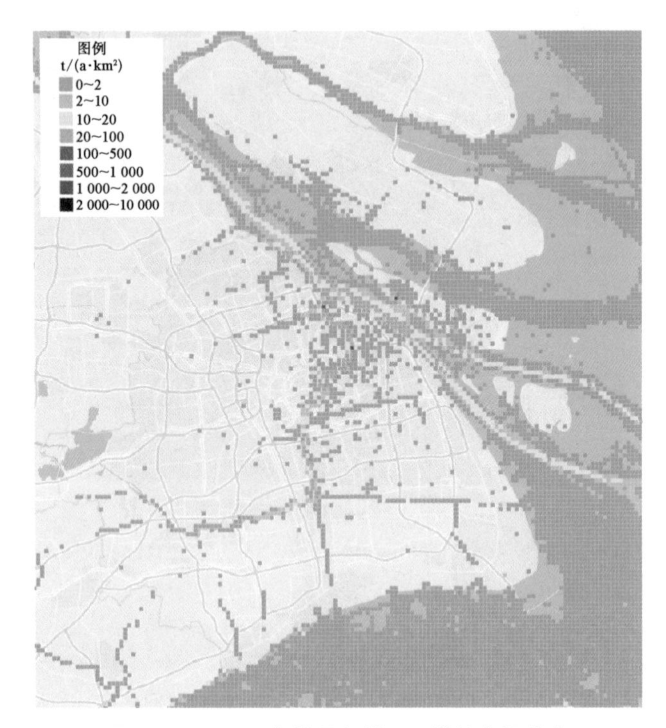

图 7－32　2010 年某月船舶 SO_x 排放空间分布

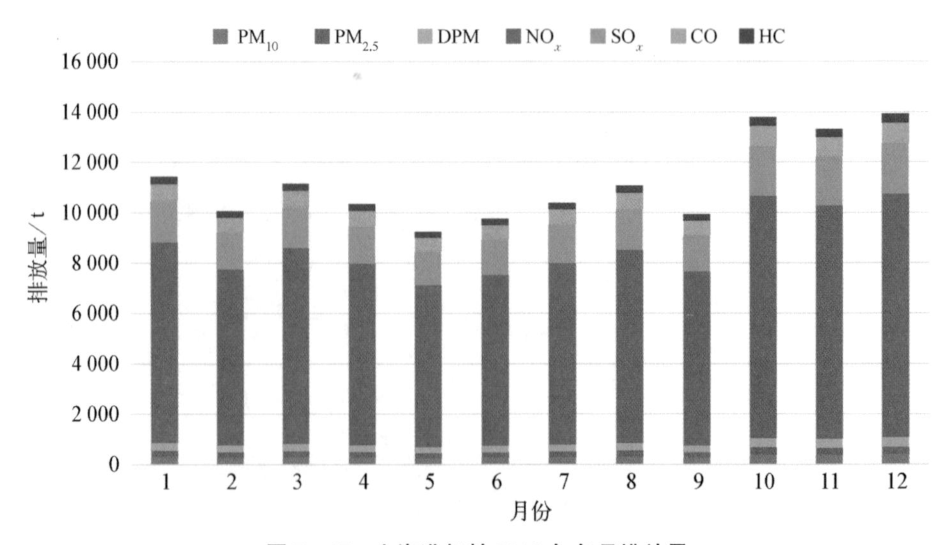

图 7－45　上海港船舶 2015 年各月排放量

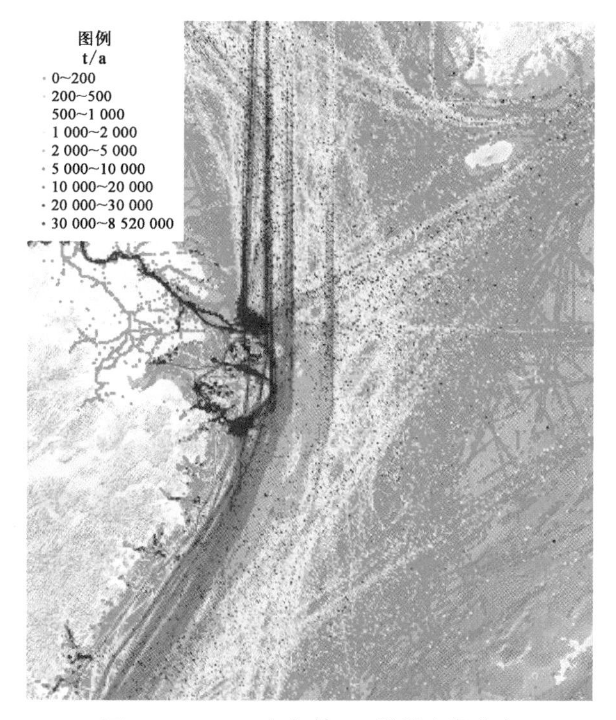

图 7-47　2015 年船舶 SO_x 排放空间分布

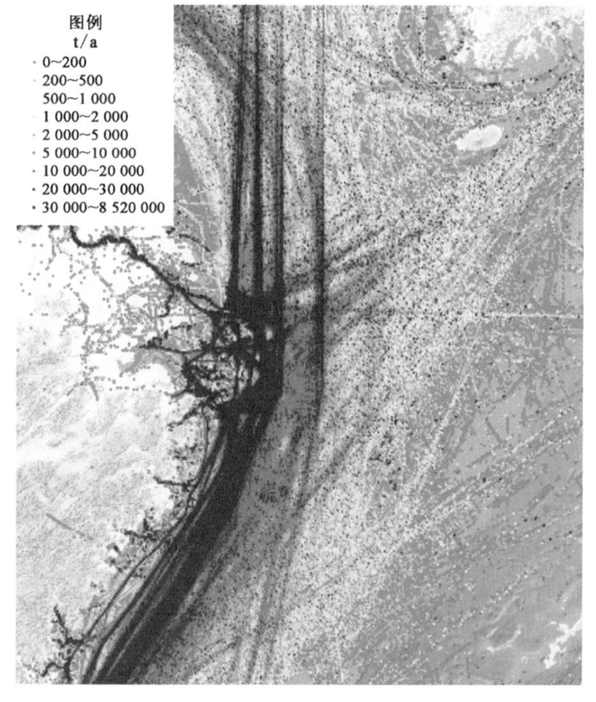

图 7-48　2015 年船舶 NO_x 排放空间分布

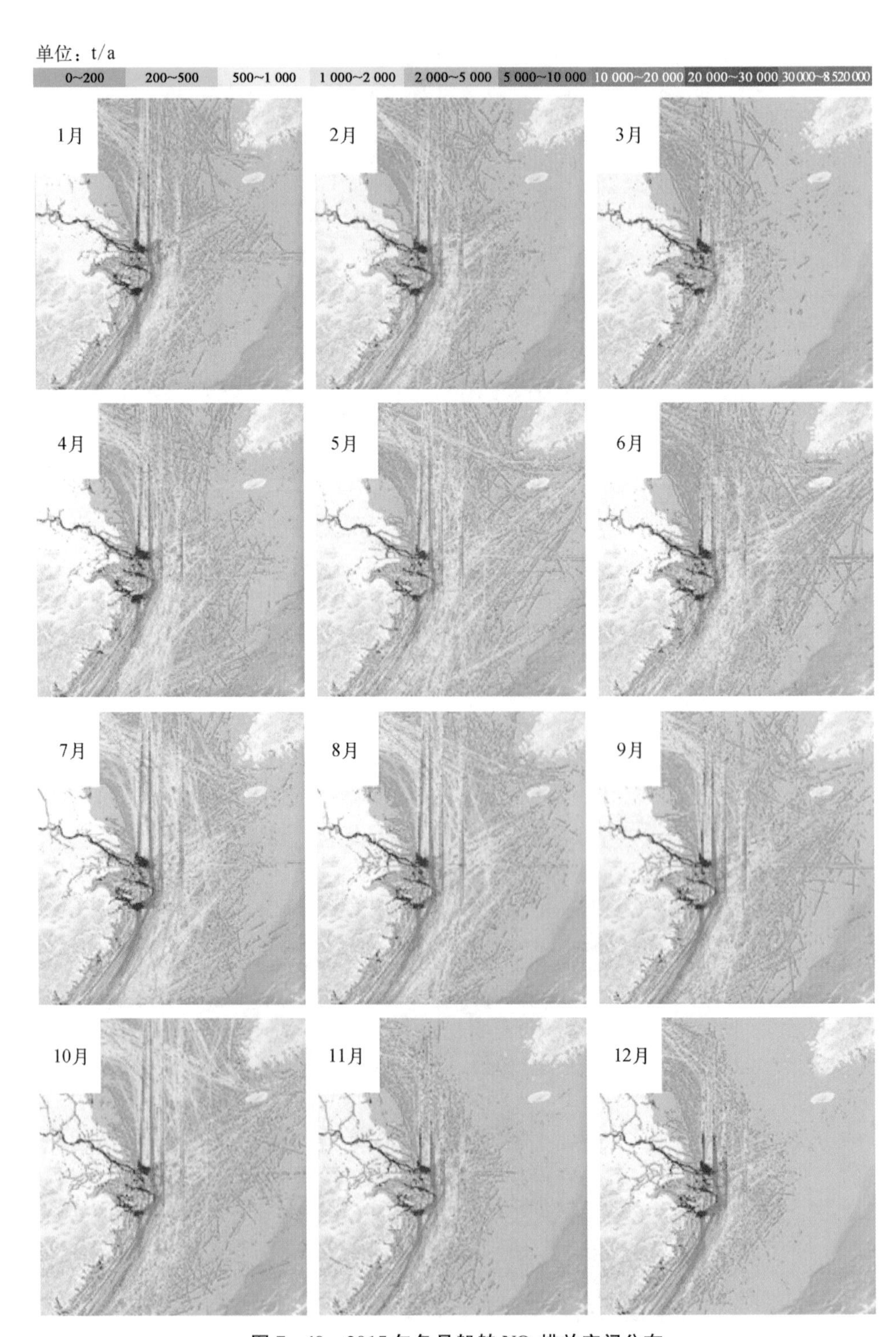

图 7-49 2015 年各月船舶 NO_x 排放空间分布

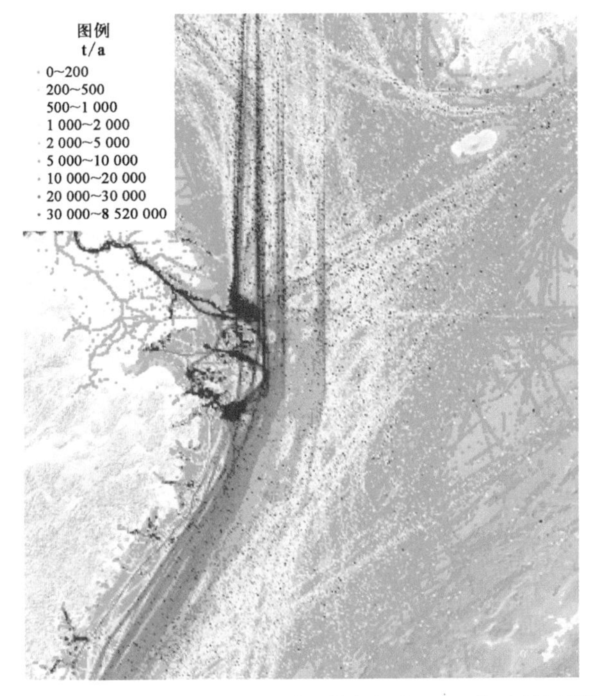

图 7－50　船舶排放 SO_x 空间分布(基准年为 2015 年,无控制措施)

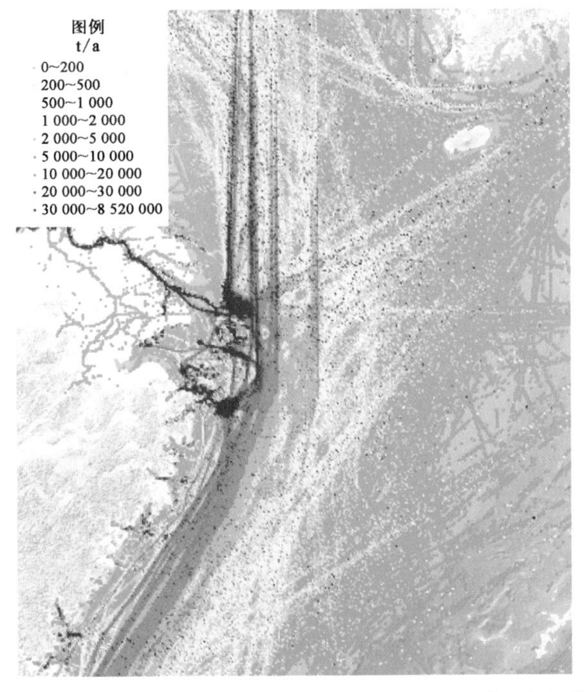

图 7－51　船舶排放 SO_x 空间分布(基准年为 2015 年,进入排放控制区船舶使用硫含量质量分数≤0.5%的燃油)

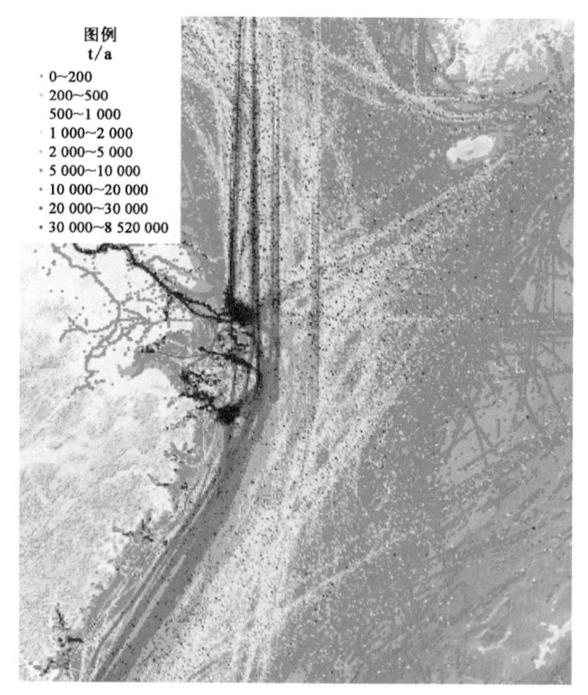

图 7－52　船舶排放 SO_x 空间分布(基准年为 2015 年,进入排放控制区船舶使用硫含量质量分数≤0.1%的燃油)

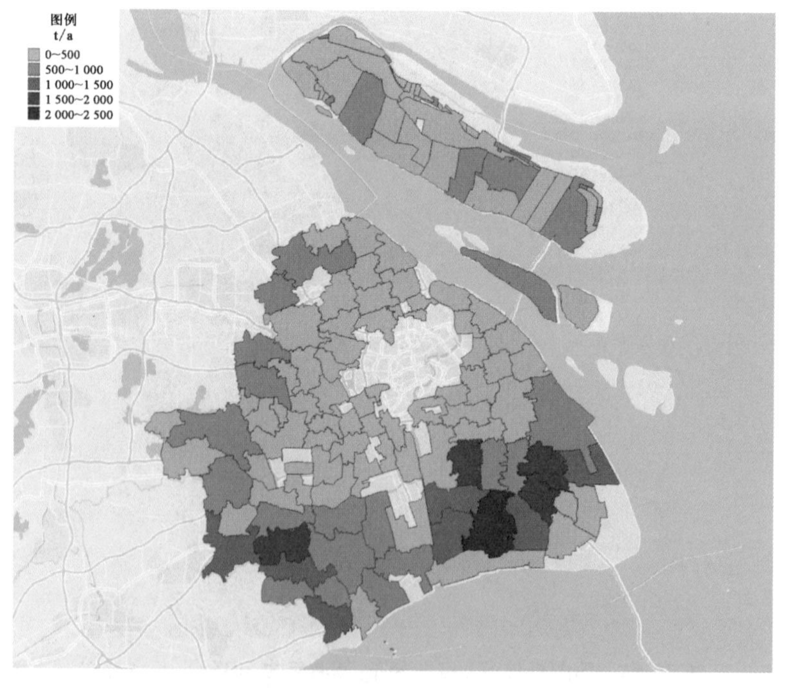

图 7－72　上海市 2014 年农业源 NH_3 排放量空间分布图

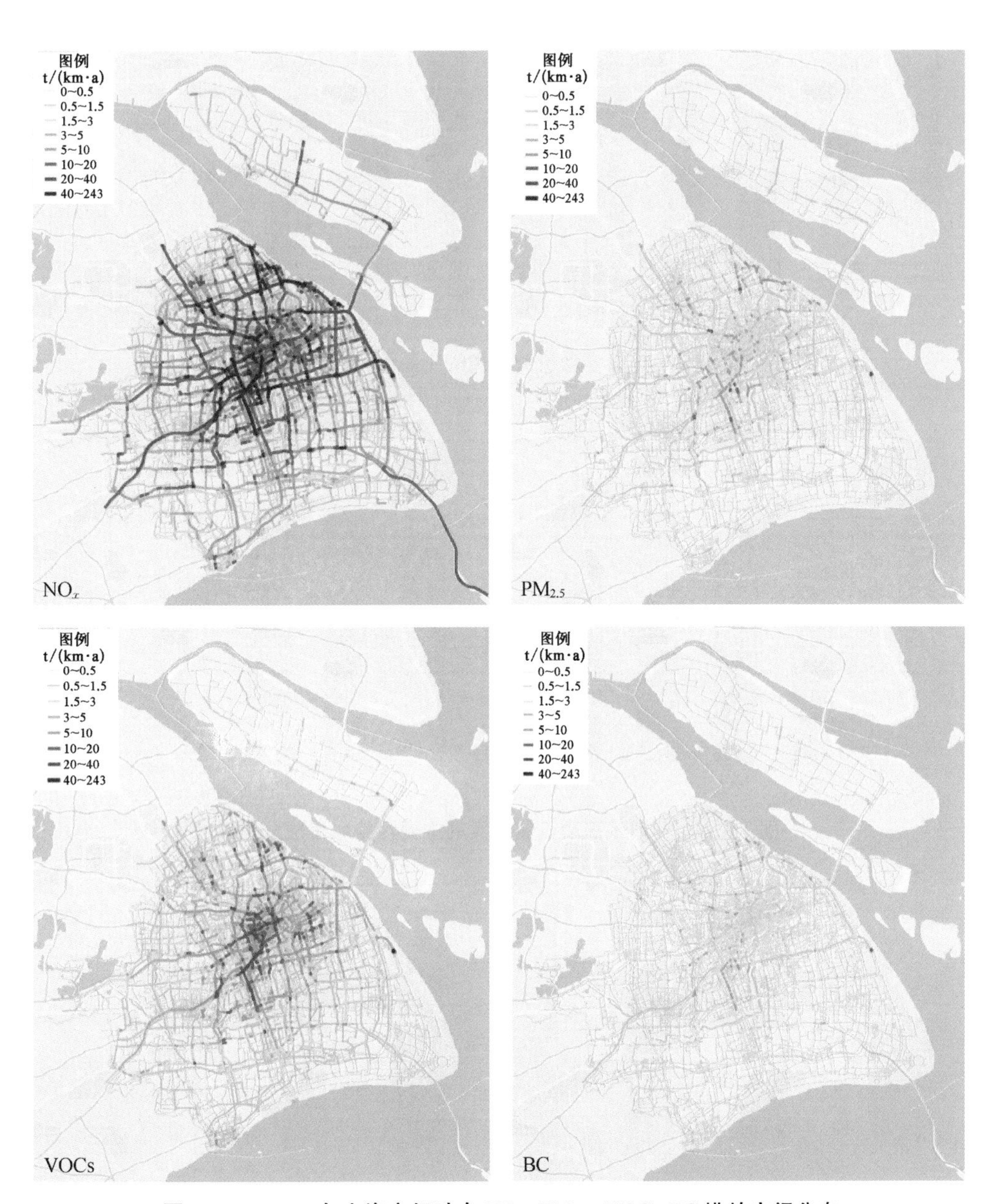

图 10-2 2014 年上海市机动车 NO_x、$PM_{2.5}$、VOCs、BC 排放空间分布

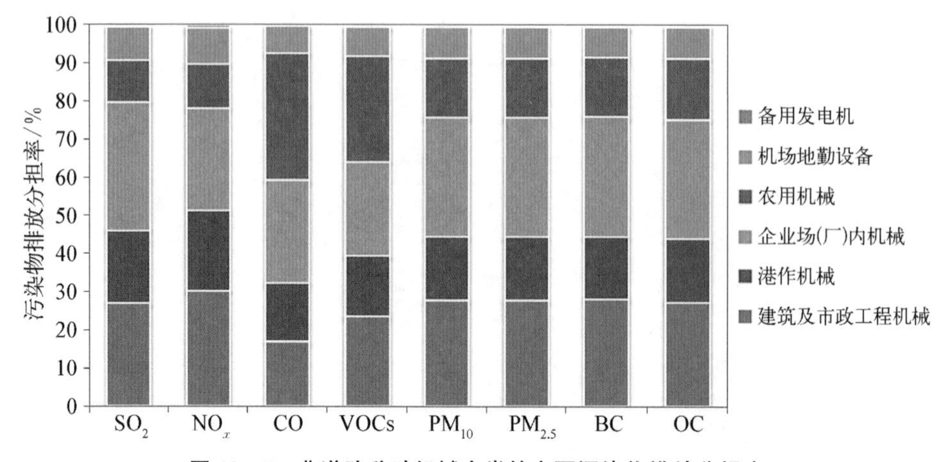

图 10-7　非道路移动机械大类的主要污染物排放分担率

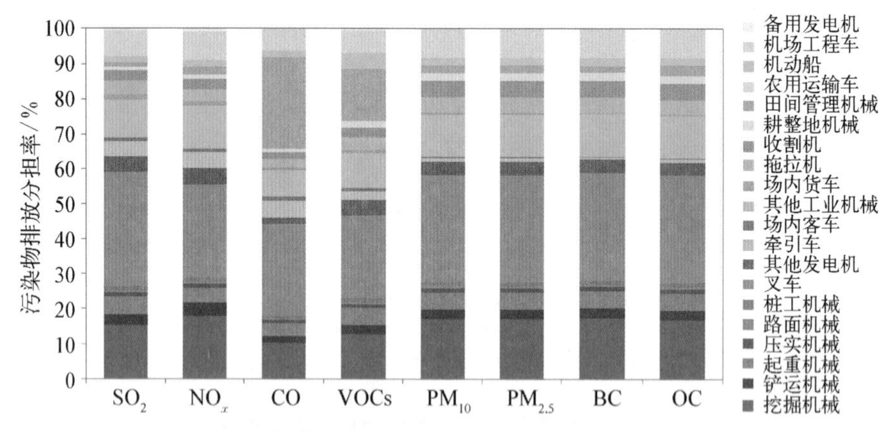

图 10-8　非道路移动机械小类的主要污染物排放分担率

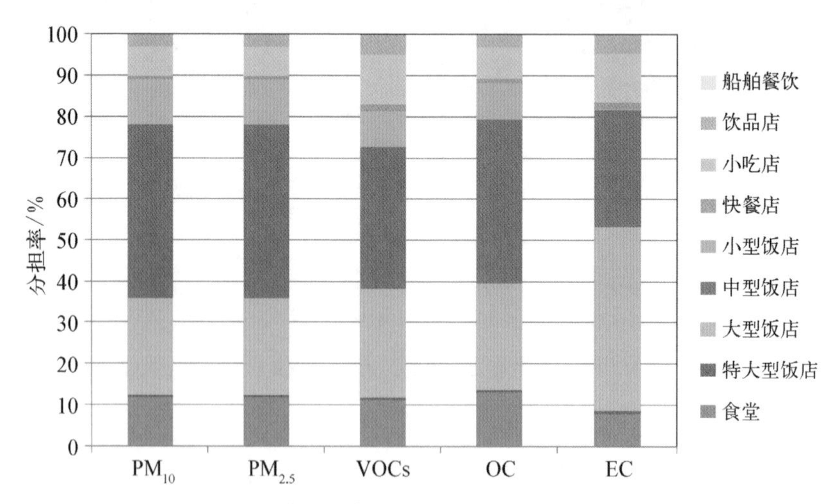

图 10-14　上海市各餐饮企业类型的污染物排放分担率

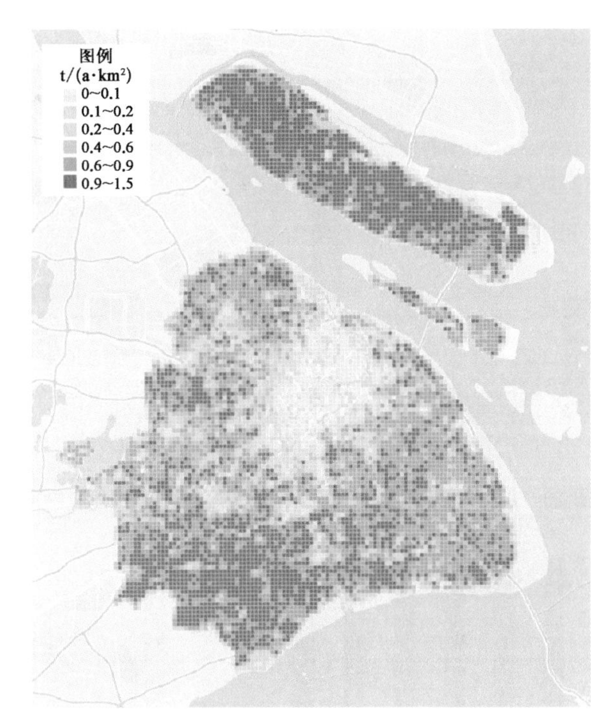

图 10-15　2014 年上海市植被 VOCs 排放空间分布

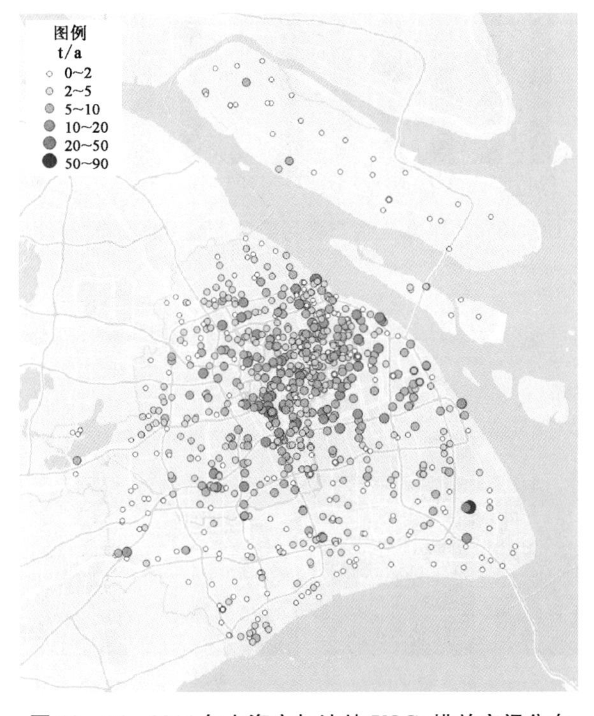

图 10-16　2014 年上海市加油站 VOCs 排放空间分布

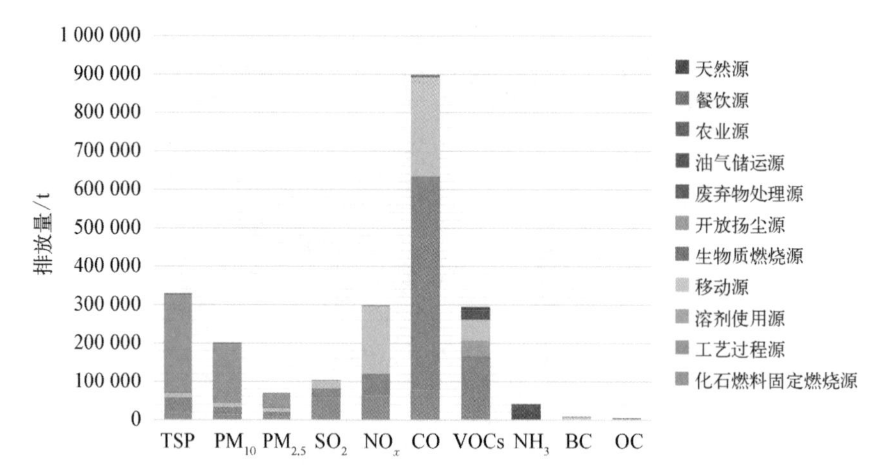

图 10-17　2014 年上海市各污染源主要污染物排放总量

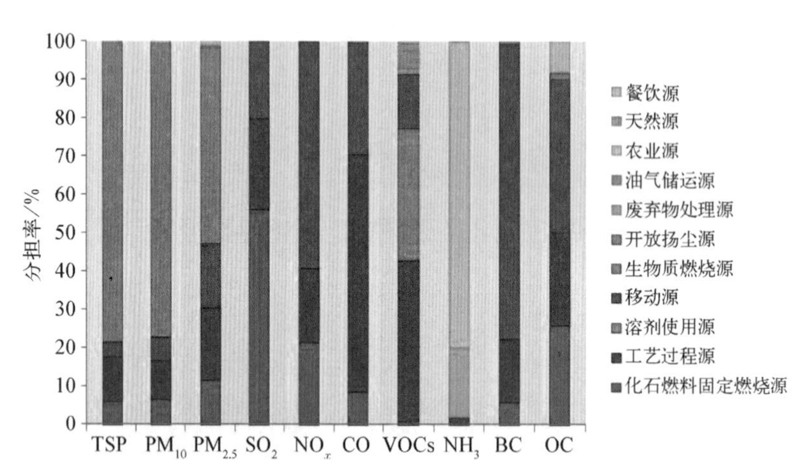

图 10-18　2014 年上海市各污染源主要污染物排放分担率

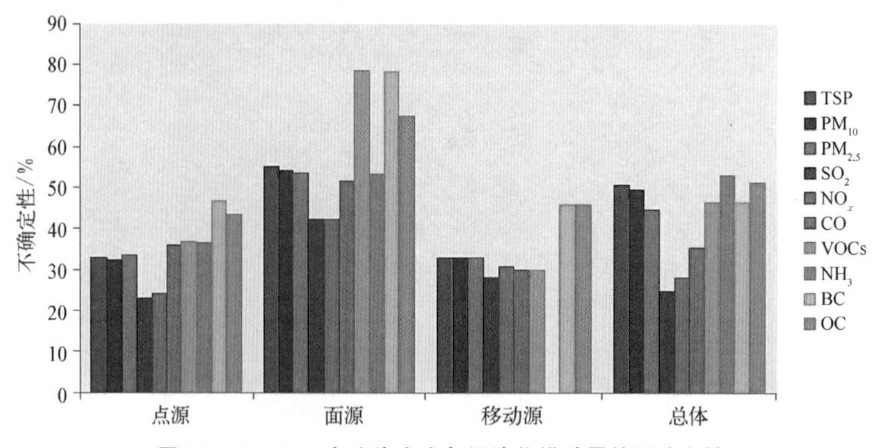

图 10-19　2014 年上海市大气污染物排放量的不确定性

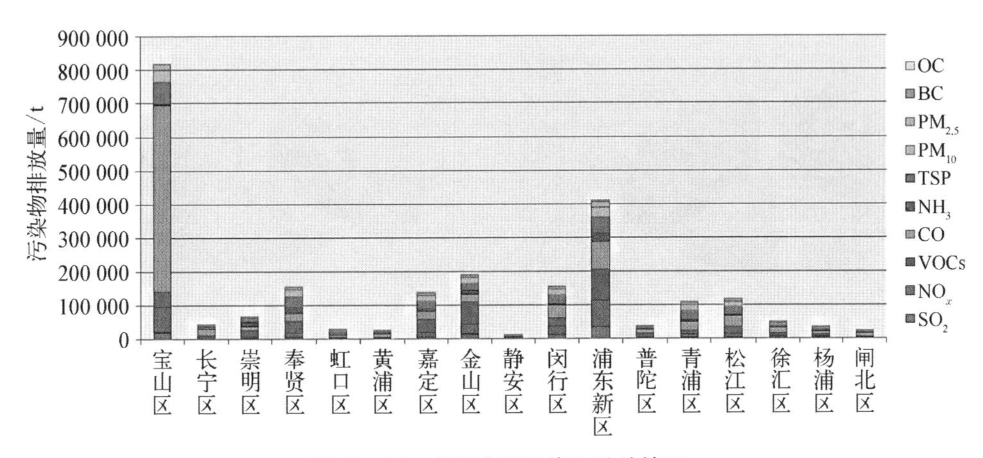

图 10-24　各区主要污染物排放情况

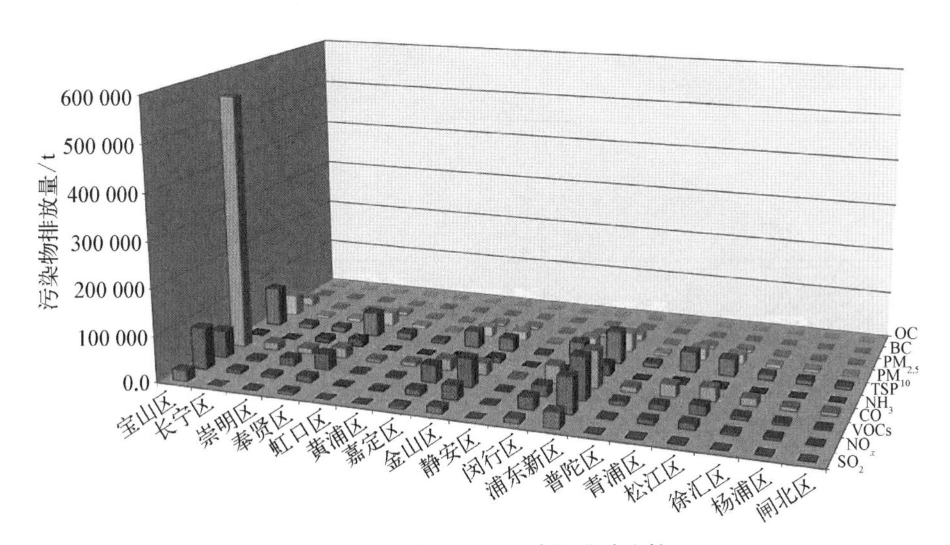

图 10-25　各区主要污染物排放比较

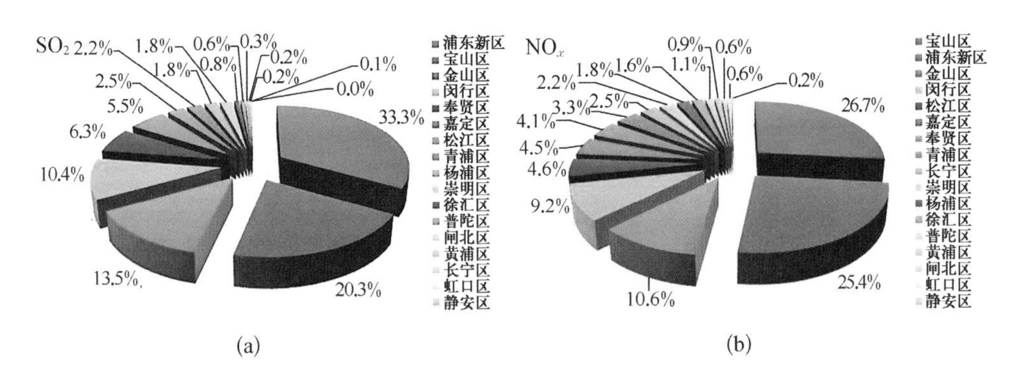

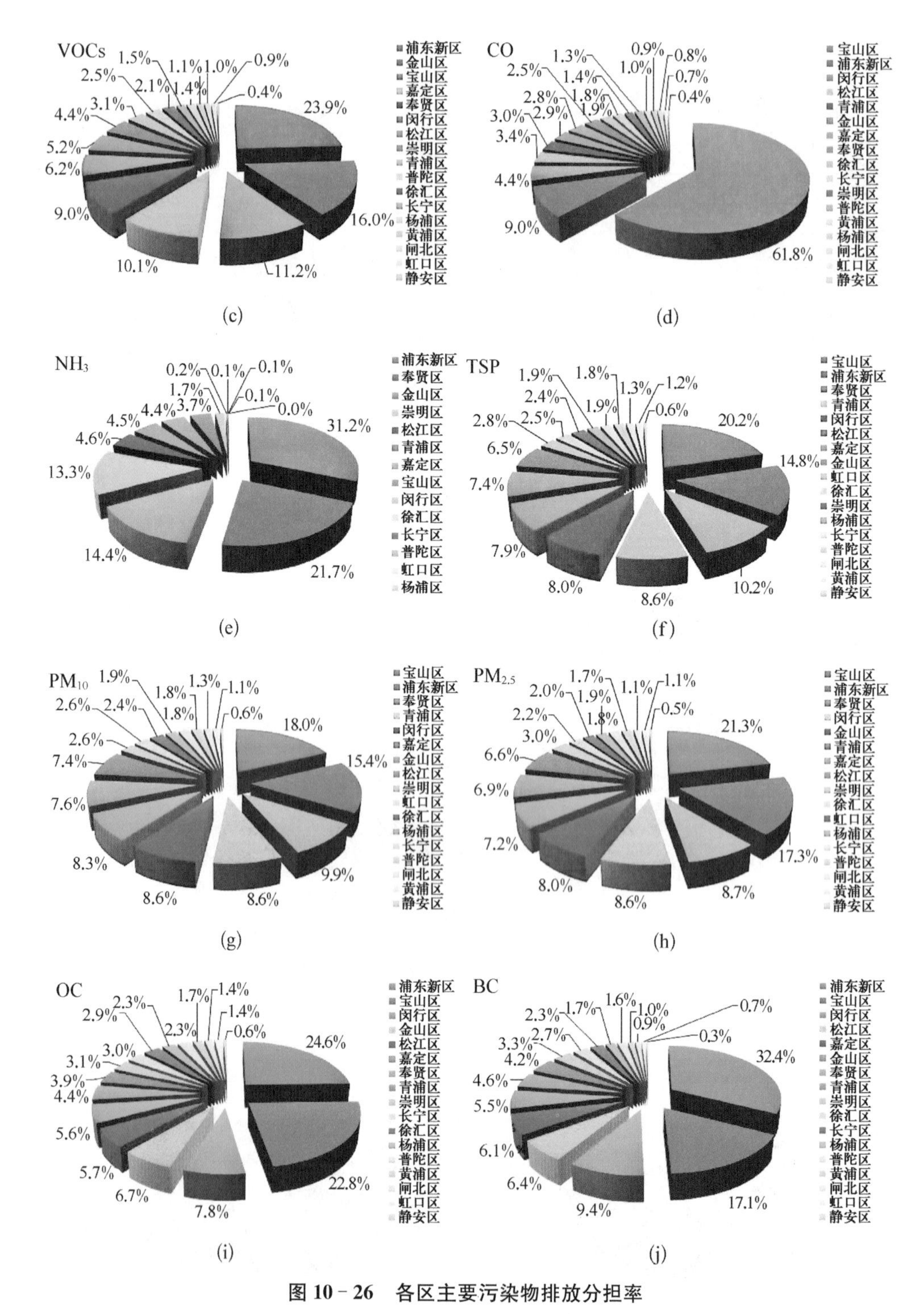

图 10-26　各区主要污染物排放分担率

(a) SO_2；(b) NO_x；(c) VOCs；(d) CO；(e) NH_3；(f) TSP；(g) PM_{10}；(h) $PM_{2.5}$；(i) OC；(j) BC

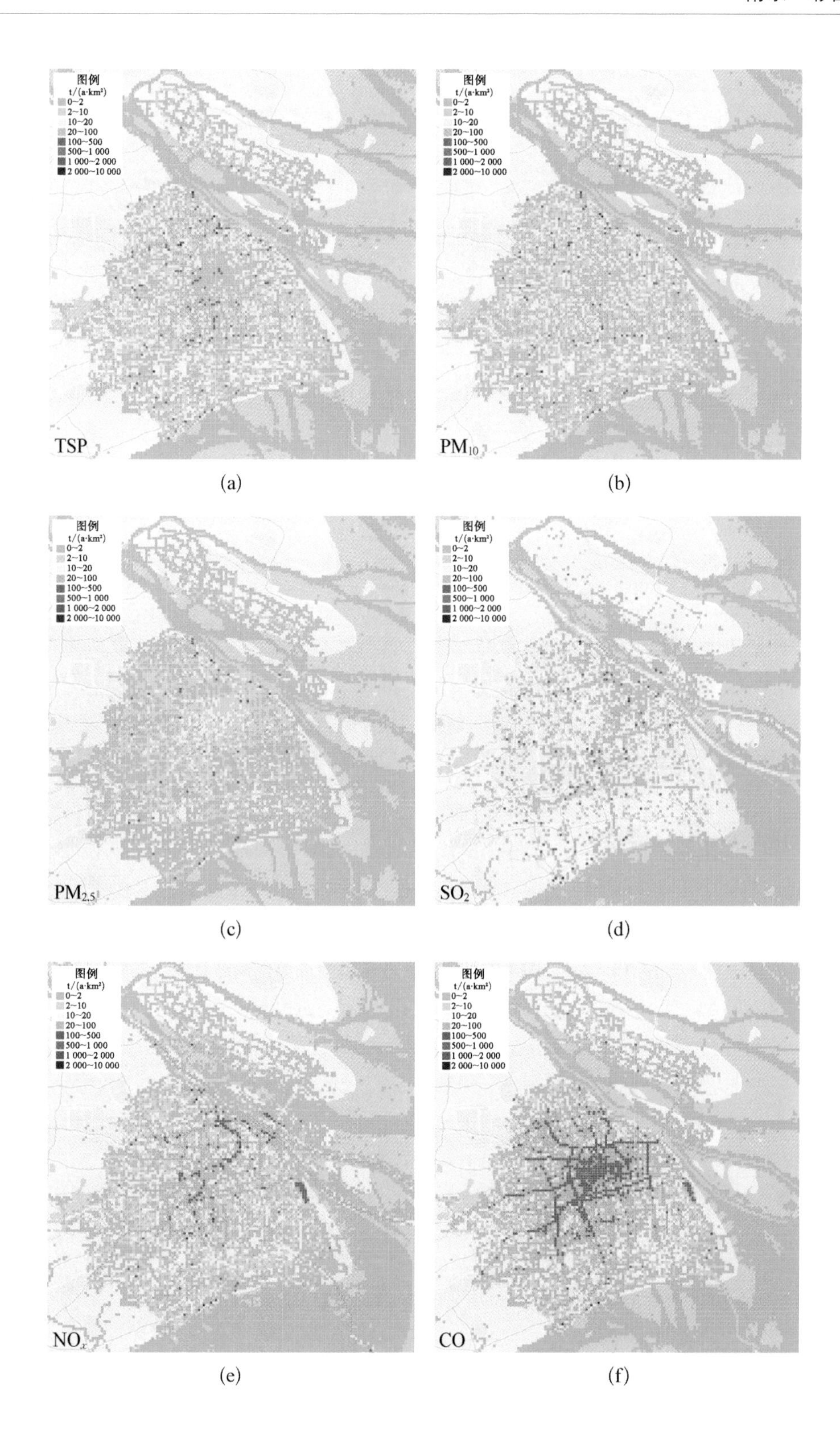
图例
t/(a·km²)
0~2
2~10
10~20
20~100
100~500
500~1 000
1 000~2 000
2 000~10 000
TSP
PM10
PM2.5
SO2
NOx
CO

(a) (b) (c) (d) (e) (f)

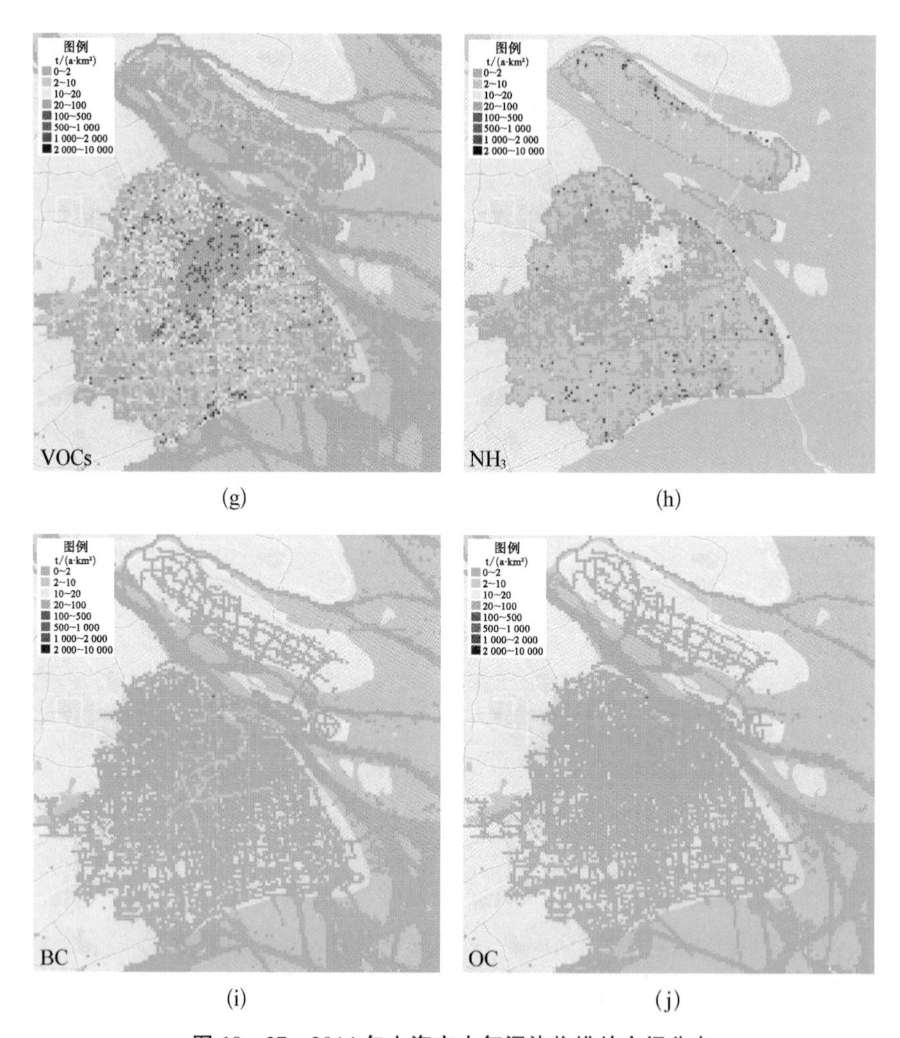

图 10－27　2014 年上海市大气污染物排放空间分布

(a) TSP；(b) PM_{10}；(c) $PM_{2.5}$；(d) SO_2；(e) NO_x；(f) CO；(g) VOCs；(h) NH_3；(i) BC；(j) OC

索　引

Y

Z